U0255941

普通高等教育"十二五"规划教材

电 路 分 析 基 础

主　编　毕淑娥
副主编　赵红茹
参　编　曾　军　许研文　余卫宇
主　审　陈希有

机 械 工 业 出 版 社

全书共 14 章。内容包括电路的基本概念和基本定律、电阻电路的等效变换、电阻电路的分析方法、电路定理、正弦稳态电路分析、电路的频率响应、三相电路、含有耦合电感的电路与变压器、非正弦周期电流电路、线性电路的暂态分析、二端口网络、集成运算放大器及其应用、线性电路暂态过程的复频域分析、非线性电阻电路分析、应用 MATLAB 分析线性电路。各章有内容提要、例题、思考题和简明小结及适量的习题，书后附有部分习题答案。

本书是高等工科院校电路课程的本科教材，可供高等工科院校电类各专业及用电知识较多的相关专业使用；也可作为其他各类院校电路课程的教材或参考书。

图书在版编目（CIP）数据

电路分析基础/毕淑娥主编. —北京：机械工业出版社，2010.7（2025.1 重印）

（新世纪电子信息平台课程系列教材）

ISBN 978-7-111-30805-8

Ⅰ.①电⋯　Ⅱ.①毕⋯　Ⅲ.①电路分析-教材

Ⅳ.①TM133

中国版本图书馆 CIP 数据核字（2010）第 097616 号

机械工业出版社（北京市百万庄大街 22 号　邮政编码 100037）
策划编辑：贡克勤　责任编辑：贡克勤　路乙达
版式设计：霍永明　责任校对：姚培新
封面设计：陈　沛　责任印制：郜　敏
北京富资园科技发展有限公司印刷
2025 年 1 月第 1 版 · 第 10 次印刷
184mm×260mm · 20.75 印张 · 570 千字
标准书号：ISBN 978-7-111-30805-8
定价：49.80 元

电话服务

客服电话：010-88361066
　　　　　010-88379833
　　　　　010-68326294

封底无防伪标均为盗版

网络服务

机　工　官　网：www.cmpbook.com
机　工　官　博：weibo.com/cmp1952
金　书　网：www.golden-book.com
机工教育服务网：www.cmpedu.com

前　　言

电路课程是高等工科院校电类专业的重要基础课之一。本书是参照教育部电子信息科学与电气信息类基础课程教学指导分委员会 2007 年制定的《"电路分析基础"课程教学的基本要求》，并根据我国高等学校的课程设置和压缩学时的教学现状，结合作者多年的教学实践而编写的。

本书在保证电路理论系统性的基础上，增加了电路理论在工程实践中的应用内容，例如集成运算放大器的应用、半导体器件的应用、滤波器、电路设计、元器件实际图片、计算机辅助分析等，力图达到提高学习兴趣、学以致用，从而提高学生工程实践能力的目的。

本书按照直流稳态电路、交流稳态电路、暂态电路、电路理论的工程应用的内容体系进行编写，符合先易后难的教学规律，便于教师对内容的取舍、因材施教和层次化教学。

本书每章开始有简单"引例"，用以唤起读者对知识的探索欲望。每章末尾，应用本章所学知识对"引例"进行了详细分析，做到前后呼应，并拓展了学生自主研究学习的空间。各节之后有思考题，各章有简明小结；例题和习题的数量及难度适中，便于读者自学。书中打"＊"的章节，可根据教学要求适当取舍。

本书是高等工科院校电路课程的本科教材，可供电气信息类各专业及用电知识较多的非电类专业使用。本书也可作为其他各类院校电路课程的教材或参考书。

参加本书编写的有华南理工大学的赵红茹（第 1、2、3、13、14 章）；曾军（第 4、5、8 章）；毕淑娥（第 7、9、11、12 章）；余卫宇（第 10 章）；华南理工大学广州汽车学院的许研文（第 6 章）。全书由毕淑娥统稿，赵红茹协助统稿。

本书成稿后，大连理工大学的陈希有教授仔细审阅了全书，并提出了许多宝贵的指导性意见，在此表示深切的谢意。

本书编写过程还得到了华南理工大学电子与信息学院领导的关怀和师生的帮助，编者在此一并表示衷心的感谢。

感谢本教材所引参考文献的作者。

受编者学识水平所限，书中难免有疏漏和不足之处，恳切希望热心读者提出宝贵意见，意见可发送邮件至 sebi@ scut. edu. cn。

编　者

目　　录

第1章 电路的基本概念和基本定律

内 容 提 要

本章主要介绍电路模型的概念、关联参考方向、功率和能量、集总参数元件、基尔霍夫定律。

【引例】 电路在现代生活领域随处可见，例如日常生活中我们常用的手电筒、半导体收音机、家用电器、电力传输系统、工业自动化控制系统、通信系统、计算机系统等各个方面都离不开电路。那么什么是电路？手电筒照明电路如图1-1所示，如何分析流过小灯泡的电流，学完本章内容便可得到解答。

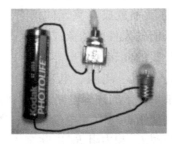

图1-1 手电筒照明电路

1.1 电路与电路模型

1.1.1 实际电路

实际电路是由多种电气元件和器件（例如二极管、晶体管、运算放大器、变压器、电阻、电容、电感等）通过导线按照一定的方式连接而成的电流通路。它具有两个基本功能：①电能的传输和转换，如图1-2所示的荧光灯照明电路，它把电能转换为光能；②电信号的

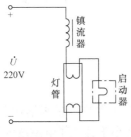

图1-2 荧光灯照明电路

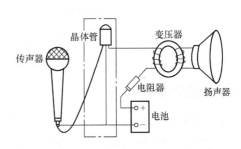

图1-3 晶体管放大电路示意图

采集、传递和处理等，如图 1-3 所示的晶体管放大电路，通过它把声音信号转换成相应的电信号并进行放大和传输，最后把电信号通过扬声器还原成声音信号。

无论是电能的传输和转换，还是信号的传递和处理，其中电源、信号源的电压或者电流统称为激励，它们向电路提供电能或电信号，产生电路中的电流或电压；而由激励在电路各部分产生的电压和电流统称为响应。所谓电路分析，就是在已知电路的结构和元件参数的条件下，研究电路的响应与激励之间的关系。

1.1.2 电路模型

在分析实际装置时，常采用模型化的方法，即先构造出实际装置的物理模型，然后借助数学方法和物理定律进行分析。研究电路问题也是如此，首先要将实际元件模型化，即在一定条件下突出其主要的电磁性质，忽略次要因素，把它近似地看作理想电路元件，然后借助数学方法进行定量分析。而电路元件模型化的主要依据就是能量转换机制：凡是能把电能转换为热能的元件就抽象成电阻元件；凡是能把电能转换为磁场能的元件就抽象成电感元件；凡是能把电能转换为电场能的元件就抽象成电容元件；凡是能把其他形式的能转换为电能的元件就抽象成一个电源。因此，电阻、电容、电感、电源等元件就是抽象化了的理想电路元件。而由一些理想电路元件所组成的电路就是

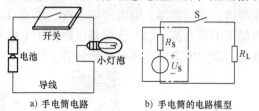

a) 手电筒电路   b) 手电筒的电路模型

图 1-4 手电筒电路及其电路模型

实际电路的电路模型。例如图 1-4a 是手电筒电路；图 1-4b 是它的电路模型，其中电池的电路模型用一个理想的电压源 U_S 和内阻 R_S 串联来表示，灯泡用一个电阻 R_L 表示，开关用 S 表示。图 1-5a 是晶体管放大电路的实际电路；图 1-5b 是它的电路模型，其中传声器的电路模型用一个正弦交流电压源 $\dot{U}_S$ 和内阻 R_S 串联来表示，晶体管的电路模型用一个受控电源来表示，扬声器用一个电阻 R_L 表示。

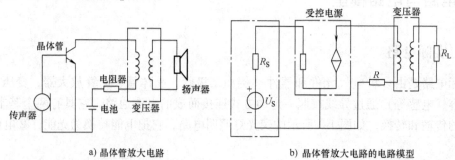

a) 晶体管放大电路   b) 晶体管放大电路的电路模型

图 1-5 晶体管放大电路与电路模型

1.1.3 集总参数电路

电路分析主要研究电路中发生的电磁现象，用电流、电压等物理量来描述其中的过程。电磁能量在空间传播的过程中，如果实际电路的几何尺寸远小于其工作电磁波的波长时，可以认为送到实际电路各处的电磁能量是同时到达的，此时电路尺寸可忽略不计，其中的电磁

传送过程在瞬间完成。满足这种条件的电路，称为集总参数电路；否则，就称为分布参数电路。电路元件是电路中的基本组成单元；电路元件用其参数来表征，例如电阻器、电感器和电容器等可分别用一个参数即电阻、电感和电容来表达。这种能用一个参数或几个参数来表征的理想化电路元件称为集总参数元件。例如我国电力用电的频率是 50Hz，则该频率对应的波长 λ 为 6000km，对于目前我们使用的实验室设备中的电路元件来说，其尺寸远小于这一波长，因此它能满足集总化条件，可以当作集总参数电路元件来分析。

集总参数元件满足：在任何时刻，流入二端元件的一个端子的电流一定等于从另一端子流出的电流，且两个端子之间的电压为单值量。本书的分析对象就是集总参数电路。

思 考 题

1-1 如何理解实际电路与电路模型的区别？举例说明。

1.2 电路的基本物理量

在电路理论中，电流 i、电压 u、电荷 q 和磁通 ϕ 是 4 个基本的物理量。本节主要从电荷与磁链的概念引入电流 i 和电压 u 的概念，并介绍其参考方向。

1.2.1 电流及其参考方向

电荷的定向移动形成电流。单位时间内通过导体横截面的电荷量称为电流，用 $i(t)$ 表示，即

$$i(t) = \frac{\mathrm{d}q}{\mathrm{d}t} \tag{1-1}$$

式中，q 为电荷量，单位为库仑（C）；t 为时间，单位为秒（s）；电流的单位为安培（A）。

当电流的大小和方向不随时间变化时，称其为直流电流，习惯上用大写字母 I 表示。

物理学中规定，正电荷运动的方向为电流的实际方向。但在电路模型的分析过程中，某一段电路电流的实际方向往往难以判断。例如图 1-6 所示的电路，无法判断 ab 段电路所流过电流的实际方向。因此，为了分析方便，我们引入"参考方向"的概念，

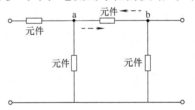

图 1-6 元件电流实际方向的判断

即在分析电路前先任意设定这段电路电流的方向，这个所设定的方向称为电流的参考方向。然后根据参考方向来分析电路，若求解出的电流值 i 大于零，表明电流的实际方向与参考方向相同；若 i 小于零，表明电流的实际方向与参考方向相反。在图 1-7 中，方框表示电路元件，图中所标的方向（用箭头表示）均为电流的参考方向。显然，在图 1-7a 中，$i = 2\text{A}$，表明电流的实际方向是从 a 点流向 b 点；在图 1-7b 中，$i = -3\text{A}$，表明电流的实际方向是从 b 点流向 a 点。

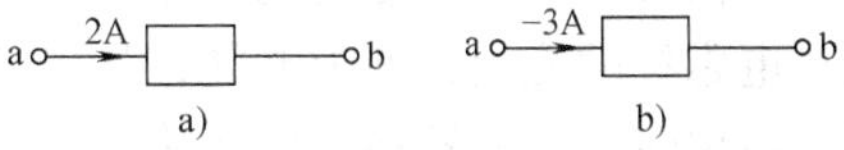

电流的参考方向可用箭头表示，也可用双下标表示，如 i_{ab} 表示其参考方向由 a 指向 b。注意电路中标注的电流方向都是参考方向。

图 1-7 电流的参考方向

1.2.2 电压及其参考方向

电场力将单位正电荷由电场中一点按照一定的路径 l 移动到另一点所做的功定义为这两点之间沿路径 l 的电压，用 $u(t)$ 表示，即

$$u(t) = \frac{\mathrm{d}w}{\mathrm{d}q} \tag{1-2}$$

式中，$\mathrm{d}w$ 表示电场力将 $\mathrm{d}q$ 的正电荷沿路径 l 移动所做的功，单位为焦耳（J）；电荷量 q 的单位为库仑（C）；电压 u 的单位为伏特（V）。

当电压的大小和方向不随时间变化时，称其为直流电压，习惯上用大写字母 U 表示。

与电流类似，为了分析方便引入"参考方向"的概念，即在电路中任意假设电压的正、负极性，这个所设定的方向称为电压的参考方向。电压方向是从"+"极（高电位）指向"–"极（低电位）的，因此通常又用电压的参考极性来代替电压的参考方向。根据这些设定，若求解出的电压值 u 大于零，表明电压的实际方向与参考方向相同；若 u 小于零，表明电压的实际方向与参考方向相反。在图 1-8 中，方框表示电路元件，图中所标的电压方向（或电压极性）均为

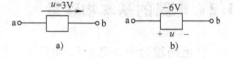

图 1-8 电压的参考方向

参考方向（参考极性）。显然，在图 1-8a 中，$u = 3\mathrm{V}$，表明电压的实际方向是从 a 到 b；在图 1-8b 中，$u = -6\mathrm{V}$，表明电压的实际方向是从 b 到 a。

电压的参考方向可用箭头表示，也可用双下标表示，如 u_{ab} 或 U_{ab}，表示参考方向是从 a 到 b。注意电路中标注的电压方向都是电压的参考方向。

1.2.3 关联参考方向

如上所述，电压、电流的参考方向可以任意设定，并且是相互独立的。如果指定流过元件的电流的参考方向是从标以电压正极性的一端流入，负极流出，则两者参考方向一致，称为关联参考方向。例如在图 1-9 中，方框 A、B 分别代表电源与负载。对于 A，电流 i 和电压 u 的参考方向相同，则 i、u 的参考方向称为关联参考方向。

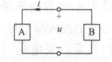

图 1-9 关联参考方向

对于 B，电流 i 和电压 u 的参考方向相反，则 i、u 的参考方向称为非关联参考方向。

思 考 题

1-2 参考方向的作用是什么，如何根据分析结果判定电压、电流的实际方向？

1.3 电路的功率与能量

当任意二端电路通过电流后，该电路总会和外部电路发生能量交换。电路中伴随电压电流的电磁场的能量，称为电能，用 w 表示。功率则是衡量电能转换速率的一个物理量。电路在单位时间内所转换的电能称为瞬时功率，用 $p(t)$ 表示，即

$$p(t) = \frac{\mathrm{d}w}{\mathrm{d}t} \tag{1-3}$$

式中，功率的单位为瓦特（W），电能的单位为焦耳（J）。

在关联参考方向下，有 $u(t) = \frac{\mathrm{d}w}{\mathrm{d}q}$、$i(t) = \frac{\mathrm{d}q}{\mathrm{d}t}$，故瞬时功率又可表示为

$$p(t) = \frac{\mathrm{d}w}{\mathrm{d}t} = u(t)i(t) \tag{1-4}$$

在直流电路分析中，$P = UI$。

在关联参考方向下，电路中的正电荷是从高电位端移动至低电位端，电场力做正功，这说明电路将电能转化为其他形式的能量，因此电路吸收功率；相反则发出功率。由于电压、电流均为代数量，所以按式（1-4）计算的功率值可正可负。若 $p > 0$，表明电路吸收功率；若 $p < 0$，表明电路发出功率。若电压、电流为非关联参考方向，式（1-4）前要加负号，即 $p = -ui$ 或 $P = -UI$。

电路中的各组成部分在能量转换中起不同的作用。电源的作用是把其他形式的能量转换成电能，即提供电功率；负载的作用是把电能转换成其他形式的能量，即吸收电功率；导线的作用是传输及分配电能。

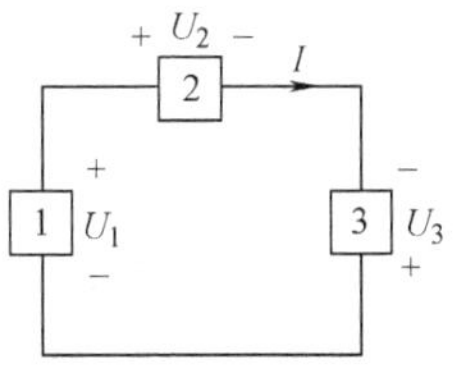

【例 1-1】 在图 1-10 所示的电路中，已知 $I = 2\mathrm{A}$，$U_1 = 10\mathrm{V}$，$U_2 = 6\mathrm{V}$，$U_3 = -4\mathrm{V}$，试问哪些元件是电源？哪些元件是负载？

【解】 （1）由图可知，元件 1 的电压与电流的参考方向为非关联参考方向，则

图 1-10 例 1-1 图

$$P_1 = -U_1 I = (-10 \times 2)\mathrm{W} = -20\mathrm{W}$$

负号说明元件 1 提供功率 20W，即元件 1 是电源。

（2）元件 2 的电压与电流的参考方向为关联参考方向，则

$$P_2 = U_2 I = (6 \times 2)\mathrm{W} = 12\mathrm{W}$$

元件 2 吸收功率 12W，即元件 2 是负载。

（3）元件 3 的电压与电流的参考方向为非关联参考方向，则

$$P_3 = -U_3 I = [-(-4) \times 2]\mathrm{W} = 8\mathrm{W}$$

元件 3 吸收功率 8W，即元件 3 是负载。

设任意二端电路的电压、电流为关联参考方向，从 t_0 到 t 的时间内该电路吸收的能量为

$$w(t) = \int \mathrm{d}w = \int_{q(t_0)}^{q(t)} u \mathrm{d}q = \int_0^t u(\xi)i(\xi)\mathrm{d}\xi \tag{1-5}$$

任何一种电气设备都有一定的电压限额、电流限额及功率限额，称为这些设备的额定电压、额定电流及额定功率。根据负载功率的大小，电路的工作状态有三种，即满载、轻载和过载。满载工作状态称为额定工作状态。在额定工作状态下，元器件或设备的效能得到充分发挥，能源得到充分利用。而元器件或设备在低于额定值下的工作状态叫做轻载工作状态。过于轻载工作状态显然不利于元器件或设备效能的发挥，造成资源浪费，要注意避免。元器件或设备工作在高于额定值时的状态叫做过载工作状态。在过载工作状态下，容易烧毁元器件或设备，一定要严格禁止这种情况的发生。

因此，在使用电气设备时要注意其电流值或电压值是否超过额定值，过载会使设备损坏或

不能正常工作。一般来讲，电器设备铭牌上的电功率是它的额定功率，是对用电设备能量转换的度量。例如"220V，100W"的白炽灯，说明当它两端加 220V 的电压时，可在 1s 内将 100J 的电能转换成光能和热能。当白炽灯通过的电流大大超过其额定电流时，就会烧断灯丝。

思 考 题

1-3　电功率大的用电器，在使用时吸收的电能也一定大，这种说法正确吗？为什么？

1.4　电阻元件

1.4.1　电阻的定义及伏安特性

电阻是实际电路中应用最广泛的一类元件，理想电阻元件是从实际电阻抽象出来的电路模型，用以表示各种实际电阻的电磁特性。例如小灯泡、电炉和二极管等元件的电路模型都可用电阻表示。在电路设计中经常实际应用的电阻元件如图 1-11 所示。

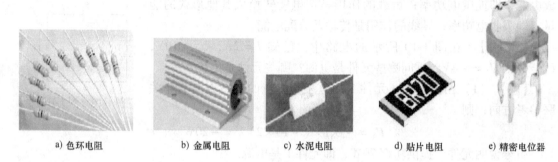

　　a) 色环电阻　　　　　b) 金属电阻　　　　c) 水泥电阻　　　　d) 贴片电阻　　　e) 精密电位器

图 1-11　实际电阻元件

一个二端元件，如果在任一时间 t，其端电压 u 和通过其中的电流 i 之间的关系是由 $u\text{-}i$ 平面上的一条曲线所确定的，则此二端元件称为电阻元件，简称电阻，用 R 表示。$u\text{-}i$ 平面上的这条曲线称为电阻元件的伏安特性曲线。如果伏安特性曲线是一条过原点的直线，如图 1-12a 所示，这样的电阻元件称为线性电阻元件，其电路符号如图 1-13a 所示；如果电阻元件的伏安特性曲线是一条任意的曲线，如图 1-12b 所示，这样的电阻元件称为非线性电阻元件，如二极管等，其电路符号如图 1-13b 所示。本书中所有的电阻元件，除特别指明外，都是指线性电阻元件。

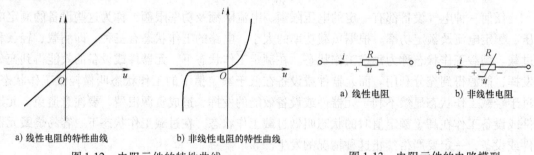

　　a) 线性电阻的特性曲线　　　b) 非线性电阻的特性曲线　　　　　　a) 线性电阻　　　　b) 非线性电阻

图 1-12　电阻元件的特性曲线　　　　　　　　　图 1-13　电阻元件的电路模型

在图 1-13a 所示的 u、i 为关联参考方向的条件下，线性电阻的伏安特性符合欧姆定律，即有

$$u = Ri \tag{1-6}$$

式中，电阻的单位为欧姆，用符号 Ω 表示。在直流电路中，$U = RI$。

当 u、i 为非关联参考方向时，电阻的伏安关系为 $u = -Ri$。直流电路分析中，$U = -RI$。

电阻的倒数称为电导，用符号 G 表示，单位为西门子（S），即

$$G = \frac{1}{R} \tag{1-7}$$

在关联参考方向下，则有 $i = Gu$。直流电路分析中，$I = GU$。

1.4.2　电阻元件的功率和能量

当电压和电流取关联参考方向时，电阻元件的功率为

$$p = ui = Ri^2 = \frac{u^2}{R} \tag{1-8}$$

由于在一般情况下电阻 R 是正实常数，故功率恒为正值，表明电阻吸收功率。

当电压和电流取非关联参考方向时，电阻元件的功率为

$$p = -ui = -i(-Ri) = Ri^2 = \frac{u^2}{R} \tag{1-9}$$

式（1-8）与式（1-9）表示的结论一致，表明电阻吸收功率。因此不论是关联参考方向还是非关联参考方向，电阻元件恒吸收功率并把吸收的电能转换成其他形式的能量消耗掉，因此电阻是无源的耗能元件。电阻元件从时间 t_1 到 t_2 吸收的电能为

$$w = \int_{t_1}^{t_2} ui\mathrm{d}t = R\int_{t_1}^{t_2} i^2 \mathrm{d}t \tag{1-10}$$

1.4.3　开路和短路

理想情况下，电阻有两种特殊值：①电阻值为无穷大，即 $R_L \rightarrow \infty$，流过电阻的电流恒为零，电压任意，称为开路，如图 1-14a 所示，图中粗实线表示为开路电压 u。②电阻值为零，即 $R_L = 0$，电阻两端的电压恒为零，电流任意，称为短路，如图 1-14b 所示，图中粗实线表示为短路电流 i。

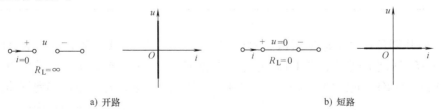

a) 开路　　　　　　　　　　　　　　　　　　b) 短路

图 1-14　开路与短路

在实际工程中，如果电路中某一处因断开而使电阻为无穷大，电流无法正常通过，导致电路中的电流为零，则中断点两端电压为开路电压，一般对电路无太大损害。如果电路中的电源未经过负载而直接由导线接通形成短路，这是一种严重的电路故障，会导致电源因电流

过大而烧毁并发生火灾，因此，除特殊负载要求外，电源正常工作时不允许发生短路。

1.4.4 电阻元件的工程应用基础

电阻是应用最广泛的一种电路元件，在电子设备中约占元件总数的30%以上，其质量的好坏对电路工作的稳定性有极大的影响。电阻经常作为分流器、分压器或者负载使用。

在规定的环境温度和湿度下，假定周围空气不流通，在长期连续负载而不损坏或基本不改变性能的情况下，电阻上允许消耗的最大功率称为电阻的额定功率。为保证安全使用，一般选其额定功率为它在电路中消耗功率的 1～2 倍。额定功率分 19 个等级，常用的有 0.05W、0.125W、0.25 W、0.5 W、1 W、2 W、3 W、5 W、7 W、10 W。

对于固定电阻，可以用色环表示法来表示电阻值和电阻值的允许偏差；在色环电阻中，根据色环的环数多少，分为四色环表示法和五色环表示法。在识别电阻值时，要从色环离引出线较近一端的色环读起。五色环电阻的颜色与阻值的关系如表 1-1 所示。

表 1-1　五色环电阻的颜色与阻值的关系

色	第一色环	第二色环	第三色环	第四色环(倍乘数)	允许偏差(%)
黑	0	0	0	$\times 10^0$	—
棕	1	1	1	$\times 10^1$	±1
红	2	2	2	$\times 10^2$	±2
橙	3	3	3	$\times 10^3$	—
黄	4	4	4	$\times 10^4$	—
绿	5	5	5	$\times 10^5$	±0.5
蓝	6	6	6	$\times 10^6$	±0.25
紫	7	7	7	$\times 10^7$	±0.1
灰	8	8	8	$\times 10^8$	—
白	9	9	9	$\times 10^9$	—
金	—	—	—	$\times 10^{-1}$	±5
银	—	—	—	$\times 10^{-2}$	±10
无色环					±20

图 1-15a 用四色环表示标称阻值和允许偏差，其中，前三条色环表示此电阻的标称阻值，最后一条表示它的偏差；图 1-15b 中色环颜色依次黄、紫、橙、金，则此电阻标称阻值为 $47 \times 10^3 \Omega = 47 k\Omega$，允许偏差 ±5%；图 1-15c 是用五色环表示标称阻值和允许偏差。

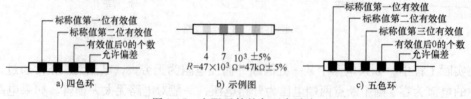

图 1-15　电阻元件的色环表示法

【例 1-2】　在图 1-16 所示电路中，已知电阻 R 两端的电压 $U = 10\text{V}$，欲使流过 R 的电流 $I = 10\text{mA}$，如何选取电阻 R？

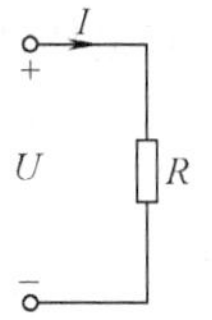

【解】　根据欧姆定律有

$$U = RI$$

则

$$R = \frac{U}{I} = \frac{10\text{V}}{10 \times 10^{-3}\text{A}} = 1\text{k}\Omega$$

图 1-16　例 1-2 图

电阻 R 消耗的功率为

$$P = I^2 R = (0.01^2 \times 1 \times 10^3)\text{W} = 0.1\text{W}$$

考虑到留有一定的裕量，所以选用 $1\text{k}\Omega$、$\frac{1}{4}\text{W}$ 的精密电阻较为合适。

思　考　题

1-4　两个额定值分别是"110V，40W"、"110V，100W"的灯泡，能否串联后接到 220V 的电源上使用？当两只灯泡的额定功率相同，情况又如何？

1.5　电压源与电流源

电源是电路的主要组成部分，所谓独立电源是指能主动向外电路提供能量或电信号的有源电路元件，且提供的电压或电流与外电路无关。如图 1-17 所示的干电池、蓄电池、直流稳压电源、发电机等都是独立电源的实例。另外像扩音器用的传声器（话筒），收音机磁棒上的线圈都能提供电信号，统称为信号源。本章内容不讨论独立电源的构造及内部工作原理，只抽象地讨论其端口特性。根据独立电源提供电压、电流的不同，独立电源可分为独立电压源和独立电流源。当独立电源所提供的电流或电压是不随时间而变动的物理量时，称其为直流电源。本章所研究的电源指的都是直流电源。

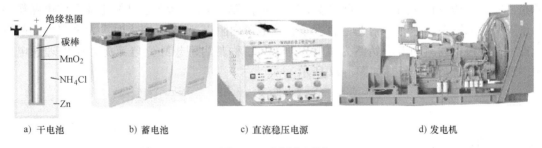

a) 干电池　　　　b) 蓄电池　　　　c) 直流稳压电源　　　　d) 发电机

图 1-17　实际电压源

1.5.1　实际电压源与理想电压源

实际电气设备中所用的电压源需要输出较为稳定的电压，即当负载电流改变时，电压源所输出的电压值尽量保持或接近不变。但实际电压源总是存在内阻，因此当负载的电流增大时，电压源的端电压总会有所下降。实际电压源及伏安特性如图 1-18 所示。为了使设备能够稳定运行，工程应用中希望电压源的内阻越小越好。在理想情况下，当电压源的内阻 R_s

等于零时，无论通过它的电流为何值，电压源输出的电压始终为恒值，即为 U_S，则称其为理想独立电压源，简称理想电压源。理想电压源及伏安特性如图 1-19 所示。

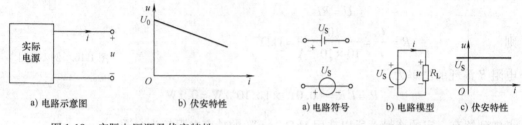

图 1-18　实际电压源及伏安特性　　　　图 1-19　理想电压源及伏安特性

理想电压源具有两个重要的特点，即

1）它对外电路提供的端电压 U_S 是恒定值（或是确定的时间函数），与流过它的电流无关，即与接入电路的方式无关。

2）流过理想电压源的电流由它本身与外电路共同决定，即与它相连接的外电路有关。

当理想电压源按图 1-20 接入电路时，电压、电流为非关联参考方向，电压源的功率为

$$P = -u_S(t)i(t)$$

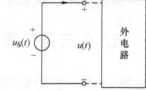

图 1-20　理想电压源的功率计算

若功率值 $P < 0$，则表明电压源发出功率，起电源作用；

若功率值 $P > 0$，则表明电压源吸收功率，起负载作用。

1.5.2　实际电流源与理想电流源

能够提供基本不变的电流的独立电源称为独立电流源。实际电气设备中所用的独立电流源是由实际电压源转换的，是靠自动改变端电压来维持恒定电流的。实际电流源的电路模型及伏安特性如图 1-21 所示。在理想情况下，当电源内阻 R_S 趋向无穷大时，无论它两端的电压如何，电流源输出的电流始终为恒值，即为 i_S，称其为理想独立电流源，简称理想电流源。理想电流源及伏安特性如图 1-22 所示。

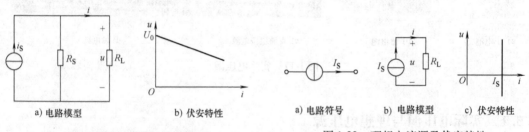

图 1-21　实际电流源及伏安特性　　　　图 1-22　理想电流源及伏安特性

理想电流源也具有两个重要的特点，即

1）它对负载提供的电流 I_S 是恒定值（或是确定的时间函数），与它两端的电压无关，即与接入电路的方式无关。

2）加在理想电流源两端的电压由它本身与外电路共同决定，即与它相连接的外电路有关。

当理想电流源按图1-23接入电路时，电压、电流为非关联参考方向，理想电流源的功率为

$$P = -u(t)i_S(t)$$

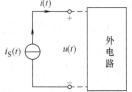

图1-23　理想电流源的功率计算

若功率值 $P<0$，则表明电流源发出功率，起电源作用；

若功率值 $P>0$，则表明电流源吸收功率，起负载作用。

思　考　题

1-5　在实际应用中，电压源在使用的时候不能将其直接短路，电流源在使用时不能将其开路，为什么？

1.6　基尔霍夫定律

电路是由一些电路元件按一定的方式相互连接而成的整体，电路中各个元件上的电压和电流满足两种客观规律：一类是由元件本身的特性决定的规律，例如电阻元件满足欧姆定律；另一类是由元件的相互连接即电路的拓扑结构决定的规律，即任何集总参数电路满足的基尔霍夫定律。

1847年，德国物理学家 G. R. 基尔霍夫（G. R. Kirchhoff）提出了基尔霍夫定律，阐明了集总参数电路中与各结点相连的所有支路电流所满足的关系和与各回路相关的所有支路电压所满足的关系。该定律包含两个内容：一是基尔霍夫电流定律（Kirchhoff's Current Law，KCL）；二是基尔霍夫电压定律（Kirchhoff's Voltage Law，KVL）。基尔霍夫定律是分析集总参数电路的重要定律，是电路理论的奠基石。

1.6.1　几个基本概念

在电路模型中，单个电路元件或若干个电路元件的串联构成电路的一个分支。电路中的每个分支称为支路。例如图1-24中的 ab、ad、aec、bc、bd、cd 都是支路，其中 aec 是由三个元件串联构成的支路，ad 是由两个元件串联构成的支路，其余4个都是由单个元件构成的支路。电路中2条及2条以上支路的连接点称为结点。如图1-24中的 a、b、c、d、e 都是结点。电路中的任一闭合路径称为回路。如图1-24中的 abda、bcdb、abcda、aecda、aecba 等都是回路。在平面电路中，如果回路内部不包含其他任何支路，这样最小的回路称为网孔。如图1-24中的回路 aecba、abda、bcdb 都是网孔。因此，网孔一定是回路，但回路不一定是网孔。

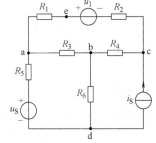

1.6.2　基尔霍夫电流定律

基尔霍夫电流定律（KCL）表述为：在集总参数电路中，在任一时刻，流入或流出任一结点或封闭面的所有支路电流的代数和等于零，即

$$\sum i = 0 \qquad (1-11)$$

图1-24　概念解释电路

KCL 实质上是电流连续性的体现，即在任何瞬间，流入该结点的电流等于流出该结点的电流。

基于 KCL 列写电路方程时，必须先标出与结点相关的各支路电流的参考方向，一般对已知电流，可按实际方向标定；对未知电流，其参考方向可任意选定。只有在参考方向选定之后，才能确立各支路电流在电路方程式中的正、负号。对式（1-11），本教材中规定，流入结点的电流为正，流出结点的电流为负。

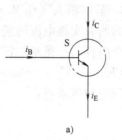

图 1-25　KCL 方程

下面以图 1-25 所示的电路为例，对于结点①共有三条支路 1、4、6 与它相连，根据三个电流的参考方向，由基尔霍夫电流定律就可写出电流方程，即

结点①：$-i_1 - i_4 - i_6 = 0$

同理，对于其余结点有

结点②：$i_1 - i_2 - i_3 = 0$

结点③：$i_2 + i_5 - i_7 = 0$

结点④：$i_4 - i_5 = 0$

结点⑤：$i_3 + i_6 + i_7 = 0$

KCL 适用于任何集总参数电路，它与元件的性质无关。由 KCL 所得到的电路方程是线性的代数方程，它表明了电路中与结点相连接的各支路电流所受的线性约束。

KCL 虽然是对电路中任一结点而言的，根据电流的连续性原理，它可推广应用于电路中的任一假想曲面，这一曲面称为广义结点。对任一广义结点来说，各电流仍然满足 KCL。例

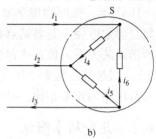

图 1-26　KCL 的推广应用

如图 1-26a 所示晶体管电路模型，穿越封闭面 S 所围成闭合曲面的三条支路电流满足 $i_B + i_C - i_E = 0$；图 1-26b 中穿越封闭面 S 所围成闭合曲面的三条支路电流满足 $i_1 + i_2 - i_3 = 0$。

【例 1-3】　在图 1-27 所示直流电路中，已知 $I_1 = -2A$，$I_2 = 6A$，$I_3 = 3A$，$I_5 = -3A$。求电流 I_4 和 I_6。

【解】　根据图 1-27 所示电流的参考方向，对结点 a，根据 KCL 列出方程，有

$$I_1 + I_2 - I_3 - I_4 = 0$$

代入已知电流值，得

$$(-2) + 6 - 3 - I_4 = 0$$

解得　　　　　　　$I_4 = 1A$

对结点 b，根据 KCL 列出方程，有

$$I_4 + I_5 + I_6 = 0$$

代入已知电流值，得

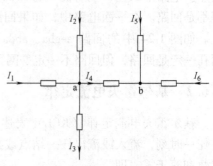

图 1-27　例 1-3 图

$$1 + (-3) + I_6 = 0$$

解得 $\qquad\qquad\qquad\qquad\qquad I_6 = 2\mathrm{A}$

1.6.3　基尔霍夫电压定律

基尔霍夫电压定律（KVL）表述为：在集总参数电路中，在任一时刻，沿任一回路绕行一周，则该回路的各段支路电压的代数和为零，即

$$\sum u = 0 \qquad\qquad (1\text{-}12)$$

KVL 实质上是电位单值性的体现，即当电路选定电位参考点以后，其余各结点都具有一定的电位值。电路中两个结点之间的电压只与两端结点有关，而与所取的路径无关。

基于 KVL 列写电路方程时，必须先标出与回路相关的各支路电压的参考方向，然后任意选择顺时针或逆时针方向作为回路绕行方向，各支路电压取值的正、负与绕行方向有关。对式（1-12），本教材中规定，当支路电压的方向与所选的回路绕行方向一致时取正；反之取负。

下面以图 1-28 为例，列出相应回路的基尔霍夫电压方程。假设三个回路绕行方向均为顺时针，各支路电压的参考方向如图所示。

对于回路 1，KVL 方程为

$$u_1 + u_3 - u_6 = 0$$

对于回路 2，KVL 方程为

$$u_2 + u_7 - u_3 = 0$$

对于回路 3，KVL 方程为

$$u_4 + u_5 - u_2 - u_1 = 0$$

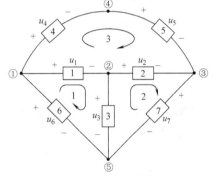

KVL 只与电路结构有关，而和支路中元件的参数无关。根据 KVL 所得到的电路方程是线性代数方程，它表明了电路中与回路相关联的各支路电压所受的线性约束。

图 1-28　KVL 方程

KVL 不仅适用于闭合回路，也可推广到结构不闭合（开口）回路，这种结构不闭合的回路称为广义回路，如图 1-29 所示，应用 KVL 可列出 $u_1 + u_2 - u_3 = 0$，即 $u_3 = u_1 + u_2$。

【例 1-4】　在图 1-30 所示电路中，求电流 I 和电压 U。

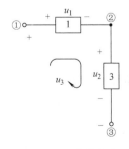

图 1-29　KVL 的推广应用

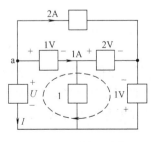

图 1-30　例 1-4 图

【解】　列结点 a 的 KCL 电流方程，有

$$-I - 1 - 2 = 0$$

解得

$$I = -3\text{A}$$

选择回路 1 的绕行方向如图所示，列回路 1 的 KVL 方程

$$-U + 1 + 2 - 1 = 0$$

解得

$$U = 2\text{V}$$

1.6.4 电路定律在直流电路中的应用

欧姆定律和基尔霍夫定律是电路分析中常用的基本定律，应用它们可以方便地求解直流电路。

【例 1-5】 试写出图 1-31 所示支路电压 U 与电流 I 之间的关系。

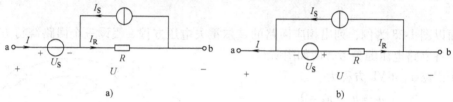

图 1-31 例 1-5 图

【解】 支路的电压、电流关系可根据欧姆定律及 KCL、KVL 写出。
对图 1-31a 有

$$U = U_S + R(I + I_S)$$

对图 1-31b 有

$$U = -U_S + R(-I + I_S)$$

【例 1-6】 求图 1-32 电路中的电流 I_1 和 I_2。

【解】 设回路 1 的绕行方向如图 1-32 所示，列回路 1 的 KVL 方程

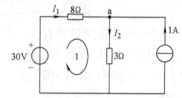

图 1-32 例 1-6 图

$$-30 + 8I_1 + 3I_2 = 0$$

列结点 a 的 KCL 方程

$$I_1 - I_2 + 1 = 0$$

解上面两个方程得

$$I_1 = 2.45\text{A} \qquad I_2 = 3.45\text{A}$$

【例 1-7】 电路如图 1-33a 所示。求电流 I_1、I_2、I_3 和电压 U_1、U_2。

【解】 设三个回路的绕行参考方向如图 1-33b 所示。

I_1 就是理想电流源的电流，即

$$I_1 = 5\text{A}$$

由欧姆定律求出 I_2，即

$$I_2 = -\frac{10}{2+3}\text{A} = -2\text{A}$$

式中，负号表示 I_2 的参考方向与实际方向相反。

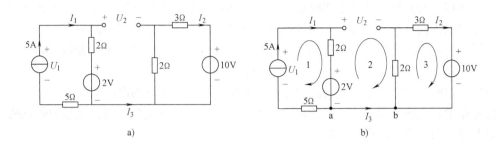

图 1-33　例 1-7 图

电流 I_3 可通过作一穿过 I_3 所在支路的闭合面得到。因该闭合面只有这一个支路穿过，根据 KCL 有

$$I_3 = 0$$

U_1 可对回路 1 应用 KVL 得

$$U_1 = 2I_1 + 2 + 5I_1 = 7I_1 + 2 = (7 \times 5 + 2)\,V = 37V$$

U_2 可对回路 2 应用 KVL 得

$$U_2 = 2I_1 + 2 + 2I_2 = [2 \times 5 + 2 + 2 \times (-2)]\,V = 8V$$

注意：I_3 也可对结点 a 或 b 应用 KCL 进行求解；U_2 也可通过其他的回路进行求解；但一般不选含电流源支路的回路，除非电流源两端的电压已经求出。

1.7　电位及其计算

在电路实际工作中，经常要用电位的概念对电路的工作情况进行分析。电位是指，在电路中取任意一结点 o 作为参考点，把由某结点 a 到此参考点的电压 U_{ao} 称为该结点的电位 V_a，即 $U_{ao} = V_a$。在此规定下，参考点的电位为零，即 $V_o = 0$。理论上，参考点的选取是任意的。但在实际应用中，由于大地的电位比较稳定，所以以大地作为电路的参考点。有些设备和仪器的底盘、机壳需要接地，所以也可选取与接地极相连的底盘或机壳作为电路的参考点。在工程应用中，大多数电子设备的诸多元件汇集到一个公共点，为方便分析和研究，

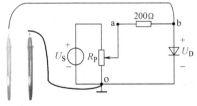

a) 二极管的正向伏安特性的电位测量

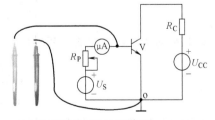

b) 晶体管的输入特性的电位测量

图 1-34　直流电位的测量

也常把此公共点作为电路的参考点。在电路图或电子仪器设备中，公共点本身的电位为0V，用符号"⊥"来表示。例如在检测电路时，选取公共点作为参考点，用电压表的负极表笔与该点相连接，而正极表笔接需要测量的各点，测量它们的电位是否正常，即可查找出故障点。二极管的正向伏安特性和晶体管的输入特性的直流电位测量如图1-34所示。

有了电位的概念之后，由a点到b点的电压就可以用两点电位的关系表示，即

$$U_{ab} = V_a - V_b \tag{1-13}$$

式（1-13）说明电路中任意两点之间的电压在数值上等于这两点的电位之差。

在电路中，电位是相对的，电压是绝对的。参考点选取的位置不同，电路中各点的电位将随之改变；而电路中两点之间的电压是不变的。

电位的计算步骤如下：

1）任选电路中某一点为参考点，设其电位为零；

2）标出各电流和电压的参考方向；

3）计算各点至参考点间的电压即为各点的电位。

引入电位的概念后，使电路分析更为简便，下面举例说明。

【例1-8】 在图1-35a中，分别设a、b为参考点。试求a、b、c、d各点的电位。

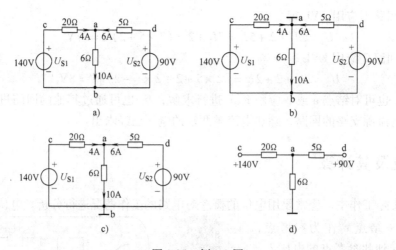

图1-35 例1-8图

【解】 根据电位的概念，设a点为参考点，如图1-35b所示。因为 $V_a = 0V$，所以

$$V_b = U_{ba} = (-10 \times 6)V = -60V$$

$$V_c = U_{ca} = (4 \times 20)V = 80V$$

$$V_d = U_{da} = (5 \times 6)V = 30V$$

设b点为参考点，如图1-35c所示。因为 $V_b = 0V$，所以

$$V_a = U_{ab} = (10 \times 6)V = 60V$$

$$V_c = U_{cb} = U_{S1} = 140V$$

$$V_d = U_{db} = U_{S2} = 90V$$

利用电位的概念可以简化电路图，习惯上在电路图中不画出电源，而是在电源的非接"地"的一端标出其电位的极性及数值，如图1-35c可以简化成图1-35d的习惯画法。

【例 1-9】　求图 1-36 所示电路中 a 点的电位值。若开关 S 闭合，a 点电位值又为多少?

【解】　当 开关 S 断开时，三个电阻串联。电路两端的电压为

$$U = [12 - (-12)]V = 24V$$

电流方向由 +12V 经三个电阻至 -12V，20kΩ 电阻两端的电压为

$$U_{20k\Omega} = 20 \times \frac{24}{6+4+20}V = 16V$$

根据电压与电位的关系得

$$V_a = 12 - U_{20k\Omega} = (12-16)V = -4V$$

开关 S 闭合后，有

$$V_a = \frac{12}{4+20} \times 4V = 2V$$

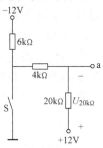

图 1-36　例 1-9 图

【扩展阅读】　防电击接地电路

电气设备的金属外壳或机架通过接地装置与大地直接连接，其目的是防止设备的金属外壳带电而造成触电的危险。当人体触及到外壳已带电的电气设备时，由于接地体的接触电阻远小于人体电阻，绝大部分电流经接地体进入大地，只有很小部分流过人体，不致于对人的生命造成危害。保护地可以直接接在电气的安全接地网上，其接地电阻一般小于 10Ω。常人的人体电阻一般在 700～800Ω 左右。图 1-37a 和 1-37b 分别表示了设备外壳接地的情况和对应的电路模型。

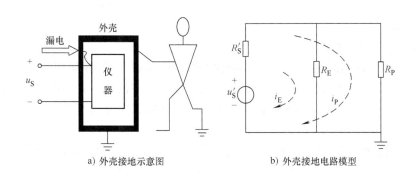

a) 外壳接地示意图　　　　　b) 外壳接地电路模型

图 1-37　防电击接地电路

其中 u_S 表示电源电压，u_S' 表示漏电电压，R_S' 表示漏电电源的内电阻，R_E 和 R_P 分别表示外壳接地电阻和人体电阻。由于 $R_E \ll R_P$，所以大部分漏电电流经外壳地线流向大地。显然，外壳接地电阻越小，流过人体的电流也就越小。所以，人体接触外壳接地的电气设备就比较安全。

本 章 小 结

1. 电路与电路模型

电路理论研究的对象是由理想电路元件构成的电路模型。实际电路元器件的电磁特性是

多元的、复杂的,而各种理想电路元件的电磁特性都是单一的、简单的,即它们各自具有精确定义、表征参数、伏安特性和能量特性。

2. 电流、电压的参考方向

电路分析的主要变量有电压、电流和电功率等。在分析电路时,电流、电压的参考方向是重要的概念,必须熟练掌握和正确运用。当电流的参考方向由电压参考方向的正极性流入,负极性流出,则称电流、电压的参考方向为关联参考方向。

3. 功率

在关联参考方向下,功率 $p(t) = \dfrac{\mathrm{d}w}{\mathrm{d}t} = u(t)i(t)$;若 $p > 0$,则表明电路吸收功率;若 $p < 0$,则表明电路发出功率。

4. KCL 和 KVL

KCL 和 KVL 是电路中两个非常重要的基本定律,它们只取决于电路的连接方式,与元件的性质无关。KCL 是电流连续性原理的体现,KVL 是电位单值性原理的体现。凡是集总参数电路,任何时刻都遵循这两条定律。应用 KCL、KVL 列写方程式时,必须注意电压、电流的参考方向以及回路的绕行方向。

5. 电阻元件

电阻是实际电路中应用最广泛的一类元件,线性电阻的伏安特性满足欧姆定律,即在关联参考方向下,$u = Ri$。电阻是恒吸收功率的,即 $P = ui = Ri^2 = \dfrac{u^2}{R}$。掌握电阻元件的应用是工程应用的基础。

6. 实际电源与理想电源

实际电源具有两种电路模型:一是由电阻与理想电压源串联构成的电压源模型,二是由电阻与理想电流源并联构成的电流源模型。理想电压源为零值时,它相当于短路;理想电流源为零值时,它相当于开路;而实际的电压源不允许短路,实际的电流源不允许开路。

7. 电位

电路中某一点电位等于该点与参考点之间的电压,计算电位时与所选择的路径无关。选择不同的参考点,各点的电位会随之改变,但是两点之间的电位差是不变的。

习 题

1-1 已知部分电路的端口特性如图 1-38 所示。(1) 说明各部分电路的端口电压、电流参考方向是否为关联参考方向?(2) 试求各部分电路的功率,并指出是发出功率还是吸收功率。

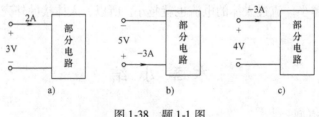

图 1-38 题 1-1 图

1-2 写出图 1-39 所示电路中各支路的伏安关系。

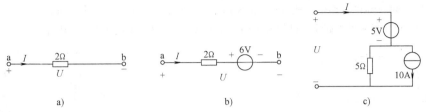

图 1-39　题 1-2 图

1-3　一只"100Ω、100W"的电阻与 120V 电源相串联，至少要串入多大的电阻 R 才能使该电阻正常工作？电阻 R 上消耗的功率又为多少？

1-4　需要为一应用电路选取熔丝，可选熔丝标出的熔断电流分别为 1.5A、3A、4.5A 和 5A。如果供电电压为 100V，最大允许耗电功率为 450W，则应该选哪种熔丝？为什么？

1-5　图 1-40 中，方框代表某一电路元件，试求各元件的功率，并验证功率守恒定律。

1-6　如图 1-41 所示电路，试求电流 I_1，并计算各元件吸收的功率。

图 1-40　题 1-5 图　　　　　　　图 1-41　题 1-6 图

1-7　在图 1-42a、b 所示的电路中，若 $I = 0.6A$，试计算 R；在图 1-42c、d 所示的电路中，若 $U = 0.6V$，则试计算 R。

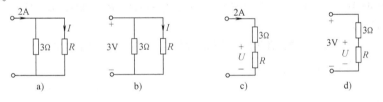

图 1-42　题 1-7 图

1-8　根据基尔霍夫定律求出图 1-43 电路中各元件的未知电流和电压。

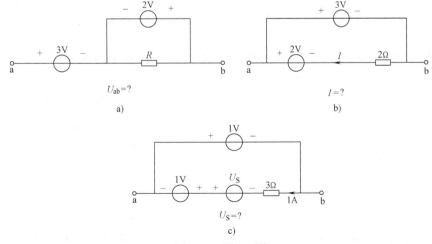

图 1-43　题 1-8 图

1-9 在图 1-44 所示的电路中，已知 $u_1 = u_3 = 1V$，$u_2 = 4V$，$u_4 = u_5 = 2V$。求电压 u_x。

1-10 在图 1-45 所示的电路中，已知 $i_1 = 2A$，$i_2 = 3A$，$i_6 = 1A$，求电流 i_3、i_4 和 i_5。

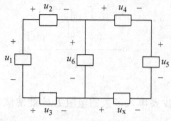

图 1-44 题 1-9 图

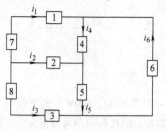

图 1-45 题 1-10 图

1-11 已知电路如图 1-46 所示。试求电流 I 和电压 U。

1-12 求图 1-47 所示电路中的开路电压 U_{ab}。

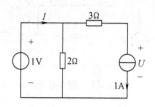

图 1-46 题 1-11 图

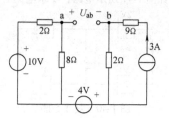

图 1-47 题 1-12 图

1-13 在图 1-48 所示的电路中，已知电流 $I = 10mA$，$I_1 = 6mA$，$R_1 = 3k\Omega$，$R_2 = 1k\Omega$，$R_3 = 2k\Omega$。求电流表 A_4 和 A_5 的读数。

1-14 在图 1-49 所示的电路中，有几条支路和几个结点？U_{ab} 和 I 各等于多少？

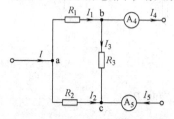

图 1-48 题 1-13 图

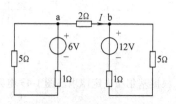

图 1-49 题 1-14 图

1-15 在图 1-50 所示的电路中，分别计算开关 S 打开与闭合时 a、b 两点的电位。

1-16 求图 1-51 电路中 a 点的电位。

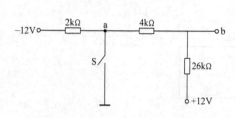

图 1-50 题 1-15 图

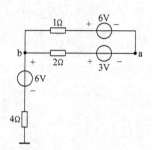

图 1-51 题 1-16 图

1-17　图 1-52 是用两个 10V 的直流电压源、两个 10kΩ 电阻和一个 20kΩ 的电位器（可调电阻）组成的直流电路，试求输出电压 U_o 的变化范围。

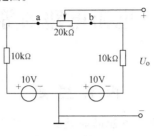

图 1-52　题 1-17 图

第2章 电阻电路的等效变换

内 容 提 要

本章主要介绍等效变换的概念、电阻的等效变换、独立电源和受控电源的等效变换及输入电阻等。

【引例】 分析电路的基本方法是根据欧姆定律和基尔霍夫定律来列写方程并求解，但是在电路结构复杂、支路较多时，列出方程的数目也较多，求解繁琐。在此情况下，通常可以将不包含待求电压和电流的部分电路加以等效化简。例如电桥测温电路的实物图、原理图分别如图2-1a、b所示，如何等效化简电桥测温电路？学完本章内容就可得出解答。

 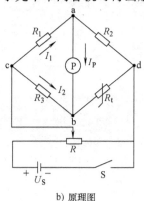

a) 实物图　　　　　　　　　　　b) 原理图

图 2-1　电桥测温电路

2.1 等效变换

电路理论中，通常是根据电路所含元件的性质对电路进行分类。仅由电源和电阻元件构成的电路，称为电阻电路。如果所含的电源和电阻元件都是线性的，则称为线性电阻电路；如果所含电源和电阻元件中至少有一个是非线性的，则称为非线性电阻电路。引例中的电桥测温电路就是线性电阻电路。根据欧姆定律和基尔霍夫定律列写的方程将是线性的代数方程，但因电路中电阻支路较多，列出方程的数目较多，手工求解繁琐。如果能够利用电路的某些特性将电路的结构形式进行变换，则可以通过简化电路求解出电路的部分电流和电压。简化电路的主要依据是等效变换。

2.1.1 一端口网络的定义

具有两个端子的部分电路，称为二端网络，如图2-2a所示。根据KCL，流入二端网络一个端子的电流必定等于流出另一端子的电流，这样两个端子构成了一个"端口"，因此二端网络又称为一端口网络，如图 2-2b 所示。

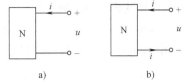

一端口网络两个端子间的电压 u 和流经端子的电流 i 分别称为端口电压和端口电流，它们之间的关系称为端口的伏安特性，简称端口特性，用 $u=f(i)$ 或 $i=f(u)$ 来表示。若一端口网络仅由无源元件构成，则称为无源一端口网络；若一端口网络内部含有独立电源，则称为含源一端口网络。

图 2-2　二端网络和一端口网络

2.1.2　一端口网络的等效变换

两个结构不同的一端口网络 N_1 和 N_2，如果它们的端口特性完全相同，则这两个一端口网络 N_1 和 N_2 是互相等效的，如图 2-3 所示。等效的本质是两个一端口网络的端口伏安特性曲线相同。尽管这两个网络可以具有完全不同的结构，但对外电路来说却具有相同的影响，就是说满足同一伏安约束关系的网络不是唯一的。

图 2-3　一端口网络的等效

需要注意的是，等效仅对端口的外部电路而言。等效电路只能用来计算端口及端口外部电路的电流和电压。

等效变换的概念在电路理论中应用广泛。利用等效变换将图 2-4a 中的部分电路 N 用图 2-4b 中的电路 N′代替，不影响原电路中未作变换的任何一条支路中的电压和电流，将结构复杂的一端口网络进行了简化，即等效变换就是为了简化电路。

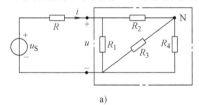 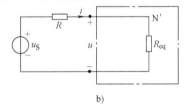

图 2-4　等效变换举例

思　考　题

2-1　如何理解等效变换是仅对外电路等效？举例说明。

2.2　电阻的等效变换

2.2.1　电阻的串联

由若干个电阻首尾依次连接成一个无分支的一端口网络，各电阻流过相同的电流值，这种连接方式称为串联。图 2-5a 为一个由 n 个电阻构成的串联电路。

1. 等效电阻 R_{eq}

对于图 2-5a 所示的串联电阻电路应用 KVL，有

$$u = u_1 + u_2 + \cdots + u_k + \cdots + u_n$$

根据 KCL 和欧姆定律，有

$$u = R_1 i + R_2 i + \cdots + R_k i + \cdots + R_n i = (R_1 + R_2 + \cdots + R_k + \cdots + R_n)i = R_{eq} i$$

所以，串联电阻电路的等效电阻等于所串联的所有电阻之和，即

$$R_{eq} = R_1 + R_2 + \cdots + R_n = \sum_{k=1}^{n} R_k \tag{2-1}$$

串联电阻所组成的一端口网络 N_1，可以用一个电阻来等效为 N_2，如图 2-5b 所示。

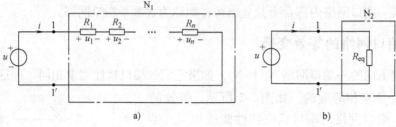

图 2-5　电阻的串联

2. 分压公式

若已知串联电阻电路两端承受的总电压，求各分电阻上的电压称为分压。图 2-5a 所示串联电路中的电流为

$$i = \frac{u}{R_1 + R_2 + \cdots + R_n} = \frac{u}{\sum_{k=1}^{n} R_k} = \frac{u}{R_{eq}}$$

则第 k 个电阻 R_k 上的电压为

$$u_k = R_k i = R_k \frac{u}{R_{eq}} = \frac{R_k}{R_{eq}} u < u \tag{2-2}$$

如果只有两个电阻串联，则

$$u_1 = \frac{R_1}{R_1 + R_2} u$$

$$u_2 = \frac{R_2}{R_1 + R_2} u$$

电阻串联，各分电阻上的电压与电阻值成正比，电阻值大者分得的电压大。因此串联电阻电路可作分压电路。

【例 2-1】　在图 2-6 所示的电路中，电压表 V 的量程为 10V，内阻为 1MΩ，今要将其量程扩大到 100V，试问应串联多大的电阻？

【解】　分别用 U_g 和 R_g 表示电压表的量程和内阻，用 R_S 表示电压表串联的电阻。根据两电阻串联的分压公式有

$$U_g = \frac{R_g}{R_g + R_S} \times 100\text{V} = 10\text{V}$$

解之得，应串联的电阻为

$$R_S = \frac{100 R_g - 10 R_g}{10} = 9 R_g = 9\text{M}\Omega$$

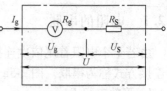

图 2-6　例 2-1 图

2.2.2　电阻的并联

由若干个电阻首尾两端分别连接在一起构成一个一端口网络,各电阻承受的电压值相同,这种连接方式称为并联。图 2-7a 为一个由 n 个电阻构成的并联电路。

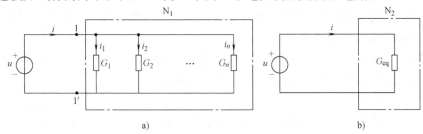

图 2-7　电阻的并联

1. 等效电导 G_{eq}

对于图 2-7a 所示的并联电阻电路应用 KCL,有

$$i = i_1 + i_2 + \cdots + i_k + \cdots + i_n$$

根据 KVL 和欧姆定律,有

$$i = G_1 u + G_2 u + \cdots + G_k u + \cdots + G_n u = (G_1 + G_2 + \cdots + G_k + \cdots + G_n)u = G_{eq}u$$

所以,并联电阻电路的等效电导等于所并联的所有电导之和,即

$$G_{eq} = G_1 + G_2 + \cdots + G_n = \sum_{k=1}^{n} G_k \tag{2-3}$$

并联电阻所组成的一端口网络 N_1,可以用一个电导来等效为 N_2,如图 2-7b 所示。

由此可见,在串联电路中用电阻比较方便,在并联电路中则用电导比较方便。然而在工程上一般习惯于用电阻,电导则用得较少。因此用电阻来表示式 (2-3),有

$$\frac{1}{R_{eq}} = \frac{1}{R_1} + \frac{1}{R_2} + \cdots + \frac{1}{R_n} = \sum_{k=1}^{n} \frac{1}{R_k} \tag{2-4}$$

特别是当两个电阻并联时,等效电阻为

$$R_{eq} = \frac{R_1 R_2}{R_1 + R_2} \tag{2-5}$$

2. 分流公式

若已知并联电阻电路端口流过的总电流,求各分电阻上的电流称为分流。图 2-7a 所示并联电路两端的电压为

$$u = \frac{i}{G_1 + G_2 + \cdots + G_n} = \frac{i}{\sum\limits_{k=1}^{n} G_k} = \frac{i}{G_{eq}}$$

则第 k 个电阻 R_k 上的电流为

$$i_k = G_k u = G_k \frac{i}{G_{eq}} = \frac{G_k}{G_{eq}} i < i \tag{2-6}$$

如果只有两个电阻并联,则

$$i_1 = \frac{R_2}{R_1 + R_2} i$$

$$i_2 = \frac{R_1}{R_1 + R_2} i$$

电阻并联，各分电阻上的电流与电导值成正比，电导值大者（电阻值小者）分得的电流大。因此并联电阻电路可作分流电路。

【例2-2】 在图2-8所示的电路中，电流表 A 的量程为 1mA，内阻为 2kΩ，今要将其量程扩大到 10mA，试问应并联多大的电阻？

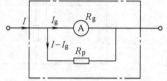

图2-8 例2-2 图

【解】 分别用 I_g 和 R_g 表示电流表的量程和内阻，用 R_p 表示电流表并联的电阻。根据两电阻并联的分流公式有

$$I_g = \frac{R_p}{R_g + R_p} \times 10 \times 10^{-3} = 1 \times 10^{-3} \text{A}$$

化简得
$$0.9 R_p = 0.1 R_g$$

即应并联的电阻为
$$R_p = \frac{0.1 R_g}{0.9} = \frac{2 \times 10^3}{9} \Omega \approx 222.22\Omega$$

2.2.3 电阻的混联

电路中既有电阻的串联又有电阻的并联，通常称之为混联电路。判别电路的串并联关系一般应掌握以下4点：①看电路的结构特点。若两电阻是首尾相连就是串联，是首首尾尾相连就是并联；②看电压、电流关系。若流经两电阻的电流是同一个电流，那就是串联；若两电阻上承受的是同一个电压，那就是并联；③对电路作变形等效。如左边的支路可以扭到右边，上面的支路可以翻到下面，弯曲的支路可以拉直等；对电路中的短路线可以任意压缩与伸长；对多点接地可以用短路线相连。如果真正是电阻串联电路的问题，都可以判别出来；④找出等电位点。对于具有对称特点的电路，若能判断某两点是等电位点，则根据电路等效的概念，断开支路电流为零的支路，从而得到电阻的串并联关系。

混联电路的一般计算步骤是先求总电阻（或总电导），然后求总电流（或总电压），最后根据分流或分压关系求出结果。注意区分哪些电阻是短接的或是悬空（开路）的。

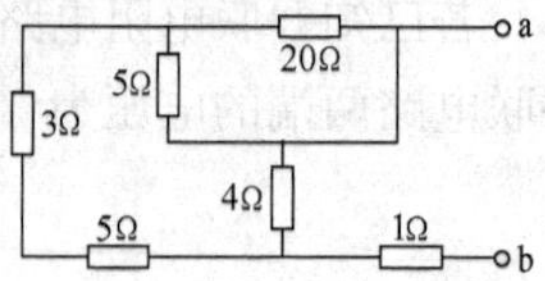

【例2-3】 试求图2-9电路中 ab 端的等效电阻 R_{ab}。

【解】 观察电路的连接方式可见，5Ω 和 20Ω 电阻为并联，然后与 3Ω 和 5Ω 电阻串联，等效成一个电阻 R'，即

$$R' = \left(\frac{5 \times 20}{5 + 20} + 3 + 5\right)\Omega = 12\Omega$$

图2-9 例2-3 图

12Ω 电阻再与 4Ω 电阻并联后串联 1Ω 电阻就得到 ab 端的等效电阻，即

$$R_{ab} = \left(1 + \frac{12 \times 4}{12 + 4}\right)\Omega = 4\Omega$$

【例2-4】 试求图2-10电路中的电流 I_x。

【**解**】　从电源端观察电路的连接方式可见，R_4 和 R_5 电阻并联与 R_3 电阻串联后再与电

阻 R_2 并联，最后与电阻 R_1 串联。首先求出电路中电压源两端

的等效电阻 R。根据电阻的串联、并联等效电阻的计算方法，

则有

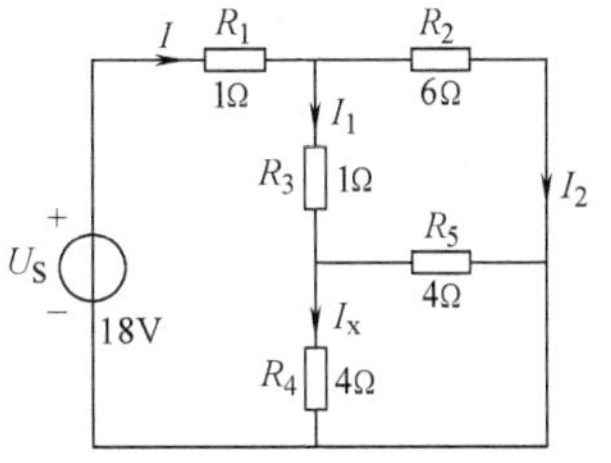

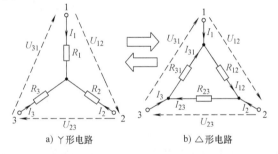

图 2-10　例 2-4 图

$$R = R_1 + \cfrac{R_2\left(R_3 + \cfrac{R_4 R_5}{R_4 + R_5}\right)}{R_2 + \left(R_3 + \cfrac{R_4 R_5}{R_4 + R_5}\right)} = \left(1 + \cfrac{6 \times \left(1 + \cfrac{4 \times 4}{4 + 4}\right)}{6 + \left(1 + \cfrac{4 \times 4}{4 + 4}\right)}\right)\Omega = 3\,\Omega$$

于是得总电流

$$I = \frac{U_S}{R} = \frac{18}{3}\text{A} = 6\text{A}$$

由分流公式得

$$I_1 = \frac{6}{6 + \left(1 + \cfrac{4 \times 4}{4 + 4}\right)}I = \frac{6}{9} \times 6\text{A} = 4\text{A}$$

再分流得

$$I_x = \frac{1}{2}I_1 = 2\text{A}$$

2.2.4　Y 形电路和 Δ 形电路之间的等效变换

三个电阻的一端汇集于一个电路结点，另一端分别连接于三个不同的电路端子上，这样

构成的部分电路称为电阻的 Y 形电路，如图
2-11a 所示。如果三个电阻连接成一个闭环，
由三个连接点分别引出三个接线端子，所构
成的部分电路就称为电阻的 Δ 形电路，如图
2-11b 所示。

电阻的 Y 形电路和 Δ 形电路是通过三
个端子与外部电路相连接（图中未画电路的
其他部分），如果在它们的对应端子之间具
有相同的电压 U_{12}、U_{23} 和 U_{31}，而流入对应

a) Y 形电路　　　　b) △ 形电路

图 2-11　Y 形电路和 Δ 形电路的等效

端子的电流也分别相等，这两种连接方式的电阻电路相互"等效"，即它们可以等效变换。

所谓 Δ 形电路等效变换为 Y 形电路，就是已知 Δ 形电路中的三个电阻 R_{12}、R_{23} 和 R_{31}，
通过变换公式求出 Y 形电路的三个电阻 R_1、R_2 和 R_3。根据电路的等效条件，为使图 2-11a
和图 2-11b 两电路等效，必须满足如下条件：

$$I_{1\Delta} = I_{1Y} = I_1 \qquad I_{2\Delta} = I_{2Y} = I_2 \qquad I_{3\Delta} = I_{3Y} = I_3$$
$$U_{12\Delta} = U_{12Y} = U_{12} \qquad U_{23\Delta} = U_{23Y} = U_{23} \qquad U_{31\Delta} = U_{31Y} = U_{31}$$

在 Δ 形电路中用电压表示电流，根据 KCL 可得如下关系式：

$$\left.\begin{aligned}
I_{1\Delta} &= \frac{U_{12\Delta}}{R_{12}} - \frac{U_{31\Delta}}{R_{31}} = \frac{U_{12}}{R_{12}} - \frac{U_{31}}{R_{31}} \\[2mm]
I_{2\Delta} &= \frac{U_{23\Delta}}{R_{23}} - \frac{U_{12\Delta}}{R_{12}} = \frac{U_{23}}{R_{23}} - \frac{U_{12}}{R_{12}} \\[2mm]
I_{3\Delta} &= \frac{U_{31\Delta}}{R_{31}} - \frac{U_{23\Delta}}{R_{23}} = \frac{U_{31}}{R_{31}} - \frac{U_{23}}{R_{23}}
\end{aligned}\right\} \qquad (2\text{-}7)$$

在 Y 形电路中用电流表示电压，并根据 KCL 和 KVL 可得如下关系式：

$$\left.\begin{aligned}
U_{12Y} &= R_1 I_{1Y} - R_2 I_{2Y} \\
U_{23Y} &= R_2 I_{2Y} - R_3 I_{3Y} \\
U_{12Y} + U_{23Y} + U_{31Y} &= 0 \\
I_{1Y} + I_{2Y} + I_{3Y} &= 0
\end{aligned}\right\}$$

(2-8)

由式（2-8）可解得

$$\left.\begin{aligned}
I_{1Y} &= \frac{U_{12Y}R_3 - U_{31Y}R_2}{R_1R_2 + R_2R_3 + R_3R_1} \\[2mm]
I_{2Y} &= \frac{U_{23Y}R_1 - U_{12Y}R_3}{R_1R_2 + R_2R_3 + R_3R_1} \\[2mm]
I_{3Y} &= \frac{U_{31Y}R_2 - U_{23Y}R_1}{R_1R_2 + R_2R_3 + R_3R_1}
\end{aligned}\right\}$$

(2-9)

根据等效条件，比较式（2-9）与式（2-7）的系数，得 Y→Δ 形电路的变换公式为：

$$R_{12} = \frac{R_1R_2 + R_2R_3 + R_3R_1}{R_3}$$

$$R_{23} = \frac{R_1R_2 + R_2R_3 + R_3R_1}{R_1}$$

(2-10)

$$R_{31} = \frac{R_1R_2 + R_2R_3 + R_3R_1}{R_2}$$

其中，分子为 Y 形电路的电阻两两乘积之和，分母为 Y 形电路与对应两结点无关的电阻。

类似可得到由 Δ→Y 形电路的变换公式为：

$$R_1 = \frac{R_{12}R_{31}}{R_{12} + R_{23} + R_{31}}$$

$$R_2 = \frac{R_{23}R_{12}}{R_{12} + R_{23} + R_{31}}$$

(2-11)

$$R_3 = \frac{R_{31}R_{23}}{R_{12} + R_{23} + R_{31}}$$

其中，分子为 Δ 形电路中与对应结点相关联的电阻之积，分母为 Δ 形电路中三个电阻之和。

若 Y 形电路中三个电阻相等，则等效 Δ 形电路中三个电阻也相等，且

$$R_Y = \frac{1}{3}R_\Delta，\text{或 } R_\Delta = 3R_Y$$

(2-12)

【例 2-5】 试求图 2-12 a 所示电路的输入端电阻 R_{AB}。

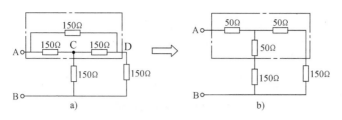

图 2-12 例 2-5 图

【解】 图 2-12a 所示电路由 5 个电阻构成，其中任何两个电阻之间都没有串、并联关系，因此这是一个复杂电路。如果我们把图 2-12a 中点画线框中的 △ 形电路变换为图 2-12b 点画线框中的 Y 形电路，复杂的电阻电路就变成了简单的串、并联关系电路，然后利用电阻的串、并联公式即可方便地求出 R_{AB}，即

$$R_{AB} = \{50 + [(50 + 150) /\!/ (50 + 150)]\}\,\Omega$$
$$= (50 + 100)\,\Omega$$
$$= 150\,\Omega$$

【例 2-6】 求图 2-13a 所示电桥电路中的电流 I。

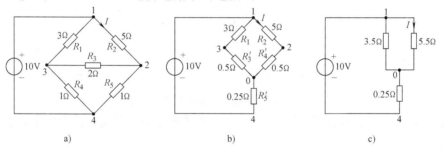

图 2-13 例 2-6 图

【解】 对于图 2-13a 所示电路利用 △-Y 形等效变换可得图 2-13b，其中

$$R_3' = \frac{R_3 R_4}{R_3 + R_4 + R_5} = \frac{1 \times 2}{1 + 2 + 1}\,\Omega = 0.5\,\Omega$$

$$R_4' = \frac{R_3 R_5}{R_3 + R_4 + R_5} = \frac{2 \times 1}{1 + 2 + 1}\,\Omega = 0.5\,\Omega$$

$$R_5' = \frac{R_4 R_5}{R_3 + R_4 + R_5} = \frac{1 \times 1}{1 + 2 + 1}\,\Omega = 0.25\,\Omega$$

然后进行串联电阻的化简得等效电路图 2-13c，则

$$I = \frac{10}{3.5 /\!/ 5.5 + 0.25} \times \frac{3.5}{3.5 + 5.5}\,A = \frac{70}{43}\,A = 1.63\,A$$

思 考 题

2-2 图 2-14 中的滑线变阻器 R 作分压器使用，已知变阻器的电阻 $R = 500\,\Omega$，额定电流为 1.8A。若外加电压 $U_1 = 500\text{V}$，$R_1 = 100\,\Omega$。求：(1) 电压 U_2；(2) 若用内阻 $R_V = 800\,\Omega$ 的电压表测量输出电压，问电压表的读数有多大？(3) 若误将内阻为 0.5Ω、量程为 10A 的电流表当电压表去测量输出电压，会有何后果？

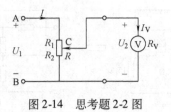

图 2-14　思考题 2-2 图

2.3　电压源和电流源的等效变换

2.3.1　理想电压源的串联与并联

图 2-15a 为 n 个理想电压源串联，根据 KVL 得总电压为

$$u_S = u_{S1} + u_{S2} + \cdots + u_{Sn} = \sum_{k=1}^{n} u_{Sk}$$

式中，u_{Sk} 方向与 u_S 方向一致时取正号，相反时取负号。根据等效变换的概念，可以用图 2-15b 所示电压为 u_S 的单个理想电压源等效替代图 2-15a 中的 n 个串联的理想电压源。

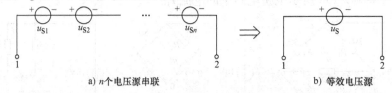

a) n个电压源串联　　　　　　　　　b) 等效电压源

图 2-15　理想电压源的串联及其等效变换

总之，多个理想电压源的串联可等效为一个理想电压源，其电压值为所串联电压源电压的代数和。

图 2-16 是两个理想电压源的并联，根据 KVL 有 $u_S = u_{S1} = u_{S2}$。这说明只有电压相等且极性一致的电压源才能并联，此时并联电压源的对外特性与单个电压源一样。因此不同值或不同极性的理想电压源是不允许并联的，否则违反 KVL。

当理想电压源 u_S 与其他元件（或支路）并联时，如图 2-17a 所示，对端口 1、2 而言，其他元件（或支路）去掉后可以用理想电压源 u_S 等效，如图 2-17b 所示。

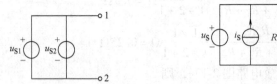

图 2-16　两个理想电压源并联

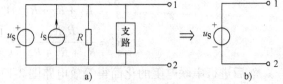

图 2-17　理想电压源与其他元件并联及其等效变换

2.3.2　理想电流源的并联与串联

图 2-18a 为 n 个理想电流源并联，根据 KCL 得总电流为

$$i_S = i_{S1} + i_{S2} + \cdots + i_{Sn} = \sum_{k=1}^{n} i_{Sk}$$

式中，i_{Sk} 方向与 i_S 方向一致时取正号，相反时取负号。根据等效变换的概念，可以用图 2-18b 所示电流为 i_S 的单个理想电流源等效替代图 2-18a 中的 n 个并联的理想电流源。

总之，多个理想电流源的并联可等效为一个理想电流源，其电流值为所并联电流源电流的代数和。

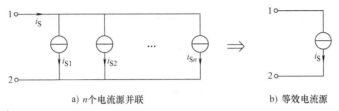

a) n 个电流源并联　　　　　　　　　　b) 等效电流源

图 2-18　理想电流源的并联及其等效变换

图 2-19 是两个理想电流源的串联，根据 KCL 有 $i_S = i_{S1} = i_{S2}$。这说明只有电流相等且方向一致的电流源才能串联，此时串联电流源的对外特性与单个电流源一样。因此不同值或不同方向的理想电流源是不允许串联的，否则违反 KCL。

当理想电流源 i_S 与其他元件（或支路）串联时，如图 2-20a 所示，对端口 1、2 而言，其他元件（或支路）去掉后可以用理想电流源 i_S 等效，如图 2-20b 所示。

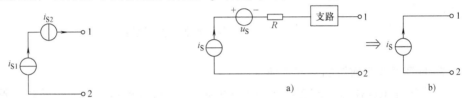

图 2-19　两个理想电流源的串联　　　　图 2-20　理想电流源与其他元件串联及其等效变换

2.3.3　实际电源的等效变换

1. 实际电源的伏安特性与电路模型

与理想电源不同，实际的电源总是存在内阻的。图 2-21a 所示为一实际直流电压源，其伏安特性曲线可以通过实验的方式获得，如图 2-21b 所示。由图可知，其输出电压会随输出电流的增加而减小，而且不成线性关系；不过在一段范围内电压、电流的关系为一条直线，这一直线就称为实际电压源的伏安特性，如图 2-21c 所示。其中，当 $i = 0$ 时，即实际电压源空载时有 $u = U_{OC}$，U_{OC} 称为开路电压；当 $u = 0$ 时，即实际电压源短路时有 $i = I_{SC}$，I_{SC} 称为短路电流；而曲线的斜率的绝对值 $R_S = \dfrac{U_{OC}}{I_{SC}}$ 称为实际电压源的内阻。特性曲线的对应方程为

$$u = U_{OC} - R_S i \tag{2-13}$$

又可表示为

$$i = I_{SC} - G_S u \tag{2-14}$$

据此特性，可以用理想电压源和电阻的串联组合或理想电流源与电导的并联组合作为实际电源的电路模型，分别如图 2-22a 和图 2-22b 所示。而且这两种实际电源的电路模型也是等效互换的。

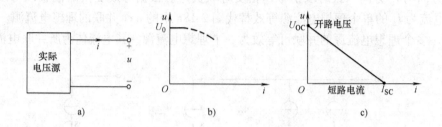

图 2-21   实际电压源的伏安特性

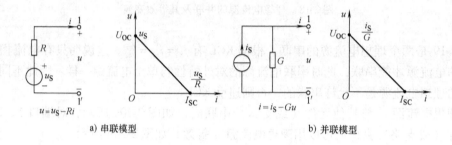

a) 串联模型   b) 并联模型

图 2-22   实际电源的电路模型

2. 电压源与电流源的等效变换

一个串联电源模型（理想电压源串联电阻如图 2-23a 所示）和一个并联电源模型（理想电流源并联电阻如图 2-23b 所示），它们作用于完全相同的外电路。如果对任意外电路而言，两种电源模型的效果完全相同，即两电路端口处的电压 u、电流 i 相等，则称这两种电源对外电路是等效的，那么这两种电源模型之间就可以进行等效互换。

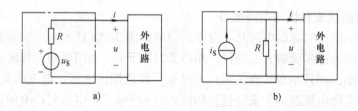

图 2-23   两种电源模型的等效变换

对于图 2-23a 所示的电压源串联电阻的端口，根据 KVL 得 $u = u_\text{S} - Ri$，即 $i = \dfrac{u_\text{S}}{R} - \dfrac{u}{R}$；对于图 2-23b 所示的电流源并联电阻的端口，根据 KCL 得 $i = i_\text{S} - Gu$；欲使串联电源模型与并联电源模型具有完全相同的伏安特性，则应有

$$u_\text{S} = Ri_\text{S}, \ R = \frac{1}{G}$$

或

$$i_S = Gu_S, \quad G = \frac{1}{R}$$

因此，在上述等效变换条件下，可将理想电压源串联电阻的电路等效为理想电流源并联电阻的电路，如图 2-24 所示，反之亦然。

注意：①互换时，电压源电压的极性与电流源电流的方向要一致，即电流 i_S 从电压 u_S 的正极性一端流出，从而保证对外部电路的影响相同；②等效变换仅保证端子以外的电压、电流和功率相同，对于电源内部并无等效可言；③理想电压源与理想电流源不能等效变换。

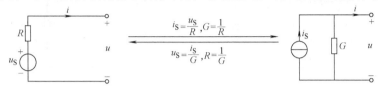

图 2-24　两种电源模型的等效变换条件

【例 2-7】　电路如图 2-25a 所示。试用电源等效变换法求流过负载 R_L 的电流 I。

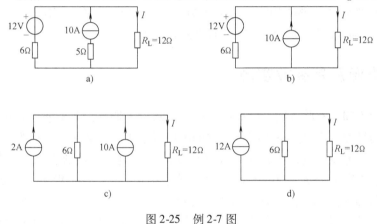

图 2-25　例 2-7 图

【解】　由于 5Ω 电阻与电流源串联，对于求解电流 I 来说，5Ω 电阻为多余元件可去掉，如图 2-25b 所示。以后的等效变换过程分别如图 2-25c、d 所示。最后由简化后的电路（见图 2-25d），利用分流公式便可求得电流 I，即

$$I = \left(\frac{6}{6+12} \times 12\right)A = 4A$$

【例 2-8】　电路如图 2-26a 所示。试用电源等效变换的方法求 5Ω 电阻支路的电流 I 和电压 U。

【解】　进行等效化简，步骤如图 2-26b、c、d 所示，然后计算待求支路的电流和电压。根据图 2-26d 所示的等效电路，利用欧姆定律得

$$I = \left(\frac{6+4}{2+5}\right)A = \frac{10}{7}A$$

$$U = \left(5 \times \frac{10}{7}\right)V = \frac{50}{7}V = 7.14V$$

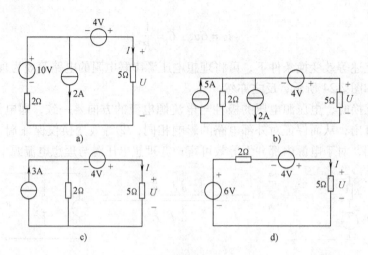

图 2-26 例 2-8 图

思 考 题

2-3 在实际电源的串联电路模型中,已知 $U_S = 20V$,负载电阻 $R_L = 50\Omega$,当电源内阻分别为 0.2Ω 和 30Ω 时,流过负载的电流各为多少? 由计算结果可说明什么问题?

2.4 受控电源及其等效变换

与独立电源不同,有些电路元件如晶体管、运算放大器等,虽不能独立地为电路提供能量,但在其他信号控制下仍然可以提供一定的电压或电流,这类元件被称为受控电源。受控电源提供的电压或电流由电路中其他元件(或支路)的电压或电流控制。受控电源按控制量和被控制量的关系分为 4 种类型,即电压控制电压源(VCVS)、电流控制电压源(CCVS)、电压控制电流源(VCCS)和电流控制电流源(CCCS)。为区别于独立电源,受控电源的图形符号采用棱形,四种形式的电路图符号如图 2-27 所示。图中受控源的控制系数 μ 和 β 无量纲,转移电导 g 的单位是西门子(S),转移电阻 r 的单位是欧姆(Ω)。

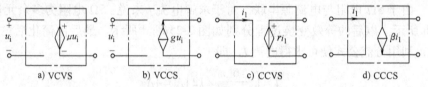

图 2-27 4 种受控源的电路图

受控源实际上是晶体管、场效应晶体管等电压或电流控制元件的电路模型。例如图 2-28 给出了晶体管的电路符号及受控源模型。

当整个电路中没有独立电源存在时,受控电源仅仅是一个无源元件,若电路中有独立电源为它们提供能量时,它们又可以按照控制量的大小为后面的电路提供电能,因此受控电源实际上具有双重身份。注意:独立电源与受控电源在电路中的作用完全不同。独立电源在电路中起"激励"作用,有了这种"激励"作用,电路中才能产生响应(即电流和电压);而受控电源则是受电路中其他电压或电流的控制,当这些控制量为零时,受控电源的电压或电流也随之为零，因此受控电源实际上反映了电路中某处的电压或电流能控制另一处的电压或电流这一现象而已。另外，判断电路中受控电源的类型时，应看它的图形符号和它的控制量。例如图 2-29 所示的电路中，由图形符号和控制量可知，电路中的受控电源为电流控制的电压源，其大小为 $10I$，单位为伏特而不是安培。

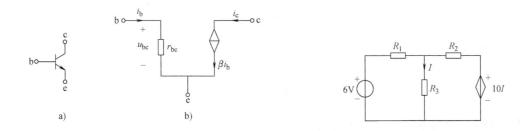

图 2-28　晶体管的受控源模型　　　　　　图 2-29　含有受控源的电路

与独立电源的等效变换相似，一个受控电压源与电阻的串联支路，也可等效变换为一个受控电流源与电阻的并联支路，如图 2-30a、b 所示，图 2-30c、d 是受控电流源等效成受控电压源的电路模型。

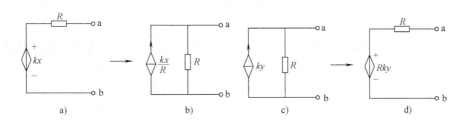

图 2-30　受控源支路的等效变换

在等效变换过程中，受控电源的处理与独立电源并无原则上的不同，只是要注意在对电路进行化简时，不能随意把含有控制量的支路消除掉。

【**例 2-9**】　某晶体管工作在放大状态的交流电路如图 2-31a 所示，已知交流信号输入电压为 u_i，试求输出电压 u_o。

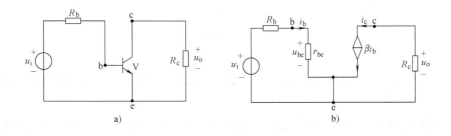

图 2-31　例 2-9 图

【**解**】 用晶体管的受控源模型来代替晶体管，如图 2-31b 所示。对于左边、右边回路分别列写 KVL 方程得

$$u_i = R_b i_b + u_{be}$$

$$u_{be} = r_{be} i_b$$

$$u_o = -i_c R_c = -\beta i_b R_c$$

联立方程可解得

$$u_o = -\frac{\beta R_c}{R_b + r_{be}} u_i$$

【**例 2-10**】 化简图 2-32a 所示的电路。

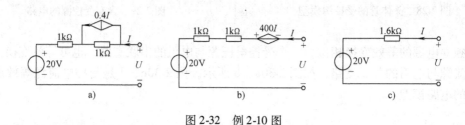

图 2-32 例 2-10 图

【**解**】 首先将图 2-32a 中的受控电流源并联电阻的支路等效变换为受控电压源串联电阻的支路，如图 2-32b 所示。由图 2-32b 可写出 U、I 的关系方程式，即

$$U = -400I + (1000 + 1000)I + 20 = 1600I + 20$$

根据这一结果，可将图 2-32b 所示电路化简为图 2-32c 所示的等效电路。

【**例 2-11**】 在图 2-33a 所示的电路中，已知转移电阻 $r = 3\Omega$。求一端口网络的等效电阻。

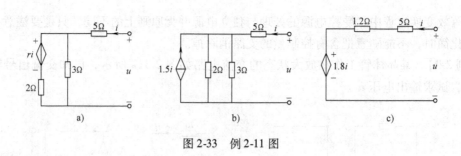

图 2-33 例 2-11 图

【**解**】 先将受控电压源和 2Ω 电阻串联等效变换为受控电流源 $1.5i$ 和 2Ω 电阻的并联，如图 2-33b 所示。

将 2Ω 和 3Ω 并联的等效电阻 1.2Ω 和受控电流源 $1.5i$ 并联等效变换为 1.2Ω 电阻和受控电压源 $1.8i$ 的串联，如图 2-33c 所示。由此求得关系方程式

$$u = (5 + 1.2 + 1.8)i = 8i$$

所以
$$R = \frac{u}{i} = 8\Omega$$

思 考 题

2-4　求图 2-34 所示电路中的电流 I 和电压 U。

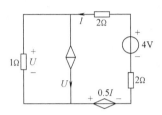

图 2-34　思考题 2-4 图

2.5　输入电阻

　　对于一个不含独立电源的一端口电阻网络，从端口看进去的等效电阻称为输入电阻。图 2-35 表示一个无源一端口电阻电路 N。设电路端口的电压 u 和电流 i 的参考方向如图 2-35 所示，则该电路的输入电阻 R_i 定义为

$$R_i = \frac{u}{i} \tag{2-15}$$

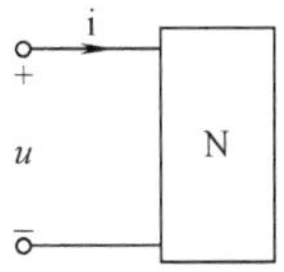

图 2-35　输入电阻

　　当一端口网络中仅含电阻时，可以直接通过电阻的串、并联关系或 Y-Δ 变换进行计算；当一端口网络中含电阻和受控源时，用加电压源求电流法或加电流源求电压法来求输入电阻，即在端口加电压源求得电流，称为加压求流法；或在端口加电流源求得电压，称为加流求压法；从而得其比值为输入电阻。注意：当一端口网络中含有受控电源时，输入电阻可能小于零，即一端口网络功率小于零，表明一端口网络向外电路释放电能。

　　【例 2-12】　求图 2-36 所示电路的输入电阻 R_i。

　　【解】　利用加压求流法可列 KVL 方程，有

$$\begin{cases} 2I + 6I_1 = U_S \\ 2I + 2(I - I_1) + 2I = U_S \end{cases}$$

解方程得
$$I_1 = \frac{I}{2}$$

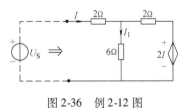

图 2-36　例 2-12 图

所以
$$R_i = \frac{U_S}{I} = \frac{6I - I}{I} = 5\Omega$$

　　【例 2-13】　求图 2-37a 所示电路的输入电阻 R_i，并求其等效电路。

　　【解】　首先将图 2-37a 中的受控电流源并联电阻的支路等效变换为受控电压源串联电阻的支路，如图 2-37b 所示。化简串联支路，然后再变换为受控电流源与等效电阻并联的支路，在 ab 端外加一电压为 u 的电压源，分别如图 2-37c、d 所示。根据加压求流法关系方程，得

$$u = (i - 2.5i) \times 1 = -1.5i$$

因此，该一端口输入电阻 R_i 为

$$R_i = \frac{u}{i} = -1.5\Omega$$

此例中含受控源电阻电路的输入电阻是负值，表明一端口网络向外电路释放电能。

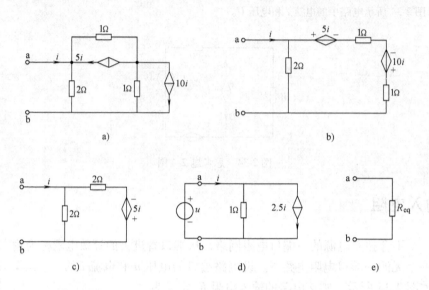

图 2-37　例 2-13 图

图 2-37a 的等效电路为图 2-37e 所示，其等效电阻值为 $R_{eq} = R_i = -1.5\Omega$。

思　考　题

2-5　求图 2-38 所示电路中 ab 端的输入电阻 R_i。

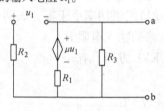

图 2-38　思考题 2-5 图

2.6　电桥平衡及其等电位法

2.6.1　电桥电路

图 2-39a 所示的电路称为电桥电路，简称为电桥。其中，R_1、R_2、R_3 和 R_4 叫做电桥电路的 4 个桥臂；4 个桥臂中间对角线上的电阻 R 构成桥支路；一个理想电压源与一个电阻相串联构成电桥电路的另一条对角线。整个电桥就是由 4 个桥臂和两条对角线所组成。

2.6.2　电桥的平衡条件

电桥电路的主要特点是，当 4 个桥臂电阻 R_1、R_2、R_3 和 R_4 的值满足一定关系时，桥支路的电阻 R 中的电流为零，这种情况称为电桥的平衡状态，如图 2-39b 所示。

那么，4 个桥臂电阻之间具有什么样的关系能使电桥处于平衡状态呢？

若使图 2-39a 所示电桥电路中的桥支路 R 中的电流为零，则要求 a、b 两点电位相等。因此，我们可假设电桥电路已达平衡，即 $V_a = V_b$。此时桥支路电阻 R 中的电流为零，将其拆除不会影响电路的其余部分，原电桥电路就可用图 2-39b 来代替。选取 c 点作为平衡电桥电路的参考点，则 a、b 两点的电位

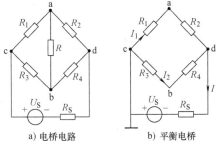

图 2-39　电桥电路图

$$V_a = -I_1 R_1 = I_1 R_2 + I R_S - U_S$$

$$V_b = -I_2 R_3 = I_2 R_4 + I R_S - U_S$$

由 $V_a = V_b$ 可得

$$I_1 R_1 = I_2 R_3$$

$$I_1 R_2 = I_2 R_4$$

将两式相除，可得电桥平衡条件为

$$\frac{R_1}{R_2} = \frac{R_3}{R_4} \tag{2-16}$$

也可写成 $R_1 R_4 = R_2 R_3$。

利用电桥的平衡条件可方便地简化电路，例如【例 2-5】中的电路就是电桥电路，满足电桥平衡条件，CD 支路的电流为零，则

$$R_{AB} = \frac{(150 + 150) \times (150 + 150)}{150 + 150 + 150 + 150} \Omega = 150\Omega$$

2.6.3　等电位法

在对称电路中处于对称位置的点通常是自然等电位点。于是可利用自然等电位点的性质，或将这些对称点短接，或将连于对称点的支路断开，从而达到化简电路的目的。

【例 2-14】　在图 2-40a 所示的电阻电路中，各电阻均为 R。试求 ab 端口的等效电阻 R_{ab}。

【解】　假设 a、b 端口加一电压源 U_S，由于电路以 acb 为轴左右对称，所以结点 p 与 p′、q 与 q′、o 与 o′ 的电位分别相等，将等电位点连接起来就成了图 2-40b 的电路，相当于 acb 为轴将右边部分"对折"到左边，对应的电阻并联 $\left(各电阻均为 \dfrac{R}{2}\right)$，所以有

$$R_{ab} = \frac{R}{2} + \frac{R \times R}{R + R} + \frac{R}{2} = \frac{3R}{2}$$

对于图 2-40a 还有另一种对称性，就是以 oco′ 为中心的上下对称，设 b 点为零电位点，a

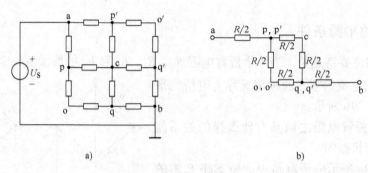

图 2-40 例 2-14 图

点电位为 U_S，则在中心线各点的电位均为 $\dfrac{U_S}{2}$，即 o、c、o′ 三点等电位，连接起来能方便求出

$$R_{ab} = \frac{R}{2} + \frac{R}{4} + \frac{R}{4} + \frac{R}{2} = \frac{3}{2}R$$

结论：在电路分析中，如果已知或判断出电路中某两点或多点电位（结点电位）相同，即可把这两个或多个结点短接，进而化简电路。

【例 2-15】 图 2-41a 所示的一端口电阻电路中各电阻均为 1Ω，求等效电阻 R_{af}。

【解】 所求电路为正六面体，具有结构对称性。设电流从 a 端流入，因各电阻都相等，所以流过 ac、ad、ae 电阻的电流是相等的，因此，结点 c、d、e 是等电位点。同理 b、g、h 也是等电位点，电路简化如图 2-41b 所示，进而由串、并联化简转化为图 2-41c、图 2-41d，即

$$R_{af} = \frac{5}{6}\Omega$$

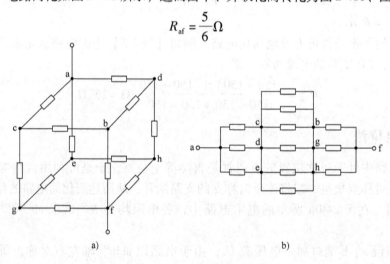

图 2-41 例 2-15 图

2.6.4　工程应用

直流电桥是一种精密的电阻测量电路，具有重要的应用价值。按电桥的测量方式可分为平衡电桥和非平衡电桥。平衡电桥是把待测电阻与标准电阻进行比较，通过调节电桥平衡，从而测得待测电阻值，如单臂直流电桥（惠斯登电桥）、双臂直流电桥（开尔文电桥），它们只能用于测量相对稳定的物理量。而在实际工程和科学实验中，很多物理量是连续变化的，只能采用非平衡电桥才能测量。非平衡电桥的基本原理是通过桥式电路来测量电阻，根据电桥输出的不平衡电压，再进行运算处理，从而得到引起电阻变化的其他物理量，如温度、压力、形变等。下面我们详细介绍惠斯登电桥。

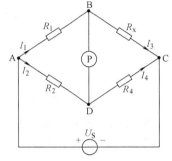

图 2-42　惠斯登电桥的原理

图 2-42 为惠斯登电桥的原理电路，其中 R_1、R_2、R_x 和 R_4 构成一电桥，A、C 两端外接恒定电压 U_S，B、D 之间接一检流计 G。根据电桥平衡条件 $R_1 R_4 = R_2 R_x$，当利用电桥测量未知电阻 R_x 时，于是有

$$\frac{R_1}{R_2} = \frac{R_x}{R_4} \tag{2-17}$$

式中，R_4 为标准比较电阻；$K = \dfrac{R_1}{R_2}$ 称为比率，一般惠斯登电桥的 K 为 0.001、0.01、0.1、1、10、100、1000 等。

本电桥的 K 可以任选。根据待测电阻大小选择 K 后，只要调节 R_4，使电桥平衡，即检流计中的电流为 0，就可以得到待测电阻 R_x 的值，即

$$R_x = \frac{R_1}{R_2} R_4 = K R_4 \tag{2-18}$$

【例 2-16】　图 2-43 所示是电阻应变仪电桥原理电路。其中 R_x 是电阻应变片，粘附在被测零件上。当零件发生变形（伸长或缩短）时，R_x 的阻值随之改变，使输出信号 U_o 发生变化。设电源电压 $U = 3V$，如果在测量前 $R_x = 100\Omega$，$R_1 = R_2 = 200\Omega$，$R_3 = 100\Omega$，这时满足 $\dfrac{R_1}{R_2}$ $= \dfrac{R_x}{R_3}$ 的电桥平衡条件，$U_o = 0$。在进行测量时，如果测出（1）$U_o = +1mV$；（2）$U_o = -1mV$，试计算这两种情况下，应变电阻的增量 ΔR_x，并说明 U_o 的极性改变反映了什么？

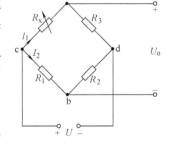

图 2-43　例 2-16 题图

【解】　被测零件发生变形后，在电源电压 U 的作用下，流过 $(R_x + \Delta R_x)$ 和电阻 R_3 的电流设为 I_1；流过 R_1 和 R_2 的电流设为 I_2。

（1）当 $U_o = +1mV$ 时，因为 $R_1 = R_2$，所以 $U_{R1} = U_{R2} = \dfrac{3}{2}V = 1.5V$。由于输出电压 $U_o = U_{R3} - U_{R2}$，所以

$$U_{R3} = U_o + U_{R2} = (0.001 + 1.5)V = 1.501V$$

$$I_1 = \frac{U_{R3}}{R_3} = \frac{1.501\text{V}}{100\Omega} = 0.01501\text{A}$$

此时，应变电阻压降为

$$U_{Rx} + U_{\Delta Rx} = U - U_{R3} = (3 - 1.501)\text{V} = 1.499\text{V}$$

故

$$R_x + \Delta R_x = \frac{U_{Rx} + U_{\Delta Rx}}{I_1} = \frac{1.499}{0.01501}\Omega = 99.867\Omega$$

$$\Delta R_x = 99.867\Omega - R_x = (99.867 - 100)\Omega = -0.133\Omega$$

即 U_o 为正值时，ΔR_x 为负值，表示被测零件缩短了。

（2）当 $U_o = -1\text{mV}$ 时，$U_{R3} = U_o + U_{R2} = (-0.001 + 1.5)\text{V} = 1.499\text{V}$

$$I_1 = \frac{U_{R3}}{R_3} = \frac{1.499\text{V}}{100\Omega} = 0.01499\text{A}$$

此时，应变电阻压降为

$$U_{Rx} + U_{\Delta Rx} = U - U_{R3} = (3 - 1.499)\text{V} = 1.501\text{V}$$

故

$$R_x + \Delta R_x = \frac{U_{Rx} + U_{\Delta Rx}}{I_1} = \frac{1.501}{0.01499}\Omega = 100.133\Omega$$

$$\Delta R_x = 100.133\Omega - R_x = (100.133 - 100)\Omega = 0.133\Omega$$

即 U_o 为负值时，ΔR_x 为正值，表示被测零件伸长了。

思 考 题

2-6 电桥电路如图 2-44 所示。已知 $R = 1\text{k}\Omega$，$R_1 = 1\text{k}\Omega$，$R_2 = 2\text{k}\Omega$，$R_3 = 3\text{k}\Omega$，$R_4 = 6\text{k}\Omega$，$R_S = 500\Omega$，$U_S = 12\text{V}$。试求：（1）当开关 S 闭合时各支路的电流；（2）当 $R_4 = 8\text{k}\Omega$ 时，其余支路条件保持不变，再求开关 S 闭合时各支路的电流。

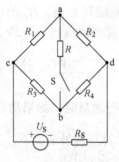

图 2-44 电桥电路

本 章 小 结

1. 电路的等效变换
电路等效变换的条件是互相代换的两部分电路具有相同的伏安特性；等效变换后外电路

或电路中未被代换的部分中的电压、电流和功率保持不变；等效变换的目的是简化电路。

2. 电阻的串、并联化简

电阻的串联、并联和混联是电阻之间的主要连接方式。一个不含独立电源的无源一端口网络，可用一个电阻来等效替换，这个电阻称为无源一端口网络的输入电阻。在分析化简含有电阻串、并、混联电路的过程中，注意应用分压公式和分流公式求电路元件的电压和电流。

3. 电阻的 Y 形电路和 Δ 形电路的等效变换

Y—Δ 形电路的等效变换属于多端子电路的等效变换，其变换公式为

$$R_{Y} = \frac{\Delta \text{ 相邻电阻乘积}}{\sum R_{\Delta}} \qquad R_{\Delta} = \frac{Y \text{ 电阻的两两乘积之和}}{\text{与 Y 结点相对的第三个电阻}}$$

若 Y 形电阻电路中三个电阻阻值相等，则等效 Δ 形电阻电路中三个电阻也相等，且

$$R_{Y} = \frac{1}{3}R_{\Delta}, \text{ 或 } R_{\Delta} = 3R_{Y}$$

4. 电源的等效变换

电源的等效变换包括理想电源的等效变换和实际电源的等效变换。

1）理想电源的等效变换主要包括理想电压源的串联和理想电流源的并联。

2）实际电源的两种模型分别是理想电压源与电阻的串联和理想电流源与电阻的并联，两种模型可以等效变换。注意：① 互换时，电流源电流的方向要由电压源电压的正极性流出（保证对外部电路的影响相同，即要求端口特性一致）；② 等效变换仅保证端子以外的电压、电流和功率相同，对内部电路不等效；③ 理想电压源与理想电流源不能等效变换。

3）受控电压源与电阻的串联组合也可以等效变换为受控电流源与电阻的并联，注意：在变换过程中，若控制量为待求量时，控制量支路必须保持不变。

5. 无源一端口网络的输入电阻

无源一端口网络的输入电阻定义为一端口的端电压与端电流的比值。当电路中含有受控源时，采用加压求流法或加流求压法求输入电阻，且输入电阻可能为负值，说明一端口网络发出功率。

6. 电桥平衡与等电位法

掌握电桥平衡原理及其等电位法的应用。电桥电路的主要特点是，当 4 个桥臂电阻 R_1、R_2、R_3 和 R_4 的值满足电桥平衡条件即 $R_1R_4 = R_2R_3$ 时，流过桥支路电阻 R 的电流为零，这种情况称为电桥的平衡状态。

在电路中利用等电位点化简电路的方法称为等电位法。

习　题

2-1　电路如图 2-45 所示。试求端口 ab 的等效电阻 R_{ab}。

2-2　常用的分压电路如图 2-46 所示。试求：（1）当开关 S 打开，负载 R_L 未接入电路时，分压器的输出电压 U_o；（2）当开关 S 闭合，$R_L = 150\Omega$ 时，分压器的输出电压 U_o；（3）当开关 S 闭合，$R_L = 150k\Omega$ 时，此时分压器输出的电压 U_o 又为多少？并由计算结果得出一个结论。

2-3　试求图 2-47 所示电路中的电流 I。

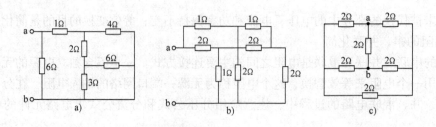

图 2-45   题 2-1 图

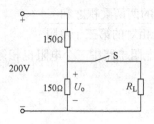

图 2-46   题 2-2 图

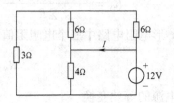

图 2-47   题 2-3 图

2-4   在图 2-48 所示的电路中，试求 R_{ab}。

2-5   电路如图 2-49 所示，已知 $R_1 = R_2 = 1\Omega$，$R_3 = R_4 = 2\Omega$，$R_5 = 4\Omega$。试求当开关 S 打开或闭合时的等效电阻 R_{ab}。

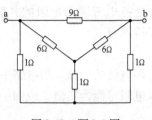

图 2-48   题 2-4 图

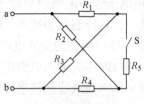

图 2-49   题 2-5 图

2-6   试用电源等效变换的方法求图 2-50 中的电流 I_5，已知 $U_{S1} = 100V$，$U_{S2} = 50V$，$R_1 = R_3 = 1\Omega$，$R_2 = R_4 = 3\Omega$，$R_5 = 10\Omega$。

2-7   含有受控电流源的电路如图 2-51 所示，试用电源的等效变换法求 I_1 和 U。

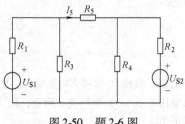

图 2-50   题 2-6 图

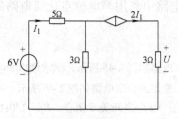

图 2-51   题 2-7 图

2-8   试用电源的等效变换法化简图 2-52 所示的各电路。

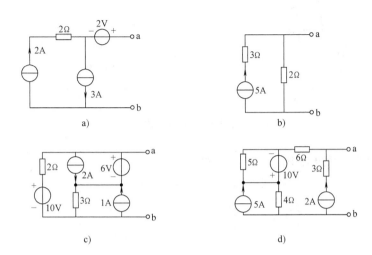

图 2-52　题 2-8 图

2-9　试用电源的等效变换法计算图 2-53 所示电路中 2Ω 电阻的电流 I。

2-10　在图 2-54 所示的电路中,已知 $U_1 = 2V$。试求电压源电压 U_S。

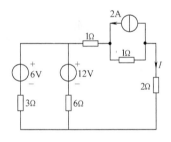

图 2-53　题 2-9 图

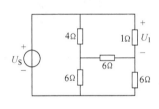

图 2-54　题 2-10 图

2-11　电路如图 2-55 所示,其中 R_1、R_2 和 R_3,电压源电压 u_S 和电流源电流 i_S 均为已知,且为正值。试求:(1) 电流 i_2 和电压 u_2;(2) 若电阻 R_1 增大,对哪些元件的电压、电流有影响? 影响如何?

2-12　求图 2-56 所示电路中的 U_o/U_S。

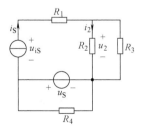

图 2-55　题 2-11 图

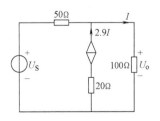

图 2-56　题 2-12 图

2-13 求图 2-57 所示电路的输入电阻 R_i，已知 $r = 1\Omega$。

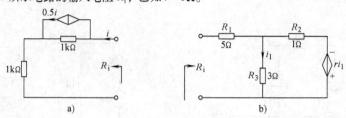

图 2-57　题 2-13 图

2-14 在图 2-58 所示的电路中，已知 $U_2 = -20V$，求电阻 R。

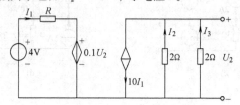

图 2-58　题 2-14 图

2-15 求图 2-59 所示电路中各元件吸收的功率。

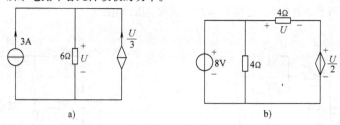

图 2-59　题 2-15 图

2-16 电路如图 2-60 所示。试求电压 U_{ab}。

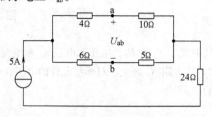

图 2-60　题 2-16 图

第3章　电阻电路的分析方法

内 容 提 要

本章主要介绍线性电阻电路的分析方法，包括支路电流法、回路电流法、网孔电流法、结点电压法；叠加定理、戴维宁定理、诺顿定理和最大功率传输定理。

【引例】 电路分析是在已知电路结构和元件参数的情况下，计算电路中各支路的电压和电流。对于结构特定且相对简单的电路可采用等效变换的方法化简电路，但是对于支路多且复杂的电路则需要一个系统化、普遍化的分析方法。我们来看一个例子，集成电路数/模转换器内部的 T 形 R-$2R$ 电阻网络如图 3-1 所示。能否利用一个系统的分析方法求出电流 I_Σ？学习完本章内容就能解答这个问题。

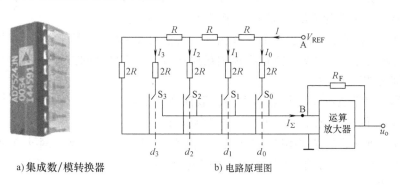

a)集成数/模转换器　　　　　　　　b)电路原理图

图 3-1　数/模转换电路的 T 形 R-$2R$ 电阻网络

3.1　概述

3.1.1　系统性分析方法介绍

第 2 章介绍的是等效变换法。等效变换法是根据等效的原则简化电路，然后用 KCL、KVL 和欧姆定律求解电路，这种方法只适用于结构形式简单的电路。为了能对任何复杂的电路作一般性的分析研究，本章介绍几种线性电阻电路的一般分析方法。虽然本章研究的对象是由线性电阻及直流电源组成的电路，但所介绍的分析方法，在交流电路的相量分析中也是适用的。电路的系统分析方法步骤如下：

1）选定一组独立的电流（或电压）作为求解对象，通常称为电路变量；
2）根据基尔霍夫定律及欧姆定律建立足够的求解电路变量的方程；
3）联立方程求得电路变量后，再去确定电路中其他支路的电流及电压。

3.1.2 KCL 和 KVL 的独立方程数

基尔霍夫定律和欧姆定律是分析线性电阻电路的根本依据。在实际应用中总是希望能够利用最少的电路方程，求解出电路中各条支路的电压和电流。那么对于一个具体的电路来说，最少要列写几个 KCL 和 KVL 独立方程，就能求解出各条支路的电压和电流呢？

在第 1 章中介绍了支路、结点、回路、网孔的概念，在此基础上讨论 KCL 和 KVL 的独立方程数。对于图 3-2 所示的电路模型图，结点和支路都已编号。依据图上的参考方向，可对结点①、②、③、④、⑤分别列出 KCL 方程，即有

结点①：$-i_1 - i_4 - i_6 = 0$
结点②：$i_1 - i_2 - i_3 = 0$
结点③：$i_2 + i_5 - i_7 = 0$
结点④：$i_4 - i_5 = 0$
结点⑤：$i_3 + i_6 + i_7 = 0$

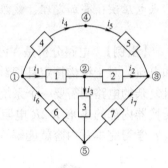

以上 5 个公式中每个电流都出现了两次，一次取正号，另一次取负号。这是由于每一条支路都与两个结点相连，如果支路的电流对一个结点为流出（取负），则对另一个结点必然为流入（取正）。若把以上任意 4 个方程相加，必然可得到第 5 个方程。这就是说，以上 5 个方程不是相互独立的，必有多余的方程。但 5 个方程中的任意 4 个方程却是相互独立的。

图 3-2　KCL 方程的独立数

可以证明，对于具有 n 个结点的电路，取任意 $(n-1)$ 个结点，可以列写出 $(n-1)$ 个独立的 KCL 方程，相应的 $(n-1)$ 个结点称为独立结点。

对于图 3-3 所示的电路模型图，其中有三个网孔、7 个回路，每个网孔是个回路，两个网孔合成一个回路，三个网孔是个大回路。依据图上的参考方向，可对网孔 1、2、3 分别列出 KVL 方程，即有

网孔 1：$u_1 + u_3 - u_6 = 0$
网孔 2：$u_2 + u_7 - u_3 = 0$
网孔 3：$u_4 + u_5 - u_2 - u_1 = 0$

若把以上三个方程中的任意两个方程相加，必然可得到另外一个回路的方程。例如，网孔 1 和网孔 2 的方程合成回路 4 的方程，即

$$u_1 + u_2 - u_6 + u_7 = 0$$

这就是说，三个网孔方程是相互独立的。

可以证明，对于具有 n 个结点、b 条支路的电路，其网孔的数目为 $(b-n+1)$，其 KVL 方程是独立的。

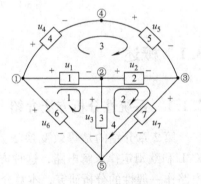

图 3-3　KVL 方程的独立数

<h2 style="text-align:center">思　考　题</h2>

3-1　电路分析的基本依据是什么？

3.2　支路电流法

3.2.1　支路电流法的分析步骤

以支路电流作为电路的未知变量，根据 KCL、KVL 建立电路方程进行分析的方法称为支路电流法。对于具有 n 个结点和 b 条支路的电路，支路电流法的电路变量只有 b 个，因此只要列写 b 个独立的电路方程就可求解。我们以图 3-4a 为例介绍支路电流法。

第 1 步，选定各支路电流的参考方向，如图 3-4a 所示。

第 2 步，电路中共有 4 个结点，列写独立的 KCL 方程，方程数为 $4 - 1 = 3$，即结点①、②、③的方程为

$$\begin{cases} i_1 - i_2 - i_6 = 0 \\ i_2 - i_3 - i_4 = 0 \\ i_4 - i_5 + i_6 = 0 \end{cases} \tag{3-1}$$

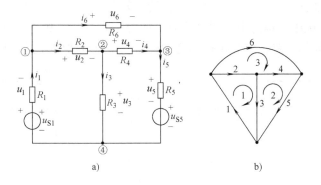

a)　　　　　　　　　　b)

图 3-4　支路电流法

第 3 步，选定网孔的参考方向，如图 3-4b 所示。对 $b - (n - 1)$ 个独立回路列写 KVL 方程，本例中有 6 条支路，4 个结点，所以方程数为 $6 - (4 - 1) = 3$，等于网孔数。则三个回路电压方程为

$$\left. \begin{array}{r} - u_{S1} + u_1 + u_2 + u_3 = 0 \\ - u_3 + u_4 + u_5 + u_{S5} = 0 \\ - u_2 - u_4 + u_6 = 0 \end{array} \right\} \tag{3-2}$$

第 4 步，用支路电流表示支路电压 $u_i = R_i i_i$，其中 $i = 1, \cdots, 6$，并代入式（3-2）得

$$\left. \begin{array}{r} - u_{S1} + R_1 i_1 + R_2 i_2 + R_3 i_3 = 0 \\ - R_3 i_3 + R_4 i_4 + R_5 i_5 + u_{S5} = 0 \\ - R_2 i_2 - R_4 i_4 + R_6 i_6 = 0 \end{array} \right\} \tag{3-3}$$

第 5 步，联立方程式（3-1）、式（3-3）就是以支路电流 i_1, i_2, $\cdots$, i_n 为未知量的支路电流法的全部方程。

$$\left.\begin{aligned}
i_1 - i_2 - i_6 &= 0 \\
i_2 - i_3 - i_4 &= 0 \\
i_4 - i_5 + i_6 &= 0 \\
- u_{S1} + R_1 i_1 + R_2 i_2 + R_3 i_3 &= 0 \\
- R_3 i_3 + R_4 i_4 + R_5 i_5 + u_{S5} &= 0 \\
- R_2 i_2 - R_4 i_4 + R_6 i_6 &= 0
\end{aligned}\right\}$$
(3-4)

支路电流法的 KVL 方程可归纳为

$$\sum R_k i_k = \sum u_{Sk}$$
(3-5)

式中，$R_k i_k$ 为回路中第 k 个支路电阻上的电压，求和遍及回路中的所有支路，且当 i_k 参考方向与回路方向一致时，前面取 " + " 号；相反时，取 " − " 号。u_{Sk} 为回路中第 k 支路的电源电压，包括理想电压源的电压和理想电流源两端的电压，且当 u_{Sk} 参考方向与回路方向一致时，前面取 " − " 号；相反时，取 " + " 号。

3.2.2　电路中含有电流源时的电路分析

当电路中含有独立电流源时，可分为两种情况处理：

1）当电路中有电阻与理想电流源并联时，如图 3-5a 所示，则先将此并联电路等效变换为电压源和电阻串联的支路，然后再按照定律列写支路电流法的方程，如图 3-5b 所示。

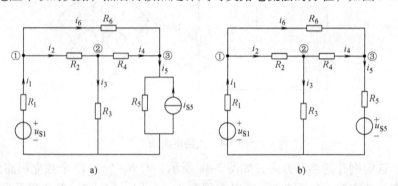

图 3-5　含有独立电流源的支路电流法

2）当电路中的一条支路仅含理想电流源而不存在与之并联的电阻时，如图 3-6 所示。首先需假设理想电流源上的电压为 U，然后根据该支路电流等于理想电流源的电流，增加一个约束方程。

【例 3-1】　电路如图 3-6 所示，试用支路电流法列写关于支路电流的全部方程。

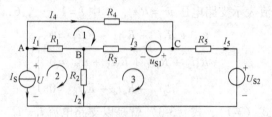

图 3-6　例 3-1 图

【解】　标出各支路电流及其参考方向，如图 3-6 所示。对结点 A、B、C 列写 KCL 方程，即

$$\begin{cases} -I_S - I_4 - I_1 = 0 \\ I_1 - I_3 - I_2 = 0 \\ I_4 + I_3 - I_5 = 0 \end{cases}$$

对网孔 1、2、3 列写 KVL 方程，假设独立电流源两端的电压为 U，有

$$\begin{cases} -R_1 I_1 - R_3 I_3 + R_4 I_4 + U_{S1} = 0 \\ R_1 I_1 + R_2 I_2 - U = 0 \\ -R_2 I_2 + R_3 I_3 - U_{S1} + R_5 I_5 + U_{S2} = 0 \end{cases}$$

联立上述方程就是以支路电流为未知量的支路电流法的全部方程，即

$$\begin{cases} -I_S - I_4 - I_1 = 0 \\ I_1 - I_3 - I_2 = 0 \\ I_4 + I_3 - I_5 = 0 \\ -R_1 I_1 - R_3 I_3 + R_4 I_4 + U_{S1} = 0 \\ R_1 I_1 + R_2 I_2 - U = 0 \\ -R_2 I_2 + R_3 I_3 - U_{S1} + R_5 I_5 + U_{S2} = 0 \end{cases}$$

思　考　题

3-2　如图 3-7 所示电路，试用支路电流法列写关于支路电流的全部方程。

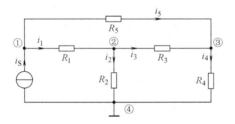

图 3-7　思考题 3-2 图

3.3　网孔电流法和回路电流法

3.3.1　网孔电流法的分析步骤

网孔电流是指环流于网孔中的假想电流。以网孔电流为未知量，根据 KVL 列方程求解电路的分析方法，称为网孔电流法。对于具有 b 条支路和 n 个结点的平面电路来说，它的 $(b-n+1)$ 个网孔电流就是一组独立的电流变量。求解网孔电流方程得到网孔电流后，用 KCL 方程就可求出全部支路电流，再用欧姆定律就可求出全部支路电压。与支路电流法相比，网孔电流法的电路变量少，列写的方程相对简单。下面以图 3-8 为例介绍网孔电流法。

第 1 步，假定每个网孔中有一个电流在连续流动，且假想电流是沿着网孔边界流动，即

为网孔电流 i_{m1}、i_{m2} 和 i_{m3}。其参考方向如图 3-8 所示。

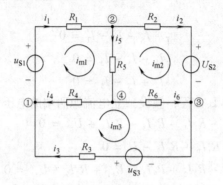

图 3-8 网孔电流法

第 2 步，列出三个网孔的 KVL 方程，即

$$\left.\begin{aligned}
R_1 i_1 + R_5 i_5 + R_4 i_4 - u_{S1} &= 0 \\
R_2 i_2 - R_5 i_5 - R_6 i_6 + u_{S2} &= 0 \\
R_3 i_3 - R_4 i_4 + R_6 i_6 - u_{S3} &= 0
\end{aligned}\right\} \tag{3-6}$$

第 3 步，用网孔电流表示支路电流，即

$$i_1 = i_{m1} \qquad i_4 = i_1 - i_3 = i_{m1} - i_{m3}$$

$$i_2 = i_{m2} \qquad i_5 = i_1 - i_2 = i_{m1} - i_{m2}$$

$$i_3 = i_{m3} \qquad i_6 = i_3 - i_2 = i_{m3} - i_{m2}$$

第 4 步，将网孔电流代入三个网孔的 KVL 方程，得

$$\left.\begin{aligned}
R_1 i_{m1} + R_5(i_{m1} - i_{m2}) + R_4(i_{m1} - i_{m3}) &= u_{S1} \\
R_2 i_{m2} - R_5(i_{m1} - i_{m2}) - R_6(i_{m3} - i_{m2}) &= -u_{S2} \\
R_3 i_{m3} - R_4(i_{m1} - i_{m3}) + R_6(i_{m3} - i_{m2}) &= u_{S3}
\end{aligned}\right\} \tag{3-7}$$

第 5 步，整理 KVL 方程得网孔电流方程，即

$$\left.\begin{aligned}
(R_1 + R_4 + R_5)i_{m1} - R_5 i_{m2} - R_4 i_{m3} &= u_{S1} \\
-R_5 i_{m1} + (R_2 + R_5 + R_6)i_{m2} - R_6 i_{m3} &= -u_{S2} \\
-R_4 i_{m1} - R_6 i_{m2} + (R_3 + R_4 + R_6)i_{m3} &= u_{S3}
\end{aligned}\right\} \tag{3-8}$$

第 6 步，为了书写方便，将式（3-8）中（$R_1 + R_4 + R_5$）、（$R_2 + R_5 + R_6$）、（$R_3 + R_4 + R_6$）分别称为网孔 1、网孔 2、网孔 3 的自阻，用 R_{11}、R_{22}、R_{33} 表示。将 R_4、R_5、R_6 分别称为网孔 1、网孔 2、网孔 3 之间的互阻，用 R_{13}、R_{31}、R_{12}、R_{21} 和 R_{23}、R_{32} 表示，写成一般形式，即

$$\left.\begin{aligned}
R_{11} i_{m1} + R_{12} i_{m2} + R_{13} i_{m3} &= u_{S11} \\
R_{21} i_{m1} + R_{22} i_{m2} + R_{23} i_{m3} &= u_{S22} \\
R_{31} i_{m1} + R_{32} i_{m2} + R_{33} i_{m3} &= u_{S33}
\end{aligned}\right\} \tag{3-9}$$

对于具有 n 个网孔的平面电路，其网孔电流方程的一般形式为

$$
\left.\begin{array}{l}
R_{11}i_{m1} + R_{12}i_{m2} + R_{13}i_{m3} + \cdots + R_{1n}i_{mn} = u_{S11} \\
R_{21}i_{m1} + R_{22}i_{m2} + R_{23}i_{m3} + \cdots + R_{2n}i_{mn} = u_{S22} \\
\vdots \\
R_{n1}i_{m1} + R_{n2}i_{m2} + \cdots + R_{nn}i_{mn} = u_{Snn}
\end{array}\right\}
\tag{3-10}
$$

式中，R_{ij}（$i = j$）称为自电阻，为某一网孔中连接的支路上的所有电阻之和，值恒正；R_{ij}（$i \neq j$）称为互电阻，为某两个网孔公共支路上的电阻之和，其值的正负根据网孔电流流过支路的方向来判断，当两网孔电流流过公共支路的电流方向一致时取正；相反时取负。u_{Sii} 为沿第 i 个网孔绕行方向的各支路电压源电压代数和，当电压源的参考方向与网孔绕行方向一致时取负号；相反时取正号。注意：网孔电流法只能适用于平面电路。

【例 3-2】　试用网孔电流法求图 3-9 所示电路中的各支路电流。

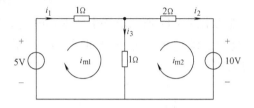

图 3-9　例 3-2 图

【解】　选定两个网孔电流 i_{m1}、i_{m2} 的参考方向如图 3-9 所示。列出的网孔电流方程为

$$
\begin{cases}
(1 + 1)i_{m1} - 1i_{m2} = 5 \\
-1i_{m1} + (1 + 2)i_{m2} = -10
\end{cases}
$$

将 $i_1 = i_{m1}$、$i_2 = i_{m2}$ 代入并整理得

$$
\begin{cases}
2i_1 - i_2 = 5 \\
-i_1 + 3i_2 = -10
\end{cases}
$$

解之得各支路电流分别为 $i_1 = 1\text{A}$，$i_2 = -3\text{A}$，$i_3 = i_1 - i_2 = 4\text{A}$。

【例 3-3】　用网孔电流法求图 3-10 所示电路中的各支路电流。

【解】　选定三个网孔电流 i_{m1}、i_{m2} 和 i_{m3} 的参考方向如图 3-10 所示。列出网孔电流方程为

$$
\begin{cases}
(2 + 2 + 1)i_{m1} - 2i_{m2} - 1i_{m3} = 6 - 18 \\
-2i_{m1} + (3 + 2 + 6)i_{m2} - 6i_{m3} = -12 + 18 \\
-1i_{m1} - 6i_{m2} + (3 + 6 + 1)i_{m3} = -6 + 25
\end{cases}
$$

将 $i_1 = i_{m1}$、$i_2 = i_{m2}$、$i_3 = i_{m3}$ 代入并整理为

$$
\begin{cases}
5i_1 - 2i_2 - i_3 = -12 \\
-2i_1 + 11i_2 - 6i_3 = 6 \\
-i_1 - 6i_2 + 10i_3 = 19
\end{cases}
$$

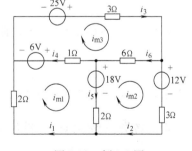

图 3-10　例 3-3 图

解之得各支路电流分别为

$$
i_1 = -1\text{A}，\ i_2 = 2\text{A}，\ i_3 = 3\text{A}
$$

$$
i_4 = -i_1 + i_3 = -i_{m1} + i_{m3} = 4\text{A}
$$

$$
i_5 = i_1 - i_2 = i_{m1} - i_{m2} = -3\text{A}
$$

$$i_6 = i_3 - i_2 = i_{m3} - i_{m2} = 1A$$

3.3.2 含独立电流源电路的网孔电流法

当电路中含有独立电流源时，可分为两种情况处理：

1）当电路中有电阻和理想电流源并联时，先将此电路等效变换为电压源和电阻的串联电路，再按照定律列写网孔电流方程。

2）当电路中的一条支路仅含理想电流源而不存在与之并联的电阻时，如图3-11所示。首先需假设理想电流源上的电压为U，然后根据流过理想电流源的电流为两个网孔电流的叠加，补充一个约束方程。

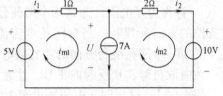

图 3-11 含有独立电流源的网孔电流法

【例3-4】 试用网孔电流法求图3-11所示电路中的支路电流i_1和i_2。

【解】 选定两个网孔电流i_{m1}和i_{m2}的参考方向如图3-11所示。设电流源两端的电压为U，考虑了电压U的网孔电流方程为

$$\begin{cases} 1i_{m1} = 5 - U \\ 2i_{m2} = -10 + U \end{cases}$$

将$i_1 = i_{m1}$、$i_2 = i_{m2}$代入，补充电流源支路方程$i_1 - i_2 = 7A$，联立解得

$$i_1 = 3A \quad i_2 = -4A \quad U = 2V$$

【例3-5】 试用网孔电流法求图3-12所示电路中的支路电流i_1、i_2和i_3。

【解】 选定三个网孔电流i_{m1}、i_{m2}和i_{m3}的参考方向如图3-12所示。当电流源出现在电路外围边界上时，该网孔电流等于电流源的电流并成为已知量，此例中为$i_{m3} = 2A$，此时不必列出此网孔的网孔方程。

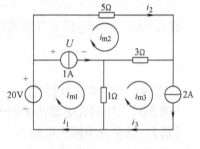

图 3-12 例3-5图

假设1A电流源的电压为U，列出两个网孔方程和一个补充方程为

$$\begin{cases} i_{m1} - i_{m3} + U = 20 \\ (5 + 3)i_{m2} - 3i_{m3} - U = 0 \\ i_{m1} - i_{m2} = 1 \end{cases}$$

代入$i_1 = i_{m1}$、$i_2 = i_{m2}$、$i_{m3} = 2A$，整理后得

$$\begin{cases} i_1 + 8i_2 = 28 \\ i_1 - i_2 = 1 \end{cases}$$

解之得$i_1 = 4A$，$i_2 = 3A$，$i_3 = 2A$。

3.3.3 含有受控电源的网孔电流法

当电路中含有受控电源时，可分为两种情况处理：

1）当电路中含有受控电压源时，如图3-13所示，按照定律把受控电压源的电压列入网孔电流方程，再把控制量用网孔电流表示。

2）当电路中含有受控电流源时，如图3-14所示，先假设受控电流源两端的电压为u，

然后按照定律列写网孔电流方程，再把控制量用网孔电流表示。

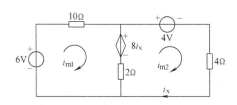

图 3-13　例 3-6 图

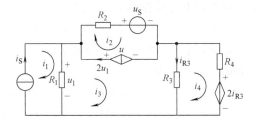

图 3-14　例 3-7 图

【例 3-6】　试用网孔电流法求图 3-13 所示电路中的电流 i_x。

【解】　选定两个网孔电流 i_{m1} 和 i_{m2} 的参考方向如图 3-13 所示。列网孔电流方程时先将受控电源等同于独立电源，写出网孔电流方程有

$$\begin{cases} 12i_{m1} - 2i_{m2} = -8i_x + 6 \\ -2i_{m1} + 6i_{m2} = -4 + 8i_x \end{cases}$$

将受控电压源的控制电流 i_x 用网孔电流表示

$$i_x = i_{m2}$$

代入并整理得

$$\begin{cases} 12i_{m1} + 6i_{m2} = 6 \\ -2i_{m1} - 2i_{m2} = -4 \end{cases}$$

解得　　　　　　　　$i_{m1} = -1\text{A}, \ i_{m2} = 3\text{A}, \ i_x = 3\text{A}$。

【例 3-7】　列写图 3-14 所示电路的网孔电流方程。

【解】　选取网孔电流 i_1、i_2、i_3、i_4 及其方向如图 3-14 所示；将受控源当作独立电源处理，假设受控电流源两端的电压为 u，根据规律列写网孔电流方程为

$$\begin{cases} i_1 = i_S \\ R_2i_2 = -u_S + u \\ -R_1i_1 + (R_1 + R_3)i_3 - R_3i_4 = -u \\ -R_3i_3 + (R_3 + R_4)i_4 = -2i_{R3} \\ 2u_1 = i_2 - i_3 \end{cases}$$

将控制量用网孔电流表示

$$\begin{cases} u_1 = R_1(i_1 - i_3) \\ i_{R3} = i_3 - i_4 \end{cases}$$

联立上述方程并整理求解。

3.3.4　回路电流法

回路电流是指环流于回路中的假想电流。与网孔电流法相似，回路电流法是以回路电流为未知量，根据 KVL 列方程求解回路电流的分析方法。根据所求得的回路电流可求出电路各个支路电流。我们先来分析下面的例子。

【例 3-8】　用回路电流法重解**【例 3-5】**所示的电路，求各支路电流。

【解】　为了减少联立方程的数目，选择回路电流的原则是，每个电流源支路只流过一

个回路电流。若选择图 3-15 所示的三个回路电流 i_{l1}、i_{l2} 和 i_{l3}，则 $i_{l2} = 2\text{A}$，$i_{l3} = 1\text{A}$ 成为已知量。只需列出 i_{l1} 回路的方程，即

$$(5 + 3 + 1)i_{l1} - (1 + 3)i_{l2} - (5 + 3)i_{l3} = 20$$

代入 $i_{l2} = 2\text{A}$，$i_{l3} = 1\text{A}$ 解得 $i_{l1} = 4\text{A}$

各支路电流分别为

$$i_1 = i_{l1} = 4\text{A} \qquad i_2 = i_{l1} - i_{l3} = 3\text{A} \qquad i_3 = i_{l2} = 2\text{A}$$
$$i_4 = i_{l3} = 1\text{A} \qquad i_5 = i_{l1} - i_{l2} = 2\text{A} \qquad i_6 = i_{l1} - i_{l2} - i_{l3} = 1\text{A}$$

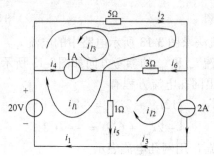

图 3-15　例 3-8 图

【例 3-9】　图 3-16a 所示的电路中含有理想电流源 i_{S1}、电流控制电流源 $i_C = \beta i_2$、电压控制电压源 $u_C = \alpha u_2$ 和理想电压源 U_{S2}、U_{S3}。试列出回路电流方程。

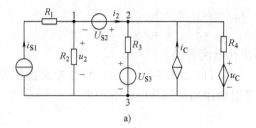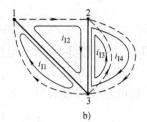

图 3-16　例 3-9 图

【解】　选回路电流 i_{l1}、i_{l2}、i_{l3}、i_{l4} 及其参考方向如图 3-16b 所示。列写回路电流方程为

$$\begin{cases} i_{l1} = i_{S1} \\ -R_2 i_{l1} + (R_2 + R_3)i_{l2} + R_3 i_{l3} - R_3 i_{l4} = U_{S2} - U_{S3} \\ i_{l3} = i_C = \beta i_2 \\ -R_3 i_{l2} - R_3 i_{l3} + (R_3 + R_4)i_{l4} = -u_C + U_{S3} \end{cases}$$

补充控制量方程，即

$$\begin{cases} i_2 = i_{l2} \\ u_2 = R_2(i_{l1} - i_{l2}) \end{cases}$$

整理可得

$$\begin{cases} [R_2 + (1 + \beta)R_3]i_{l2} - R_3 i_{l4} = U_{S2} - U_{S3} + R_2 i_{S1} \\ -[\alpha R_2 + (1 + \beta)R_3]i_{l2} + (R_3 + R_4)i_{l4} = U_{S3} - \alpha R_2 i_{S1} \end{cases}$$

注意：R_1 对回路电流无影响！

由于回路电流的选择有较大灵活性，当电路存在 m 个电流源时，若能选择每个电流源的电流作为一个回路电流，就可以少列写 m 个回路方程。网孔电流法只适用平面电路，而回路电流法却是普遍适用的方法。回路电流法的解题方法与解题步骤与网孔电流法基本相同，所有可以运用网孔电流法求解的电路均可使用回路电流法。回路电流法的步骤如下：

第 1 步，根据给定的电路，选择一组基本回路（基本回路数等于网孔数目），指定各回路电流的参考方向。

第 2 步，按网孔电流方程的规律列出回路电流方程，对于有 p 个回路的电路有

$$\left.\begin{array}{l} R_{11}i_{l1} + R_{12}i_{l2} + \cdots + R_{1p}i_{lp} = u_{\text{S11}} \\ R_{21}i_{l1} + R_{22}i_{l2} + \cdots + R_{2p}i_{lp} = u_{\text{S22}} \\ \vdots \\ R_{p1}i_{l1} + R_{p2}i_{l2} + \cdots + R_{pp}i_{lp} = u_{\text{Spp}} \end{array}\right\} \tag{3-11}$$

式中，自电阻 $R_{ii} > 0$（$i = 1，2，\cdots，p$），表示第 i 个回路的全部电阻之和；互电阻 R_{ij}，$i \neq j$，（$i，j = 1，2，\cdots，p$），第 i 个回路与第 j 个回路的公共电阻之和，若两个回路电流通过公共电阻时方向一致时取"＋"号，否则取"－"号；电压源电压 $u_{\text{S}ii}$（$i = 1，2，\cdots，p$），第 i 个回路电压源电压升的代数和（即电压源电压的方向与回路电流方向一致时取"－"号，否则取"＋"号）。

思　考　题

3-3　利用回路电流法重解【例 3-7】所示的电路，并与网孔电流法比较优缺点。

3.4 结点电压法

3.4.1 结点电压法的分析步骤

结点电压法是以独立的结点电压作为未知量，应用 KCL 列出支路电流方程，然后用结点电压来表示各支路电流，联立方程求解出各结点电压，再用欧姆定律等求出各支路电流。我们以图 3-17 为例介绍结点电压法。

第 1 步，选取结点"0"为参考结点，标出其余各结点电压 u_{n1}、u_{n2} 和 u_{n3}，如图 3-17 所示。

第 2 步，对于独立的结点列写 KCL 方程

$$\left.\begin{array}{l} -i_1 - i_4 - i_6 = 0 \\ -i_2 + i_4 - i_5 = 0 \\ -i_3 + i_5 + i_6 = 0 \end{array}\right\} \tag{3-12}$$

第 3 步，列写利用结点电压变量表示支路电流的方程，其中电流源 i_{S1} 并联电阻 R_1 的支路作为支路 1，电流源 i_{S6} 并联电阻 R_6 的支路作为支路 6，电压源 u_{S3} 串联电阻 R_3 的支路作为支路 3，即

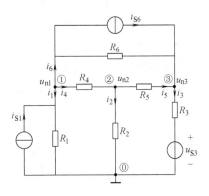

图 3-17　结点电压法

$$
\left.\begin{aligned}
i_1 &= -i_{S1} + u_{n1}/R_1 = -i_{S1} + u_{n1}G_1 \\
i_2 &= u_{n2}/R_2 = u_{n2}G_2 \\
i_3 &= (u_{n3} - u_{S3})/R_3 = (u_{n3} - u_{S3})G_3 \\
i_4 &= (u_{n1} - u_{n2})/R_4 = (u_{n1} - u_{n2})G_4 \\
i_5 &= (u_{n2} - u_{n3})/R_5 = (u_{n2} - u_{n3})G_5 \\
i_6 &= i_{S6} + (u_{n1} - u_{n3})/R_6 = i_{S6} + (u_{n1} - u_{n3})G_6
\end{aligned}\right\}
\tag{3-13}
$$

第4步，将式（3-13）代入式（3-12）并整理得结点电压方程为

$$
\left.\begin{aligned}
(G_1 + G_4 + G_6)u_{n1} - G_4 u_{n2} - G_6 u_{n3} &= i_{S1} - i_{S6} \\
- G_4 u_{n1} + (G_2 + G_4 + G_5)u_{n2} - G_5 u_{n3} &= 0 \\
- G_6 u_{n1} - G_5 u_{n2} + (G_3 + G_5 + G_6)u_{n3} &= i_{S6} + u_{S3}G_3
\end{aligned}\right\}
\tag{3-14}
$$

第5步，将求出的结点电压 u_{n1}、u_{n2} 和 u_{n3} 代入式（3-13），即可求出各支路电流。

第6步，为了书写方便，将式（3-14）中 $(G_1 + G_4 + G_6)$、$(G_2 + G_4 + G_5)$、$(G_3 + G_5 + G_6)$ 分别称为结点1、结点2、结点3的自导。将 $-G_4$、$-G_5$、$-G_6$ 分别称为结点1、结点2、结点3之间的互导，写成一般形式，即

$$
\left.\begin{aligned}
G_{11}u_{n1} + G_{12}u_{n2} + G_{13}u_{n3} &= i_{S11} \\
G_{21}u_{n1} + G_{22}u_{n2} + G_{23}u_{n3} &= i_{S22} \\
G_{31}u_{n1} + G_{32}u_{n2} + G_{33}u_{n3} &= i_{S33}
\end{aligned}\right\}
\tag{3-15}
$$

式中，G_{11}、G_{22}、G_{33} 表示自导；G_{12}、G_{21}、G_{23}、G_{32} 和 G_{13}、G_{31} 表示互导；i_{S11}、i_{S22} 和 i_{S33} 分别为流入结点1、结点2、结点3的各支路电流源电流值的代数和，流入取" + "号，流出取" - "号，其中电压源 u_{S3} 串联电阻 R_3 的支路可等效变换为电流源并联电导的支路，变换后的电流源的电流值为 $u_{S3}G_3$。

具有 $(n-1)$ 个独立结点的电路的结点电压方程的一般形式为

$$
\left.\begin{aligned}
G_{11}u_{n1} + G_{12}u_{n2} + G_{13}u_{n3} + \cdots + G_{1(n-1)}u_{n(n-1)} &= i_{S11} \\
G_{21}u_{n1} + G_{22}u_{n2} + G_{23}u_{n3} + \cdots + G_{2(n-1)}u_{n(n-1)} &= i_{S22} \\
\vdots \\
G_{(n-1)1}u_{n1} + G_{(n-1)2}u_{n2} + \cdots + G_{(n-1)(n-1)}u_{n(n-1)} &= i_{S(n-1)(n-1)}
\end{aligned}\right\}
\tag{3-16}
$$

式中，$G_{ii}[i = 1, \cdots, (n-1)]$ 称为自电导，为连接到第 i 个结点各支路电导之和，值为正；G_{ij} $(i \neq j)$ 称为互电导，为连接于结点 i 与 j 之间支路上的电导之和取负号，值为负；i_{Sii} 为流过第 i 个结点的各支路电流源电流值的代数和，流入取正号，流出取负号。

【例3-10】 列写图3-18所示电路的结点电压方程。

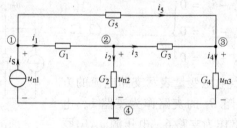

图3-18　例3-10图

【解】 选取结点④为参考结点，标出其余各结点电压 u_{n1}、u_{n2} 和 u_{n3}，如图 3-18 所示。列写结点电压方程，即

$$
\begin{cases}
(G_1 + G_5)u_{n1} - G_1 u_{n2} - G_5 u_{n3} = i_S \\
-G_1 u_{n1} + (G_1 + G_2 + G_3)u_{n2} - G_3 u_{n3} = 0 \\
-G_5 u_{n1} - G_3 u_{n2} + (G_3 + G_4 + G_5)u_{n3} = 0
\end{cases}
$$

【例 3-11】 列出图 3-19 所示电路的结点电压方程并求解。

【解】 选取参考结点并标出结点电压 u_{n1} 和 u_{n2}，如图 3-19 所示，列写结点电压方程为

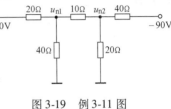

$$
\begin{cases}
\left(\dfrac{1}{20} + \dfrac{1}{40} + \dfrac{1}{10}\right)u_{n1} - \dfrac{1}{10}u_{n2} = \dfrac{120}{20} \\
-\dfrac{1}{10}u_{n1} + \left(\dfrac{1}{20} + \dfrac{1}{10} + \dfrac{1}{40}\right)u_{n2} = -\dfrac{90}{40}
\end{cases}
$$

图 3-19 例 3-11 图

解得 $\qquad u_{n1} = 40\text{V}, \ u_{n2} = 10\text{V}$

3.4.2 含有理想电压源的结点电压法

当电路中含有理想电压源支路时，可分为两种情况处理：

1）当理想电压源的负极性端连接的结点为参考结点时，则该支路的另一端电压为已知，即结点电压等于理想电压源的电压，就不必对该结点列写结点电压方程。例如图 3-20 所示电路中的理想电压源 U_{S1}，对于结点①有，$u_{n1} = U_{S1}$。

2）当理想电压源作为两个结点之间的公共支路时，需假设理想电压源中流过的电流 I 作为未知量列入方程。因为增加一个未知量，所以需要增加一个补充方程。将理想电压源的电压与两端结点电压的关系作为补充方程。如图 3-20 所示的理想电压源 U_{S2}，假设电压源电流为 I，根据规律列写结点②、③的方程

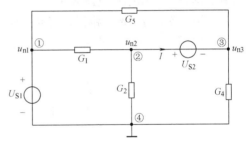

图 3-20 含有理想电压源的结点电压法

$$
\begin{cases}
-G_1 u_{n1} + (G_1 + G_2)u_{n2} + I = 0 \\
-G_5 u_{n1} + (G_4 + G_5)u_{n3} - I = 0
\end{cases}
$$

补充方程为 $\qquad u_{n2} - u_{n3} = U_{S2}$

【例 3-12】 列出图 3-21 所示电路的结点电压方程。

【解】 选取参考结点并标出结点电压 u_{n1} 和 u_{n2} 如图 3-21 所示，列写结点电压方程为

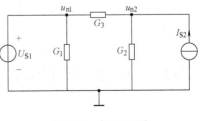

$$
\begin{cases}
u_{n1} = U_{S1} \\
-G_3 u_{n1} + (G_2 + G_3)u_{n2} = I_{S2}
\end{cases}
$$

图 3-21 例 3-12 图

【例3-13】 列出图3-22的结点电压方程。

【解】 选取结点④为参考结点，标出其余各结点电压 u_{n1}、u_{n2} 和 u_{n3}，如图3-22所示。列写结点电压方程有

$$\begin{cases} (G_1 + G_2)u_{n1} - G_1 u_{n2} = -I \\ -G_1 u_{n1} + (G_1 + G_3 + G_4)u_{n2} - G_4 u_{n3} = 0 \\ -G_4 u_{n2} + (G_4 + G_5)u_{n3} = I \end{cases}$$

补充方程

$$u_{n1} - u_{n3} = U_S$$

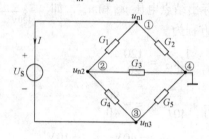

图 3-22 例 3-13 图

3.4.3 含有受控电源的结点电压法

当电路中含有受控电源时，只要考虑受控电源的电流就可，分为两种情况处理：

1）当电路中含有受控电流源时，把受控电流源的电流列入结点电压方程，然后补充一个方程，即控制量用结点电压表示。

2）当电路中的一条支路仅含有受控电压源时，参照理想电压源的处理方法列方程。

下面以图3-23所示的电路为例，列写结点电压方程。

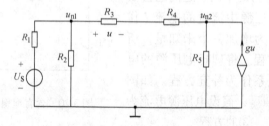

图 3-23 含有受控源的结点电压法

第1步，选取参考结点，标出其余结点的结点电压 u_{n1} 和 u_{n2}；

第2步，先将受控电流源作独立电流源处理，根据规律列方程，即

$$\begin{cases} \left(\dfrac{1}{R_1} + \dfrac{1}{R_2} + \dfrac{1}{R_3 + R_4} \right)u_{n1} - \dfrac{1}{R_3 + R_4}u_{n2} = \dfrac{U_S}{R_1} \\ -\dfrac{1}{R_3 + R_4}u_{n1} + \left(\dfrac{1}{R_3 + R_4} + \dfrac{1}{R_5} \right)u_{n2} = gu \end{cases}$$

第3步，再将控制量用未知量表示

$$u = \frac{u_{n1} - u_{n2}}{R_3 + R_4}R_3$$

第4步，整理可得

$$\begin{cases} \left(\dfrac{1}{R_1} + \dfrac{1}{R_2} + \dfrac{1}{R_3 + R_4}\right)u_{n1} - \dfrac{1}{R_3 + R_4}u_{n2} = \dfrac{U_S}{R_1} \\ -\left(\dfrac{gR_3 + 1}{R_3 + R_4}\right)u_{n1} + \left(\dfrac{gR_3 + 1}{R_3 + R_4} + \dfrac{1}{R_5}\right)u_{n2} = 0 \end{cases}$$

注意：电路中含有受控源时，由于受控源的控制量与结点电压有关，导致 $G_{12} \neq G_{21}$。

【例3-14】 图 3-24 所示的电路中含有电压控制电流源（VCCS），其电流 $i_C = gu_2$，控制量 u_2 为电阻 R_2 上电压。试列写结点电压方程。

【解】 选取参考结点，标出其余结点的结点电压 u_{n1} 和 u_{n2} 如图 3-24 所示。列写结点电压方程，有

$$\begin{cases} \left(\dfrac{1}{R_1} + \dfrac{1}{R_2}\right)u_{n1} - \dfrac{1}{R_2}u_{n2} = I_{S1} \\ -\dfrac{1}{R_2}u_{n1} + \left(\dfrac{1}{R_2} + \dfrac{1}{R_3}\right)u_{n2} = i_C \end{cases}$$

补充方程 $\quad i_C = g(u_{n1} - u_{n2})$

用电导表示，即

$$\begin{cases} (G_1 + G_2)u_{n1} - G_2 u_{n2} = I_{S1} \\ -(G_2 + g)u_{n1} + (G_2 + G_3 + g)u_{n2} = 0 \end{cases}$$

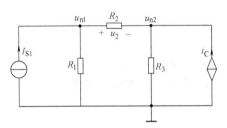

图 3-24 例 3-14 图

【例3-15】 图 3-25 是含受控电流源的电路（晶体管放大电路的微变等效电路），试列写出结点电压方程。

【解】 电路中含有受控电流源，暂将其看作独立电流源列方程，然后把受控电流源的控制量用结点电压表示，列写结点电压方程，即

$$\begin{cases} (G_1 + G_2)u_{n1} - G_2 u_{n2} = i_S \\ -G_2 u_{n1} + (G_2 + G_3)u_{n2} = gu_x \end{cases}$$

补充方程 $\quad u_x = u_{n1} - u_{n2}$

代入整理得

$$\begin{cases} (G_1 + G_2)u_{n1} - G_2 u_{n2} = i_S \\ -(G_2 + g)u_{n1} + (G_2 + G_3 + g)u_{n2} = 0 \end{cases}$$

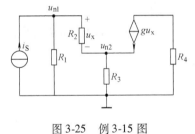

图 3-25 例 3-15 图

3.4.4 弥尔曼定理

弥尔曼定理是由电源和电阻组成的两个结点电路的结点电压法，下面举例说明。

【例3-16】 列写图 3-26a 所示电路的结点电压方程。

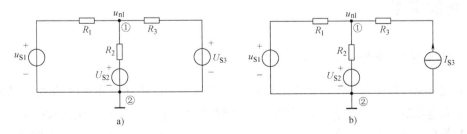

图 3-26 例 3-16 图

【解】 图 3-26a 所示电路中只有两个结点，选结点②为参考结点，标出结点电压 u_{n1}，列写结点电压方程为

$$\left(\frac{1}{R_1}+\frac{1}{R_2}+\frac{1}{R_3}\right)u_{n1}=\frac{U_{S1}}{R_1}+\frac{U_{S2}}{R_2}+\frac{U_{S3}}{R_3}$$

则

$$u_{n1}=\frac{\dfrac{U_{S1}}{R_1}+\dfrac{U_{S2}}{R_2}+\dfrac{U_{S3}}{R_3}}{\dfrac{1}{R_1}+\dfrac{1}{R_2}+\dfrac{1}{R_3}}$$

将上式写成

$$u_{n1}=\frac{\sum\dfrac{U_{Si}}{R_i}}{\sum\dfrac{1}{R_i}} \tag{3-17}$$

式（3-17）就是两个结点的电压公式，称为弥尔曼定理。其中，电压源 U_{Si} 的参考方向指向参考点（负极接参考点），U_{Si} 取正号；反之取负号。

如果将图 3-26a 中的 U_{S3} 换成电流源 I_{S3}，如图 3-26b 所示，则 $u_{n1}=\dfrac{\dfrac{U_{S1}}{R_1}+\dfrac{U_{S2}}{R_2}+I_{S3}}{\dfrac{1}{R_1}+\dfrac{1}{R_2}}$，请读者自行证明此式的正确性。

思 考 题

3-4 【例 3-15】所示的电路中，R_4 对 u_{n1}、u_{n2} 无影响，这说明与电流源串联的电阻不出现在自导或互导中，为什么？

3-5 列出图 3-27 所示电路的结点电压方程。

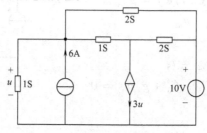

图 3-27 思考题 3-5 图

3.5 叠加定理

3.5.1 叠加定理的含义

叠加定理是线性电路中的一个重要定理，其内容是：对于任一线性电路 N_0，若同时受到多个独立电源的作用，则这些共同作用的电源在某条支路上所产生的电压或电流等于每个独立电源各自单独作用时，在该支路上所产生的电压或电流分量的代数和。如图 3-28 所示，其中 $I=I'+I''=k_1 U_S+k_2 I_S$。

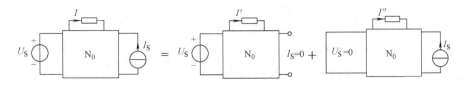

图 3-28 叠加定理

下面以图 3-29 为例用叠加定理求解各支路电流。

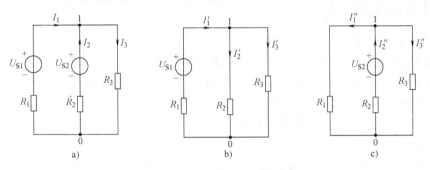

图 3-29 叠加定理的应用

图 3-29a 所示的电路中有两个独立电压源，试求各支路的电流 I_1、I_2、I_3。

当 U_{S1} 单独作用时，$U_{S2}=0$，即在电路中 U_{S2} 相当于短路，电路如图 3-29b 所示，利用欧姆定律求 I_1'，即

$$I_1' = \frac{U_{S1}}{R_1 + R_2 /\!/ R_3} = \frac{(R_2 + R_3)U_{S1}}{R_1 R_3 + R_2 R_3 + R_1 R_2}$$

利用分流公式求 I_2' 和 I_3'，即

$$I_2' = \frac{R_3}{R_2 + R_3}I_1' = \frac{R_3 U_{S1}}{R_1 R_3 + R_2 R_3 + R_1 R_2}$$

$$I_3' = \frac{R_2}{R_2 + R_3}I_1' = \frac{R_2 U_{S1}}{R_1 R_3 + R_2 R_3 + R_1 R_2}$$

当 U_{S2} 单独作用时，$U_{S1}=0$，即在电路中用短路线代替 U_{S1}，电路如图 3-29c 所示，根据欧姆定律，得

$$I_2'' = \frac{U_{S2}}{R_2 + R_1 /\!/ R_3} = \frac{(R_1 + R_3)U_{S2}}{R_1 R_3 + R_2 R_3 + R_1 R_2}$$

利用分流公式，得

$$I_1'' = \frac{R_3}{R_1 + R_3}I_2'' = \frac{R_3 U_{S2}}{R_1 R_3 + R_2 R_3 + R_1 R_2}$$

$$I_3'' = \frac{R_1}{R_1 + R_3}I_2'' = \frac{R_1 U_{S2}}{R_1 R_3 + R_2 R_3 + R_1 R_2}$$

各支路电流等于每个电源单独作用时各支路电流分量的代数和，即

$$I_1 = I_1' - I_1'', \quad I_2 = -I_2' + I_2'', \quad I_3 = I_3' + I_3''$$

其中，各分量电流与总电流方向相同时取正号，相反取负号。将各分量电流的结果代入上式，有

$$I_1 = \frac{(R_2 + R_3)U_{S1} - R_3 U_{S2}}{R_1 R_3 + R_2 R_3 + R_1 R_2} = k_1'U_{S1} - k_1''U_{S2}$$

$$I_2 = \frac{(R_1 + R_3)U_{S2} - R_3 U_{S1}}{R_1 R_3 + R_2 R_3 + R_1 R_2} = -k_2'U_{S1} + k_2''U_{S2}$$

$$I_3 = \frac{R_2 U_{S1} + R_1 U_{S2}}{R_1 R_3 + R_2 R_3 + R_1 R_2} = k_3'U_{S1} + k_3''U_{S2}$$

3.5.2 叠加定理的应用

在使用叠加定理时应注意以下几点：

1）叠加定理适用于线性电路，不适用于非线性电路。

2）当某个独立电源单独作用时，其他独立源置零，即理想电压源用短路线代替，理想电流源用开路代替。除此之外，电路的其他结构和参数都保持不变。

3）受控电源不能置零，要保留在电路中。

4）仅能叠加电流和电压，功率不能叠加。

5）应用叠加定理求电压、电流时，应特别注意各分量的参考方向。若分量的参考方向与原电路中的参考方向一致，则该分量取正号，反之取负号。

6）当电路中有三个或三个以上的独立电源时，为了求解方便，可将电源分组，再用叠加定理求解。

【例 3-17】 如图 3-30a 所示的电路，试用叠加定理计算电压 U。

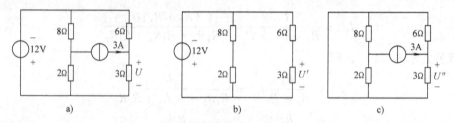

图 3-30 例 3-17 图

【解】 （1）计算 12V 电压源单独作用于电路时产生的电压 U'，如图 3-30b 所示。

$$U' = \left(-\frac{12}{6+3} \times 3\right)V = -4V$$

（2）计算 3A 电流源单独作用于电路时产生的电压 U''，如图 3-30c 所示。

$$U'' = 3 \times \frac{6}{6+3} \times 3V = 6V$$

（3）计算 12V 电压源、3A 电流源共同作用于电路时产生的电压 U。

$$U = U' + U'' = (-4 + 6)V = 2V$$

【例 3-18】 电路如图 3-31a 所示，试用叠加定理求 U 和 I_x。

【解】 （1）当 10V 电压源单独作用时，3A 电流源用开路来代替，如图 3-31b 所示。注意受控源必须跟控制量作相应改变。列写 KVL 方程，有

$$3I_x' + 2I_x' = 10$$

解得

$$I_x' = 2A$$

所以
$$U' = 3I_x' = 6V$$

（2）当 3A 电流源单独作用时，10V 电压源用短路来代替，如图 3-31c 所示。注意受控源必须跟控制量作相应改变。根据弥尔曼公式得

$$U'' = \cfrac{3 + \cfrac{2I_x''}{1}}{\cfrac{1}{2} + 1}$$

补充方程
$$I_x'' = -\frac{U''}{2}$$

解得
$$U'' = 1.2V, \quad I_x'' = -0.6A$$

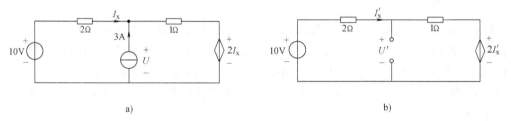

a)　　　　　　　　　　　　b)

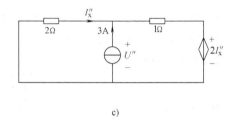

c)

图 3-31　例 3-18 图

（3）当 10V 电压源和 3A 电流源共同作用时，有
$$U = U' + U'' = 7.2V \qquad I_x = I_x' + I_x'' = (2 - 0.6)A = 1.4A$$

【例 3-19】　在如图 3-32a 所示电路中，试用叠加定理求电压 U 和电流 I。

【解】　（1）将电源分成组，即当 6V 电压源和 10V 电压源共同作用时，5A 电流源用开路代替，电路如图 3-32b 所示。根据 KVL 和欧姆定律得

$$I' = \left(\frac{10 - 6}{6 + 4}\right)A = 0.4A$$

$$U' = -10I' - 4I' + 10$$

$$U' = 4.4V$$

（2）5A 电流源单独作用时的电路如图 3-32c 所示，根据分流公式得

$$I'' = \left(-\frac{6}{4 + 6} \times 5\right)A = -3A$$

$$U'' = -10I'' - 4I'' = 42V$$

（3）进行叠加，求出 U 和 I，即

$$I = I' + I'' = (0.4 - 3)A = -2.6A$$

$$U = U' + U'' = 46.4V$$

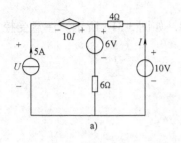 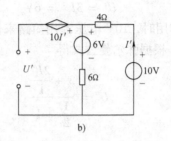 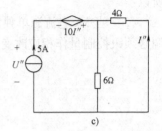

图 3-32　例 3-19 图

3.5.3　齐次定理

独立电源是电路的输入，起着激励的作用，可使线性电路中出现电压和电流（响应），并且响应与激励之间存在线性关系。齐次定理是指单个激励的电路中，当激励信号（某独立源的值）增加 K 倍时，电路中某条支路的响应（电流或电压）也将增加 K 倍。

【**例 3-20**】　电路如图 3-33 所示，（1）N 中仅含线性电阻，若 $I_{S1} = 8A$，$I_{S2} = 12A$ 时，$U_x = 80V$；当 $I_{S1} = -8A$，$I_{S2} = 4A$ 时，$U_x = 0V$。当 $I_{S1} = I_{S2} = 20A$ 时，$U_x = ?$

（2）若 N 中含独立源，若 $I_{S1} = I_{S2} = 0$ 时，$U_x = -40V$；若 $I_{S1} = 8A$，$I_{S2} = 12A$ 时，$U_x = 60V$；若 $I_{S1} = -8A$，$I_{S2} = 4A$ 时，$U_x = 20V$。再求当 $I_{S1} = I_{S2} = 20A$ 时，$U_x = ?$

【**解**】　（1）由题意可知 U_x 应该是 I_{S1} 和 I_{S2} 共同作用所引起的响应，根据叠加定理和齐次定理，U_x 可以表示为

$$U_x = aI_{S1} + bI_{S2}$$

其中，aI_{S1} 可看作为是 I_{S1} 单独作用时引起的分量 U_x'

（注：$a = \dfrac{U_x'}{I_{S1}}\bigg|_{I_{S2}=0}$ 不变）；而 bI_{S2} 可看作是 I_{S2} 单独作用

引起的分量 U_x''。根据已知条件即可得到

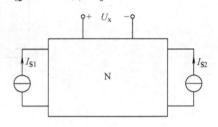

图 3-33　例 3-20 图

$$\begin{cases} 80 = 8a + 12b \\ 0 = -8a + 4b \end{cases}$$

解得

$$\begin{cases} a = 2.5 \\ b = 5 \end{cases}$$

代入式 $U_x = aI_{S1} + bI_{S2}$，得

$$U_x = 2.5I_{S1} + 5I_{S2}$$

因此，当 $I_{S1} = I_{S2} = 20A$ 时有

$$U_x = (2.5 \times 20 + 5 \times 20)V = 150V$$

（2）若 N 中含有独立源，设独立电源单独作用引起的响应为 U_x'''，则根据叠加定理有

$$U_x = aI_{S1} + bI_{S2} + U_x'''$$

若 $I_{S1} = I_{S2} = 0$ 时，$U_x = -40V$；若 $I_{S1} = 8A$，$I_{S2} = 12A$ 时，$U_x = 60V$；若 $I_{S1} = -8A$，$I_{S2} = 4A$ 时，$U_x = 20V$。将已知数据代入，有如下方程

$$\begin{cases} U_x = aI_{S1} + bI_{S2} - 40 \\ 60 = 8a + 12b - 40 \\ 20 = -8a + 4b - 40 \end{cases}$$

联立方程求得 $a = -2.5$，$b = 10$，所以有 $U_x = -2.5I_{S1} + 10I_{S2} - 40$。

当 $I_{S1} = I_{S2} = 20\text{A}$ 时，得

$$U_x = (-2.5 \times 20 + 10 \times 20 - 40)\text{V} = 110\text{V}$$

思 考 题

3-6 电路如图 3-34 所示。已知 $R_1 = R_3 = R_5 = 60\Omega$，$R_2 = R_4 = 80\Omega$，$R_6 = 10\Omega$，$U_{S5} = 44\text{V}$，$U_{S6} = 70\text{V}$，求 I_5、I_6。（提示：利用叠加定理和电桥平衡）

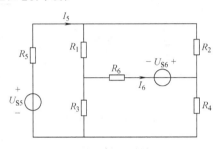

图 3-34 思考题 3-6 图

3.6 替代定理

3.6.1 替代定理的描述

在任意的线性或非线性电路中，若第 K 条支路的电压和电流分别为 U_K 和 I_K，如图 3-35a 所示，则不论该支路是什么元件组成的，总可以用下列的任何一个元件去替代，即

1）电压值为 U_K 的理想电压源，如图 3-35b 所示。

2）电流值为 I_K 的理想电流源，如图 3-35c 所示。

3）电阻值为 U_K/I_K 的线性电阻元件 R_K，如图 3-35d 所示。

替代后电路中的全部电压和电流都将保持原值不变。

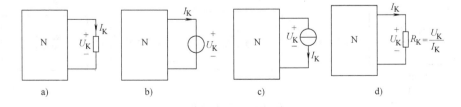

图 3-35 替代定理

3.6.2 替代定理的说明及应用

1）电路结构相同，按 KCL 列写的电流方程和按 KVL 列写的电压方程必然相同；

2）在图 3-35 所示电路中，图 b、图 c 和图 d 方框内（指 N）的元件相同，特性方程相同，对第 K 条支路而言，原端口提供了 U_K 和 I_K 的一个约束（$U_K = A + BI_K$），而电压源或电流源却提供了一个解答 U_K 或 I_K。因此，三个电路都满足相同的电路方程。

3）替代定理可推广到非线性电路，只要知道端口电压或端口电流，就可以用理想电压源和理想电流源进行替换。

4）替代定理是实用的定理，当把电路分解为 N_1（方框 N）和 N_2（第 K 条支路），且求出了 N_1 和 N_2 的端口电压和端口电流后，可以将 N_1 或 N_2 用电压源或电流源替换，进而求出 N_1 和 N_2 中各支路电压和电流。

【例 3-21】 在图 3-36a 所示的电路中，已知 $U = 3V$。试求 U_1 和 I。

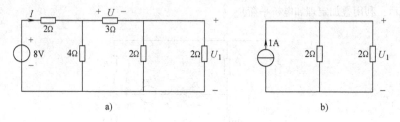

图 3-36 例 3-21 图

【解】 （1）根据替代定理，可将 3Ω 电阻连同左边电路用 $\frac{3}{3} = 1A$ 的电流源置换，如图 3-36b 所示，则

$$U_1 = (2 /\!/ 2) \times 1V = 1V$$

（2）再回到原电路中，可得

$$2I + U + U_1 - 8 = 0$$

所以

$$I = (8 - U - U_1)/2$$

$$I = 2A$$

【例 3-22】 在图 3-37a 所示的电路中，当 $U_S = 10V$，$I_S = 4A$ 时，$I_1 = 4A$，$I_3 = 2.8A$；当 $U_S = 0V$，$I_S = 2A$ 时，$I_1 = -0.5A$，$I_3 = 0.4A$；若将图 a 的电压源换成 8Ω 的电阻，如图 3-37b 所示。当 $I_S = 10A$ 时，求 I_1 和 I_3。

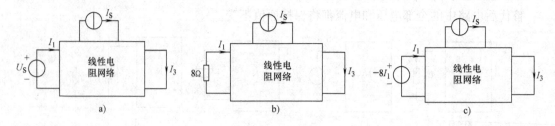

图 3-37 例 3-22 图

【解】 在图 3-37a 中，根据叠加定理得

$$I_1 = K_1 U_S + K_2 I_S$$

$$I_3 = K_3 U_S + K_4 I_S$$

代入已知条件得

$$\begin{cases} 4 = 10K_1 + 4K_2 \\ -0.5 = 0 + 2K_2 \end{cases} \qquad \begin{cases} 2.8 = 10K_3 + 4K_4 \\ 0.4 = 0 + 2K_4 \end{cases}$$

解得

$$\begin{cases} K_1 = 0.5 \\ K_2 = -0.25 \end{cases} \qquad \begin{cases} K_3 = 0.2 \\ K_4 = 0.2 \end{cases}$$

所以

$$I_1 = 0.5U_S - 0.25I_S, \quad I_3 = 0.2U_S + 0.2I_S$$

在图 3-37b 中将 8Ω 电阻用电压源（ $-8I_1$ ）替代，如图 3-37c 所示，将 $U_S = -8I_1$ ，$I_S =$ 10A 代入上式得

$$I_1 = -0.5\text{A}, \quad I_3 = 2.8\text{A}$$

思　考　题

3-7　在图 3-38 所示电路中，已知 $i_3 = 0.5\text{A}$。试用替代定理求 i_1 和 i_2。

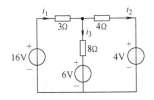

图 3-38　思考题 3-7 图

3.7　戴维宁定理和诺顿定理

由第 2 章已经知道，含独立电源的线性电阻一端口网络，可以等效为一个电压源和电阻串联的一端口网络，或一个电流源和电阻并联的一端口网络。本节介绍的戴维宁定理和诺顿定理就是求解两种等效电源的一般方法，此方法适合只需求解一条支路电流的复杂线性电路。下面首先介绍戴维宁定理。

3.7.1　戴维宁定理的描述

戴维宁定理指出：线性含源一端口网络，对于负载电路而言，可以用一个理想电压源和电阻串联的电路模型来等效，如图 3-39a 所示。其中理想电压源的电压等于线性含源一端口网络的开路电压 u_{OC}，电阻等于所有独立电源置零、从含源一端口网络开路端子之间看进去的等效电阻 R_{eq}，如图 3-39b 所示。

在图 3-39b 所示电路中，R_{eq} 称为戴维宁等效电阻。电压源 u_{OC} 和电阻 R_{eq} 串联的一端口网络，称为戴维宁等效电路。当一端口网络的端口电压和电流采用非关联参考方向时，其端口电压、电流关系方程可表示为

$$u = u_{OC} - R_{eq}i \tag{3-18}$$

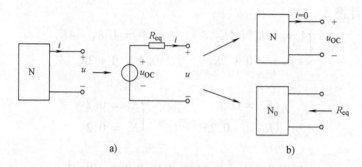

图 3-39　戴维宁定理的描述

3.7.2　戴维宁定理的证明

戴维宁定理可以在一端口网络外加电流源 i，用叠加定理计算端口电压表达式的方法证明。证明如下：

在一端口网络的端口上外加电流源 i，如图 3-40a 所示。根据叠加定理，端口电压可以分为两部分。一部分由电流源单独作用（一端口内全部独立电源置零）产生的电压 $u' = -R_{eq}i$，如图 3-40b 所示；另一部分是外加电流源置零（$i=0$），即一端口网络开路时，由一端口网络内部全部独立电源共同作用产生的电压 $u'' = u_{OC}$，如图 3-40c 所示。由此得到

$$u = u' + u'' = u_{OC} - R_{eq}i$$

上式与式（3-18）完全相同，这就证明了含源线性电阻一端口网络，在端口外加电流源存在唯一解的条件下，可以等效为一个电压源 u_{OC} 和电阻 R_{eq} 串联的一端口网络。

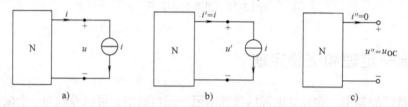

图 3-40　戴维宁定理的证明

3.7.3　戴维宁定理的应用

求戴维宁等效电路的步骤如下：

1）求出含源一端口网络的开路电压 u_{OC}；

2）求出一端口网络独立电源置零，受控电源保留时的等效电阻 R_{eq}；

3）画出戴维宁等效电路图。

其中，求等效电阻 R_{eq} 时，若电路为纯电阻电路，可以用串、并联化简、Y-Δ 等效变换、电桥平衡条件和等电位法求解。当电路中含有受控源时，则要用外加激励法求其戴维宁等效电阻。外加激励法是在一端口网络的端口加一电压源 u 或者电流源 i，一端口内的独立电源置零，如图 3-41 所示，然后计算在端口

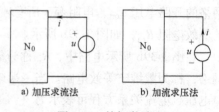

图 3-41　外加激励法

产生的电流 i 或者电压 u，利用公式 $R_{eq} = \dfrac{u}{i}$ 求出等效电阻。

【例3-23】　电路如图 3-42a 所示，利用戴维宁定理求 6Ω 的电阻上的电压 U。

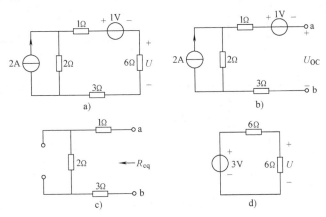

图 3-42　例 3-23 图

【解】　断开 6Ω 的电阻，形成一端口网络如图 3-42b 所示。在端口 ab 上标出开路电压 u_{OC} 及其参考方向，可求得

$$u_{OC} = (-1 + 2 \times 2)\text{V} = 3\text{V}$$

将一端口网络内的 1V 电压源用短路代替，2A 电流源用开路代替，得到图 3-42c，由此求得

$$R_{eq} = (1 + 2 + 3)\Omega = 6\Omega$$

根据 u_{OC} 的参考方向，即可画出戴维宁等效电路，连接 6Ω 的电阻，如图 3-42d 所示。根据分压公式，得 6Ω 的电阻的电压为

$$U = \frac{3 \times 6}{6 + 6}\text{V} = 1.5\text{V}$$

【例3-24】　求图 3-43a 所示一端口网络的戴维宁等效电路。

【解】　u_{OC} 的参考方向如图 3-43b 所示。由于一端口网络负载开路后 $i = 0$，使得受控电流源的电流 $3i = 0$，相当于开路，用分压公式可求得 u_{OC} 为

$$u_{OC} = \frac{12}{12 + 6} \times 18\text{V} = 12\text{V}$$

为求 R_{eq}，将 18V 独立电压源用短路代替，保留受控源，在 a、b 端口外加电流源 i，得到图 3-43c 电路。通过计算端口电压 u 的表达式可求得等效电阻 R_{eq}，即

$$u = \frac{6 \times 12}{6 + 12}(i - 3i) = -8i$$

$$R_{eq} = -8\Omega$$

该一端口网络的戴维宁等效电路如图 3-43d 所示，-8Ω 的等效电阻表明受控电源是发出功率的。

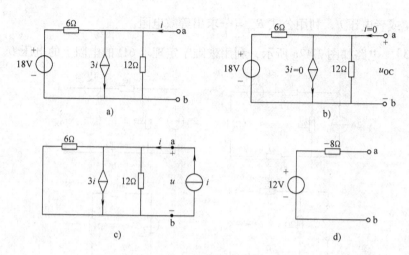

图 3-43　例 3-24 图

3.7.4　诺顿定理的描述

诺顿定理指出：线性含源一端口网络，对于负载电路而言，可以用一个理想电流源和电阻并联的电路模型来等效，如图 3-44a 所示。其中理想电流源的电流等于线性含源一端口网络端子处短接时的短路电流 i_{SC}，电阻等于从含源一端口网络开路端子之间看进去所有独立电源置零，受控源保留时的等效电阻 R_{eq}，如图 3-44b 所示。

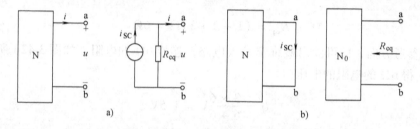

图 3-44　诺顿定理

当线性含源一端口网络的端口电压和电流采用非关联参考方向时，其端口电压、电流关系方程可表示为

$$i = i_{SC} - \frac{u}{R_{eq}} \tag{3-19}$$

注意：1）诺顿定理可由戴维宁定理和电源等效变换推导出来。

2）根据电源等效变换的条件，对于一端口 a、b 而言，戴维宁定理等效电路和诺顿等效电路可以等效互换，如图 3-45a、b 所示。由图 3-45b 的等效条件可知

$$R_{eq} = \frac{u_{OC}}{i_{SC}} \tag{3-20}$$

式（3-20）是求等效电阻 R_{eq} 的另一个重要公式。其式说明，若求出一端口网络的开路电压 u_{OC} 和短路电流 i_{SC} 如图 3-45c、d 所示，就可求出一端口网络的等效电阻 R_{eq}。此方法称为开路短路法。

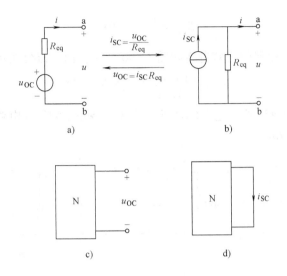

图 3-45　开短路法

3）等效为一个理想电流源的一端口网络（$R_{eq} = \infty$ 或 $G_{eq} = 0$），只能用诺顿定理等效，不能用戴维宁定理等效；同理，等效为一个理想电压源的一端口网络（$R_{eq} = 0$ 或 $G_{eq} = \infty$），只能用戴维宁定理等效，不能用诺顿定理等效。

【**例 3-25**】　电路如图 3-46a 所示，试用诺顿定理求电压 U。

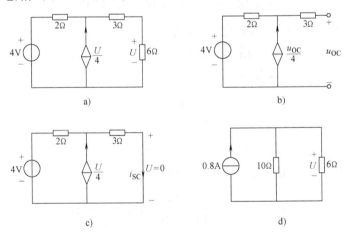

图 3-46　例 3-25 图

【**解**】　（1）断开 6Ω 的电阻形成含源一端口网络，如图 3-46b 所示。列写 KVL 方程求 u_{OC}，即

$$u_{OC} = 2 \times \frac{u_{OC}}{4} + 4$$

所以

$$u_{OC} = 8V$$

（2）将 6Ω 的电阻短路，再求 i_{SC}，如图 3-46c 所示。

$$i_{SC} = \frac{4}{2 + 3}A = 0.8A$$

等效电阻

$$R_{eq} = \frac{u_{OC}}{i_{SC}} = 10\Omega$$

（3）求电压 U，作出诺顿等效电路如图 3-46d 所示。由分流公式及欧姆定律得

$$U = \left(\frac{10 \times 0.8}{10 + 6} \times 6\right)V = 3V$$

【例 3-26】 求图 3-47a 所示电路的戴维宁等效电路和诺顿等效电路，一端口内部含有电流控制电流源，$i_C = 0.75i_1$。

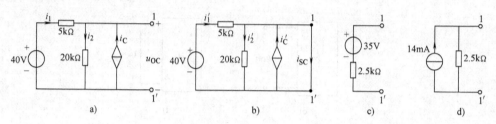

图 3-47 例 3-26 图

【解】 （1）求开路电压 u_{OC}，如图 3-47a 所示。由 KCL 方程得

$$i_2 = i_1 + i_C = 1.75i_1$$

对于左边回路列写 KVL 方程，得

$$5 \times 10^3 \times i_1 + 20 \times 10^3 \times i_2 = 40$$

联立方程，解得 $i_1 = 1mA$，开路电压 u_{OC} 为

$$u_{OC} = (40 - 5 \times 10^3 \times 1 \times 10^{-3})V = 35V$$

（2）求短路电流 i_{SC}，如图 3-47b 所示。有

$$i_1' = \left(\frac{40}{5 \times 10^3}\right)A = 8mA$$

$$i_{SC} = i_1' + i_C' = 1.75i_1' = 14mA$$

（3）求等效电阻 R_{eq}。由开路短路法公式可知

$$R_{eq} = \frac{u_{OC}}{i_{SC}} = \left(\frac{35}{14 \times 10^{-3}}\right)\Omega = 2.5k\Omega$$

戴维宁等效电路和诺顿等效电路分别如图 3-47c、d 所示。

思 考 题

3-8 电路如图 3-48 所示，当 $R = 10\Omega$ 时，其消耗功率为 22.5W；当 $R = 20\Omega$ 时，其消耗功率为 20W。求当 $R = 30\Omega$ 时其消耗的功率。

图 3-48 思考题 3-8 图

3.8 最大功率传输定理

在测量、电子和信息工程的电子设备设计中，常常遇到电阻负载如何从电路获得最大功率的问题。一个一端口电路产生的功率通常分为两部分：一部分消耗在电源及线路的内阻上；另一部分输出给负载。在电子通讯技术中希望负载上得到的功率越大越好，那么，怎样才能使负载从电源获得最大功率呢？

图 3-49a 所示电路中，网络 N 表示供给电阻负载能量的含源线性电阻一端口网络，它可用戴维宁等效电路来代替，如图 3-49b 所示。电阻 R_L 表示获得能量的负载。此处要讨论的问题是电阻 R_L 为何值时，可以从一端口网络获得最大功率。根据图 3-49b 的等效电路，负载 R_L 吸收功率的表达式为

$$P = I^2 R_L = \left(\frac{u_{OC}}{R_{eq} + R_L} \right)^2 R_L = \frac{u_{OC}^2 R_L}{(R_{eq} + R_L)^2}$$

为求 P 的最大值，令 $\dfrac{\mathrm{d}P}{\mathrm{d}R_L} = 0$，即

$$\frac{\mathrm{d}P}{\mathrm{d}R_L} = u_{OC}^2 \frac{R_{eq} - R_L}{(R_{eq} + R_L)^3} = 0$$

由此式求得 P 为极值的条件是

$$R_L = R_{eq} \tag{3-21}$$

因为 $\dfrac{\mathrm{d}P}{\mathrm{d}R_L}$ 关于 R_L 的曲线是开口向下的，所以，当 $R_L = R_{eq}$ 时，负载电阻 R_L 从一端口网络中获得最大功率。式（3-21）称为最大功率匹配条件，其最大功率为

$$P_{max} = \frac{u_{OC}^2}{4R_{eq}} \tag{3-22}$$

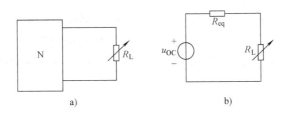

a)   b)

图 3-49 最大功率传输定理

当满足最大功率匹配条件 $R_L = R_{eq}$ 时，R_{eq} 吸收的功率与 R_L 吸收的功率相等，对电压源 u_{OC} 而言，功率传输效率（负载所获得的功率与电源输出功率之比）为 $\eta = 50\%$。对一端口网络 N 中的独立源而言，效率可能更低。电力系统要求尽可能提高效率，以便更充分的利用能源，不能采用功率匹配条件。但是在测量、电子与信息工程中，一般是从微弱信号中获得最大功率，而不看重效率的高低。

【例 3-27】 电路如图 3-50a 所示。试求：（1）R_L 为何值时获得最大功率；（2）R_L 获得的最大功率；（3）10V 电压源的功率传输效率。

【解】 （1）断开负载 R_L，求得一端口网络 N_1 的戴维宁等效电路参数为

$$u_{OC} = \frac{2}{2+2} \times 10V = 5V, \quad R_{eq} = \frac{2 \times 2}{2+2}\Omega = 1\Omega$$

如图 3-50b 所示，由此可知，当 $R_L = R_{eq} = 1\Omega$ 时可获得最大功率。

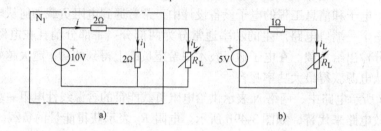

图 3-50　例 3-27 图

（2）由式（3-22）求得 R_L 获得的最大功率为

$$P_{max} = \frac{u_{OC}^2}{4R_{eq}} = \frac{5^2}{4 \times 1}W = 6.25W$$

（3）先计算 10V 电压源发出的功率。当 $R_L = R_{eq} = 1\Omega$ 时

$$i_L = \frac{u_{OC}}{R_{eq} + R_L} = \frac{5}{2}A = 2.5A$$

$$u_L = R_L i_L = 2.5V$$

$$i = i_1 + i_L = \left(\frac{2.5}{2} + 2.5\right)A = 3.75A$$

$$P = (10 \times 3.75)W = 37.5W$$

10V 电压源发出功率 37.5W，电阻 R_L 吸收功率 6.25W，其功率传输效率为

$$\eta = \frac{6.25}{37.5} \times 100\% = 0.167 \times 100\% = 16.7\%$$

由此可以看出，当系统满足最大功率匹配条件时，系统的效率非常低。

【例 3-28】　电路如图 3-51a 所示，试求一端口网络向负载 R_L 传输的最大功率。

【解】　（1）断开负载 R_L，先求 u_{OC}。按图 3-51b 所示网孔电流的参考方向，列出网孔电流方程为

$$\begin{cases} 10i_{m1} + 3i_{m2} = 12 \\ 3i_{m1} + 8i_{m2} = 12 + 3i_1 \end{cases}$$

将 $i_1 = i_{m1}$ 代入，解得

$$i_{m2} = 1.5A$$

$$u_{OC} = 4i_{m2} = 6V$$

（2）再求 i_{SC}。按图 3-51c 所示网孔电流的参考方向，列出网孔电流方程为

$$10i_1 + 3i_{SC} = 12$$

$$3i_1 + 4i_{SC} = 12 + 3i_1$$

解得

$$i_{SC} = 3A$$

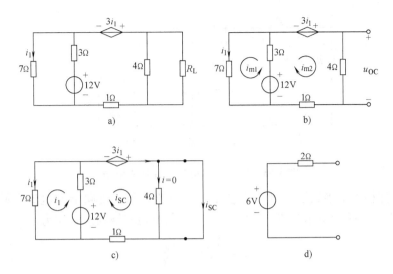

图 3-51　例 3-28 图

（3）由开路短路法求等效电阻，有

$$R_{eq} = \frac{u_{OC}}{i_{SC}} = \frac{6}{3}\Omega = 2\Omega$$

得到一端口网络的戴维宁等效电路如图 3-51d 所示。由式（3-22）求得一端口网络向负载 R_L 传输的最大功率为

$$P_{max} = \frac{u_{OC}^2}{4R_{eq}} = \frac{6^2}{4\times2}W = 4.5W \ 或 \ P_{max} = \frac{i_{SC}^2}{4G_{eq}} = \frac{3^2}{4\times0.5}W = 4.5W$$

思　考　题

3-9　当负载 R_L 固定不变，问一端口网络的等效电阻 R_{eq} 为何值，R_L 可获得最大功率？

3-10　试求图 3-52 所示一端口网络输出最大功率的条件。

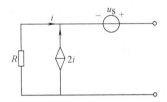

图 3-52　思考题 3-10 图

【实例分析】　D/A 转换电路中的 T 形 R-$2R$ 电阻网络输出电流 I_Σ 的求解。

T 形 R-$2R$ 电阻网络 D/A 转换电路的电路结构由三部分组成，如图 3-53 所示。其中由 R-$2R$ 组成 T 形电阻网，d_3、d_2、d_1、d_0 为数字量$^{\ominus}$，S_3、S_2、S_1、S_0 为模拟开关，V_{REF} 为基准电压，是 T 形电阻网络的工作电源。

由图 3-53 可知，由于运算放大器的 B 端电位接近于零$^{\ominus}$，所以无论开关 S_3、S_2、S_1、S_0

⊖　用二进制数码 0、1 表示的工作信号称为数字量。

⊜　请参考第 11 章的 11.1 节关于运算放大器分析方法的有关内容。

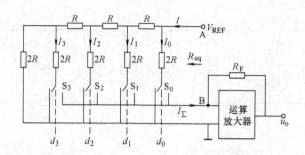

图 3-53　T形 R-$2R$ 电阻网络 D/A 电路

合到哪一边，都相当于接到了"地"电位上，所以流过每个支路上的电流也始终不变。从 A、B 两端向左看，等效电阻为 $R_{eq} = R$，因此，流入电阻网络的总电流为

$$I = \frac{V_{REF}}{R_{eq}} = \frac{V_{REF}}{R} \tag{3-23}$$

根据分流公式，各支路上的电流分别为

$$I_0 = \frac{1}{2}I, \ I_1 = \frac{1}{4}I, \ I_2 = \frac{1}{8}I, \ I_3 = \frac{1}{16}I$$

　　模拟开关受数字量的控制，数字量为零时模拟开关合在左边，数字量为 1 时，模拟开关合在右边。当模拟开关合在左边时，各支路电流流入地；当模拟开关合在右边时，各支路电流流入结点 B。在数字量 d_3、d_2、d_1、d_0 的作用下，在结点 B 利用 KCL，则流入集成运放的电流为

$$I_{\Sigma} = \frac{I}{2}d_0 + \frac{I}{4}d_1 + \frac{I}{8}d_2 + \frac{I}{16}d_3$$

这样就实现了数字量到模拟量的转换。例如，设 $V_{REF} = 10V$，$R = 1k\Omega$，数字量 $d_3d_2d_1d_0 = 0101$ 时，可求得

$$I_{\Sigma} = \frac{10}{1 \times 10^3}\left(\frac{1}{2} \times 1 + \frac{1}{4} \times 0 + \frac{1}{8} \times 1 + \frac{1}{16} \times 0\right)A = \frac{10}{1 \times 10^3}(0.5 + 0.125)A = 6.25mA$$

本 章 小 结

　　1. KCL 方程和 KVL 方程的独立数

　　对于具有 n 个结点、b 条支路的电路，可以列写 $(n-1)$ 个独立的 KCL 方程和 $(b-n+1)$ 个独立的 KVL 方程。

　　2. 支路电流法

　　支路电流法是以支路电流作为电路的未知量，根据 KCL、KVL 建立电路的独立方程求解电路的方法。方程的基本形式为

$$\sum R_k i_k = \sum u_{Sk}$$

式中，$R_k i_k$ 为回路中第 k 个支路的电阻上的电压，求和遍及回路中的所有支路，且当 i_k 参考方向与回路方向一致时，前面取"+"号，不一致时，取"−"号；u_{Sk} 为回路中第 k 支路的电源电压，包括理想电压源的电压和理想电流源两端的电压。

3. 网孔电流法和回路电流法

网孔电流法是以网孔电流为未知量，根据 KVL 列方程求解电路的分析方法。网孔电流法仅适用于平面电路。对于具有 n 个网孔的平面电路，其网孔电流方程的一般形式为

$$\begin{cases} R_{11}i_{m1} + R_{12}i_{m2} + R_{13}i_{m3} + \cdots + R_{1n}i_{mn} = u_{S11} \\ R_{21}i_{m1} + R_{22}i_{m2} + R_{23}i_{m3} + \cdots + R_{2n}i_{mn} = u_{S22} \\ \qquad\qquad\qquad\vdots \\ R_{n1}i_{m1} + R_{n2}i_{m2} + \cdots + R_{nn}i_{mn} = u_{Snn} \end{cases}$$

式中，R_{ii} 称为自电阻，为某一网孔中联接的支路上的所有电阻之和，其值恒正；R_{ij}（$i \neq j$）称为互电阻，为某两个网孔公共支路上的电阻之和，其值根据网孔电流流过支路的方向判断，当两网孔电流流过公共支路的电流方向一致时取正号，相反时取负号；u_{Sii} 为沿第 i 个网孔绕行方向的各支路电压源电压的代数和，电压源的参考方向与网孔绕行方向一致取负号，相反取正号。

回路电流法是以回路电流为未知量，根据 KVL 列方程求解电路的分析方法。根据所求得的回路电流可求出电路的各个支路电流。回路电流法的方程列写规律与网孔电流法相同。回路电流法与网孔电流法比较具有如下优点：

1）网孔电流法只适合平面电路，而回路电流法不仅适合平面电路，还适合非平面电路。

2）网孔电流法仅限于列写网孔的 KVL 独立方程，而回路电流法可列写各回路的 KVL 独立方程。所以用回路电流法可以减少列写 KVL 的独立方程数，简化了电路的分析过程。

4. 结点电压法

结点电压法是以独立的结点电压作为未知量，根据 KCL 列方程求解电路的分析方法。具有 $n-1$ 个独立结点的电路的结点电压方程的一般形式为

$$\begin{cases} G_{11}u_{n1} + G_{12}u_{n2} + G_{13}u_{n3} + \cdots + G_{1(n-1)}u_{n(n-1)} = i_{S11} \\ G_{21}u_{n1} + G_{22}u_{n2} + G_{23}u_{n3} + \cdots + G_{2(n-1)}u_{n(n-1)} = i_{S22} \\ \qquad\qquad\qquad\vdots \\ G_{(n-1)1}u_{n1} + G_{(n-1)2}u_{n2} + \cdots + G_{(n-1)(n-1)}u_{n(n-1)} = i_{S(n-1)(n-1)} \end{cases}$$

式中，G_{ij}（$i=j$）称为自电导，为连接到第 i 个结点各支路电导之和，其值恒正；G_{ij}（$i \neq j$）称为互电导，为连接于结点 i 与 j 之间支路上的电导之和取负号，其值恒为负；I_{Sii} 为流入第 i 个结点的各支路电流源电流值的代数和，电流流入结点取正号，流出结点取负号。

弥尔曼定理是电路中仅含有两个结点的结点电压分析法，公式可简写为 $u_{n1} = \dfrac{\sum \dfrac{U_{Si}}{R_i}}{\sum \dfrac{1}{R_i}}$。

两个结点电压公式应用较多，要熟记。

5. 叠加定理

对于任一线性网络，若同时受到多个独立电源的作用，则这些共同作用的电源在某条支路上所产生的电压或电流应该等于每个独立电源各自单独作用时，在该支路上所产生的电压

或电流分量的代数和。需要注意的是，当某个独立电源单独作用时，其他独立源置零，即理想电压源用短路代替，理想电流源用开路代替。除此之外，电路的其他结构和参数都保持不变；受控电源不能置零，要保留在电路中；仅能叠加电流和电压，功率不能叠加。

6. 替代定理

在任意的线性或非线性网络中，若已知第 K 条支路的电压和电流为 U_K 和 I_K，则不论该支路是什么元件，总可以用下列的任何一个元件去替代，即：①电压值为 U_K 的理想电压源；②电流值为 I_K 的理想电流源；③电阻值为 U_K/I_K 的线性电阻元件 R_K。

7. 戴维宁定理和诺顿定理

戴维宁定理指出：线性含源一端口网络，对于负载电路而言，可以用一个理想电压源和电阻串联的电路模型来等效。其中理想电压源的电压等于线性含源一端口网络的负载电路断开端子之间的开路电压 u_{OC}，电阻等于从含源一端口网络开路端子之间看进去所有独立电源置零，受控源保留时的等效电阻 R_{eq}。

诺顿定理指出：线性含源一端口网络，对于负载电路而言，可以用一个理想电流源和电阻并联的电路模型来等效。其中理想电流源的电流等于线性含源一端口网络端子处短接时的短路电流 i_{SC}，电阻等于从含源一端口网络开路端子之间看进去所有独立电源置零，受控源保留时的等效电阻 R_{eq}。

8. 最大功率传输定理

当负载电阻满足最大功率匹配条件 $R_L = R_{eq}$ 时，负载电阻 R_L 从一端口网络中获得最大功率。最大功率为 $P_{max} = \dfrac{u_{OC}^2}{4R_{eq}}$。

习　题

3-1　试用支路电流法求图 3-54 中各支路电流。

3-2　在图 3-55 所示的电路中，欲使电压 $U_1 = 5U_2$，试求 U_S。

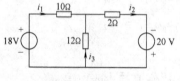

图 3-54　题 3-1 图

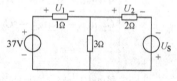

图 3-55　题 3-2 图

3-3　利用网孔电流法求图 3-56 所示电路中的电流 I 和电压 U。

3-4　已知图 3-57 所示电路的电流方程为

$$\begin{cases} 6i_1 - 4i_2 = 10 \\ -i_1 + 5i_2 = 0 \end{cases}$$

求 CCVS 的控制系数 r 以及电阻 R。

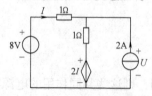

图 3-56　题 3-3 图

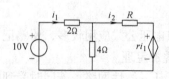

图 3-57　题 3-4 图

3-5 电路如图 3-58 所示，试用回路电流法求电流 i。

3-6 试用回路电流法求图 3-59 中的电流 i_x。

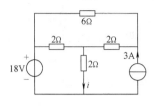

图 3-58 题 3-5 图

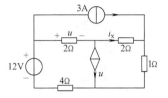

图 3-59 题 3-6 图

3-7 电路如图 3-60 所示。分别用网孔电流法和结点电压法求电流 i 以及 a、b 之间的电压 u_{ab}。

3-8 已知图 3-61 所示电路的电压方程为

$$\begin{cases} 3U_1 - 2U_2 = 10 \\ -4U_1 + 6U_2 = 0 \end{cases}$$

求 VCCS 的控制系数 g。

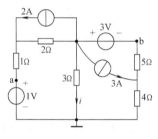

图 3-60 题 3-7 图

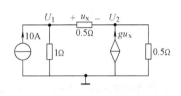

图 3-61 题 3-8 图

3-9 电路如图 3-62 所示。试用结点电压法列出该电路的结点电压方程。

3-10 试用结点电压法求图 3-63 所示电路的电流 i。

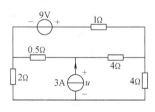

图 3-62 题 3-9 图

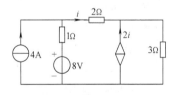

图 3-63 题 3-10 图

3-11 试用弥尔曼定理求图 3-64 所示电路的各支路电流。

3-12 试用弥尔曼定理求图 3-65 所示电路的电流 I。

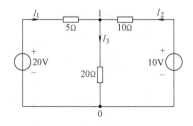

图 3-64 题 3-11 图

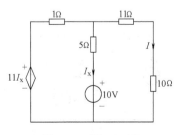

图 3-65 题 3-12 图

3-13 试用叠加定理求图 3-66a 的电压 U 和图 b 的电流 I。

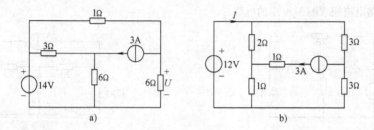

图 3-66 题 3-13 图

3-14 试用叠加定理求图 3-67 所示电路的电流 I。

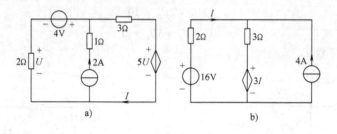

图 3-67 题 3-14 图

3-15 试用叠加定理求图 3-68 所示电路的电流 I。

3-16 图 3-69 所示为线性一端口网络,当 $u_S = 5V$, $i_S = 2A$ 时, $u_o = 10V$; $u_S = 8V$, $i_S = 3A$, $u_o = 2V$。现 $u_S = 2V$, $i_S = 1A$,试用叠加定理求电压 u_o。

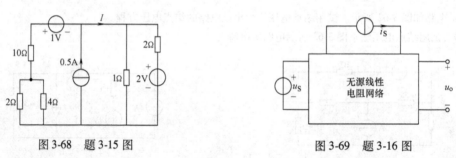

图 3-68 题 3-15 图   图 3-69 题 3-16 图

3-17 已知电路如图 3-70 所示,试求:(1)用戴维宁定理求出 2Ω 电阻中的电流;(2)计算电流源和电压源的功率。

3-18 电路如图 3-71 所示,当电阻 R 分别为 1Ω、3Ω、5Ω 时,试求电流 I。

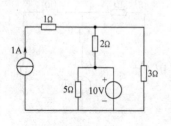

图 3-70 题 3-17 图

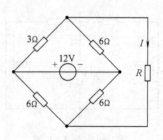

图 3-71 题 3-18 图

3-19　求图 3-72 所示电路的戴维宁等效电路。

3-20　求图 3-72 所示电路的诺顿等效电路。

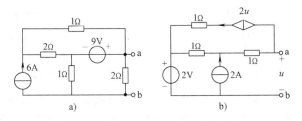

图 3-72　题 3-19 图

3-21　电路如图 3-73 所示，求 ab 端的等效电阻 R_{ab}。

3-22　电路如图 3-74 所示，若使 $u_{ab}=0$，试求电阻 R 值。

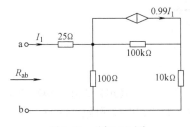

图 3-73　题 3-21 图

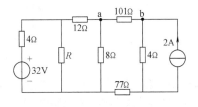

图 3-74　题 3-22 图

3-23　图 3-75 中 N 为含源一端口网络，已知在图 3-75a 接法时有 $U=4\text{V}$；在图 3-75b 接法时有 $U=0\text{V}$。试求在图 3-75c 接法时的 U。

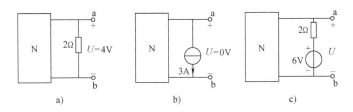

图 3-75　题 3-23 图

3-24　在图 3-76 所示的电路中，N 为有源网络。已知电路在最佳匹配情况下 R_L 上得到的最大功率为 1W。试求 N 网络对 ab 端的戴维宁等效电路。

3-25　图 3-77 所示电路中，为使 R_L 上获得最大功率，R_L 应为多少？

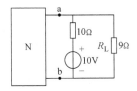

图 3-76　题 3-24 图

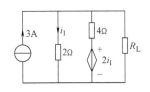

图 3-77　题 3-25 图

3-26　图 3-78 中负载 R_L 可变，试求 R_L 可能获得的最大功率。

3-27　在图 3-79 所求电路中，已知 $R_5=30\Omega$ 时 $U_5=60\text{V}$；$R_5=80\Omega$ 时 $U_5=80\text{V}$。试问 R_5 为何值时，R_5 能获得最大功率？此最大功率为多少？

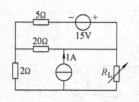

图 3-78 习题 3-26 图

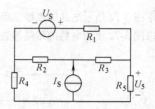

图 3-79 习题 3-27 图

3-28 图 3-80 所示电路中，N 为线性无源电路。已知当开关 S 打在"1"的位置上时，电流表的读数为 40mA；当 S 打在"2"的位置上时，电流表的读数为 −60mA。试求当开关 S 打在"3"的位置上时，电流表的读数。

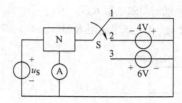

图 3-80 习题 3-28 图

3-29 有一台 40W 的扩音机，其输出电阻为 8Ω。现有 8Ω、10W 低音扬声器 2 只，16Ω、20W 扬声器 1 只。试问应把它们如何连接在电路中才能满足"匹配"的要求？能否像电灯那样全部并联？

第4章 正弦稳态电路分析

内 容 提 要

本章主要讲述正弦交流电的基本概念并引入相量，然后重点讨论电路基本元器件的相量模型，基本定律相量形式，阻抗、导纳及其串并联等效，正弦稳态电路的相量分析法和正弦稳态电路中的功率、功率因数的提高及最大功率传输问题。

【引例】 正弦稳态电路的激励应用十分广泛，发电厂发出的电，输电线输送的电，及工业用电和民用电几乎都是正弦交流电，所以研究电路的正弦稳态响应具有十分重要的实际意义。我们来看一个例子，照明用的荧光灯是由灯管、镇流器及辉光启动器（简称启动器）组成，其电路如图 4-1a 所示，等效电路模型如图 4-1b 所示。在图 b 的等效电路中，灯管等效为电阻，镇流器等效为电感。一盏功率为 40W 的荧光灯在正常工作时，我们用交流电压表测出，荧光灯外加的正弦电源电压为 220V，而灯管两端的电压为 110V，镇流器两端电压为 176V，它们直接相加不等于 220V，这是什么原因呢？它们三者之间满足什么样的关系？用什么方法来计算正弦交流电路中的电压和电流？镇流器起什么作用？它消耗电能吗？电源向镇流器提供什么功率？学完本章内容便可得出解答。

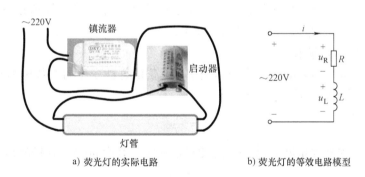

a) 荧光灯的实际电路　　　　　b) 荧光灯的等效电路模型

图 4-1　荧光灯电路

4.1　正弦量

4.1.1　正弦电源产生的正弦量

在直流电路中，电压和电流的大小和方向都是恒定不变的。除直流外，工程上经常遇到大小和方向都随时间按一定规律变化的电压和电流。

如果电压或电流随时间按周期规律变化，这种电压和电流就称为周期性电压或电流。而如果这个电压或电流按正弦规律变化，就称为正弦电压或正弦电流，其相应的波形称为正弦波。对正弦电压或正弦电流的描述，可以采用正弦函数，也可以采用余弦函数。本书统一采用余弦函数。

正弦电流、电压的数学表达式为

$$i = I_m\cos(\omega t + \phi_i) \tag{4-1}$$

$$u = U_m\cos(\omega t + \phi_u) \tag{4-2}$$

图 4-2a 给出了电流 i 的波形图，横轴可以用时间 t，也可以用 ωt（rad，弧度）表示。

由波形图可以看出，电流的瞬时值有时为正，有时为负。而对于电流数值的正负必须在设定参考方向的前提下才有实际意义，因此对正弦电流也必须设定参考方向，如图 4-2b 所示。

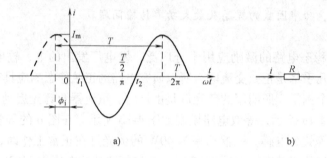

图 4-2　正弦电流

4.1.2　正弦量的三要素

由式（4-1）和式（4-2）可知，要完全描述一个正弦量，必须知道正弦量的 $I_m(U_m)$、ω、$\phi(\phi_u)$，这三个物理量称为正弦量的三要素。

1. 频率、周期和角频率

正弦量变化一周所需要的时间称为周期 T。正弦量每秒变化的次数称为频率 f，它的单位为赫兹（Hz）。频率是周期的倒数，即

$$f = \frac{1}{T}$$

正弦函数一个周期内角度变化 2πrad，即 $\omega T = 2\pi$，其中 ω 是正弦量的角频率，所以

$$\omega = \frac{2\pi}{T} = 2\pi f \tag{4-3}$$

它是正弦量的角度随时间变化的速度，角频率的单位为 rad/s（弧度/秒）。式（4-3）表示了正弦量的周期、频率、角频率三者之间的关系。

我国电网供电的电压频率为 50Hz，该频率称为工频。美国、日本电网供电频率为 60Hz，欧洲绝大多数国家的供电频率为 50Hz。

2. 幅值（或称振幅）**和有效值**

I_m 为电流的幅值（或称振幅），它表示正弦电流在整个变化过程中能到达的最大值。如图 4-3 所示，当 $\cos(\omega t + \phi) = 1$ 时，有 $i_{max} = I_m$；而当 $\cos(\omega t + \phi) = -1$ 时，将有极小值 $i_{min} = -I_m$。$i_{max} - i_{min} = 2I_m$，称为正弦量的峰-峰值。

在电路中，一般用正弦量的有效值来表示一个正弦量在电路中的实际效果。正弦量的有效值是从热功相当的角度来定义的。在图 4-4a、b 中，令正弦电流 i 和直流电流 I 分别通过两个阻值相同的电阻 R，如果在一个周期内，两个电阻消耗的能量相等，则可用这个直流电流 I 来表示该正弦电流在电路中的实际效果，此直流电流 I 称为正弦电流 i 的有效值，记为 I。

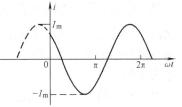

图 4-3　正弦量的幅值

图 4-4a，电阻 R 消耗的功率为

$$p(t) = Ri^2$$

在时间 T 内消耗的能量为

$$W = \int_0^T Ri^2 \, dt \tag{4-4}$$

图 4-4　电流的热效应

图 4-4b 中，电阻 R 消耗的功率为

$$P = RI^2$$

在时间 T 内消耗的能量为

$$W = RI^2 T \tag{4-5}$$

令式（4-4）与式（4-5）相等，即

$$\int_0^T Ri^2 \, dt = RI^2 T$$

解得

$$I = \sqrt{\frac{1}{T} \int_0^T i^2 \, dt} \tag{4-6}$$

由式（4-6）可以看出，周期性电流有效值 I 的计算公式为电流 i 的平方在一个周期内积分的平均值再取平方根，此值也称为方均根值。

若将正弦电流的表达式 $i = I_m \cos(\omega t + \phi_i)$ 代入式（4-6），可以得到正弦电流的有效值和幅值之间的关系为

$$
\begin{aligned}
I &= \sqrt{\frac{1}{T} \int_0^T i^2 \, dt} = \sqrt{\frac{1}{T} \int_0^T I_m^2 \cos^2(\omega t + \phi_i) \, dt} \\
&= \sqrt{\frac{1}{2} \frac{1}{T} I_m^2 \int_0^T [1 + \cos 2(\omega t + \phi_i)] \, dt} \\
&= \frac{1}{\sqrt{2}} I_m = 0.707 I_m
\end{aligned}
\tag{4-7}
$$

此结论只对正弦量成立。同理可以得到正弦电压 $u = U_m \cos(\omega t + \phi_u)$ 的有效值和幅值之间的关系为

$$U = \frac{1}{\sqrt{2}} U_m = 0.707 U_m \tag{4-8}$$

在电路测量过程中，交流电压表、交流电流表所指示的电压、电流读数都是有效值。交流电机等电器的铭牌数据所标注的额定电压和电流也是指有效值。例如通常所说的 220V 正弦交流电压就是表示该正弦电压的有效值是 220V，而其幅值为 $\sqrt{2} \times 220\text{V} \approx 311\text{V}$。在我国，民用电网的供电电压为 220V，日本和美国的供电电压为 110V，欧洲绝大多数国家的供电电压也为 220V。

引入有效值后，正弦电流和电压的表达式也可表示为

$$i = I_\text{m}\cos(\omega t + \phi_\text{i}) = \sqrt{2}I\cos(\omega t + \phi_\text{i})$$

$$u = U_\text{m}\cos(\omega t + \phi_\text{u}) = \sqrt{2}U\cos(\omega t + \phi_\text{u})$$

3. 相位和初相位

正弦量随时间变化的角度 $\omega t + \phi_\text{i}$ 称为正弦量的相位，或称相角。时间 $t = 0$ 时所对应的相位 ϕ_i 称为正弦量的初相位（或称初相角）。一般从正弦量的正最大值到正弦量计时零点（$t = 0$）所对应的角度为该正弦量的初相位，以向右为正，如图 4-5a 所示初相位为正，即 $\phi_\text{i} > 0$。初相位的取值范围为 $|\phi_\text{i}| \leqslant 180°$。

在电路中，初相位与计时零点的选择有关。对于同一正弦量，如果其计时零点不同，其初相位也就不同，对于图 4-5a 中所示正弦量，如果按图 4-5b 所示坐标建立计时零点，则正弦量的初相为负，即 $\phi_\text{i} < 0$。但是对于同一电路中的多个相关的正弦量，只能选择一个共同的计时零点确定各自的初相位。

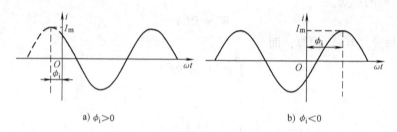

a) $\phi_\text{i} > 0$ b) $\phi_\text{i} < 0$

图 4-5 正弦量的初相位

4. 相位差

相位差是描述两个同频率正弦量之间的相位关系。假设两个正弦电流分别为

$$i_1 = \sqrt{2}I_1\cos(\omega t + \phi_1)$$

$$i_2 = \sqrt{2}I_2\cos(\omega t + \phi_2)$$

它们的波形图如图 4-6 所示。

它们的相位差用 φ 表示，即

$$\varphi = (\omega t + \phi_1) - (\omega t + \phi_2) = \phi_1 - \phi_2$$

$$(4\text{-}9)$$

由式（4-9）可以看出，两个同频率的正弦量之间的相位差等于它们的初相位之差，是一个与频率无关的固定值。

在图 4-6 中，由于 $\phi_1 > \phi_2$，$\varphi > 0$，电流 i_1 比

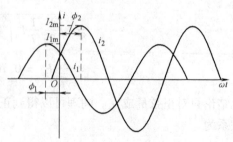

图 4-6 初相位不同的正弦量

i_2 先到达最大值，此情况称电流 i_1 在相位上超前电流 i_2，简称 i_1 超前 i_2；或称电流 i_2 在相位上滞后电流 i_1，简称 i_2 滞后 i_1。两正弦量之间的相位关系有同相、超前和滞后三种情况。一般情况下，若两正弦量的相位差 $\varphi = 0$，称两正弦量同相；若 $\varphi > 0$，则称 i_1 超前 i_2；若 $\varphi < 0$，则称 i_1 滞后 i_2。特别地，若 $\varphi = \pm\pi$，则称两正弦量反相；若 $\varphi = \pm\dfrac{\pi}{2}$，则称两正弦量正交。

对于任一正弦量，正弦量乘以常数，正弦量的微分、积分，同频率正弦量的代数和等运算，其结果仍为同频率的正弦量。正弦量的这个性质十分重要。

【例 4-1】　已知某电压正弦量为 $u = 100\cos\left(314t + \dfrac{\pi}{6}\right)\text{V}$。试求该电压的有效值、频率、初始值，并画出其波形图。

【解】　$U = \dfrac{1}{\sqrt{2}} \times 100\text{V} = 70.7\text{V}$

$$\omega = 314\text{rad/s} \qquad f = \frac{314}{2\pi} = 50\text{Hz}$$

$$u(0) = 100\cos\left(\frac{\pi}{6}\right) = 100\cos30° = 86.6\text{V}$$

该正弦电压的波形如图 4-7 所示。

【例 4-2】　已知两个同频率正弦电流分别为 $i_1 = 20\cos\left(314t + \dfrac{\pi}{3}\right)\text{A}$，$i_2 = 10\sin\left(314t - \dfrac{\pi}{4}\right)\text{A}$。试求：（1）画出波形图、求相位差；（2）若以 $t = 0.005\text{s}$ 为计时起点，求两正弦量的初相位和相位差，并画出波形图。

【解】　在对两正弦量的相位差进行比较时，要求将两正弦量的函数形式化为一致。本例中将电流 i_2 化为余弦函数，即

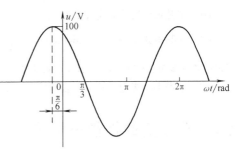

图 4-7　例题 4-1 的图

$$i_2 = 10\sin\left(314t - \frac{\pi}{4}\right) = 10\cos\left(314t - \frac{\pi}{4} - \frac{\pi}{2}\right) = 10\cos\left(314t - \frac{3\pi}{4}\right)\text{A}$$

（1）两正弦量的相位差为

$$\varphi = \phi_{i1} - \phi_{i2} = \frac{\pi}{3} - \left(-\frac{3\pi}{4}\right) = \frac{13\pi}{12} = 195°$$

可见 i_1 超前 i_2 195°。

两正弦量波形图如图 4-8a 所示。

（2）由于 $T = 0.02\text{s}$，$t = 0.005\text{s} = \dfrac{T}{4}$，当以 $t = 0.005\text{s}$ 为计时起点时，相当于正弦量的初相位均在原来的基础上增加了 $\dfrac{\pi}{2} = 90°$，故有

$$\phi_{i1} = \frac{\pi}{3} + \frac{\pi}{2} = \frac{5\pi}{6} = 150° \qquad \phi_{i2} = -\frac{3\pi}{4} + \frac{\pi}{2} = -\frac{\pi}{4} = -45°$$

两正弦量的相位差为

$$\varphi = \phi_{i1} - \phi_{i2} = 150° - (-45°) = 195°$$

两正弦量的波形如图 4-8b 所示。

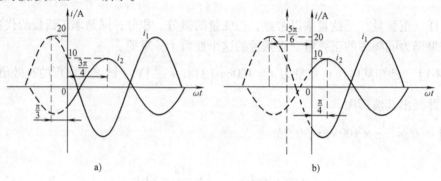

图 4-8 例题 4-2 的图

思 考 题

4-1 正弦量的三要素是什么？

4-2 在某电路中，$i = 100\cos\left(6280t + \frac{\pi}{3}\right)$mA，（1）试指出其频率、周期、角频率、幅值、有效值及初相位各为多少？（2）如果电流 i 的参考方向选得相反，写出其三角函数式。

4-3 根据本书规定的符号，表达式 $I = 20\cos(628t + 60°)$A，$i = I\cos(\omega t + \phi)$A，对不对？为什么？

4.2 正弦量的相量表示法

在线性电路中，当电源电压和电流恒定或作周期性变化时，电路中各部分的电压和电流同样是恒定的或按周期性规律变化的，电路的这种工作状态，称为稳定状态，简称稳态。当线性电路外加正弦激励时，各支路的电压和电流的响应也是同频率的正弦量，这样的电路称为正弦稳态电路。

相量法是分析研究正弦稳态电路的一种简单易行的方法，它是在数学理论和电路理论的基础上建立起来的。

4.2.1 正弦量的相量表示

由式（4-1）可知

$$i = I_m\cos(\omega t + \phi_i)$$

根据数学上的欧拉公式

$$\left.\begin{array}{l} e^{j\phi} = \cos\phi + j\sin\phi \\ \cos\phi = \dfrac{1}{2}(e^{j\phi} + e^{-j\phi}) \\ \sin\phi = \dfrac{1}{2j}(e^{j\phi} - e^{-j\phi}) \end{array}\right\} \qquad (4-10)$$

式（4-1）可表示为

$$i = I_\mathrm{m}\cos(\omega t + \phi_\mathrm{i}) = \frac{I_\mathrm{m}}{2}(\mathrm{e}^{\mathrm{j}(\omega t + \phi_\mathrm{i})} + \mathrm{e}^{-\mathrm{j}(\omega t + \phi_\mathrm{i})}) = \mathrm{Re}[I_\mathrm{m}\mathrm{e}^{\mathrm{j}(\omega t + \phi_\mathrm{i})}]$$

其中 Re 表示取实部。上式表明一个正弦量可以分解成一对共轭的复指数函数。同理，对于任何正弦量都可以用相应的复指数函数来表示。

更进一步，上式可表示为

$$i = \mathrm{Re}[I_\mathrm{m}\mathrm{e}^{\mathrm{j}(\omega t + \phi_\mathrm{i})}] = \mathrm{Re}[I_\mathrm{m}\mathrm{e}^{\mathrm{j}\phi_\mathrm{i}}\mathrm{e}^{\mathrm{j}\omega t}] = \mathrm{Re}[\dot{I}_\mathrm{m}\mathrm{e}^{\mathrm{j}\omega t}] \tag{4-11}$$

式中，$\dot{I}_\mathrm{m} = I_\mathrm{m}\mathrm{e}^{\mathrm{j}\phi_\mathrm{i}}$ 表示复数，它的模 I_m 和幅角 ϕ_i 分别表示正弦电流 i 的幅值和初相位。

复数可以用复平面上的有向线段来表示。如果用它来表示正弦量，则复数的模（有向线段的长度）代表正弦量的幅值（或有效值），复数的辐角（有向线段与实轴之间的夹角）代表正弦量的初相位。如图 4-9 所示。为了表示 $\dot{I}_\mathrm{m}$ 和正弦电流的联系以及与一般的复数的区别，我们在它上面标"·"来表示，并称之为正弦电流 i 的相量，简称电流相量。相量 $\dot{I}_\mathrm{m}$ 与 $\mathrm{e}^{\mathrm{j}\omega t}$ 的乘积为旋转相量。正弦电流 $i = I_\mathrm{m}\cos(\omega t + \phi_\mathrm{i})$ 在任一时刻的值，等于对应的旋转相量该时刻在实轴上的投影，如图 4-10 所示。

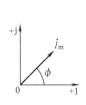

图 4-9　复数的几何表示

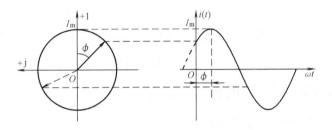

图 4-10　旋转相量与正弦量

由于正弦量的幅值与有效值之间有固定的 $\sqrt{2}$ 倍关系，因此，今后正弦量的相量都用有效值来表示。如式（4-1）所示的正弦电流

$$i = I_\mathrm{m}\cos(\omega t + \phi_\mathrm{i}) = \sqrt{2}I\cos(\omega t + \phi_\mathrm{i})$$

其有效值相量为

$$\dot{I} = I\mathrm{e}^{\mathrm{j}\phi_\mathrm{i}}$$

同理，正弦电压

$$u = \sqrt{2}U\cos(\omega t + \phi_\mathrm{u}) = \mathrm{Re}[\sqrt{2}U\mathrm{e}^{\mathrm{j}\phi_\mathrm{u}}\mathrm{e}^{\mathrm{j}\omega t}] = \mathrm{Re}[\sqrt{2}\dot{U}\mathrm{e}^{\mathrm{j}\omega t}]$$

其有效值相量为

$$\dot{U} = U\mathrm{e}^{\mathrm{j}\phi_\mathrm{u}}$$

将一个正弦量表示为相量或将一个相量表示成正弦量的过程称为相量变换。由图 4-9 可知，该相量只表示了对应正弦量的两个特征量——幅值和初相位。故相量只是表示正弦量，并不等于正弦量。

相量在复平面上的图示就称为相量图。相量图可以形象地表示出各个相量的大小和相位关系。

【例4-3】 已知电流 $i_1 = 5\sqrt{2}\cos(\omega t + 30°)\,A$，$i_2 = 10\sqrt{2}\cos(\omega t + 60°)\,A$，试求出这两个正弦量的幅值相量和有效值相量，并画出相量图。

【解】 正弦量的有效值相量为

$$\dot{I}_1 = 5e^{j30°}\,A, \qquad \dot{I}_2 = 10e^{j60°}\,A$$

正弦量的幅值相量为

$$\dot{I}_{1m} = 5\sqrt{2}e^{j30°}\,A$$

$$\dot{I}_{2m} = 10\sqrt{2}e^{j60°}\,A$$

相量图如图 4-11 所示。

【例4-4】 求下列各电压相量代表的电压瞬时值表达式，已知正弦量的角频率为 314rad/s。

（1）$\dot{U}_{1m} = 50e^{-j30°}\,V$；（2）$\dot{U}_2 = 100e^{j120°}\,V$

【解】 已知 $\omega = 314\text{rad/s}$

（1）由于 $\dot{U}_{1m}$ 是幅值相量，所以 $U_{1m} = 50V$，$\phi_{u1} = -30°$。故

$$u_1 = 50\cos(314t - 30°)\,V$$

（2）$\dot{U}_2$ 是有效值相量，所以 $U_{2m} = 100\sqrt{2}V$，$\phi_{u2} = 120°$。故

$$u_2 = 100\sqrt{2}\cos(314t + 120°)\,V$$

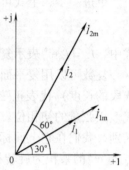

图 4-11　例题 4-3 的图

4.2.2　正弦量的相量形式

1. 相量的直角表示

根据正弦量和相量之间的一一对应关系，我们可以用相量来表示正弦量。图 4-12 所示为一电压有效值相量 $\dot{U}$，由复数的定义可知，一个相量可以表示成实部和虚部之和，即

$$\dot{U} = a + jb \qquad (4\text{-}12)$$

式中

$$\begin{cases} a = U\cos\phi（实部） \\ b = U\sin\phi（虚部） \end{cases}$$

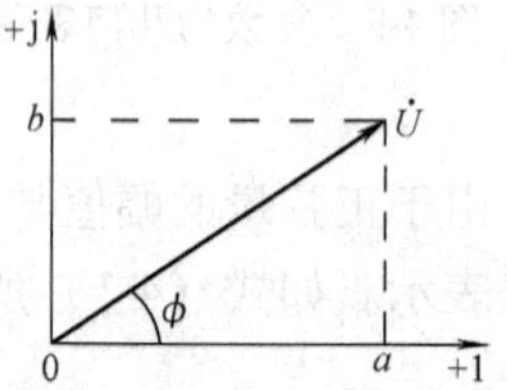

式（4-12）为相量的代数式。

相量的代数式也可以表示为

图 4-12　相量的代数式和指数式用图

$$\dot{U} = a + jb = U(\cos\phi + j\sin\phi) \qquad (4\text{-}13)$$

式（4-13）称为相量的三角函数式。

2. 相量的指数表示

根据欧拉公式 $e^{j\phi} = \cos\phi + j\sin\phi$，相量的三角函数式可以表示为

$$\dot{U} = U(\cos\phi + j\sin\phi) = Ue^{j\phi}$$

或

$$\dot{U} = U\angle\phi \qquad (4\text{-}14)$$

式中，U 为相量的模；ϕ 为相量的相角。

式（4-14）前者称为相量的指数式，后者称为相量的极坐标式。

在正弦稳态电路中，所有的电压和电流都是同频率的正弦量，在这种情况下，相量就可

以代表一个正弦量参加运算，从而把复杂的三角函数运算转化为简单的复数运算。这种利用相量表示正弦量，从而简化正弦稳态电路的分析方法称为相量法。

【例 4-5】 已知电流 $i_1 = 100\cos(\omega t + 45°)$ A，$i_2 = 60\cos(\omega t - 30°)$ A。试求 $i = i_1 + i_2$。

【解】　解法一，用相量图法求解：

$$\dot{I}_1 = \frac{100}{\sqrt{2}}\angle 45°\text{A}, \dot{I}_2 = \frac{60}{\sqrt{2}}\angle -30°\text{A}$$

画出 $\dot{I}_1$，$\dot{I}_2$ 的相量图如图 4-13 所示。

由图可以得出 $i_1 + i_2 = 129.25\cos(\omega t + 18.36°)$ A

解法二，用相量式求解：

$$\dot{I}_{1m} = 100\angle 45° = 100(\cos 45° + j\sin 45°)\text{A}$$
$$= (70.71 + j70.71)\text{A}$$

$$\dot{I}_{2m} = 60\angle -30° = 60[\cos(-30°) + j\sin(-30°)]\text{A}$$
$$= (51.96 - j30)\text{A}$$

$$\dot{I}_m = \dot{I}_{1m} + \dot{I}_{2m} = (122.67 + j40.71)\text{A} = 129.25e^{j18.36°}\text{A}$$
$$i = i_1 + i_2 = 129.25\cos(\omega t + 18.36°)\text{A}$$

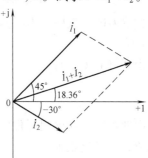

图 4-13　例题 4-5 的图

3. 旋转因子 $e^{\pm j90°}$（$\pm j$）

$$\begin{cases} e^{j90°} = \cos 90° + j\sin 90° = j \\ e^{-j90°} = \cos(-90°) + j\sin(-90°) = -j \end{cases}$$

当某相量 $\dot{A} = Ae^{j\phi}$ 乘上 $\pm j$ 时，即

$$\begin{cases} j\dot{A} = e^{j90°}Ae^{j\phi} = Ae^{j(\phi+90°)} \\ -j\dot{A} = e^{-90°}Ae^{j\phi} = Ae^{j(\phi-90°)} \end{cases}$$

显然，当相量 $\dot{A}$ 乘上 $+j$ 或 $-j$ 时，等于 $\dot{A}$ 逆时针方

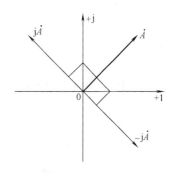

图 4-14　旋转因子 $\pm j$

向旋转 90°或顺时针方向旋转 90°，如图 4-14 所示。通常我们将 $e^{\pm j90°}$ 或（$\pm j$）称为旋转因子。

思　考　题

4-4　什么是相量？相量与它所表示的正弦量之间是什么关系？

4-5　相量表示了正弦量中的哪几个要素？为什么可以用相量表示正弦量？

4.3　电路元件的相量模型

为了利用相量的概念来简化正弦稳态电路的分析，我们必须先建立单一参数元件（R、L、C）电路中电压与电流之间关系的相量形式，其他电路只是单一参数元件的组合。

4.3.1　电阻元件的相量模型

1. 电压和电流的关系

电阻元件的相量模型是指处在正弦稳态电路中电阻元件两端的电压相量和通过电阻的电流相量之间的关系。

假设电阻 R 两端的电压与通过电阻的电流采用关联参考方向，如图 4-15a 所示。并设通过电阻的正弦电流为

$$i = \sqrt{2}I\cos(\omega t + \phi_i) \qquad (4\text{-}15)$$

对电阻元件，在任何瞬间电流和电压之间都满足欧姆定律，即

$$u = Ri = \sqrt{2}RI\cos(\omega t + \phi_i) = \sqrt{2}U\cos(\omega t + \phi_i) \qquad (4\text{-}16)$$

式（4-16）表明，电阻两端电压和通过电阻的电流频率相同，相位相同。其波形图如图 4-15b 所示。

由式（4-16）有

$$U = RI \quad 或 \quad \frac{U}{I} = \frac{U_m}{I_m} = R \qquad (4\text{-}17)$$

由此可知，在电阻元件电路中，电压的有效值（或幅值）与电流的有效值（或幅值）的比值，就是电阻 R。

如果用相量表示电压和电流的关系，则为

$$\dot{U} = Ue^{j\phi_i} \qquad \dot{I} = Ie^{j\phi_i}$$

$$\frac{\dot{U}}{\dot{I}} = \frac{Ue^{j\phi_i}}{Ie^{j\phi_i}} = R$$

或

$$\dot{U} = R\dot{I} \qquad (4\text{-}18)$$

式（4-18）为欧姆定律的相量表示式。电阻元件的相量模型及相量图如图 4-15c、d 所示。

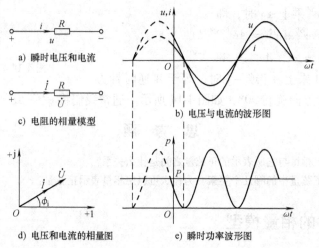

a) 瞬时电压和电流

c) 电阻的相量模型

b) 电压与电流的波形图

d) 电压和电流的相量图

e) 瞬时功率波形图

图 4-15 电阻元件电路

2. 功率和能量

电阻元件中的电压瞬时值 u 和电流瞬时值 i 的乘积，称为瞬时功率，用小写字母 p 表示，即

$$p = ui = \sqrt{2}U\cos(\omega t + \phi_i) \sqrt{2}I\cos(\omega t + \phi_i) = UI[1 + \cos2(\omega t + \phi_i)] \qquad (4\text{-}19)$$

由式（4-19）可知，p 由两部分组成：第一部分是常量 UI，第二部分是幅值为 UI，并以 2ω 的角频率随时间变化的交变量。由于电阻电路的电压和电流同相位，它们同时为正，

同时为负，故瞬时功率总是正值，即 $p \geqslant 0$。瞬时功率的波形图如图 4-15e 所示。瞬时功率为正，表明电阻元件从电源取用能量，是耗能元件。在一个周期内，电阻消耗的电能为

$$W = \int_0^T p \mathrm{d}t$$

在实际应用中，要计算电阻元件消耗电能的多少，用平均功率计算。一个周期内瞬时功率的平均值，称为平均功率，用 P 表示，即

$$P = \frac{1}{T} \int_0^T p \mathrm{d}t = \frac{1}{T} \int_0^T UI[\,1 + \cos 2(\omega t + \phi_\mathrm{i})\,] \mathrm{d}t = UI = RI^2 = \frac{U^2}{R} \tag{4-20}$$

式中，U、I 为有效值。

【例 4-6】　一阻值为 $1 \mathrm{k\Omega}$、额定功率为 $1/4 \mathrm{W}$ 的电阻，接于频率为 $50 \mathrm{Hz}$、电压有效值为 $12 \mathrm{V}$ 的正弦电源上。试问：（1）通过电阻的电流为多少？（2）电阻元件消耗的功率是否超过额定值？（3）当电源电压不改变而电源频率改变为 $5000 \mathrm{Hz}$ 时，电阻元件的电流和消耗的功率有何变化？

【解】　（1）$I = \dfrac{U}{R} = \dfrac{12}{1000} \mathrm{A} = 12 \mathrm{mA}$

（2）$P = \dfrac{U^2}{R} = \dfrac{12^2}{1000} \mathrm{W} = 0.144 \mathrm{W}$

电阻元件的功率小于其额定功率，所以电阻元件在电路中正常工作。

（3）由于电阻元件的电阻值与频率无关，所以频率改变时，I 与 P 不变。

4.3.2　电感元件的相量模型

1. 电感元件

将铜导线紧密绕制在磁性材料心子或非磁性材料心子上，就制作成了电感元件。电路理论中的电感元件可以看作是电感线圈的理想化模型。电感元件的外形如图 4-16a 所示，其在电路中表示的符号如图 4-16c 所示。当在线圈中通以正弦电流时，如图 4-16b 所示，其线圈周围将产生变化的磁通 Φ。设线圈匝数为 N，则整个线圈的磁通总和称为磁通链，用 ψ 表示，$\psi = N\Phi$。磁链也称磁通匝数。由物理学可知，任何时刻，磁通链与通过电感线圈的电流 i 成正比，即有

$$\psi = Li \qquad \text{或} \qquad L = \frac{\psi}{i} = \frac{N\Phi}{i} \tag{4-21}$$

式中，比例系数 L 称为电感，其单位为亨利（简称亨），用 H 表示。

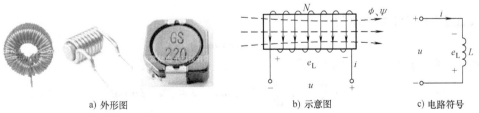

a) 外形图　　　　　　　　　　　b) 示意图　　　　　　　　c) 电路符号

图 4-16　电感元件的自感电动势

由电磁感应定律和楞次定律可知，穿过闭合回路所包围面积的磁通量发生变化时，不论

这种变化是什么原因引起的，回路中都会建立起感应电动势。所以，在图 4-16b 中，变化的磁通会在线圈两端产生变化的感应电动势，这种由线圈自身电流产生的磁通而引起的感应电动势称为自感电动势。由楞次定律可知，该感应电动势将阻碍电流的变化。且此感应电动势与磁链之间的关系为

$$e_L = -\frac{\mathrm{d}\psi}{\mathrm{d}t} = -N\frac{\mathrm{d}\Phi}{\mathrm{d}t} = -L\frac{\mathrm{d}i}{\mathrm{d}t} \tag{4-22}$$

在图 4-16b、c 中，u 的方向是电压降的方向，而 e_L 为电动势，其参考方向是电位升的方向。根据电磁感应定律，有

$$u = -e_L = L\frac{\mathrm{d}i}{\mathrm{d}t} \tag{4-23}$$

式（4-23）为电感元件电压与电流的基本关系式，式（4-23）表明，电感两端的电压 u 与该时刻流过电感的电流变化率成正比。如果电感元件通以恒定电流，则有 $u = 0$，这时电感相当于短路。

2. 电压与电流的关系

设图 4-17a 中电感元件上电压、电流参考方向关联，则有

$$u = L\frac{\mathrm{d}i}{\mathrm{d}t} \tag{4-24}$$

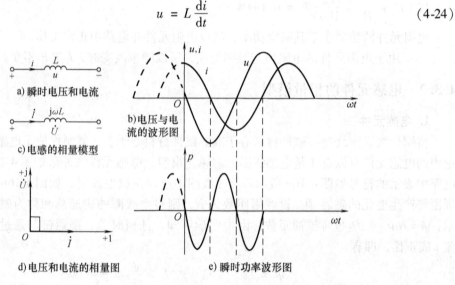

a) 瞬时电压和电流

c) 电感的相量模型

b) 电压与电流的波形图

d) 电压和电流的相量图

e) 瞬时功率波形图

图 4-17　电感元件电路

设通过电感的正弦电流为

$$i = \sqrt{2}I\cos\omega t \tag{4-25}$$

将式（4-25）代入式（4-24）得

$$u = L\frac{\mathrm{d}i}{\mathrm{d}t} = L\frac{\mathrm{d}}{\mathrm{d}t}(\sqrt{2}I\cos\omega t) = -\sqrt{2}\omega LI\sin\omega t$$

$$= \sqrt{2}\omega LI\cos\left(\omega t + \frac{\pi}{2}\right) = \sqrt{2}U\cos\left(\omega t + \frac{\pi}{2}\right) \tag{4-26}$$

由式（4-26）可以看出，正弦稳态电路中，电感元件的电压和电流是同频率的正弦量，但电压的相位超前电流 90°。它们的波形图如图 4-17b 所示。

在式（4-26）中，有

$$U = \omega L I \quad \text{或} \quad \frac{U}{I} = \omega L$$

由此可知，在电感元件中，电压的有效值和电流的有效值的比为 ωL，它具有电阻的单位。当电压 U 一定时，ωL 愈大，电流 I 则愈小。可见它具有阻碍交流电流的特性，称为感抗，用 X_L 表示，即

$$X_L = \omega L = 2\pi f L \tag{4-27}$$

由式（4-27）可知，感抗 X_L 与电感 L 和频率 f 成正比。当电感量一定时，电源的频率越高时，它呈现的感抗就越大；而对于直流电路，可以看做电源的频率 $f = 0$，$X_L = 0$，电感相当于短路。X_L 随频率 f 变化的曲线如图 4-18 所示。

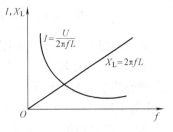

图 4-18　X_L、I 同 f 的关系

由式（4-25）和式（4-26）分别写出电流相量和电压相量为

$$\dot{U} = U e^{j\frac{\pi}{2}}$$

$$\dot{I} = I e^{j\phi_i} = I e^{j0°}$$

$$\frac{\dot{U}}{\dot{I}} = \frac{U e^{j\frac{\pi}{2}}}{I e^{j0°}} = \frac{U}{I} e^{j\frac{\pi}{2}} = jX_L \quad \text{或} \quad \dot{U} = jX_L \dot{I} = j\omega L \dot{I} \tag{4-28}$$

式（4-28）就是电感上电压相量与电流相量的关系式，表示了电感电压的有效值等于电感电流的有效值与感抗的乘积，在相位上电压超前电流 90°。电感元件的相量模型和电压、电流的相量图分别如图 4-17c、d 所示。

3. 电感的功率和能量

知道电感的端电压 u 和流过电感的电流 i，便可以求出电感的瞬时功率。设电感电压为参考相量，初相为零。有 $i = \sqrt{2}I\cos\omega t, u = \sqrt{2}U\cos\left(\omega t + \frac{\pi}{2}\right)$，则

$$p = ui = \sqrt{2}I\cos(\omega t)\sqrt{2}U\cos\left(\omega t + \frac{\pi}{2}\right) = -UI\sin 2\omega t \tag{4-29}$$

式（4-29）表明，电感的瞬时功率 p 是一个幅值为 UI，并以 2ω 的角频率随时间变化的交变量，其变化规律如图 4-17e 所示。

由图 4-17e 可知，电感的瞬时功率有正有负，瞬时功率为正表明电感元件从外电路获取电能，转换成磁场能并储存；而瞬时功率为负则表明电感元件将储存的磁场能转换成电能归还给外电路。

电感元件在一周期内消耗的平均功率为

$$P = \frac{1}{T}\int_0^T p \, dt = \frac{1}{T}\int_0^T -UI\sin 2\omega t \, dt = 0 \tag{4-30}$$

式（4-30）表明，在一个周期内，电路中电感元件并不消耗能量，只有外电路与电感元件之间的能量交换。其能量交换的规模，我们用无功功率来衡量。无功功率等于瞬时功率的幅值，即

$$Q_L = UI = \frac{U^2}{X_L} = I^2 X_L \tag{4-31}$$

无功功率的单位为乏（var）或千乏（kvar）。

电感元件吸收的能量是以磁场能的形式储存在元件中。可以认为在 $t = -\infty$ 时，$i_L(-\infty) = 0$，其磁场能量也为零。故电感元件在任何时刻 t 储存的磁场能量等于它吸收的能量，为

$$W_L(t) = \frac{1}{2}Li^2(t)$$

从时间 t_1 到时间 t_2，电感元件吸收的能量为

$$W_L = L\int_{i(t_1)}^{i(t_2)} idi = \frac{1}{2}Li^2(t_2) - \frac{1}{2}Li^2(t_1) = W_L(t_2) - W_L(t_1)$$

对于电感元件，虽然在电路中并不消耗能量，但是由于电感和外电路之间存在电场能和磁场能之间的相互转换，也需要占用电源能量。从这个角度来说，无功功率可以理解为无能量消耗的功率。与电感元件的无功功率相对应，电阻元件的平均功率也可称为有功功率。

【例 4-7】 一个 0.1H 的电感元件接到电压有效值为 12V 的正弦电源上。当电源频率分别为 50Hz 和 100Hz 时，电感元件中的电流分别为多少？如果电源频率为 0Hz 时会怎么样呢？

【解】 电感元件的感抗 X_L 与电源频率成正比。

$f = 50\text{Hz}$ 时　　$X_L = 2\pi fL = (2\pi \times 50 \times 0.1)\Omega = 31.4\Omega$

$$I = \frac{U}{X_L} = \frac{12}{31.4}\text{A} = 0.382\text{A}$$

$f = 100\text{Hz}$ 时　　$X_L = 2\pi fL = (2\pi \times 100 \times 0.1)\Omega = 62.8\Omega$

$$I = \frac{U}{X_L} = \frac{12}{62.8}\text{A} = 0.191\text{A}$$

$f = 0\text{Hz}$ 时　　$X_L = 2\pi fL = (2\pi \times 0 \times 0.1)\Omega = 0\Omega$

可见，在电压一定时，频率越高，感抗越大，电流越小。而对直流电来说，电感的感抗 $X_L = 0$，电感在直流电路中相当于短路。

4.3.3　电容元件的相量模型

1. 电容元件

将两个导电极金属膜紧靠，中间用绝缘材料隔开，就制作成了电容。图 4-19 为电容元件。其极板上存储的电荷量 q 与其两端的电压 u 成正比，即

a) 外形图　　　　　　　　　b) 电路符号

图 4-19　电容元件

$$q = Cu$$

式中，C 称为电容元件的电容，单位为法拉（F），简称法。由于法拉的单位太大，实际使

用时一般采用微法（μF）和皮法（pF）作单位，$1\mu F = 10^{-6}F$，$1pF = 10^{-12}F$。

2. 电压与电流的关系

如果电容元件上电压和电流参考方向取关联参考方向，当极板上的电荷量 q 发生变化时，电路中就会出现电流，有

$$i = \frac{dq}{dt} = C\frac{du}{dt} \tag{4-32}$$

式（4-32）表明，流过电容元件的电流 i 与其端电压的变化率 $\frac{du}{dt}$ 成正比。如果电压恒定，那么 $i = 0$，此时电容相当于开路。

图 4-20a 中电容元件上电压、电流参考方向关联，设电容两端的正弦电压为

$$u = \sqrt{2}U\cos\omega t \tag{4-33}$$

将式（4-33）代入式（4-32），得

$$i = C\frac{du}{dt} = C\frac{1}{dt}d(\sqrt{2}U\cos\omega t) = -\sqrt{2}\omega CU\sin\omega t$$

$$= \sqrt{2}\omega CU\cos\left(\omega t + \frac{\pi}{2}\right) = \sqrt{2}I\cos\left(\omega t + \frac{\pi}{2}\right) \tag{4-34}$$

由式（4-34）可以看出，正弦稳态电路中，电容元件的电压和电流是同频率的正弦量，但在相位上，电流超前电压90°。它们的波形图如图 4-20b 所示。

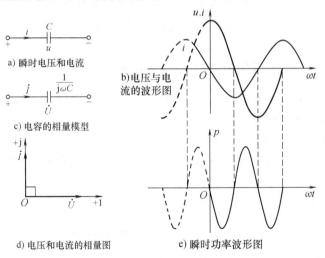

a) 瞬时电压和电流

b)电压与电流的波形图

c) 电容的相量模型

d) 电压和电流的相量图

e) 瞬时功率波形图

图 4-20 电容元件电路

在式（4-34）中，有

$$U = \frac{1}{\omega C}I \qquad 或 \qquad \frac{U}{I} = \frac{1}{\omega C} \tag{4-35}$$

由此可知，在电容元件中，电压的有效值和电流的有效值之比为 $\frac{1}{\omega C}$，具有电阻的单位。当电压 U 一定时，$\frac{1}{\omega C}$ 愈大，电流 I 则愈小。可见 $\frac{1}{\omega C}$ 对电流起阻碍作用，称为容抗，用 X_C 表示，即

$$X_C = \frac{1}{\omega C} = \frac{1}{2\pi f C} \tag{4-36}$$

由式（4-36）可知，容抗 X_C 与电容 C 和频率 f 成反比。对于一定的电容量，频率越高，它的容抗越小；而对于直流电路，可以看做频率 $f = 0$，$X_C \to \infty$，电容相当于开路。X_C 随频率 f 变化的曲线如图 4-21 所示。

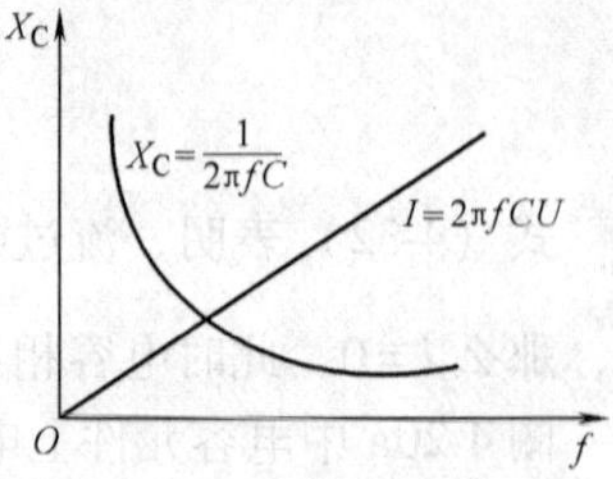

由式（4-33）和式（4-34）分别写出电流相量和电压相量为

$$\dot{U} = U e^{j\phi_u} = U e^{j0°} \qquad \dot{I} = I e^{j\phi_i} = I e^{j\left(+\frac{\pi}{2}\right)}$$

则

$$\frac{\dot{U}}{\dot{I}} = \frac{U e^{j0°}}{I e^{j\left(+\frac{\pi}{2}\right)}} = \frac{U}{I} e^{-j\frac{\pi}{2}} = -jX_C$$

图 4-21　X_C、I 与 f 的关系

或

$$\dot{U} = -jX_C \dot{I} = -j\frac{1}{\omega C}\dot{I} = \frac{1}{j\omega C}\dot{I} \tag{4-37}$$

式（4-37）就是电容上电压相量与电流相量的关系式，表示了电容电压的有效值等于电容电流的有效值与容抗的乘积，在相位上电压落后电流 90°。电容元件的相量模型和电压、电流的相量图分别如图 4-20c、d 所示。

3. 电容的功率与能量

知道电容端电压 u 和流过电容电流 i 后，便可以求出电容的瞬时功率。设电容电压为参考相量，初相为零。有 $u = \sqrt{2}U\cos\omega t, i = \sqrt{2}I\cos\left(\omega t + \frac{\pi}{2}\right)$，则

$$p = ui = \sqrt{2}U\cos(\omega t)\sqrt{2}I\cos\left(\omega t + \frac{\pi}{2}\right) = -UI\sin 2\omega t \tag{4-38}$$

式（4-38）表明电容的瞬时功率 p 是一个幅值为 UI，并以 2ω 的角频率随时间变化的交变量，其变化规律如图 4-20e 所示。

由图 4-20e 可知，电容的瞬时功率有正有负，瞬时功率为正表明电容元件从外电路获取电能并转换成电场能储存；而瞬时功率为负则表明电容元件将储存的电场能转换成电能归还给外电路。

电容元件在一周期内消耗的平均功率为

$$P = \frac{1}{T}\int_0^T p\,\mathrm{d}t = \frac{1}{T}\int_0^T -UI\sin 2\omega t\,\mathrm{d}t = 0 \tag{4-39}$$

式（4.39）表明，在电路中电容元件并不消耗能量，只和外电路进行能量交换。其能量交换的规模，我们用无功功率来衡量。规定无功功率等于瞬时功率的幅值，即

$$Q_C = -UI = -\frac{U^2}{X_C} = -I^2 X_C \tag{4-40}$$

电容无功功率的单位同样为乏（var）或千乏（kvar）。

电容元件吸收的能量是以电场能的形式储存在元件中。可以认为在 $t = -\infty$ 时，$u_C(-\infty) = 0$，其电场能量也为零。故电容元件在任何时刻 t 储存的电场能量等于它吸收的能量，为

$$W_C(t) = \frac{1}{2}Cu^2(t)$$

从时间 t_1 到时间 t_2，电容元件吸收的能量为

$$W_C = C \int_{u(t_1)}^{u(t_2)} u\mathrm{d}u = \frac{1}{2} C u^2(t_2) - \frac{1}{2} C u^2(t_1) = W_C(t_2) - W_C(t_1)$$

由于电感元件和电容元件都不消耗能量，而是把从电源获得的电能分别储存为磁场和电场中，所以它们都是储能元件。

【例 4-8】 将一个 $10\mu F$ 的电容元件接到电压有效值为 12V 的正弦电源上。当电源频率分别为 50Hz 和 100Hz 时电容元件中的电流分别为多少？

【解】 电容元件的容抗 X_C 与电源频率成反比。

$f = 50\text{Hz}$ 时 $\quad X_C = \dfrac{1}{2\pi f C} = \dfrac{1}{2\pi \times 50 \times 10 \times 10^{-6}}\Omega = 318.5\Omega$

$$I = \frac{U}{X_C} = \frac{12}{318.5}\text{A} = 0.0377\text{A} = 37.7\text{mA}$$

$f = 100\text{Hz}$ 时 $\quad X_C = \dfrac{1}{2\pi f C} = \dfrac{1}{2\pi \times 100 \times 10 \times 10^{-6}}\Omega = 159.2\Omega$

$$I = \frac{U}{X_C} = \frac{12}{159.2}\text{A} = 0.0754\text{A} = 75.4\text{mA}$$

可见，频率越高，容抗越小，电流越大。

4.3.4 基尔霍夫定律的相量形式

基尔霍夫定律适用任何集总参数电路，因此也适用于正弦稳态电路。设某结点 A 上各支路电流的参考方向如图 4-22a 所示。已知

$$i_1 = \sqrt{2} I_1 \cos(\omega t + \phi_1)$$
$$i_2 = \sqrt{2} I_2 \cos(\omega t + \phi_2)$$
$$i_3 = \sqrt{2} I_3 \cos(\omega t + \phi_3)$$
$$i_4 = \sqrt{2} I_4 \cos(\omega t + \phi_4)$$

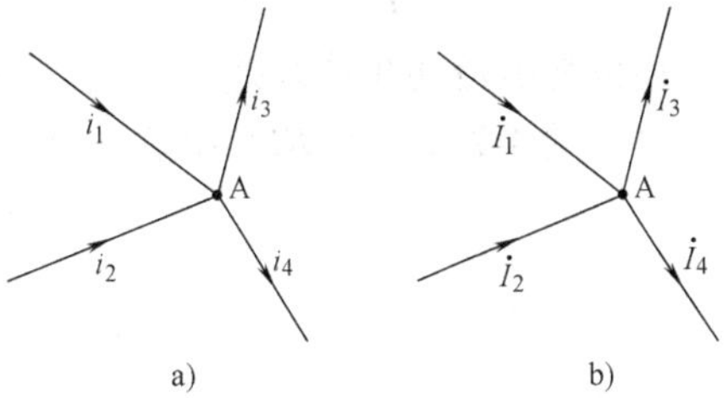

对结点 A 应用 KCL，有

$$i_1 + i_2 = i_3 + i_4$$

由式（4-11），上式可写为

$$\mathrm{Re}[\sqrt{2}\dot{I}_1 \mathrm{e}^{\mathrm{j}\omega t}] + \mathrm{Re}[\sqrt{2}\dot{I}_2 \mathrm{e}^{\mathrm{j}\omega t}] = \mathrm{Re}[\sqrt{2}\dot{I}_3 \mathrm{e}^{\mathrm{j}\omega t}] + \mathrm{Re}[\sqrt{2}\dot{I}_4 \mathrm{e}^{\mathrm{j}\omega t}]$$

上式对于任何 t 均成立，因此有

$$\dot{I}_1 + \dot{I}_2 = \dot{I}_3 + \dot{I}_4$$

图 4-22 KCL 的相量形式

事实上，如果各支路电流都用相量来表示，如图 4-22b 所示，KCL 对于电路中的该结点也满足流入、流出结点的电流相量的代数和恒等于零。即

$$\sum \dot{I} = 0 \tag{4-41}$$

式（4-41）为 KCL 的相量形式。

同理，可得 KVL 的相量形式为

$$\sum \dot{U} = 0 \tag{4-42}$$

注意 $\sum I \neq 0$，$\sum U \neq 0$，有效值相加不满足 KVL、KCL。

思 考 题

4-6　R、L、C 元件上电压和电流瞬时值的伏安关系和的相量关系如何？

4-7　R、L、C 元件的功率分别是什么功率？三个元件的工作性质有何不同？

4.4　正弦稳态电路的阻抗与导纳

在正弦稳态电路中，为了分析方便，我们引入了相量的概念并讨论了 R、L、C 三种基本元件的电压、电流的相量关系。若要把已熟悉的电阻电路分析方法应用到正弦稳态电路，还需要引入正弦稳态电路的阻抗、导纳和相量模型的概念。

4.4.1　阻抗

1. 阻抗的定义

一端口网络 N_0 的端电压相量 $\dot{U}$ 与端电流相量 $\dot{I}$ 的比值定义为一端口 N_0 的复阻抗 Z，复阻抗简称阻抗，后面统一用阻抗。即

$$Z = \frac{\dot{U}}{\dot{I}} = \frac{U}{I} \angle (\phi_u - \phi_i) = |Z| \angle \varphi_Z \tag{4-43}$$

式（4-43）是阻抗欧姆定律的相量式。其中，$|Z|$ 称为阻抗的模，其值为 $|Z| = \frac{U}{I}$，φ_Z 称为阻抗角，其角度为 $\varphi_Z = \phi_u - \phi_i$，即电压初相位与电流初相位之差。一端口网络如图 4-23 所示。

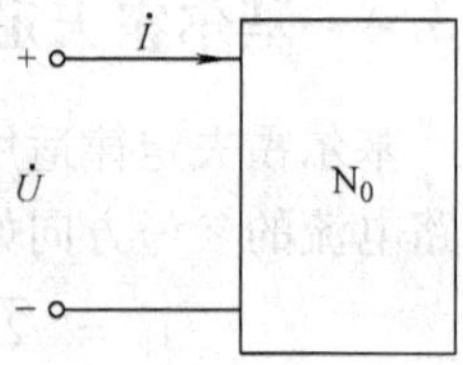

对于图 4-24a 所示 RLC 串联电路，根据 KVL，有

图 4-23　一端口网络

$$u = u_R + u_L + u_C$$

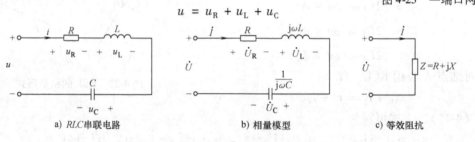

a) RLC 串联电路　　　b) 相量模型　　　c) 等效阻抗

图 4-24　RLC 串联电路

画出图 4-24a 所示 RLC 串联电路的相量模型电路如图 4-24b 所示。相应的相量方程式为

$$\dot{U} = \dot{U}_R + \dot{U}_L + \dot{U}_C = R\dot{I} + jX_L\dot{I} - jX_C\dot{I}$$
$$= \dot{I}[R + j(X_L - X_C)] = Z\dot{I} \tag{4-44}$$

其中

$$Z = R + j(X_L - X_C) = R + jX$$

Z 是一个复数，其实部为电阻 R，虚部是感抗和容抗的差，称为电抗，用 X 表示，$X = X_L - X_C$，因此把 Z 称为 RLC 串联电路的阻抗。三个元件串联的等效电路如图 4-24c 所示。

在图 4-24b 电路中，设电流 $\dot{I}$ 为参考相量，即 $\dot{I} = I\angle 0°$，画出 RLC 串联电路的相量图如

图 4-25a、b 所示。

由相量图 b 可以看出，总电压 $\dot{U}$、电阻电压 $\dot{U}_R$、电感电压与电容电压的相量和($\dot{U}_L + \dot{U}_C$)三者之间构成一个直角三角形，称为电压三角形。

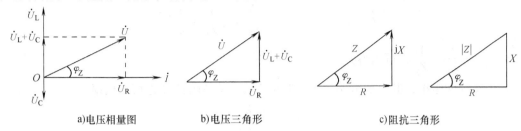

a)电压相量图   b)电压三角形   c)阻抗三角形

图 4-25   RLC 串联电路的相量图

将电压三角形的三个边同时除以电流 $\dot{I}$ 就得到阻抗三角形，如图 4-25c 所示。其中，阻抗的模 $|Z|$、φ_Z 与 R、X 之间的关系为

$$|Z| = \sqrt{R^2 + X^2}, \varphi_Z = \arctan\frac{X}{R} \tag{4-45}$$

或

$$R = |Z|\cos\varphi_Z, \quad X = |Z|\sin\varphi_Z \tag{4-46}$$

显然，阻抗三角形与电压三角形为相似三角形。

在 RLC 串联电路中，当 $X_L > X_C$ 时，$\varphi_Z > 0$，表示电路中的电压超前电流，电路为电感性电路，此时电路的电抗 $X > 0$；当 $X_L < X_C$ 时，$\varphi_Z < 0$，表示电路中的电压滞后电流，电路为电容性电路，此时电路的电抗 $X < 0$；当 $X_L = X_C$ 时，$\varphi_Z = 0$，表示电路中的电压、电流同相，电路为电阻性电路，此时电路的电抗 $X = 0$。

2. 阻抗的串联

图 4-26a 为两个阻抗的串联电路，根据 KVL 的相量形式写出电压的相量方程为

$$\dot{U} = \dot{U}_1 + \dot{U}_2 = Z_1\dot{I} + Z_2\dot{I} = (Z_1 + Z_2)\dot{I}$$

令 $Z = Z_1 + Z_2$，可以得到

$$\dot{U} = Z\dot{I}$$

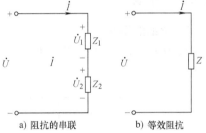

a) 阻抗的串联   b) 等效阻抗

图 4-26   阻抗的串联

Z 为其等效阻抗，其等效电路如图 4-26b 所示。

在正弦稳态电路中，两阻抗 Z_1、Z_2 串联时的分压公式为

$$\left.\begin{array}{l} \dot{U}_1 = \dfrac{Z_1}{Z}\dot{U} = \dfrac{Z_1}{Z_1 + Z_2}\dot{U} \\[3mm] \dot{U}_2 = \dfrac{Z_2}{Z}\dot{U} = \dfrac{Z_2}{Z_1 + Z_2}\dot{U} \end{array}\right\} \tag{4-47}$$

同理，对于 n 个阻抗的串联其等效阻抗等于相串联的各阻抗之和，有

$$Z = \sum_{k=1}^{n} Z_k = \sum_{k=1}^{n} R_k + j\sum_{k=1}^{n} X_k \tag{4-48}$$

对 n 个串联阻抗的分压公式为

$$\dot{U}_k = \frac{Z_k}{Z}\dot{U}$$

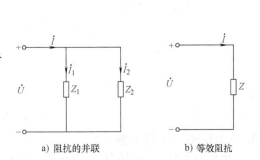

a) 阻抗的并联   b) 等效阻抗

图 4-27   阻抗的并联

3. 阻抗的并联

如图 4-27a 所示为两阻抗的并联电路，根据 KCL 的相量形式，有

$$\dot{I} = \dot{I}_1 + \dot{I}_2 = \frac{\dot{U}}{Z_1} + \frac{\dot{U}}{Z_2} = \left(\frac{1}{Z_1} + \frac{1}{Z_2} \right) \dot{U}$$

令 $\dfrac{1}{Z} = \dfrac{1}{Z_1} + \dfrac{1}{Z_2}$，可以得到 $\qquad \dot{I} = \dfrac{1}{Z} \dot{U}$

Z 为其等效阻抗，其等效电路如图 4-27b 所示。等效阻抗 Z 也可以根据

$$Z = \frac{Z_1 Z_2}{Z_1 + Z_2}$$

来计算。

在正弦稳态电路中，阻抗 Z_1、Z_2 对总电流 $\dot{I}$ 起分流作用，其分流公式为

$$\left. \begin{array}{l} \dot{I}_1 = \dfrac{Z}{Z_1} \dot{I} = \dfrac{Z_2}{Z_1 + Z_2} \dot{I} \\[3mm] \dot{I}_2 = \dfrac{Z}{Z_2} \dot{I} = \dfrac{Z_1}{Z_1 + Z_2} \dot{I} \end{array} \right\} \tag{4-49}$$

对于 n 个阻抗的并联其等效阻抗的倒数等于相并联的各阻抗倒数之和，有

$$\frac{1}{Z} = \sum_{k=1}^{n} \frac{1}{Z_k} \tag{4-50}$$

4.4.2　导纳

1. 导纳的定义

如图 4-28a 所示电路中，根据 KCL，有

$$i = i_G + i_L + i_C$$

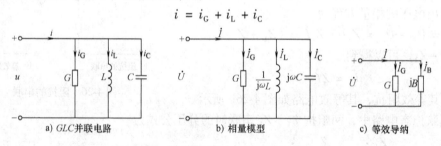

图 4-28　GLC 并联电路及其相量模型

相应的相量形式为

$$\dot{I} = \dot{I}_G + \dot{I}_L + \dot{I}_C = G\dot{U} + \frac{1}{j\omega L}\dot{U} + j\omega C\dot{U}$$

$$= \dot{U}\left[G + j\left(\omega C - \frac{1}{\omega L} \right) \right] = \dot{U}\left[G + j(B_C - B_L) \right] \tag{4-51}$$

式中

$$B_C = \omega C \qquad B_L = \frac{1}{\omega L}$$

B_C 称为容纳，B_L 称为感纳。

由式（4-51），如果令 $\qquad Y = G + j(B_C - B_L) = G + jB$

则式（4-51）可以写成

$$\dot I = Y\dot U \tag{4-52}$$

式（4-52）是导纳的欧姆定律的相量形式。其中，Y 称为复导纳，简称导纳，以后都称为导纳。Y 是一个复数，其实部为电导 G，虚部是容纳和感纳的差，称为电纳，用 B 表示，$B = B_C - B_L$。其等效电路如图 4-28c 所示。

设 $\dot I = I\angle\phi_i$，$\dot U = U\angle\phi_u$，由式（4-43）有

$$Y = \frac{\dot I}{\dot U} = \frac{I\angle\phi_i}{U\angle\phi_u} = \frac{I}{U}\angle(\phi_i - \phi_u) = |Y|\angle\varphi_Y \tag{4-53}$$

式中
$$|Y| = \frac{I}{U} \qquad \varphi_Y = \phi_i - \phi_u$$

$|Y|$ 称为导纳的模，单位为西门子（S），它等于电流有效值和电压有效值的比值；φ_Y 称为导纳的导纳角，它等于电流初相位与电压初相位之差。

在图 4-28b 的电路中，设电压 $\dot U$ 为参考相量，即 $\dot U = U\angle0°$，画出 GCL 并联电路的相量图如图 4-29a、b 所示。

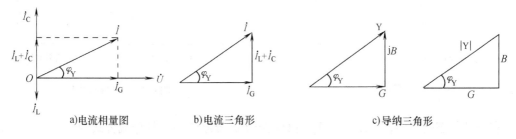

a)电流相量图　　　b)电流三角形　　　c)导纳三角形

图 4-29　GLC 电路相量图

由相量图 b 可以看出，总电流 $\dot I$、电导电流 $\dot I_G$ 和容纳电流与感纳电流的相量和 $(\dot I_C + \dot I_L)$ 三者之间构成一个直角三角形，称为电流三角形。

将电流三角形的三个边同时除以电压 $\dot U$，就得导纳三角形，如图 4-29c 所示。其中，导纳的模 $|Y|$、φ_Y 与 G、B 之间的关系为

$$|Y| = \sqrt{G^2 + B^2}, \qquad \varphi_Y = \arctan\frac{B}{G} \tag{4-54}$$

或
$$G = |Y|\cos\varphi_Y, \qquad B = |Y|\sin\varphi_Y$$

显然，导纳三角形与电流三角形为相似三角形。

在 G、L、C 电路中，当 $B_C - B_L > 0$ 时，$\varphi_Y > 0$，表示电路中的电流超前电压，电路为容性电路，此时电路的电纳 $B > 0$；当 $B_C - B_L < 0$ 时，$\varphi_Y < 0$，表示电路中的电流滞后电压，电路为感性电路，此时电路的电纳 $B < 0$；当 $B_C - B_L = 0$ 时，$\varphi_Y = 0$，表示电路中的电压、电流同相，电路为电导性电路，此时电路的电纳 $B = 0$。

2. 导纳的串联

图 4-30a 为两个导纳的串联电路，根据 KVL 的相量形式写出电压的相量方程为

$$\dot U = \dot U_1 + \dot U_2 = \frac{1}{Y_1}\dot I + \frac{1}{Y_2}\dot I = \left(\frac{1}{Y_1} + \frac{1}{Y_2}\right)\dot I$$

令 $\dfrac{1}{Y} = \dfrac{1}{Y_1} + \dfrac{1}{Y_2}$，得到

$$\dot{U} = \frac{1}{Y}\dot{I}$$

Y 为其等效导纳，如图 4-30b 所示。

对于 n 个导纳的串联，其等效导纳的倒数等于相串联的各导纳倒数之和，即

$$\frac{1}{Y} = \sum_{k=1}^{n} \frac{1}{Y_k} \tag{4-55}$$

3. 导纳的并联

如图 4-31a 所示为两个导纳的并联电路，根据 KCL 的相量形式有

$$\dot{I} = \dot{I}_1 + \dot{I}_2 = Y_1\dot{U} + Y_2\dot{U} = (Y_1 + Y_2)\dot{U}$$

令 $Y = Y_1 + Y_2$，得到 $\qquad\qquad \dot{I} = Y\dot{U}$

Y 为其等效导纳，其等效电路如图 4-31b 所示。

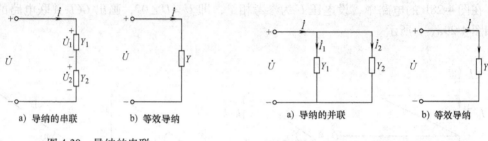

图 4-30　导纳的串联　　　　　　　图 4-31　导纳的并联

在正弦稳态电路中，导纳 Y_1、Y_2 对总电流 $\dot{I}$ 起分流作用，其分流公式为

$$\left.\begin{aligned} \dot{I}_1 &= \frac{Y_1}{Y}\dot{I} \\ \dot{I}_2 &= \frac{Y_2}{Y}\dot{I} \end{aligned}\right\} \tag{4-56}$$

对于 n 个导纳的并联其等效导纳等于相并联的各导纳之和，有

$$Y = \sum_{k=1}^{n} Y_k \tag{4-57}$$

其分流公式为

$$\dot{I}_k = \frac{Y_k}{Y}\dot{I} \tag{4-58}$$

4.4.3　阻抗与导纳的等效变换

根据阻抗和导纳的定义，可以知道阻抗和导纳互为倒数，即

$$Z = \frac{1}{Y} \quad 或 \quad Y = \frac{1}{Z}$$

如果已知阻抗 $Z = R + jX$，如图 4-32a 所示。则其等效导纳为

$$Y = \frac{1}{Z} = \frac{1}{R + jX} = \frac{R}{R^2 + X^2} - j\frac{X}{R^2 + X^2} = G + jB \tag{4-59}$$

其等效变换电路如图 4-32b 所示。

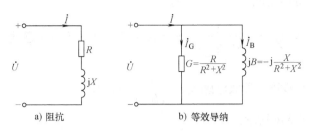

a) 阻抗　　　　　　　　　b) 等效导纳

图 4-32　阻抗到导纳的等效变换电路

如果已知导纳 $Y = G + jB$ ，如图 4-33a 所示。则其等效阻抗为

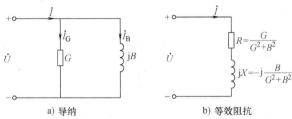

a) 导纳　　　　　　　　　b) 等效阻抗

图 4-33　导纳到阻抗的等效变换电路

$$Z = \frac{1}{Y} = \frac{1}{G + jB} = \frac{G}{G^2 + B^2} - j\frac{B}{G^2 + B^2} = R + jX \tag{4-60}$$

其相应的等效变换电路如图 4-33b 所示。

【例 4-9】　RLC 串联电路如图 4-34a 所示，已知电流 $i = 100\sqrt{2}\cos(1000t)\,\text{mA}$ ，$R = 100\Omega$ ，$L = 200\text{mH}$ ，$C = 10\mu\text{F}$ 。试求：（1）电路的总阻抗和总电压；（2）电路的等效导纳和等效电路。

【解】　（1）先画出该电路的相量模型如图 4-34b 所示。

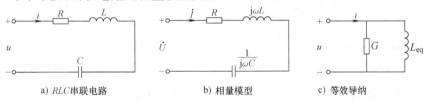

a) RLC 串联电路　　　　b) 相量模型　　　　c) 等效导纳

图 4-34　例题 4-9 的图

$$X_\text{L} = \omega L = (1000 \times 200 \times 10^{-3})\Omega = 200\Omega, X_\text{C} = \frac{1}{\omega C} = \frac{1}{1000 \times 10 \times 10^{-6}}\Omega = 100\Omega$$

电路的总阻抗

$$Z = R + j(X_\text{L} - X_\text{C}) = [100 + j(200 - 100)]\Omega$$

$$= (100 + j100)\Omega = 100\sqrt{2}\underline{/45°}\,\Omega$$

由于

$$\dot{I} = 100\angle 0°\,\text{mA}$$

故总电压　$\dot{U} = Z\dot{I} = (100\sqrt{2}\angle 45° \times 100 \times 10^{-3}\angle 0°)\text{V} = 10\sqrt{2}\angle 45°\text{V}$

（2）根据阻抗和导纳之间的关系式，有

$$Y = \frac{1}{Z} = \frac{1}{100\sqrt{2} \; \underline{/45°}} \text{S} = (0.005 - \text{j}0.005)\text{S（感性）}$$

其中，等效电导 $G = 0.005\text{S}$，等效电感 $L_{\text{eq}} = \dfrac{1}{|B|\omega} = 0.2\text{H}$。

其等效电路如图 4-34c 所示。

【**例4-10**】 *RLC* 并联电路如图 4-35a 所示，已知端电压 $u = 220\sqrt{2}\cos(1000t)\text{V}$，$R = 100\Omega$，$L = 50\text{mH}$，$C = 10\mu\text{F}$。试求：（1）电路的总阻抗和总电流；（2）电路的等效导纳和等效电路。

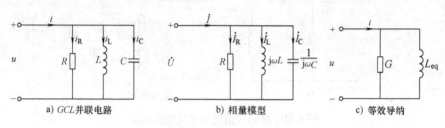

a) GCL并联电路　　　　　b) 相量模型　　　　　c) 等效导纳

图 4-35　例题 4-10 的图

【**解**】　由已知条件有 $\dot{U} = 220\angle 0°\text{V}$

根据已知条件画出电路的相量模型如图 4-35b 所示。电路的总电流为

$$\dot{I} = \frac{\dot{U}}{R} + \frac{\dot{U}}{\text{j}\omega L} + \frac{\dot{U}}{\dfrac{1}{\text{j}\omega C}} = \left(\frac{220\;\underline{/0°}}{100} + \frac{220\;\underline{/0°}}{\text{j}50} + \frac{220\;\underline{/0°}}{-\text{j}100} \right)\text{A}$$

$$= (2.2 - \text{j}4.4 + \text{j}2.2)\text{A} = (2.2 - \text{j}2.2)\text{A} = 2.2\sqrt{2}\underline{/45°}\text{A}$$

电路的阻抗为　$Z = \dfrac{\dot{U}}{\dot{I}} = \dfrac{220\angle 0°}{2.2\sqrt{2}\angle -45°}\Omega = 50\sqrt{2}\angle 45°\Omega$

（2）电路的导纳为　$Y = \dfrac{1}{Z} = \dfrac{1}{50\sqrt{2}\;\underline{/45°}}(0.01 - \text{j}0.01)\text{S（感性）}$

其中，等效电导 $G = 0.01\text{S}$，等效电感 $L_{\text{eq}} = \dfrac{1}{|B|\omega} = 0.1\text{H}$。

其等效电路如图 4-35c 所示。

思 考 题

4-8　什么是阻抗？什么是导纳？它们的模和阻抗角各表示了什么意义？其阻抗角和电路性质的关系是怎样的？

4-9　将 *RL* 串联电路等效为并联电路（用导纳表示）。

4-10　关于阻抗，试判断下面的表达式中哪些正确，哪些不正确？

$(1) I = \dfrac{U}{|Z|}, (2) i = \dfrac{u}{|Z|}, (3) \dot{I} = \dfrac{\dot{U}}{|Z|}, (4) \dot{I} = \dfrac{\dot{U}}{Z}$

4.5　正弦稳态电路的分析

4.5.1　相量分析法

在一个电路中，如果所有激励都是同一频率的正弦量，则电路中所有支路的电压与电流都是与激励源有相同频率的正弦量。因此在正弦稳态电路的分析中，若电路中的所有元件都用元件的相量模型表示，电路中的所有电压和电流都用相量表示，所得电路的相量模型将服从相量形式的欧姆定律和基尔霍夫定律，此时列出的电路方程为线性的复数代数方程（称为相量方程），与电阻电路中的相应方程类似。这种基于电路的相量模型对正弦稳态电路进行分析的方法称为相量分析法。

在电阻电路中学习过的电路分析方法在正弦稳态电路分析中都适用。

用相量法分析正弦稳态电路的步骤如下：

1）画出电路的相量模型；

2）选择适当的分析方法，列写相量形式的电路方程；

3）根据相量形式的电路方程求出未知相量；

4）由解的相量形式写出电压、电流的瞬时值表达式。

4.5.2　正弦稳态电路分析举例

【例 4-11】　如图 4-36a 所示电路，已知电流 $I_R = I_L = 10\text{A}$，端口电压 $U = 220\text{V}$。试求电路的总电流和总阻抗。

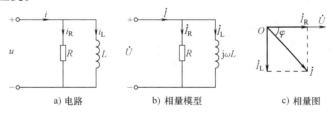

a) 电路　　　　b) 相量模型　　　　c) 相量图

图 4-36　例题 4-11 的图

【解】　解法一　用相量法求解

设电路的端口电压为参考相量

$$\dot{U} = 220\angle 0°\text{V}$$

各支路电流相量分别为

$$\dot{I}_R = \frac{\dot{U}}{R} = 10\angle 0°\text{A} = 10\text{A}$$

$$\dot{I}_L = \frac{\dot{U}}{\text{j}\omega L} = 10\angle -90°\text{A} = -\text{j}10\text{A}$$

总电流为　　　　$\dot{I} = \dot{I}_R + \dot{I}_L = (10 - \text{j}10)\text{A} = 10\sqrt{2}\angle -45°\text{A}$

总阻抗为　　　　$Z = \dfrac{\dot{U}}{\dot{I}} = \dfrac{220\angle 0°}{10\sqrt{2}\angle -45°}\Omega = 11\sqrt{2}\angle 45°\Omega = (11 + \text{j}11)\Omega$

解法二　用相量图求解

设端口电压 $\dot{U}$ 为参考相量，即 $\dot{U} = 220\angle 0°\text{V}$。画出电路的相量图如图 4-36c 所示，由相量图可得

$$I = \sqrt{I_\text{R}^2 + I_\text{L}^2} = \sqrt{10^2 + 10^2}\text{A} = 10\sqrt{2}\text{A}$$

$$\varphi = \arctan\frac{I_\text{L}}{I_\text{R}} = \arctan\frac{10}{10} = 45°$$

由相量图可知，总电流滞后总电压。

则

$$\dot{I} = 10\sqrt{2}\angle -45°\text{A}$$

总阻抗为

$$Z = \frac{\dot{U}}{\dot{I}} = \frac{220\angle 0°}{10\sqrt{2}\angle -45°}\Omega = 11\sqrt{2}\angle 45°\Omega = (11 + \text{j}11)\Omega$$

【例 4-12】 图 4-37a 所示为 RC 移相电路。已知电阻 $R = 2\text{k}\Omega$，信号的频率 $f = 500\text{Hz}$，输入电压的有效值 $U = 1\text{V}$，输出电压的有效值 $U_\text{o} = 0.848\text{V}$，试求电路参数电容 C 的数值，并讨论输出电压与输入电压之间的相位关系。

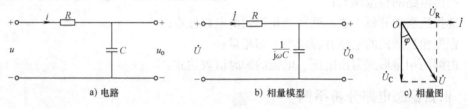

a) 电路　　　　　　　　b) 相量模型　　　　　　　　c) 相量图

图 4-37　例题 4-12 的图

【解】　解法一　相量法求解

先画出该电路的相量模型如图 4-37b 所示。

设输入电压为参考相量　　　　$\dot{U} = 1\angle 0°\text{V}$

设输出电压为　　　　　　　　$\dot{U}_\text{o} = 0.848\angle\varphi\text{V}$

由阻抗的串联可知　　　　　　$\dot{U}_\text{o} = \dfrac{-\text{j}X_\text{C}}{R - \text{j}X_\text{C}}\dot{U}$

$$\frac{X_\text{C}^2 - \text{j}RX_\text{C}}{R^2 + X_\text{C}^2} = \frac{\dot{U}_\text{o}}{\dot{U}} = \frac{0.848\angle\varphi}{1\angle 0°}$$

则　　　　　$\dfrac{|X_\text{C}|}{\sqrt{R^2 + X_\text{C}^2}} = \dfrac{0.848}{1}$；　　$\varphi = -\arctan\dfrac{R}{X_\text{C}}$

解得　　　　$X_\text{C} \approx 3.2\text{k}\Omega$　　$\varphi = -\arctan\dfrac{R}{X_\text{C}} \approx -32°$

$$C = \frac{1}{2\pi f X_\text{C}} \approx 0.1\mu\text{F}$$

所以，电容的容量为 $0.1\mu\text{F}$，输出电压与输入电压的相位差为 $32°$，输出电压滞后输入电压。

解法二　相量图求解

以电流 $\dot{I}$ 为参考相量，画出电路的相量图如图 4-37c 所示，由相量图可得

$$\varphi = \arccos\frac{U_C}{U} = \arccos\frac{0.848}{1} = 32°$$

可见，输出电压落后输入电压 32°。
由阻抗三角形的关系有

$$\frac{R}{X_C} = \tan\varphi$$

解得　$X_C \approx 3.2\text{k}\Omega$，　$C = \frac{1}{2\pi f X_C} \approx 0.1\mu\text{F}$

【例 4-13】　如图 4-38a 所示电路中，已知 $R_1 = 48\Omega$，$R_2 = 24\Omega$，$R_3 = 48\Omega$，$R_4 = 2\Omega$，$X_L = 2.8\Omega$，$\dot{U}_1 = 220\angle 0°\text{V}$，$\dot{U}_2 = 220\angle -120°\text{V}$，$\dot{U}_3 = 220\angle 120°\text{V}$。试求感性负载上的电流 $\dot{I}_L$。

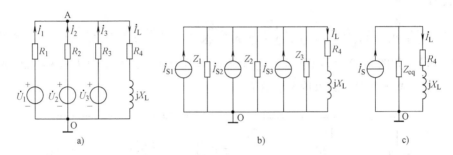

图 4-38　例题 4-13 的图

【解】　方法一　结点电压法
由电路图 4-38a，应用两结点电压公式，得

$$\dot{U}_{AO} = \frac{\dfrac{\dot{U}_1}{R_1} + \dfrac{\dot{U}_2}{R_2} + \dfrac{\dot{U}_3}{R_3}}{\dfrac{1}{R_1} + \dfrac{1}{R_2} + \dfrac{1}{R_3} + \dfrac{1}{R_4 + jX_L}}$$

$$= \left(\frac{\dfrac{220\angle 0°}{48} + \dfrac{220\angle -120°}{24} + \dfrac{220\angle 120°}{48}}{\dfrac{1}{48} + \dfrac{1}{24} + \dfrac{1}{48} + \dfrac{1}{2 + j2.8}}\right)\text{V}$$

$$= 13.25\angle -77°\text{V}$$

故

$$\dot{I}_L = \frac{\dot{U}_{AO}}{R_4 + jX_L} = \frac{13.25\angle -77°}{2 + j2.8}\text{A} = 3.85\angle -131.5°\text{A}$$

方法二　电源等效变换法
利用电压源和电流源之间的等效变换，将图 4-38a 变换成图 4-38b 所示电流源模型，进一步变换成图 4-38c 所示电路模型，负载电流 $\dot{I}_L$ 可由分流公式求得。
在图 4-38b 中：

$$\dot{I}_{S1} = \frac{\dot{U}_1}{R_1} = \frac{220 \angle 0°}{48}A, \qquad Z_1 = R_1$$

$$\dot{I}_{S2} = \frac{\dot{U}_2}{R_2} = \frac{220 \angle -120°}{24}A, \qquad Z_2 = R_2$$

$$\dot{I}_{S3} = \frac{\dot{U}_3}{R_3} = \frac{220 \angle 120°}{48}A, \qquad Z_3 = R_3$$

在图 4-38c 中：

$$\dot{I}_S = \dot{I}_{S1} + \dot{I}_{S2} + \dot{I}_{S3} = \left(\frac{220 \angle 0°}{48} + \frac{220 \angle -120°}{24} + \frac{220 \angle 120°}{48} \right)A$$

$$= \frac{220}{48} \angle -120°A = 4.58 \angle -120°A$$

$$Z_{eq} = Z_1 \ /\!/ \ Z_2 \ /\!/ \ Z_3 = R_1 \ /\!/ \ R_2 \ /\!/ \ R_3 = (48 \ /\!/ \ 24 \ /\!/ \ 48)\Omega = 12\Omega$$

根据分流公式可得

$$\dot{I}_L = \frac{Z_{eq}}{Z_{eq} + R_4 + jX_L} \dot{I}_S = \left(\frac{12}{12 + 2 + j2.8} \times \frac{220}{48} \angle -120° \right)A = 3.85 \angle -131.5°A$$

【例 4-14】 如图 4-39a 所示电路，电压源 $\dot{U}_S = 18 \angle 0°V$，电流源 $\dot{I}_S = 3 \angle 120°A$，$R_1 = 6\Omega$，$R_2 = 62\Omega$，$X_L = 60\Omega$。试求负载电流 $\dot{I}$。

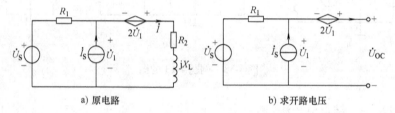

a) 原电路　　　　　　　　　　　b) 求开路电压

图 4-39　例题 4-14 的图

【解】 方法一　戴维宁等效电路法

1. 在图 4-39b 中求电路的开路电压 $\dot{U}_{OC}$，即

$$\dot{U}_1 = R_1 \dot{I}_S + \dot{U}_S = (6 \times 3 \angle 120° + 18 \angle 0°)V = 18 \angle 60°V$$

$$\dot{U}_{OC} = 2\dot{U}_1 + \dot{U}_1 = 54 \angle 60°V$$

2. 在图 4-40a 中求电路的等效阻抗 Z_{eq}，由于电路中含有受控源，所以采用外加电压法，即

$$\dot{U} = 2\dot{U}_1 + \dot{I}R_1 = 3R_1 \dot{I}$$

$$Z_{eq} = \frac{\dot{U}}{\dot{I}} = 3R_1 = 18\Omega$$

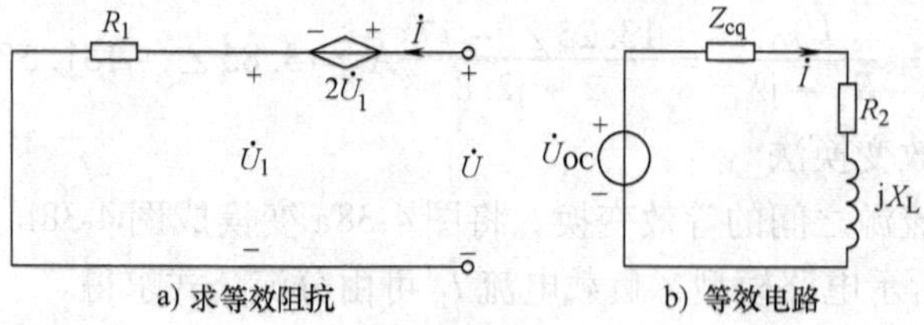

a) 求等效阻抗　　　　　　　　　　b) 等效电路

图 4-40　例题 4-14 的图

3. 原电路的戴维宁定理的等效电路如图 4-40b 所示，由欧姆定律的相量形式求得电流 $\dot{I}$ 为

$$\dot{I} = \frac{\dot{U}_{\text{oc}}}{Z_{\text{eq}} + R_2 + \mathrm{j}X_{\text{L}}} = \frac{54\angle 60°}{18 + 62 + \mathrm{j}60}\mathrm{A} = 0.54\angle 23°\mathrm{A}$$

方法二　叠加定理

1. 电压源单独作用时，在图 4-41a 中求得电流 $\dot{I}_1$ 为

$$\dot{I}_1 = \frac{\dot{U}_{\text{S}} + 2\dot{U}_1}{R_1 + R_2 + \mathrm{j}X_{\text{L}}}$$

$$\dot{U}_1 = \dot{U}_{\text{S}} - R_1\dot{I}_1$$

解得

$$\dot{I}_1 = \frac{3\dot{U}_{\text{S}}}{3R_1 + R_2 + \mathrm{j}X_{\text{L}}} = \frac{3 \times 18\angle 0°}{80 + \mathrm{j}60}\mathrm{A} = 0.54\angle -37°\mathrm{A}$$

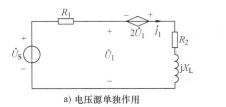 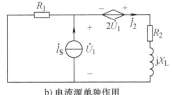

a) 电压源单独作用　　　　　　　b) 电流源单独作用

图 4-41　例题 4-4 的图

2. 电流源单独作用时，在图 4-41b 求电流 $\dot{I}_2$

$$\dot{U}_1 = -2\dot{U}_1 + (R_2 + \mathrm{j}X_{\text{L}})\dot{I}_2, \quad \dot{U}_1 = R_1(\dot{I}_{\text{S}} - \dot{I}_2)$$

解得

$$\dot{I}_2 = \frac{3R_1\dot{I}_{\text{S}}}{3R_1 + R_2 + \mathrm{j}X_{\text{L}}} = \frac{3 \times 6 \times 3\angle 120°}{80 + \mathrm{j}60}\mathrm{A} = 0.54\angle 83°\mathrm{A}$$

3. 总电流为

$$\dot{I} = \dot{I}_1 + \dot{I}_2 = (0.54\angle -37° + 0.54\angle 83°)\mathrm{A} = 0.54\angle 23°\mathrm{A}$$

方法三　回路电流法

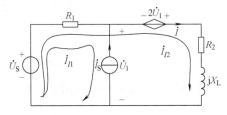

图 4-42　回路电流法

在电路图 4-42 中，设回路电流分别为 $\dot{I}_{l1}$、$\dot{I}_{l2}$，列写回路 KVL 方程为

$$\dot{U}_{\text{S}} + 2\dot{U}_1 = R_1(\dot{I}_{l1} + \dot{I}_{l2}) + (R_2 + \mathrm{j}X_{\text{L}})\dot{I}_{l2}$$

$$\dot{U}_1 = -2\dot{U}_1 + (R_2 + \mathrm{j}X_{\text{L}})\dot{I}_{l2}$$

解得

$$\dot{I}_{l1} = -\dot{I}_S = -3\angle 120°A \qquad \dot{I}_{l2} = 0.54\angle 23°A$$

所以

$$\dot{I} = \dot{I}_{l2} = 0.54\angle 23°A$$

思 考 题

4-11 试用结点电压法求解例题 4-14。

4.6 正弦稳态电路的功率

4.6.1 瞬时功率

在图 4-43a 所示 RLC 正弦稳态电路中，设端口电压为 u，电流为 i，则该电路吸收的功率为

$$p = ui$$

设电流为

$$i = \sqrt{2}I\cos(\omega t)\,A$$

由 R、L、C 的相位关系，得

$$u = u_R + u_L + u_C = \sqrt{2}RI\cos\omega t + \sqrt{2}\omega LI\cos(\omega t + 90°) + \sqrt{2}\frac{1}{\omega C}I\cos(\omega t - 90°)$$

$$= \sqrt{2}U\cos(\omega t + \phi_u)$$

则端口的瞬时功率为

$$\begin{aligned} p = ui &= \sqrt{2}U\cos(\omega t + \phi_u) \times \sqrt{2}I\cos\omega t \\ &= 2UI\cos(\omega t + \phi_u)\cos\omega t \\ &= UI[\cos\phi_u + \cos(2\omega t + \phi_u)] \end{aligned} \qquad (4\text{-}61)$$

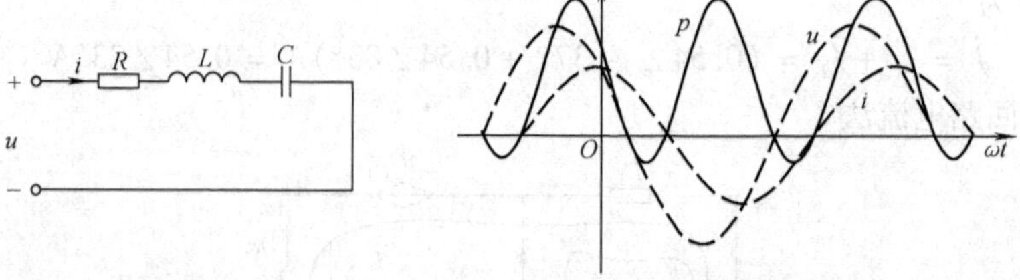

a) 电路图   b) 电压、电流、功率的波形图

图 4-43 RLC 电路的瞬时功率波形图

由 u、i 及 p 的表达式画出的波形如图 4-43b 所示。从波形图可以看出，当 $u>0$、$i>0$ 或 $u<0$、$i<0$ 时，一端口网络吸收功率，此时 $p>0$；当 $u>0$、$i<0$ 或 $u<0$、$i>0$ 时，一端口网络提供功率，此时 $p<0$。这是由于在一端口网络中存在的储能元件（电感 L 或电容 C），储能元件与外部电路或电源之间存在能量交换。

利用三角恒等式可将式（4-61）写成

$$p = UI[\cos\phi_u + \cos(2\omega t + \phi_u)]$$
$$= UI\cos\phi_u + UI\cos\phi_u\cos2\omega t - UI\sin\phi_u\sin2\omega t$$
$$= UI\cos\phi_u(1 + \cos2\omega t) - UI\sin\phi_u\sin2\omega t \tag{4-62}$$

式（4-62）表明，电路瞬时功率可分成两部分，即前一项是非正弦周期量，其波形在横坐标的上方，恒为正值，如图 4-44 中实线部分，它是电路中耗能元件吸收的功率，为不可逆分量，称为有功分量。

后一项是正弦量，它在一个周期内正负交替变化两次。图 4-44 中虚线部分，表明电路中的储能元件（电感 L 和电容 C）与电路之间周期性地进行着能量交换，是瞬时功率中的可逆分量，称为无功分量。

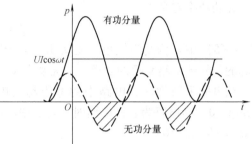

图 4-44　有功分量与无功分量

工程上常关心一段时间做功的多少，一般用有功功率（平均功率）来计算正弦稳态电路的功率。

4.6.2　有功功率（平均功率）

有功功率也叫做平均功率，它是瞬时功率在一个周期内的平均值，用大写字母 P 表示，即

$$P = \frac{1}{T}\int_0^T p\mathrm{d}t$$

将式（4-61）代入上式，得

$$P = \frac{1}{T}\int_0^T p\mathrm{d}t = \frac{1}{T}\int_0^T[UI\cos\phi_u + UI\cos(2\omega t + \phi_u)]\mathrm{d}t$$
$$= UI\cos(\phi_u - \phi_i) = UI\cos\varphi \tag{4-63}$$

式（4-63）中 φ 为电压与电流的相位差。有功功率就是电路实际消耗的功率，它等于瞬时功率中的恒定分量。它不仅与电压和电流有效值的乘积有关，而且也与它们之间的相位差有关。式中的 $\cos\varphi$ 称为电路的功率因数（φ 为电路中电压与电流的相位差），常用 λ 表示，即

$$\lambda = \cos\varphi \tag{4-64}$$

对于纯电阻电路，电压与电流同相位，即 $\varphi = 0$；对于纯电感电路，电压超前电流 $90°$，即 $\varphi = 90°$；对于纯电容电路，电流超前电压 $90°$，即 $\varphi = -90°$。由式（4-63）可求得它们的有功功率分别为

$$P_R = U_R I_R = \frac{U_R^2}{R} = I_R^2 R$$

$$P_L = U_L I_L \cos90° = 0$$
$$P_C = U_C I_C \cos(-90°) = 0$$

上式表明，电阻总是消耗功率，是耗能元件。而电感和电容则不消耗有功功率，只是存在和电源之间的功率交换，是储能元件。有功功率的单位为瓦特（W）。

可以证明，电路中的有功功率满足

$$P = \sum_{k=1}^{n} P_k = P_1 + P_2 + \cdots + P_n$$

4.6.3　无功功率

无功功率定义为

$$Q = UI\sin\varphi \tag{4-65}$$

式（4-65）中 φ 为复阻抗角。无功功率等于瞬时功率可逆部分的幅值，是衡量由储能元件引起的与外部电路交换的功率。"无功"表示这部分能量在往复交换过程中，没有能量消耗。当电路为感性时，电路中的电压超前电流，即 $\varphi > 0$，此时电路的无功功率为 $Q_L = UI\sin\varphi > 0$；当电路为容性电路时，电路中的电压滞后电流，即 $\varphi < 0$，此时电路的无功功率为 $Q_C = UI\sin\varphi < 0$。

对于 R、L、C 单一元件来说，由式（4-65）可求得它们的无功功率分别为

$$Q_R = U_R I_R \sin 0° = 0$$

$$Q_L = U_L I_L \sin 90° = U_L I_L = \omega L I_L^2 = \frac{U_L^2}{\omega L}$$

$$Q_C = U_C I_C \sin(-90°) = -U_C I_C = -\omega C U_C^2 = -\frac{I_C^2}{\omega C}$$

可以证明，电路中的无功功率满足

$$Q = \sum_{k=1}^{n} Q_k = Q_1 + Q_2 + \cdots + Q_n$$

其中电容的无功功率取负值，电感的无功功率取正值。

4.6.4　视在功率

一端口网络端口上电压、电流有效值的乘积定义为视在功率，用大写字母 S 表示，即

$$S = UI \tag{4-66}$$

视在功率也称为表观功率，单位为伏安（V·A）、千伏安（kV·A）。

在电路系统中，电源设备等都是按照一定的额定电压和额定电流来设计和使用的。电源设备功率的额定值称为其容量，是由它们的额定电压和额定电流的乘积决定的。即电源设备都用额定的视在功率表示它们的容量，也就决定了电源所能输出的最大功率。

将式（4-66）代入式（4-63）、式（4-65）可得

$$P = UI\cos\varphi = S\cos\varphi$$

$$Q = UI\sin\varphi = S\sin\varphi$$

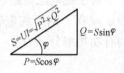

图 4-45　功率三角形

所以，电路中的视在功率、有功功率和无功功率之间也可构成如图 4-45 所示的直角三角形，称为功率三角形。可以证明，功率三角形与电压三角形、阻抗三角形之间为相似三角形。

【例 4-15】　在图 4-46 所示的电路中，已知电源电压为 $\dot{U} = 220\angle 0° \text{V}$，$R_1 = 3\Omega$，$R_2 = 8\Omega$，$X_C = 4\Omega$，$X_L = 6\Omega$。试求该电路的有功功率、无功功率、视在功率及功率因数。

【解】　$Z_1 = (3 - j4)\Omega = 5\angle -53.1°\Omega$

$\qquad Z_2 = (8 + j6)\Omega = 10\angle 36.9°\Omega$

$$\dot{I}_1 = \frac{\dot{U}}{Z_1} = \frac{220\angle 0°}{5\angle -53.1°}A = 44\angle 53.1°A = (26.4 + j35.2)A$$

$$\dot{I}_2 = \frac{\dot{U}}{Z_2} = \frac{220\angle 0°}{10\angle 36.9°}A = 22\angle -36.9°A = (17.6 - j13.2)A$$

$$\dot{I} = \dot{I}_1 + \dot{I}_2 = (26.4 + j35.2 + 17.6 - j13.2)A$$
$$= (44 + j22)A = 49.2\angle 26.6°A$$

由端口电压、电流及其相位差求得 S、P、Q，即

$$S = UI = (220 \times 49.2)V \cdot A = 10824 V \cdot A$$

$$P = UI\cos\varphi = 10824 \times \cos(0 - 26.6°)W = 9678 W$$

$$Q = UI\sin\varphi = 10824 \times \sin(0 - 26.6°)var = -4846 var$$

$$\lambda = \cos\varphi = \cos(0 - 26.6°) = 0.894$$

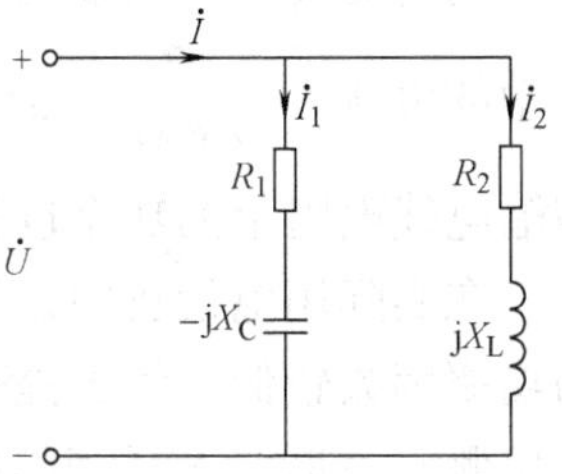

图 4-46　例题 4-15 的图

4.6.5　复功率

设一端口网络的端口电压相量为 $\dot{U} = U\angle\phi_u$，电流相量为 $\dot{I} = I\angle\phi_i$。由功率三角形可知，S、P 和 Q 三者之间满足如下关系，即

$$S = \sqrt{P^2 + Q^2}, \tan\varphi = \frac{Q}{P}$$

式中，$\varphi = \phi_u - \phi_i$。

这种关系可以用一个复数来表示，并把这个复数定义为一端口网络的复功率，用 $\overline{S}$ 来表示，即

$$\begin{aligned}\overline{S} &= P + jQ \\ &= UI\cos\varphi + jUI\sin\varphi = UI\angle\phi_u - \phi_i \\ &= U\angle\phi_u I\angle -\phi_i = \dot{U}\dot{I}^* \end{aligned} \tag{4-67}$$

式中，$\dot{I}^*$ 为 $\dot{I}$ 的共轭复数。

复功率的单位为伏安（V·A）。

【例 4-16】 用复功率的计算方法求例 4-15 中的视在功率、有功功率和无功功率。

【解】　$\overline{S} = \dot{U}\dot{I}^* = (220\angle 0° \times 49.2\angle -26.6°)V \cdot A = 10824\angle -26.6°V \cdot A$
$$= (9678 - j4847)V \cdot A$$
$$S = 10824 V \cdot A, \qquad P = 9678 W, \qquad Q = -4847 var$$

思 考 题

4-12　什么是视在功率？有功功率？无功功率？它们之间有什么关系？三者的单位有何不同？

4.7　功率因数的提高

在电路系统中，功率因数是一个非常重要的参数。任何一种电气设备的容量取决于它的额定功率和额定电流的大小。但电气设备产生或消耗的有功功率 $P = UI\cos\varphi$ 不但与电路中的电压、电流有关，还与设备的功率因数 $\lambda = \cos\varphi$ 有关。当电气负载的功率因数较低时，其电源设备的利用率就很低。例如一台容量为 1000kV·A 的大型变压器，当负载的功率因数为

$\cos\varphi=1$ 时，这台变压器的输出功率 $P=UI\cos\varphi=1000\text{kW}$，而当负载功率因数为 $\cos\varphi=0.75$ 时，它的输出功率只有 $P=UI\cos\varphi=1000\times0.75\text{kW}=750\text{kW}$。因此，为了充分利用设备的容量，应尽可能地提高功率因数。

同时提高功率因数还可以减小输电线路中的电能损耗，提高输电的效率。这是由于输电线中的电流 $I=\dfrac{P}{U\cos\varphi}$，当负载的有功功率和端电压一定时，$\cos\varphi$ 越大，电流就越小，消耗在输电线电阻上的功率也就越小，从而减小了输电线路的能量损耗。

在实际用电设备中，绝大多数的用电负载是感性负载，而且阻抗角较大，有些实际负载的功率因数较低。为了提高功率因数，最简单的方法是在负载两端（实际是在供电线路的低压侧）并联一个适当的电容，以使整个电路的功率因数提高，同时也不影响负载的正常工作。

提高功率因数的物理意义就是用电容的无功功率去补偿电感的无功功率，从而减少电源的无功功率输出。

图 4-47a 所示的感性负载 Z_L 由电阻 R 和电感 L 组成。并联电容前，电路中的电流 $\dot{I}$ 就是负载电流 $\dot{I}_L$，这时电路的阻抗角为 φ_L。并联电容后，由于负载 Z_L 和电源电压 $\dot{U}$ 均不变，故负载电流 $\dot{I}_L$ 也不变，这时电容中的电流 $\dot{I}_C$ 超前电压 $\dot{U}90°$，它与负载电流 $\dot{I}_L$ 相加后为电路的总电流，即 $\dot{I}=\dot{I}_L+\dot{I}_C$。由图 4-47b 所示的相量图可知，并联电容后，电路中的总电流与电压之间的相位差为 φ，即为并电容后电路总阻抗的阻抗角。可见，并联电容后的阻抗角 φ $<\varphi_L$，从而使电路的功率因数得到提高。

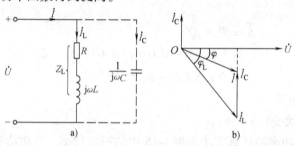

图 4-47 功率因数的提高

并联电容 C 的计算方法如下：

设负载的有功功率为 P，电路没有并电容前，电路中的总电流为 $\dot{I}_L$，功率因数为 $\cos\varphi_L$；并上电容后，电路中的总电流为 $\dot{I}$，功率因数为 $\cos\varphi$。由于所并联的电容并不消耗有功功率，故电源提供的有功功率在并联电容前后保持不变。即

$$P=UI_L\cos\varphi_L=UI\cos\varphi \qquad (4\text{-}68)$$

由图 4-47b 可知

$$I_C=I_L\sin\varphi_L-I\sin\varphi \qquad (4\text{-}69)$$

由式（4-68）可知

$$I_L=\frac{P}{U\cos\varphi_L}, \qquad I=\frac{P}{U\cos\varphi}$$

代入式（4-69）可得

$$I_C = \frac{P}{U\cos\varphi_L}\sin\varphi_L - \frac{P}{U\cos\varphi}\sin\varphi = \frac{P}{U}(\tan\varphi_L - \tan\varphi)$$

而

$$I_C = \frac{U}{X_C} = \omega C U$$

故

$$C = \frac{P}{\omega U^2}(\tan\varphi_L - \tan\varphi) \tag{4-70}$$

电容补偿的无功功率为

$$Q_C = -P(\tan\varphi_L - \tan\varphi) \tag{4-71}$$

【例 4-17】　已知某荧光灯电路模型如图 4-47a 中实线所示。图中 L 为铁心线圈,称为镇流器,R 为灯管的等效电阻。已知电源电压 $U = 220V$,$f = 50Hz$,荧光灯管的功率为 40W,额定电流为 0.4A。试求(1)电路的功率因数,电感 L 和电感上的电压 U_L;(2)若要将电路的功率因数提高到 0.95,需要并联多大电容?(3)并联电容后电源的总电流为多少?电源提供的无功功率为多少?

【解】　(1)因为 $U = 220V$,$I_N = 0.4A$,故负载支路的阻抗的模为

$$|Z| = \frac{U}{I_N} = \frac{220}{0.4}\Omega = 550\Omega$$

负载的功率因数为　　　$\cos\varphi_L = \dfrac{P}{UI_N} = \dfrac{40}{220 \times 0.4} = 0.45$

故电路的功率因数为　　　$\cos\varphi = \cos\varphi_L = 0.45$

负载的阻抗角为　　　$\varphi_L = \arccos\varphi_L = 63°$(舍去 $-63°$)

RL 支路的阻抗为 $Z_L = |Z|\angle\varphi_L = 550\angle 63°\Omega = (250 + j490)\Omega$

所以　　　　　　　$R = 250\Omega$,　$X_L = 490\Omega$

$$L = \frac{X_L}{\omega} = \frac{490}{314}H = 1.56H$$

电感的电压为　　　$U_L = X_L I_N = (490 \times 0.4)V = 196V$

(2)求并联电容的电容量 C。并联电容后,电路的功率因数为 $\cos\varphi = 0.95$,此时电路的阻抗角为 $\varphi = \arccos 0.95 = 18.2°$,由式(4-70)得

$$C = \frac{P}{\omega U^2}(\tan\varphi_L - \tan\varphi) = \frac{40}{2\pi \times 50 \times 220^2}(\tan 63° - \tan 18.2°) \approx 4.3\mu F$$

(3)并联电容后,电源的总电流为

$$I = \frac{P}{U\cos\varphi} = \frac{40}{220 \times 0.95}A = 0.191A$$

电源提供的无功功率为

$$Q = UI\sin\varphi = (220 \times 0.191 \times \sin 18.2)var = 13.1var$$

思　考　题

4-13　一个用电器的功率因数由什么因素决定?在电源频率一定的情况下能不能改变?

4-14　如何提高供电系统的功率因数?

4.8 最大功率的传输

在电源电压和内阻一定的情况下，线性有源一端口网络在有载情况下，负载获得功率的大小随负载阻抗的变化而变化。在一些通信系统或某些线性系统中，常常需要讨论负载能从电源获得尽可能大的功率，而并不过分追求高的效率。如何使负载从给定的电源中获得最大的功率，称为最大功率传输问题。

对于含源一端口网络，如图 4-48a 所示。设其等效戴维宁等效电压为 $\dot{U}_{OC}$，其等效电源内阻抗为 $Z_{eq} = R_{eq} + jX_{eq}$，负载为 $Z_L = R_L + jX_L$，如图 4-48b 所示。

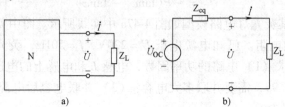

图 4-48 最大功率传输

由图 4-48b 可知

$$\dot{I} = \frac{\dot{U}_{OC}}{Z_{eq} + Z_L} = \frac{\dot{U}_{OC}}{R_{eq} + jX_{eq} + R_L + jX_L}$$

负载上获得的功率为

$$P = I^2 R_L = \frac{U_{OC}^2 R_L}{(R_{eq} + R_L)^2 + (X_{eq} + X_L)^2}$$

由上式可以看出，负载端获得的最大功率与一端口的等效参数和负载参数有关。在电源不变的情况下，如果负载的电阻 R_L 和电抗 X_L 均可任意变动，而其他参数不变的情况下，负载获得最大功率的条件为

$$X_L + X_{eq} = 0$$

$$\frac{dP}{dR_L} = U_{OC}^2 \frac{(R_{eq} + R_L)^2 - 2R_L(R_{eq} + R_L)}{(R_{eq} + R_L)^4} = 0$$

解得

$$X_L = -X_{eq}$$

$$R_L = R_{eq}$$

即当 $Z_L = R_{eq} - jX_{eq} = Z_{eq}^*$ 时

负载上可以获得最大功率为

$$P_{max} = \frac{U_{OC}^2}{4R_{eq}} \qquad (4\text{-}72)$$

当用诺顿等效电源定理时，获得最大功率的等效条件为 $Y_L = Y_{eq}^*$。

【例 4-18】 某电路如图 4-49a 所示，已知 $\dot{U}_S = 6 \angle 30° \text{V}$，$Z_1 = (100 + j50) \, \Omega$，$Z_2 = (6 + j8) \, \Omega$。试求当负载为何值时可获得最大功

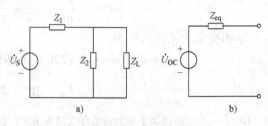

图 4-49 例题 4-18 的图

率？最大功率为多少？

【解】　从负载端看进去的戴维宁效电路如图 4-49b 所示。

$$\dot{U}_{OC} = \frac{Z_2}{Z_1 + Z_2}\dot{U}_S = \frac{6 + j8}{100 + j50 + 6 + j8}\dot{U}_S = 0.5\angle 54°V$$

$$Z_{eq} = Z_1 /\!/ Z_2 = (5.9 + j7.1)\Omega$$

当

$$Z_L = Z_{eq}^* = (5.9 - j7.1)\Omega$$

负载可获得最大功率　　$P = \dfrac{U_{OC}^2}{4R_{eq}} = \dfrac{0.5^2}{4 \times 5.9}W = 0.01W$

【例 4-19】　某电路如图 4-50a 所示，已知电源电压 $\dot{U}_S = 10\angle -45°V$，负载可任意变动。试求负载在什么情况下可能获得最大功率？最大功率为多少？

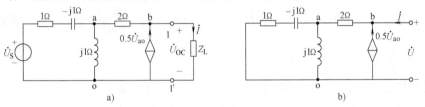

图 4-50　例题 4-19 的图

【解】　求图 4-50a 端口 1-1′的戴维宁等效电路。

利用两结点电压公式，求出 $\dot{U}_{ao}$

$$\left(\frac{1}{1 - j1} + \frac{1}{j}\right)\dot{U}_{ao} = \frac{\dot{U}_S}{1 - j1} + 0.5\dot{U}_{ao}$$

$$\dot{U}_{ao} = j10\sqrt{2}V$$

而　　　　　　$\dot{U}_{OC} = 2 \times 0.5\dot{U}_{ao} + \dot{U}_{ao} = 2\dot{U}_{ao} = j20\sqrt{2}V$

电路的等效阻抗 Z_{eq} 利用外加电压法计算，如图 4-50b 所示，即

$$\dot{U} = 2(\dot{I} + 0.5\dot{U}_{ao}) + \dot{U}_{ao}$$

$$\dot{U}_{ao} = [j1 /\!/ (1 - j1)](\dot{I} + 0.5\dot{U}_{ao})$$

得　　　　　　　　　$Z_{eq} = (2 + j4)\Omega$

当负载 $Z_L = Z_{eq}^* = (2 - j4)\Omega$ 时，负载 Z_L 上可以得到最大功率为

$$P = \frac{U_{OC}^2}{4R_{eq}} = \frac{(20 \times \sqrt{2})^2}{4 \times 2}W = 100W$$

思　考　题

4-15　当负载 $Z_L = R_L + jX_L$ 中的 X_L 固定，在什么情况下可以获得最大功率？

本　章　小　结

本章专门讨论了电路在正弦信号激励下的稳态响应。主要介绍了正弦稳态电路分析的相量法。

相量法的分析包括相量图法和相量式法。当电路为简单电路时，应用相量图法分析方便。在画相量图时，对于串联电路，应以电流为参考相量；对于并联电路，应以电压为参考相量；对于混联电路，应以并联支路上的电压为参考相量。

当电路为复杂电路时，应用相量式法分析较为方便，此时的相量图法就作为辅助分析了。

1）相量式法分析的基本步骤

①建立时域电路的相量模型，将正弦量用相量表示。电路元件参数用其阻抗或导纳（$R \to R$、$L \to j\omega L$、$C \to 1/(j\omega C)$）表示，从而将电路的时域模型转化为相量模型。

②根据欧姆定律和基尔霍夫定律的相量形式，列写电路的复代数方程。

③求解复代数方程，得到响应相量，再由响应相量写出响应的正弦量表达式。

2）欧姆定律的相量形式为 $\dot{U}_R = R\dot{I}_R$、$\dot{U}_L = j\omega L\dot{I}_L$、$\dot{U}_C = \dfrac{1}{j\omega C}\dot{I}_C$、$\dot{U} = Z\dot{I}$。基尔霍夫定律的相量形式为 $\displaystyle\sum_{k=1}^{n}\dot{I}_k = 0, \sum_{k=1}^{n}\dot{U}_k = 0$。

3）正弦稳态电路的性质。正弦稳态电路的性质由阻抗角决定，当 $\varphi > 0$ 时，电路呈电感性；当 $\varphi < 0$ 时，电路呈电容性；当 $\varphi = 0$ 时，电路呈电阻性。

4）正弦稳态电路的功率。在正弦稳态电路中，电源向负载提供有功功率 P 和无功功率 Q，电源的容量用视在功率 S 表示。P、Q、S 三者之间的关系可用功率三角形来表示。

电路的有功功率 P、无功功率 Q、视在功率 S 的公式分别为

$$P = UI\cos\varphi = I^2 R = \frac{U_R^2}{R} = U_R I$$

$$Q = UI\sin\varphi = I^2 X = \frac{U_x^2}{X} = U_x I$$

$$S = UI = \sqrt{P^2 + Q^2}$$

复功率 $\overline{S}$ 的计算公式为

$$\overline{S} = U\dot{I}^* = P + jQ$$

电路的功率因数 $\cos\varphi$ 为

$$\cos\varphi = \frac{P}{S} = \frac{R}{|Z|} = \frac{U_R}{U}$$

5）功率因数的提高。正弦稳态电路的功率因数 $\cos\varphi$ 的大小反映了供电质量的好坏。可通过给感性负载并电容的方法提高功率因数，提高电源容量的利用率。并电容的大小为 $C = \dfrac{P}{\omega U^2}(\tan\varphi_L - \tan\varphi)$，电容补偿的无功功率为 $Q_C = -P(\tan\varphi_L - \tan\varphi)$。其中 φ_L 为电路并电容前负载的阻抗角，φ 为电路并电容后整个电路的阻抗角。

6）最大功率传输。当负载阻抗可连续变化时，且 $Z_L = Z_{eq}^*$ 时，负载可获得最大功率，最大功率为 $P = \dfrac{U_{OC}^2}{4R_{eq}}$。

习　题

4-1　已知某正弦电流的瞬时值表达式为 $i = 10\cos(6280t + 30°)\text{A}$。试求：（1）画出 i 的波形图，（2）

计算 i 的有效值、角频率、频率及初相位，(3) 计算 $t = 0.05\text{s}$ 时的 i。

4-2　已知 $u_1 = 220\sqrt{2}\cos(314t - 120°)\text{V}$，$u_2 = 220\sqrt{2}\cos(314t + 30°)\text{V}$。试求：(1) 在同一坐标内画出它们的波形图；(2) 计算它们的有效值、频率和周期；(3) 写出它们的相量式、画出相量图，计算相位差。

4-3　将下列相量式化成指数形式、极坐标式和代数形式。

(1) $\dot{U}_1 = (4 - \text{j}3)\text{V}$　　　　　(2) $\dot{I}_1 = (-10 - \text{j}10)\text{A}$

(3) $\dot{U}_2 = 10e^{\text{j}30°}\text{V}$　　　　　(4) $\dot{I}_2 = 8e^{-\text{j}135°}\text{A}$

(5) $\dot{U}_3 = 10\angle -53°\text{V}$　　　　(6) $\dot{I}_3 = 20\angle 37°\text{A}$

4-4　已知一频率为 50Hz 的正弦电压，最大幅值为 380V，在 $t = 0$ 时刻加到电感两端，电感上的稳态电流的最大值为 8.5A。试求：(1) 电感电流的频率；(2) 电感的感抗；(3) 电感的电感值。

4-5　将一频率为 40kHz，初相位为 0°，幅值为 3mV 的正弦电压加到电容两端，稳态电流的幅值为 $100\mu\text{A}$。试求：(1) 电流的初相位；(2) 电容的容抗；(3) 电容的电容值。

4-6　已知 $i_1 = 10\sqrt{2}\cos(\omega t + 45°)\text{A}$，$i_2 = 10\sin\omega t\ \text{A}$。试求 $i_1 + i_2$。

4-7　用相量法求图 4-51 所示电路中的各未知电表的读数。

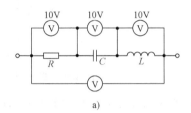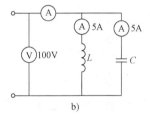

图 4-51　题 4-7 图

4-8　电路的相量模型如题图 4-52 所示，已知 $U_1 = 100\text{V}$，$I_2 = 10\text{A}$。试求 $\dot{U}$ 和 $\dot{I}$。

4-9　求图 4-53 所示电路中的电压相量 $\dot{U}$。

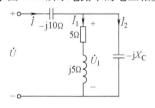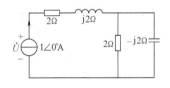

图 4-52　题 4-8 图　　　　　　　　图 4-53　题 4-9 图

4-10　在图 4-54 所示的电路中，已知 $I_2 = 10\text{A}$，$I_3 = 10\sqrt{2}\text{A}$，$U = 200\text{V}$，$R_1 = 5\Omega$，$R_2 = \omega L$。试求 I_1、X_C、X_L 和 R_2。

4-11　在图 4-55 所示的电路中，已知 $R_1 = 10\Omega$，$X_C = 17.32\Omega$，$I_1 = 5\text{A}$，$U = 120\text{V}$，$U_L = 50\text{V}$，$\dot{U}$ 与 $\dot{I}$ 同相。试求 R、R_2 和 X_L。

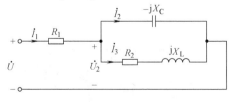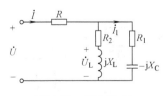

图 4-54　题 4-10 图　　　　　　　图 4-55　题 4-11 图

4-12　在图 4-56 所示的电路中，已知 $I_1 = I_2 = 10\text{A}$。试求 $\dot{I}$ 和 $\dot{U}_s$。

4-13 在图 4-57 所示的电路中，已知 $Z_1 = (3-j4)\Omega, Z_2 = (4+j3)\Omega$，电压表的读数为 $U=100\text{V}$。试求电流表的读数。

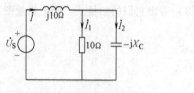

图 4-56 题 4-12 图

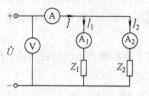

图 4-57 题 4-13 图

4-14 在图 4-58 所示的电路中，已知 $R_1 = 3\Omega$，$X_1 = 4\Omega$，$R_2 = 8\Omega$，$X_2 = 6\Omega$，$u = 220\sqrt{2}\cos314t\text{V}$。试求 i_1、i_2 和 i。

4-15 在图 4-59 所示的电路中，已知 $U=220\text{V}$，$R=22\Omega$，$X_\text{L}=22\Omega$，$X_\text{C}=11\Omega$，试求电流 I_R、I_L、I_C 及 I。

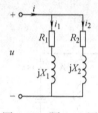

图 4-58 题 4-14 图

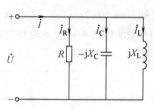

图 4-59 题 4-15 图

4-16 在图 4-60 所示的电路中，已知电流 $\dot{I}_2 = 5\angle45°\text{A}$。试求：（1）$I_1$、$I$ 和 U_S；（2）若电路的角频率 $\omega = 800\text{rad/s}$，写出 i_1、i 和 u_S 的瞬时值表达式。

4-17 在图 4-61 所示的电路中，已知 $u_\text{S} = 100\cos5000t$ V。试用结点电压法求 u_o。

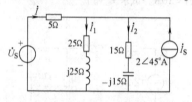

图 4-60 题 4-16 图

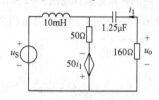

图 4-61 题 4-17 图

4-18 图 4-62 所示电路为电子仪器中常用的电容分压电路。试证明当满足 $R_1C_1 = R_2C_2$ 时，$\dfrac{\dot{U}_2}{\dot{U}_1} = \dfrac{R_2}{R_1+R_2} = \dfrac{C_1}{C_1+C_2}$。

4-19 试用结点电压法求图 4-63 所示电路的各支路电流。已知 $\dot{U}_\text{S} = 4\angle0°\text{V}, \dot{I}_\text{S} = 4\angle0°\text{A}, R = X_\text{L} = X_\text{C} = 1\Omega$。

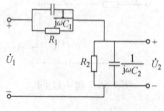

图 4-62 题 4-18 图

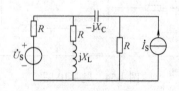

图 4-63 题 4-19 图

4-20 试用叠加定理求图 4-64 所示电路中的电压 $\dot{U}_x$。已知电源信号的角频率 $\omega = 5 \times 10^4\,\text{rad/s}$。

4-21 试求图 4-65 所示电路的戴维宁等效电路。

4-22 有一感性负载的功率 $P = 10\text{kW}$，功率因数 $\cos\varphi_L = 0.6$，电压为 220V，频率为 50Hz。若要将电路的功率因数 $\cos\varphi$ 提高到 0.9，需要并联多大的补偿电容？并联电容前后电路的总电流为多少？

4-23 在图 4-66 所示的电路中，已知 $\dot{I}_S = 10\angle 0°\text{A}$，试求：（1）电流源发出的复功率；（2）电阻消耗的有功功率；（3）受控源的有功功率和无功功率。

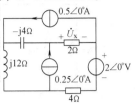

图 4-64 题 4-20 图

4-24 在图 4-67 所示的电路中，$u = 100\sqrt{2}\cos 3140t$ V，$L = 0.159\text{H}$，$R = 500\Omega$，$C = 0.318\mu\text{F}$。试求电路的有功功率、无功功率、视在功率和功率因数。

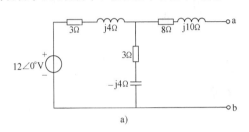

a)

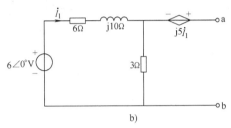

b)

图 4-65 题 4-21 图

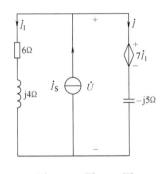

图 4-66 题 4-23 图

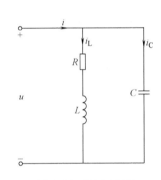

图 4-67 题 4-24 图

4-25 试求图 4-68 所示电路中两独立电源发出的有功功率。

4-26 试求图 4-69 所示电路中的电流 $\dot{I}$。

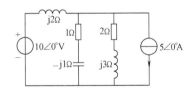

图 4-68 题 4-25 图

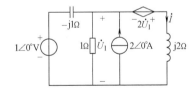

图 4-69 题 4-26 图

4-27 在图 4-70 所示的电路中，负载阻抗 Z_L 为何值时可以获得最大功率？并求此最大功率。

4-28 在图 4-71 所示的电路中，负载阻抗 Z_L 为何值时可以获得最大功率？并求此最大功率。

4-29 在图 4-72 所示的电路中，为使负载获得最大功率，负载 Z_L 应为多少？并计算此时 Z_L 得到的最大功率。

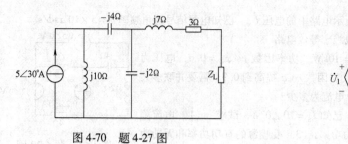

图 4-70　题 4-27 图

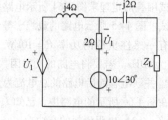

图 4-71　题 4-28 图

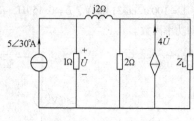

图 4-72　题 4-29 图

第5章 电路的频率响应

内 容 提 要

本章主要讨论正弦稳态电路的频率响应。主要讲述了网络函数与频率特性、滤波器电路、RLC 串联谐振电路和 RLC 并联谐振电路。

线性电路的正弦稳态响应，不仅和电路参数有关，而且和激励信号的频率有关。在第 4 章我们讨论了在激励信号频率不变的情况下，电路响应与电路参数之间的关系，电路响应为一个时间函数，称为时域分析。本章讨论在电路参数一定的情况下，电路响应与激励信号频率之间的关系，电路响应为激励信号频率的函数，称为频域分析。它们是从不同角度研究电路的正弦稳态响应。

【引例】 收音机接收电路如图 5-1a 所示，其等效电路如图 5-1b 所示。其中 e_1、e_2、$\cdots$、e_n 为来自各电台所发出的无线电信号的感应电动势，L 为等效电感，R_L 为电感的绕线电阻，C 为可调电容。在无线电技术中，通常用此电路来接收信号并将接收到的信号进行放大。在此电路中，如果要选出电台一所传送的信号 e_1，只要调节电容的数值就可以了。这个电路是什么原理？应该满足什么条件？学完本章内容便可得出解答。

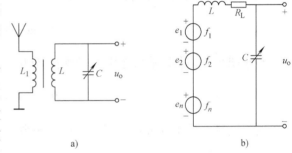

图 5-1 收音机接收电路及其等效电路

5.1 网络函数与频率特性

当电路中存在电感和电容时，由于感抗和容抗与频率有关，所以当电路中激励源的频率发生变化时，电路中的感抗、容抗也发生变化，从而导致电路的工作状态发生变化。当激励源频率的变化超出一定范围时，电路将偏离正常的工作范围，并可能导致电路失效，甚至使电路遭到损坏。此外，电路还有可能遭到外部的各种频率的电磁干扰，如雷电或太阳风暴等。故对电路系统的频率特性分析具有实际应用意义。

5.1.1 网络函数

电路在正弦电源激励下，各部分的响应都是同频率的正弦量，网络函数定义为电路的响应相量和激励相量之比，用符号 $H(j\omega)$ 表示，如图 5-2 所示，即

图 5-2 网络函数定义

$$H(j\omega) \overset{\text{def}}{=\!=} \frac{\dot{R}_q(j\omega)}{\dot{E}_{sp}(j\omega)} \tag{5-1}$$

式中，$\dot{R}_q(j\omega)$ 为输出端口 q 的响应，可以是电压相量 $\dot{U}_q(j\omega)$ 或电流相量 $\dot{I}_q(j\omega)$；而 $\dot{E}_{sp}(j\omega)$ 为输入端口 p 的输入变量（正弦激励信号），也可以是电压相量 $\dot{U}_{sp}(j\omega)$ 或电流相量 $\dot{I}_{sp}(j\omega)$，如图 5-2 所示。显然，网络函数有多种形式。

在图 5-3a 中，激励为 $\dot{U}_S$，若以输出电压 $\dot{U}_2$ 为响应分量，则 N 的网络函数为

$$H_1(j\omega) = \frac{\dot{U}_2}{\dot{U}_S} \tag{5-2}$$

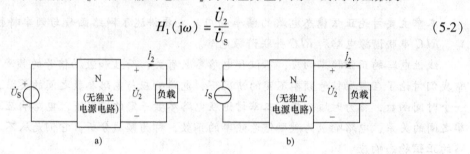

图 5-3　网络函数定义

若以输出电流 $\dot{I}_2$ 为响应分量，则 N 的网络函数为

$$H_2(j\omega) = \frac{\dot{I}_2}{\dot{U}_S} \tag{5-3}$$

对于图 5-3b，若以输出电压 $\dot{U}_2$ 为响应分量，则 N 的网络函数为

$$H_3(j\omega) = \frac{\dot{U}_2}{\dot{I}_S} \tag{5-4}$$

若以输出电流 $\dot{I}_2$ 为响应分量，则 N 的网络函数为

$$H_4(j\omega) = \frac{\dot{I}_2}{\dot{I}_S} \tag{5-5}$$

观察式(5-2)~式(5-5)可以看出，$H_1(j\omega)$、$H_4(j\omega)$ 均为无量纲的网络函数，其中 $H_1(j\omega)$ 称为转移电压比，$H_4(j\omega)$ 称为转移电流比；$H_2(j\omega)$ 是单位为西门子(S)的网络函数，称为转移导纳；$H_3(j\omega)$ 是单位为欧姆(Ω)的网络函数，称为转移阻抗。

网络函数可以反映电路的本质特性，由电路的结构和元件参数决定，与输入、输出幅值无关。

5.1.2　网络函数的频率特性

含 L、C 元件电路的网络函数 $H(j\omega)$ 是频率的复函数，将它写成指数形式，有

$$H(j\omega) = |H(j\omega)|e^{j\varphi(\omega)} \tag{5-6}$$

式中，$|H(j\omega)|$ 称为网络函数的模；$\varphi(\omega)$ 称为网络函数的幅角，它们都是频率的函数。

$|H(j\omega)|$ 是两个正弦量的有效值（或幅值）的比值，它与频率 ω 的关系 $|H(j\omega)|-\omega$ 称为幅频特性；它的幅角 $\varphi(\omega)$ 是两个同频率正弦量的相位差（又称相移），它与频率的关系 $\varphi(\omega)-\omega$ 称为相频特性。这两种特性与频率的关系，都可以在图上用曲线表示，称为网络的频率特性曲线，即幅频特性曲线和相频特性曲线。

【**例5-1**】 分析图5-4 所示电路的频率响应。

【**解**】 在图5-4 中，选 $\dot{U}_S$ 为激励相量，$\dot{U}_o$ 为响应相量，则电路的转移电压比为

$$H(j\omega) = \frac{\dot{U}_o}{\dot{U}_S} = \frac{\dfrac{1}{j\omega C}}{R + \dfrac{1}{j\omega C}} = \frac{1}{1 + j\omega RC} = |H(j\omega)| \angle \varphi(\omega) \tag{5-7}$$

式中

$$|H(j\omega)| = \frac{1}{\sqrt{1 + (\omega RC)^2}} \tag{5-8}$$

$$\varphi(\omega) = -\arctan(\omega RC) \tag{5-9}$$

式(5-8)、式(5-9)分别称为 $H(j\omega)$ 的幅频特性和相频特性。根据式(5-8)、式(5-9)可分别画出网络函数的幅频特性曲线和相频特性曲线如图5-5 所示。

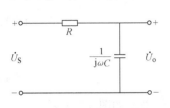

图5-4 例5-1 题的图

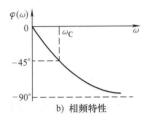

a) 幅频特性　　　　　　　　b) 相频特性

图5-5 例题5-1 的频率特性曲线

由图5-5 可以看出，当 $\omega = 0$ 时，$|H(j\omega)| = 1$，此时 $\varphi(\omega) = 0°$，说明此时输出电压与输入电压大小相等，相位相同；当 $\omega = \dfrac{1}{RC}$ 时，$|H(j\omega)| = \dfrac{1}{\sqrt{2}}$，$\varphi(\omega) = -45°$，当 $\omega \to \infty$ 时，$|H(j\omega)| \to 0$，$\varphi(\omega) \to -90°$，说明此时输出电压趋向0，而相位滞后输入电压90°。

由上述分析可以看出，在输入电压 u_S 的有效值和初相位不变的情况下，频率越低，u_o 越接近 u_S；而当频率越高，u_o 越小。可见，这种电路具有低频信号比高频信号容易通过的特性。

在工程上，将幅频特性 $|H(j\omega)|$ 降低到最大值的 $\dfrac{1}{\sqrt{2}}$ 时所对应的频率称为转折频率或截止频率，以 ω_c（或 f_c）表示。对于图5-5，$\omega_c = \dfrac{1}{RC}$，$H(j\omega)$ 可表示为

$$H(j\omega) = \frac{1}{1 + j\dfrac{\omega}{\omega_c}} \tag{5-10}$$

思 考 题

5-1 什么是网络函数？网络函数的变量是什么？

5-2 网络函数的模和幅角各有什么意义？

5-3 什么是频率响应？频率响应研究电路的什么特性？

5.2 滤波器电路

工程上根据输出端口对信号频率范围的要求，设计专门的电路，置于输入-输出端口之

间，使得输出端口所需要的频率分量能够通过，而抑制不需要的频率分量，这种具有选频功能的电路，称为滤波器。将希望保留的频率范围称为通带，而希望抑制的频率范围称为阻带。根据通带和阻带，滤波电路可分为低通、高通、带通和带阻等。

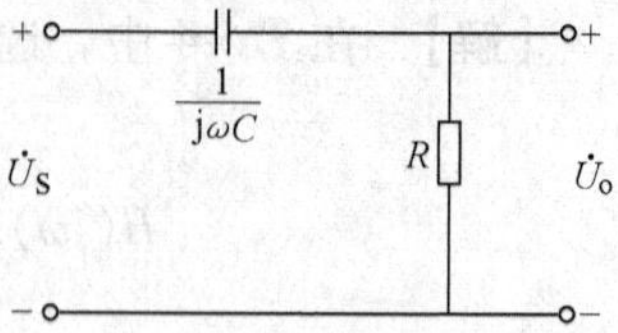

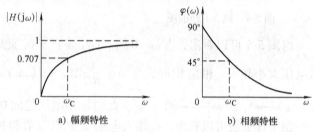

图 5-6　RC 一阶高通滤波器

5.2.1　RC 一阶高通滤波器

图 5-6 所示电路为 RC 一阶⊖高通滤波器。高通滤波器具有保留高频信号、滤掉低频信号的特点。若选 $\dot{U}_{\mathrm{S}}$ 为激励相量，$\dot{U}_{\mathrm{o}}$ 为响应相量，则电路的转移电压比为

$$H(\mathrm{j}\omega) = \frac{\dot{U}_{\mathrm{o}}}{\dot{U}_{\mathrm{S}}} = \frac{R}{R + \dfrac{1}{\mathrm{j}\omega C}} = \frac{1}{1 + \dfrac{1}{\mathrm{j}\omega RC}} = |H(\mathrm{j}\omega)| \angle \varphi(\omega) \tag{5-11}$$

$$|H(\mathrm{j}\omega)| = \frac{1}{\sqrt{1 + \dfrac{1}{(\omega RC)^2}}} \tag{5-12}$$

$$\varphi(\omega) = \arctan \frac{1}{\omega RC} \tag{5-13}$$

由式（5-12）和式（5-13）画出网络的幅频特性曲线和相频特性曲线如图 5-7 所示。

由图 5-7 可以看出，$|H(\mathrm{j}\omega)|$ 具有抑制低频分量、保留高频分量的作用，即为高通滤波器。从相位上看，随着 ω 的增大，相移由 90°单调地趋向 0°，说明输出电压总是超前输入电压，超前的角度介于 90° ~ 0°之间，超前角度的数值与电源的角频率 ω 和元件的参数有关。

图 5-7　RC 一阶高通滤波器的频率特性曲线

令 $\omega_{\mathrm{C}} = \dfrac{1}{RC}$，则式（5-12）可表示为

$$|H(\mathrm{j}\omega)| = \frac{1}{\sqrt{1 + \left(\dfrac{\omega_{\mathrm{C}}}{\omega}\right)^2}}$$

当 $\omega = \omega_{\mathrm{C}}$ 时，$|H(\mathrm{j}\omega)| = \dfrac{1}{\sqrt{2}}$。

工程上将幅频特性 $|H(\mathrm{j}\omega)|$ 降低到最大值的 $\dfrac{1}{\sqrt{2}}$ 时所对应的频率称为转折频率或截止频率，以 ω_{C}（或 f_{C}）表示。所以一阶高通滤波器的截止角频率为

$$\omega_{\mathrm{C}} = \frac{1}{RC}$$

与低通滤波器类似，引入截止频率后，一阶高通网络的网络函数可表示为

⊖　一阶电路是指电路中只含有一个储能元件，电路方程是一阶微分方程。

$$H(j\omega) = \frac{1}{1 - j\dfrac{\omega_C}{\omega}} \tag{5-14}$$

5.2.2　*RC* 带通滤波器

RC 带通滤波器如图 5-8a 所示。其中 $C_1 \gg C_2$。严格的讲，C_1、C_2 对电路的高频特性和低频特性都有影响。但是对于频率很低的信号来说，C_2 容抗很大，可以视作开路，即 C_2 对低频特性的影响可以忽略，由此可以得到图 5-8a 所示电路的低频等效电路模型如图 5-9a 所示；对于频率很高的信号来说，C_1 的容抗很小，可以视作短路，即 C_1 对高频特性的影响可以忽略，由此可以得到 5-8a 所示电路的高频等效电路模型如图 5-9b 所示；而对于频率介于低频信号和高频信号之间的中频信号，C_1、C_2 的影响都可以忽略，由此可以得到 5-8a 所示电路的中频等效电路模型如图 5-8b 所示。只要单独研究图 5-8b、图 5-9a、图 5-9b 三个电路，可分别得到电路的中频、低频和高频特性，再加以综合，便可得到电路完整的频率特性。

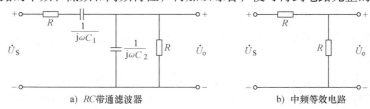

a) *RC* 带通滤波器　　　　　　　　　b) 中频等效电路

图 5-8　*RC* 带通滤波器及其中频等效电路

对于图 5-8b 所示的中频等效电路，电路的中频特性为

$$A_{um}(j\omega) = \frac{\dot{U}_o}{\dot{U}_S} = \frac{R}{R + R} = \frac{1}{2} \tag{5-15}$$

此时 $\varphi_m(\omega) = 0°$ 为定值，与频率无关。

对于图 5-9a 所示的低频等效电路，低频特性为

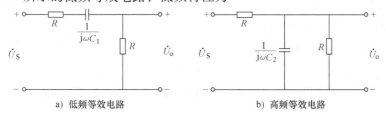

a) 低频等效电路　　　　　　　　　　b) 高频等效电路

图 5-9　*RC* 带通网络的低、高频等效电路

$$A_{ul}(j\omega) = \frac{\dot{U}_o}{\dot{U}_S} = \frac{R}{2R + \dfrac{1}{j\omega C_1}} = \frac{j\omega RC_1}{1 + j\omega 2RC_1} = \frac{\dfrac{j\omega}{2\omega_L}}{1 + \dfrac{j\omega}{2\omega_L}} = \frac{\dfrac{1}{2}}{1 + \dfrac{\omega_L}{j\omega}} = \frac{A_{um}}{1 - j\dfrac{\omega_L}{\omega}} \tag{5-16}$$

式中，$\omega_L = \dfrac{1}{2RC_1}$。

该网络具有高通滤波器的特性。

对于图 5-9b 所示的高频等效电路，高频特性为

$$A_{\mathrm{uh}}(j\omega) = \frac{\dot{U}_\mathrm{o}}{\dot{U}_\mathrm{S}} = \frac{R /\!/ \dfrac{1}{j\omega C_2}}{R + R /\!/ \dfrac{1}{j\omega C_2}} = \frac{\dfrac{1}{2}}{1 + \dfrac{j\omega R C_2}{2}} = \frac{A_{\mathrm{um}}}{1 + j\dfrac{\omega}{\omega_\mathrm{H}}} \tag{5-17}$$

式中，$\omega_\mathrm{H} = \dfrac{2}{RC_2}$。

该网络具有低通滤波器的特性。

综合式（5-15）、式（5-16）和式（5-17），可得完整的频率特性为

$$A_\mathrm{u}(j\omega) = \frac{A_{\mathrm{um}}}{\left(1 - j\dfrac{\omega_\mathrm{L}}{\omega}\right)\left(1 + j\dfrac{\omega}{\omega_\mathrm{H}}\right)}$$

$$= \frac{A_{\mathrm{um}}}{\left(1 - j\dfrac{f_\mathrm{L}}{f}\right)\left(1 + j\dfrac{f}{f_\mathrm{H}}\right)} \tag{5-18}$$

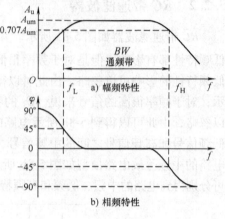

a) 幅频特性

b) 相频特性

图 5-10　RC 带通滤波器频率特性曲线

根据式（5-18）画出带通滤波器的频率特性曲线，如图 5-10 所示。

由图 5-10 可以看出，只有介于 f_L 和 f_H 之间的信号才能顺利通过该电路，所以称为带通电路。f_L 称为下限截止频率，f_H 称为上限截止频率，$BW = f_\mathrm{H} - f_\mathrm{L}$，称为通频带。

5.2.3　*RLC* 带阻滤波器

RLC 带阻滤波器如图 5-11 所示。对于频率很低的信号而言，L 的感抗很小，可以近似看做短路，而 C 的容抗很大，可以近似看做开路，故此时的输出 $\dot{U}_\mathrm{o} \approx \dot{U}_\mathrm{S}$，说明低频信号能顺利的通过电路；而对于频率很高的信号而言，C 的容抗很小，可以近似看做短路，而 L 的感抗很大，可以近似看做开路，此时输出 $\dot{U}_\mathrm{o}$ 同样近似等于 $\dot{U}_\mathrm{S}$，说明高频信号同样能顺利通过。

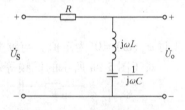

图 5-11　*RLC* 带阻滤波器

由图 5-11 可得该电路的网络函数为

$$H(j\omega) = \frac{\dot{U}_\mathrm{o}}{\dot{U}_\mathrm{S}} = \frac{\dot{U}_\mathrm{L} + \dot{U}_\mathrm{C}}{\dot{U}_\mathrm{S}} = \frac{j\omega L + 1/(j\omega C)}{R + j\omega L + 1/(j\omega C)} = \frac{\omega_0^2 - \omega^2}{(\omega_0^2 - \omega^2) + j\omega_0\omega/Q} \tag{5-19}$$

其中 $\omega_0 = \dfrac{1}{\sqrt{LC}}$，$Q = \dfrac{1}{R}\sqrt{\dfrac{L}{C}}$。由式（5-19）得到幅频特性和相频特性分别为

$$\left.\begin{array}{l} |H(j\omega)| = \dfrac{|\omega_0^2 - \omega^2|}{\sqrt{(\omega_0^2 - \omega^2)^2 + \omega_0^2\omega^2/Q^2}} \\[4mm] \varphi(\omega) = -\arctan\dfrac{\omega_0\omega}{Q(\omega_0^2 - \omega^2)} \end{array}\right\} \tag{5-20}$$

由式（5-20）画出该电路的频率特性曲线，如图 5-12 所示。ω_0 为中心角频率。

由图 5-12a 可以看出，该电路使角频率在 $0 < \omega < \omega_1$ 及 $\omega > \omega_2$ 区间的信号能通过，而角频率在 $\omega_{\mathrm{C}1} < \omega < \omega_{\mathrm{C}2}$ 之间的信号得到抑制，称为带阻滤波器。$\omega_{\mathrm{C}1}$、$\omega_{\mathrm{C}2}$ 为截止角频率。

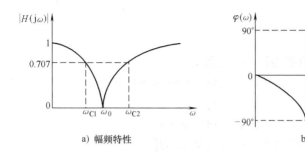

a) 幅频特性   b) 相频特性

图 5-12 带阻滤波器的频率响应曲线

思 考 题

5-4 什么是滤波器？滤波器的分类方法有哪些？

5-5 电路的通频带是什么意思？通频带以外的频率信号能不能通过该电路？

5.3 *RLC* 串联谐振

谐振是正弦稳态电路中的一种特殊现象。谐振在无线电技术中得到广泛应用。但是在某些方面电路产生谐振又可能破坏系统的正常工作。

谐振电路由 R、L、C 组成。按电路的组成形式可分为串联谐振和并联谐振等。

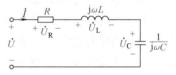

图 5-13 *RLC* 串联电路

5.3.1 *RLC* 串联谐振条件

RLC 串联电路如图 5-13 所示。其输入阻抗为

$$Z = R + jX = R + j\omega L + \frac{1}{j\omega C} = R + j\left(\omega L - \frac{1}{\omega C}\right) \tag{5-21}$$

式（5-21）中的虚部为零时，有

$$\omega L = \frac{1}{\omega C} \tag{5-22}$$

此时电路的阻抗为纯电阻，电压、电流同相位，电路的这种状态称为谐振。式（5-22）为谐振条件。由谐振条件可知，改变 ω、L 或 C 都可以使电路发生谐振。电路发生谐振时，电路的角频率 ω_0 为

$$\omega_0 = \frac{1}{\sqrt{LC}} \tag{5-23}$$

ω_0 称为谐振角频率。

由于 $\omega = 2\pi f$，所以谐振频率为

$$f_0 = \frac{1}{2\pi} \frac{1}{\sqrt{LC}} \tag{5-24}$$

由式（5-24）可知，电路的谐振频率与电阻及外加电源无关。它反映了串联谐振电路的一种固有性质。只有当外加电源的频率与电路本身的谐振频率相等时，电路才能产生谐振。

5.3.2 串联谐振的特征

1. 谐振阻抗、谐振电流、谐振电压与品质因数

当电路发生谐振时，电路的电抗为零。故电路谐振时的阻抗

$$Z_0 = R + jX = R$$

为一纯电阻。此时电路阻抗的模为最小值，阻抗角 $\varphi = 0$。

由于电路发生串联谐振时阻抗最小，则此时的电流最大，即

$$\dot{I}_0 = \frac{\dot{U}}{R} \tag{5-25}$$

虽然谐振时 $X = 0$，但是电路的感抗和容抗均不等于零，即 $\omega L = \dfrac{1}{\omega C} \neq 0$。电感和电容上有电压降，其电压分别为

$$\dot{U}_L = j\omega L \dot{I} = j\omega_0 L \dot{I}_0$$

$$\dot{U}_C = \frac{1}{j\omega C}\dot{I} = -j\frac{1}{\omega_0 C}\dot{I}_0$$

在发生串联谐振时，电感和电容的电压大小相等，相位相反，电阻电压 $\dot{U}_R = \dot{U}$。谐振时电路的相量图如图 5-14 所示。

当电路中发生串联谐振时，如果 $X_L = X_C \gg R$，则 $U_L = U_C \gg U_R = U$，即电感和电容的电压有效值将大大于电源电压。故串联谐振也称为电压谐振。工程上将谐振时电感电压或电容电压与电源电压的比值定义为电路的品质因数，即

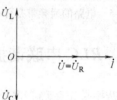

图 5-14 谐振时电压、电流相量图

$$Q = \frac{U_L}{U} = \frac{U_C}{U} = \frac{\omega_0 L}{R} = \frac{1}{\omega_0 RC} = \frac{1}{R}\sqrt{\frac{L}{C}} \tag{5-26}$$

由式（5-26）可见，品质因数 Q 是由串联电路的 R、L、C 元件参数值来确定的一个无量纲的参数，Q 值的大小可以反映谐振电路特性，是电路的重要参数。当 Q 值很大时，表明 $U_L = U_C \gg U$。在电力系统中发生串联谐振时，电容器和供电变压器之短路电感形成的串联谐振回路会吸引高次谐波电流流入电容器，可导致在变压器的二次侧和电容器上出现很高的谐振电压，引起电容器或变压器的绝缘击穿而损坏；而在另外一些无线电设备中，却常利用串联谐振的这一特性，提高微弱信号的幅值。

2. 串联谐振时的频率特性

（1）阻抗的频率特性　由式（5-21）可得电路总阻抗的频率特性为

$$\left. \begin{aligned} |Z(j\omega)| &= \sqrt{R^2 + \left(\omega L - \frac{1}{\omega C}\right)^2} \\[2mm] \varphi(\omega) &= \arctan\frac{X(\omega)}{R} = \arctan\frac{\omega L - \dfrac{1}{\omega C}}{R} \end{aligned} \right\} \tag{5-27}$$

由式（5-27）画出阻抗的频率特性曲线及阻抗的相频特性曲线，如图 5-15a、b 所示。

由图 5-15a 可以看出，当 $\omega \to 0$ 时，$|Z| \to \infty$，$\varphi \to -90°$；当 $0 < \omega < \omega_0$ 时，$X < 0$，电路呈电容性；当 $\omega = \omega_0$ 时，$X = 0$，电路呈纯电阻性，$|Z| = R$，电路处于谐振状态；当 $\omega_0 < \omega < \infty$ 时，$X > 0$，电路呈电感性；当 $\omega \to \infty$ 时，$|Z| \to \infty$，$\varphi \to 90°$。阻抗 $|Z|$ 随频率

ω 变化的曲线呈 V 字形。

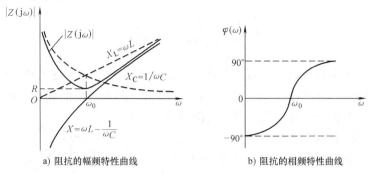

a) 阻抗的幅频特性曲线　　　　　　　b) 阻抗的相频特性曲线

图 5-15　阻抗的频率特性曲线

（2）电流的频率特性　在图 5-13 中，当外加电源电压的有效值不变，而使频率改变时，电流的频率特性为

$$I(\omega) = \frac{U}{|Z|} = \frac{U}{\sqrt{R^2 + \left(\omega L - \dfrac{1}{\omega C}\right)^2}} \tag{5-28}$$

在电路谐振时，电路的阻抗最小，电路中的电流将为最大值，即

$$I_0 = \frac{U}{R} \tag{5-29}$$

此时电路电流与电源电压同相，电路电流完全取决于电阻值，而与电感和电容无关。电阻越小，谐振电流就越大。

由式（5-28）画出电流的谐振曲线，如图 5-16 所示。

由电流谐振曲线可以看出，电路只有在谐振频率附近一段频率内，电流才有较大的幅值，在谐振频率点 $I_0 = \dfrac{U}{R}$，处于峰值状态。当 ω 偏离谐振频率时，由

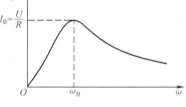

图 5-16　电流谐振曲线

于电抗 $|X|$ 的增加，电流将从谐振时的最大值下降，表明电路对电流的衰减能力。*RLC* 串联电路对不同频率的信号具有选择的能力。

（3）谐振的选择性与通频带　谐振的选择性就是选择有用信号的能力。当 *RLC* 串联电路中有若干不同频率的信号同时作用时，接近于谐振频率的电流成分将大于其他偏离谐振频率的电流成分而被选择出来，这种性能称为选择性。

为了清楚的比较电路参数对电路频率特性曲线的影响。在电路中通常用相对电流频率特性来研究电路参数对电路选择性的影响。电路中的电流为

$$I(\omega) = \frac{U}{|Z|} = \frac{U}{\sqrt{R^2 + \left(\omega L - \dfrac{1}{\omega C}\right)^2}} = \frac{U}{\sqrt{R^2 + \left(\dfrac{\omega \omega_0}{\omega_0} L - \dfrac{\omega_0}{\omega \omega_0} \dfrac{1}{C}\right)^2}}$$

$$= \frac{U}{R\sqrt{1 + Q^2 \left(\dfrac{\omega}{\omega_0} - \dfrac{\omega_0}{\omega}\right)^2}} = \frac{I_0}{\sqrt{1 + Q^2 \left(\dfrac{\omega}{\omega_0} - \dfrac{\omega_0}{\omega}\right)^2}} \tag{5-30}$$

即电流的相对值为

$$\frac{I}{I_0} = \frac{1}{\sqrt{1 + Q^2\left(\dfrac{\omega}{\omega_0} - \dfrac{\omega_0}{\omega}\right)^2}} \tag{5-31}$$

式（5-31）描述了相对电流与品质因数 Q、ω/ω_0 的函数关系，称为相对电流频率特性。

图 5-17 给出了不同 Q 值时的通用谐振曲线。显然电路选择性的好坏与电流谐振曲线的形状密切相关。当谐振曲线越尖锐，即品质因数 Q 越大，电路的选择性就越好。

实际电路传输的信号往往不是一个单一频率，而是由多个频率组成，占有一定的频率范围，这个频率范围称为信号的通频带。在谐振曲线上，电流下降到谐振电流 I_0 的 $1/\sqrt{2}$ 所对应的频率点称为电路的截止频率。其中较高的频率称为上限截止频率，较低的频率称为下限截止频率。通频带等于上限截止频率与下限截止频率之差，用 BW 表示，如图 5-17 中所示。

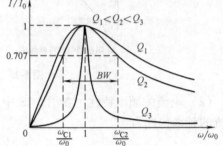

图 5-17　Q 值与频率特性曲线的关系

根据通频带的定义，由式（5-31）有，当 I/I_0 下降到 $1/\sqrt{2}$ 时，即

$$\frac{I}{I_0} = \frac{1}{\sqrt{1 + Q^2\left(\dfrac{\omega}{\omega_0} - \dfrac{\omega_0}{\omega}\right)^2}} = \frac{1}{\sqrt{2}}$$

可解得

$$\left.\begin{aligned} \omega_{C1} &= \omega_0\left(-\frac{1}{2Q} + \sqrt{1 + \frac{1}{4Q^2}}\right) \\ \omega_{C2} &= \omega_0\left(\frac{1}{2Q} + \sqrt{1 + \frac{1}{4Q^2}}\right) \end{aligned}\right\} \tag{5-32}$$

则通频带为

$$BW = \omega_{C2} - \omega_{C1} = \frac{\omega_0}{Q} \tag{5-33}$$

由式（5-32）可知，Q 越大，电路的选择性就越好；而由式（5-33）可知，Q 越小，通频带越宽。因此，在串联谐振电路中，选择性和通频带是一对矛盾的双方。从提高信号的选择性，抑制干扰信号来看，要求电路的谐振曲线尖锐，因而 Q 要求高；而从减小信号失真的观点看，要求电路的通频带宽一些，因而 Q 要求低一些。在实际应用电路设计中，通常要兼顾两者，并有所侧重，选择合适的品质因数。

5.3.3　串联谐振的应用

串联谐振在无线电工程中应用较多。典型应用于收音机电路，通过调电容 C 使收音机输入电路的谐振频率与欲接收电台信号的载波频率相等，使之发生串联谐振，从而实现"选台"。这里是利用了串联谐振的选择性。在选台过程中，如果慢慢增大或减小电容 C，会发现收音机在接收信号过程中存在信号音质从差到好再由好到差的变化过程，这就是电路的通频带。图 5-18a 所示为收音机的输入电路，图 5-18b 为其等效电路，其中 R_L 为电感线圈的绕线电阻。

【例 5-2】 已知某晶体管收音机输入回路的电感 $L = 310\mu H$，电感绕线电阻 R_L 为 3.35Ω。今欲收听载波频率为 540kHz，电压有效值为 1mV 的信号。试求：（1）调谐电容 C 的数值，品质因数 Q；（2）谐振电流的有效值，电容两端电压的有效值。

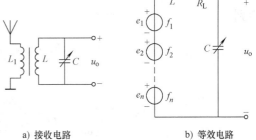

a) 接收电路 　　b) 等效电路

图 5-18 收音机接收电路及其等效电路

【解】 （1）为了能收听到频率为 540kHz 的电台节目，调节电容 C，使回路谐振频率 f_0 等于 540kHz，由谐振频率公式得

$$f_0 = \frac{1}{2\pi\sqrt{LC}}$$

故

$$C = \frac{1}{(2\pi f_0)^2 L} = \frac{1}{(2\pi \times 540 \times 10^3)^2 \times 310 \times 10^{-6}}F = 280pF$$

回路的品质因数为

$$Q = \frac{2\pi f_0 L}{R_L} = \frac{(2\pi \times 540 \times 10^3)\,rad/s \times 310 \times 10^{-6}H}{3.35\Omega} = 313.8$$

（2）谐振电流为

$$I_0 = \frac{U}{R_L} = \frac{1 \times 10^{-3}}{3.35}A = 298\mu A$$

谐振时电容上的电压为

$$U_C = QU = 313.8 \times 1mV = 313.8mV$$

【例 5-3】 如图 5-19 所示电路为一测量电感线圈参数的电路。电源电压 $U_S = 10V$，$\omega = 1000rad/s$，$R_S = 20\Omega$。当调解电容 $C = 16\mu F$ 时，电容电压 U_C 达到最大值，且 $U_{Cmax} = \frac{50}{3}V$。试求电感线圈的 r_L 和 L 的值。

【解】 设 $\dot{U}_S = 10\angle0°V$，电容两端的电压 $\dot{U}_C$ 为

$$\dot{U}_C = \frac{-j\frac{1}{\omega C}}{R_S + r_L + j\left(\omega L - \frac{1}{\omega C}\right)}\dot{U}_S$$

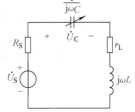

图 5-19 例题 5-3 的图

电容电压的有效值为

$$U_C = \frac{U_S/\omega C}{\sqrt{(R_S + r_L)^2 + \left(\omega L - \frac{1}{\omega C}\right)^2}} = \frac{U_S}{\sqrt{(\omega C)^2(R_S + r_L)^2 + (\omega^2 LC - 1)^2}}$$

要使 U_C 达到最大值 U_{Cmax}，应使上式分母中的式子 $\sqrt{(\omega C)^2(R_S + r_L)^2 + (\omega^2 LC - 1)^2}$ 最小。则有

$$\frac{\mathrm{d}}{\mathrm{d}C}\left[(\omega C)^2(R_S + r_L)^2 + (\omega^2 LC - 1)^2\right] = 0$$

得到

$$R_S + r_L = \sqrt{\frac{L}{C}(1 - \omega^2 LC)}$$

则

$$U_{Cmax} = \frac{U_S}{\sqrt{(\omega C)^2 \dfrac{L(1 - \omega^2 LC)}{C} + (\omega^2 LC - 1)^2}} = \frac{U_S}{\sqrt{1 - \omega^2 LC}}$$

将 $U_{Cmax} = (50/3)\text{V}$, $U_S = 10\text{V}$, $\omega = 1000\text{rad/s}$, $C = 16\mu\text{F}$ 代入上式可得

$$\frac{50}{3}\text{V} = \frac{10\text{V}}{\sqrt{1 - 1000^2 \times 16 \times 10^{-6}L}}$$

$$L = 0.04\text{H}$$

将 $R_S = 20\Omega$、$L = 0.04\text{H}$、$C = 16\mu\text{F}$、$\omega = 1000\text{rad/s}$ 代入 $R_S + r_L = \sqrt{\dfrac{L}{C}(1 - \omega^2 LC)}$，得

$$r_L = 10\Omega$$

思 考 题

5-6 R、L、C 串联电路的谐振条件是什么？发生串联谐振时的电路有什么特点？

5-7 R、L、C 发生串联谐振时电压特性曲线是怎样的？

5.4 *RLC* 并联谐振

5.4.1 并联谐振的条件

串联谐振电路仅适用于信号源内阻小的情况，若信号源内阻较大，将使回路 Q 值降低，以至电路的选择性变差。当信号源内阻较大时，为了获得较好的选择性，一般选用并联谐振电路。

图 5-20 为实用的 *RLC* 并联谐振电路。并联谐振与串联谐振定义相同，即端口电压与端口电流同相位时称为谐振。

图 5-20 电路的导纳为

$$Y = G + \mathrm{j}\omega C + \frac{1}{\mathrm{j}\omega L} = G + \mathrm{j}\left(\omega C - \frac{1}{\omega L}\right) \tag{5-34}$$

当 $\omega L = \dfrac{1}{\omega C}$, $Y = G$，电压与电流同相位，表明电路发生了并联谐振，即 $\omega L = \dfrac{1}{\omega C}$ 是谐振条件。根据并联谐振的条件可以求得谐振时的角频率和频率分别为

$$\omega_0 = \frac{1}{\sqrt{LC}} \quad \text{或} \quad f_0 = \frac{1}{2\pi}\frac{1}{\sqrt{LC}} \tag{5-35}$$

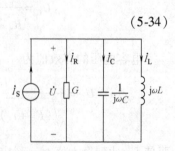

图 5-20 *RLC* 并联谐振电路

5.4.2　并联谐振的特征

电路发生并联谐振时，电路的电纳为零。故并联谐振时的导纳

$$Y_0 = G + jB = G$$

此时电路的导纳为最小值，阻抗达到最大，导纳角 $\varphi = 0$。

由于发生并联谐振时电路的导纳最小，或者说此时阻抗最大，在图 5-20 中，如果外加激励电流保持不变，则此时电路的端电压将达到最大值，即

$$U_0 = |Z(j\omega_0)|I_S = RI_S$$

可以根据这一特性来判别电路是否发生了谐振。

虽然谐振时 $B = 0$，但是电路的容纳和感纳并不等于零，即 $\omega C = \dfrac{1}{\omega L} \neq 0$。流过电感和电容的电流分别为

$$\dot{I}_L = \frac{1}{j\omega L}\dot{U} = -j\frac{1}{\omega_0 L}\dot{U}_0$$

$$\dot{I}_C = j\omega C \dot{U} = j\omega_0 C \dot{U}_0$$

由于并联谐振时有 $\dot{I}_C + \dot{I}_L = 0$，如果 $B_C = B_L \gg G$，则 $I_C = I_L \gg I_S$，即流过电感和电容的电流有效值将大大于信号源电流。故并联谐振也称为电流谐振。同样定义并联谐振电路的品质因数为谐振时电感电流或电容电流与电流源电流的比值称为并联电路的品质因数，即

$$Q = \frac{I_L(\omega_0)}{I_S} = \frac{1}{G}\sqrt{\frac{C}{L}} \tag{5-36}$$

同串联谐振类似，并联谐振电路的通频带与电路谐振角频率、品质因数间的关系为

$$BW = \frac{\omega_0}{Q} \tag{5-37}$$

图 5-20 所示并联谐振时电路的电压电流的相量图如图 5-21 所示。

在实际中，RLC 并联谐振电路由电感线圈和电容器并联构成，如图 5-22 所示。收音机中的中频放大电路就是采用这样的并联谐振电路。图中 $\dot{I}_S$ 为等效电流源相量，r 为实际线圈的电阻，实际电容的损耗可以忽略不计。

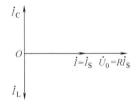

图 5-21　并联谐振时电压、电流相量图

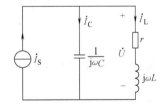

图 5-22　实用并联谐振电路模型

该并联电路的复导纳为

$$Y = j\omega C + \frac{1}{r + j\omega L} = \frac{r}{r^2 + \omega^2 L^2} + j\left(\omega C - \frac{\omega L}{r^2 + \omega^2 L^2}\right) \tag{5-38}$$

当电路发生并联谐振时，电路表现为纯电阻性，有

$$\omega C - \frac{\omega L}{r^2 + \omega^2 L^2} = 0$$

解得并联谐振的谐振角频率为

$$\omega_0 = \sqrt{\frac{1}{LC} - \frac{r^2}{L^2}}$$ (5-39)

在工程实际应用中，常常忽略线圈电阻 r 的影响，一般都用近似公式计算并联谐振频率，即

$$\omega_0 \approx \frac{1}{\sqrt{LC}} \quad \text{或} \quad f_0 \approx \frac{1}{2\pi\sqrt{LC}}$$ (5-40)

并联谐振时电压、电流的相量图如图 5-23 所示。

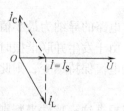

图 5-23 并联谐振时电压、电流的相量图

5.4.3 并联谐振的应用

并联谐振同串联谐振一样，在无线电工程技术中应用较多。典型应用于无线电技术的选频电路中，如晶体管放大电路中集电极采用实际 LC 并联电路进行选频；如在正弦波发生器中采用实际 LC 并联电路进行选频；如电视机伴音通道中的谐振放大电路等。

【例 5-4】 在图 5-24 所示的电路中，已知电流源 $\dot{I}_S = 3\angle 0° \text{mA}$，$L = 586\mu\text{H}$，$C = 200\text{pF}$，电源内阻 $R_S = 180\text{k}\Omega$，负载电阻 $R_L = 180\text{k}\Omega$。试求电路发生谐振时的阻抗、阻抗上端电压 U_0 及电路的品质因数。

【解】 根据并联谐振频率的计算公式，有

$$f_0 = \frac{1}{2\pi\sqrt{LC}} = \frac{1}{2 \times 3.14 \times \sqrt{586 \times 10^{-6} \times 200 \times 10^{-12}}} \text{Hz} = 465\text{kHz}$$

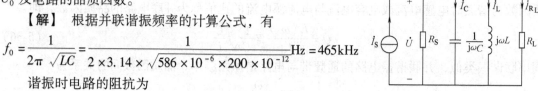

图 5-24 例题 5-4 的图

谐振时电路的阻抗为

$$Z_0 = R_S /\!/ R_L = (180 /\!/ 180)\text{k}\Omega = 90\text{k}\Omega$$

阻抗上的端电压为

$$U_0 = I_S Z_0 = 3 \times 10^{-3} \times 90 \times 10^3 \text{V} = 270\text{V}$$

电路的品质因数为

$$Q = \frac{1}{G}\sqrt{\frac{C}{L}} = 90 \times 10^3 \times \sqrt{\frac{200 \times 10^{-12}}{586 \times 10^{-6}}} = 52.58$$

思 考 题

5-8 电路发生并联谐振的条件与串联谐振是否一样？发生并联谐振时电路有什么特点？

本 章 小 结

本章主要讨论了电路的频率响应，主要讲述了网络函数、滤波电路与谐振电路。

1. 电路的频率响应是描述在电路参数一定的情况下，电路响应与激励信号频率之间的关系。网络函数是电路的响应相量和激励相量之比，用符号 $H(\text{j}\omega)$ 表示，共有 4 种形式，即

(1) $H_1(\text{j}\omega) = \dfrac{\dot{U}_2}{\dot{U}_S}$，(2) $H_2(\text{j}\omega) = \dfrac{\dot{I}_2}{\dot{U}_S}$，(3) $H_3(\text{j}\omega) = \dfrac{\dot{U}_2}{\dot{I}_S}$，(4) $H_4(\text{j}\omega) = \dfrac{\dot{I}_2}{\dot{I}_S}$，其中 (1)、(4) 是无量纲的网络函数，分别称为转移电压比和转移电流比；(2)、(3) 是有量纲的网络

函数，分别称为转移导纳和转移阻抗。

网络函数的特性由电路的结构和元件参数决定，而与输入、输出无关。

2. 能让一定频率的信号通过，而其他频率的信号（干扰信号）得到抑制的电路称为滤波器。滤波器是无线电技术中非常重要的实用电路。滤波器可分为低通滤波器、高通滤波器、带通滤波器、带阻滤波器和全通滤波器。

3. 电路谐振分为串联谐振和并联谐振。若端口电压与端口电流同相位时，则说明此电路发生了谐振。串联谐振的频率为

$$f_0 = \frac{1}{2\pi\sqrt{LC}}$$

发生串联谐振时，电路有如下特点：

（1）电路阻抗最小，电流最大，此时电路表现为纯阻性。有 $Z = R$，$I_0 = U/R$。

（2）若 $X_L = X_C \gg R$，则 $U_L = U_C \gg U$，故串联谐振也称为电压谐振。

（3）U_L 或 U_C 与 U 的比值定义为品质因数，即 $Q = \dfrac{U_L}{U} = \dfrac{U_C}{U} = \dfrac{\omega_0 L}{R} = \dfrac{1}{\omega_0 RC} = \dfrac{1}{R}\sqrt{\dfrac{L}{C}}$，通频带为 $BW = \dfrac{\omega_0}{Q}$。

4. 当信号源内阻较大时，为了获得较好的选择性，一般选用并联谐振电路。理想情况下 RLC 并联谐振的谐振频率为

$$f_0 = \frac{1}{2\pi\sqrt{LC}}$$

与串联谐振频率的公式一样。

实际 LC 并联谐振频率计算的公式为 $f_0 = \dfrac{1}{2\pi}\sqrt{\dfrac{1}{LC} - \dfrac{r^2}{L^2}}$，在工程上当 $r \ll \sqrt{\dfrac{L}{C}}$ 时，一般可以用 $f_0 \approx \dfrac{1}{2\pi\sqrt{LC}}$ 来近似计算。

并联谐振的品质因数为 $Q = \dfrac{I_L(\omega_0)}{I_S} = \dfrac{1}{G}\sqrt{\dfrac{C}{L}}$，通频带为 $BW = \dfrac{\omega_0}{Q}$。

习　题

5-1　如图 5-25 所示电路常用于电子线路中产生晶体管的自给偏压。试求出该电路的网络函数 $H(j\omega) = \dfrac{\dot{U}}{\dot{I}}$。

5-2　求图 5-26 所示电路的网络函数 $H(j\omega) = \dfrac{\dot{U}_2}{\dot{U}_1}$。

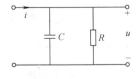

图 5-25　题 5-1 图

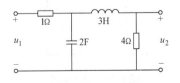

图 5-26　题 5-2 图

5-3 如图 5-27 所示为带负载的低通滤波电路。试求：(1) 网络函数 $H(j\omega) = \dfrac{\dot{U}_2}{\dot{U}_1}$；(2) 频率为何值时，$H(j\omega)$ 的幅值最大？(3) 计算该网络的通频带。

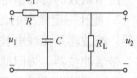

图 5-27　题 5-3 图

5-4 在 RLC 串联电路中，已知 $R = 1\Omega$，$L = 0.01\text{H}$，$C = 1\mu\text{F}$。试求：(1) 输入阻抗与频率 ω 的关系；(2) 电路的谐振频率；(3) 电路的品质因数及通频带。

5-5 在图 5-28 所示的 RLC 串联电路中，已知 $r = 10\Omega$，电路的品质因数 $Q = 100$，谐振频率 $f_0 = 1000\text{kHz}$。试求：(1) 电路的 L、C 和通频带；(2) 若外加电压源的有效值 $U_\text{S} = 100\mu\text{V}$，计算谐振电流 I_0 和电容上的电压 U_{C0}。

5-6 在图 5-29 所示电路中，已知信号源电压 $U_\text{S} = 1\text{V}$，频率 $f_0 = 1\text{MHz}$，现调节 C 使电路达到谐振，此时谐振电流 $I_0 = 100\text{mA}$，电容器两端电压 $U_{C0} = 100\text{V}$。试求电路参数 r、L、C 及品质因数 Q 与通频带。

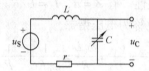

图 5-28　题 5-5 图

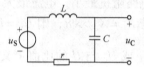

图 5-29　题 5-6 图

5-7 在图 5-30 所示电路中，已知 $U = 100\text{V}$，谐振时 $I_1 = I_\text{C} = 10\text{A}$。试求 R、$X_\text{C}$ 及 U_L。

5-8 图 5-31 所示电路为通信电路中一种常见的并联谐振电路，已知 $R_\text{S} = 20\text{k}\Omega$，$R = 2\Omega$，$R_\text{L} = 40\text{k}\Omega$，$L = 2\text{mH}$，$C = 0.05\mu\text{F}$。试求：(1) 空载时电路的并联谐振频率；(2) 空载时电路的品质因数和通频带；(3) 若电路的输出端接上负载电阻 R_L 时，再计算品质因数和通频带。

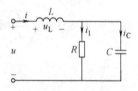

图 5-30　题 5-7 图

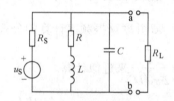

图 5-31　题 5-8 图

5-9 某电视接收机输入电路的次级为并联谐振电路，如图 5-32 所示。已知电容 $C = 10\text{pF}$，电路的谐振频率为 $f_0 = 80\text{MHz}$，空载的品质因数 $Q = 100$。试求线圈的电感 L，电路的谐振电阻 r 及通频带。

5-10 在图 5-33 所示的电路中，试求该电路的转移电压比 $H(j\omega) = \dfrac{\dot{U}_2}{\dot{U}_1}$。

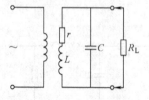

图 5-32　题 5-9 图

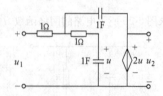

图 5-33　题 5-10 图

第6章 三 相 电 路

内 容 提 要

本章主要介绍三相正弦量；三相电路的连接方式；在不同连接方式下线电压、相电压、线电流、相电流的关系；对称与不对称三相电路电压、电流和功率的计算。

【引例】 某三相四线制 380/220V 供电系统，供电给额定电压为 380V 的三相电动机（三相负载）和额定电压为 220V 的单相照明灯（单相负载）。这些负载一定要接成如图 6-1 所示电路才能使电动机正常转动，照明灯正常发光。

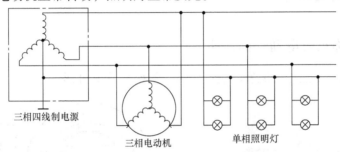

图 6-1 三相四线制电路供电示意图

在图 6-1 中，什么是三相四线制？什么是三相负载？什么是单相负载？为什么三相电源有 380V、220V 两种电压？电动机、照明灯应怎样接入电路才能正常工作？学完本章内容后便可做出解答。

目前世界各国主要电能的产生、传输、分配、应用、多采用三相制，又称三相电路。产生对称三相电压的电源为三相电源，如三相交流发电机；负载也多为三相负载，如三相交流电动机，单相负载也接入三相电路；输电线路和其他设备，如开关、变压器等，也制造成三相设备。电力系统输送电能的示意图如图 6-2 所示。第 4 章所讨论的交流电路可以看作三相电路中的一相，称单相交流电路。

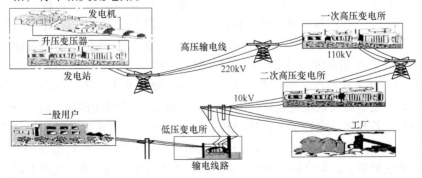

图 6-2 电力系统输送电能的示意图

三相电路与单相电路比较有下列优点：

在电能产生方面：发出同样电压、电功率的三相发电机比单相发电机体积小、重量轻、价格便宜、占地面积小。

在电能输送方面：若输送同功率、同电压、同距离的电能时，三相输电所用的有色金属仅为单相输电的75%，节约了输电线路的成本和有色金属用量。

在电能电压变换和分配方面：三相变压器比单相变压器经济且便于接入三相和单相负载。

在电能应用方面：工农业生产广泛使用的三相电动机比单相电动机结构简单、价格低廉、工作稳定可靠，且单相用电设备也可以接到三相供电系统上正常用电。

第4章单相正弦稳态电路的分析计算方法在三相电路中全部适用。本章结合三相电路的特点分析讨论，与第4章相同的内容不再赘述。

6.1 三相正弦电源

6.1.1 三相对称正弦电动势的产生

三相交流电能是由三相交流发电机产生的，图6-3a为其外形。

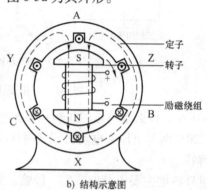

a) 外形　　　　　　　　　　　b) 结构示意图

图6-3 三相发电机

图6-3b是一台三相转磁式二极三相发电机的横剖面结构示意图。三相发电机主要由定子（电枢）、转子（磁极）两部分组成，定子固定在机壳上，是不动的，转子是转动的。定子由定子铁心和定子绕组组成，定子铁心由内圆开槽的硅钢片叠压而成，定子绕组由铜导线绕制的三个一样的线圈A—X、B—Y、C—Z组成，其中A、B、C为线圈的首端，X、Y、Z为线圈的末端。三个线圈在定子铁心槽中放置的角度在空间互差120°，这样结构的线圈称为对称三相绕组。转子铁心由铸钢锻造而成，并在其上绕有集中线圈，称为励磁绕组。

发电机的转子绕组通入直流电流时，转子铁心被磁化，产生恒定磁场，磁极极性如图6-3b所示，当原动机（汽轮机、水轮机等）拖动转子以 ω 的角频率匀速旋转时，在定子绕阻上将产生三相感应电动势。由于三个定子绕组结构完全相同，且处在同一旋转磁场中，所以产生的三个感应电动势的频率、最大值是一样的；又因为定子绕阻在空间位置上互差120°，所以各相电动势的初相位角是不同的，即各相电动势瞬时值为正最大值（或零值）的时刻是不同的。

三相电动势达到最大值或零值的先后顺序叫做相序，图 6-3 b 所示发电机的三相电动势的相序为 A→B→C，即 e_A 比 e_B 超前 120°，e_B 比 e_C 超前 120°，e_C 又比 e_A 超前 120°，我们称这种相序为正序。反之，如果 e_A 比 e_C 超前 120°，e_C 比 e_B 超前 120°，e_B 比 e_A 超前 120°，则称这种相序为负序。我国的三相发电机正常工作时，均产生正序三相电动势，本书也采用正序。

若以 A 相电动势为参考正弦量，其最大值为 $\sqrt{2}E$、角频率为 ω、初相位角为 0°，参考方向由 A 相绕组的末端 X 指向首端 A，则三相电动势的瞬时值表达式为

$$\left.\begin{aligned}
e_A &= \sqrt{2}E\cos\omega t \\
e_B &= \sqrt{2}E\cos(\omega t - 120°) \\
e_C &= \sqrt{2}E\cos(\omega t - 240°) \\
    &= \sqrt{2}E\cos(\omega t + 120°)
\end{aligned}\right\} \tag{6-1}$$

e_A、e_B、e_C 的波形图如图 6-4a 所示。

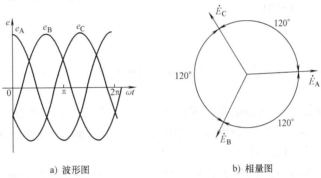

a) 波形图　　　　　　　　b) 相量图

图 6-4　三相对称电动势波形图和相量图

以 A 相电动势为参考相量，则为

$$\left.\begin{aligned}
\dot{E}_A &= E e^{j0°} = E\angle 0° \\
\dot{E}_B &= E e^{-j120°} = E\angle -120° \\
\dot{E}_C &= E e^{j120°} = E\angle 120°
\end{aligned}\right\} \tag{6-2}$$

式中，E 为三相电动势的有效值。

$\dot{E}_A$、$\dot{E}_B$、$\dot{E}_C$ 的相量图如图 6-4b 所示。

由式（6-1）、式（6-2）可知，三相电动势具有幅值相等、频率相同、相位互差 120°的特点，所以称为对称三相电动势。它们的瞬时值之和或相量之和均为零，即

$$\left.\begin{aligned}
e_A + e_B + e_C &= 0 \\
\dot{E}_A + \dot{E}_B + \dot{E}_C &= 0
\end{aligned}\right\} \tag{6-3}$$

三相对称电动势的供电体系称为三相电源，通常是三相发电机，发电机向负载供电时的电路模型可以用电压源表示，激励电压为 u_{AX}、u_{BY}、u_{CZ}，如图 6-5 所示。

由于在图 6-4 中已选定发电机各相绕组电动势的参考

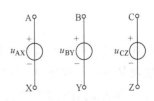

图 6-5　三相电源的电压源模型

方向由末端指向首端，因而各相绕组端电压的参考方向就由首端指向末端，如图 6-5 所示。

u_{AX}、u_{BY}、u_{CZ} 或相量 $\dot{U}_{AX}$、$\dot{U}_{BY}$、$\dot{U}_{CZ}$ 也是一组对称三相电压，分别用式 (6-4) 和式 (6-5) 表示。

$$\left.\begin{aligned}
u_{A} &= \sqrt{2}U\cos\omega t \\
u_{B} &= \sqrt{2}U\cos(\omega t - 120°) \\
u_{C} &= \sqrt{2}U\cos(\omega t - 240°) \\
&= \sqrt{2}U\cos(\omega t + 120°)
\end{aligned}\right\} \tag{6-4}$$

$$\left.\begin{aligned}
\dot{U}_{A} &= U\mathrm{e}^{\mathrm{j}0°} = U\angle 0° \\
\dot{U}_{B} &= U\mathrm{e}^{-\mathrm{j}120°} = U\angle -120° \\
\dot{U}_{C} &= U\mathrm{e}^{-\mathrm{j}240°} = U\angle 120°
\end{aligned}\right\} \tag{6-5}$$

式中，U 为三相电压的有效值。

6.1.2 三相电源的连接

三相电源正常工作时，需按一定方式连接后向负载供电，通常有星形和三角形两种连接方式。

1. 星形（Y）联结　将三相电源的末端 X、Y、Z 连成一个公共点，该点称为中性点，用符号 N 表示。从首端各引出一条导线，称相线（俗称火线），用符号 A、B、C 表示。这种接线方法为星形联结，用符号 Y 表示。

星形联结的三相电源可用两种方式向负载供电，一种为三相四线制，即除了三条相线外，从中性点也引出一条导线，叫做中性线或零线（若中性点与大地连接，又叫地线）。相线与中性线共同向负载供电，向负载提供两种对称三相电压，如图 6-6a 所示；另一种为三相三线制，只有三条相线向负载供电，提供一种对称三相电压，如图 6-6b 所示。

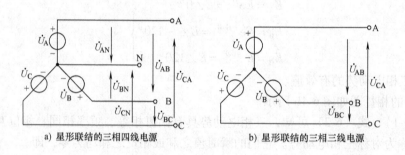

a) 星形联结的三相四线电源　　　b) 星形联结的三相三线电源

图 6-6　三相电源的星形联结

三相四线制电源可以获得两种电压，即相电压和线电压。相电压是每相电源两端的电压，也就是每条相线与中性线之间的电压，如图 6-6a 中的 $\dot{U}_{AN}$、$\dot{U}_{BN}$ 和 $\dot{U}_{CN}$ 通常写为 $\dot{U}_{A}$、$\dot{U}_{B}$ 和 $\dot{U}_{C}$，相电压的有效值用 U_{A}、U_{B} 和 U_{C} 表示，因为 $U_{A} = U_{B} = U_{C}$，又可用 U_{p} 表示。线电压就是两条相线之间的电压，如图 6-6a 中的 $\dot{U}_{AB}$、$\dot{U}_{BC}$ 和 $\dot{U}_{CA}$，其有效值用 U_{AB}、U_{BC} 和 U_{CA} 表

示，对称时三者相等，用 U_l 表示。

相电压的参考方向如图6-6a、b所示。线电压的参考方向与其文字下标顺序一致。例如，线电压 $\dot{U}_{AB}$，其参考方向选定为由 A 指向 B，也如图6-6a、b所示。

根据上述相电压与线电压选定的参考方向，由 KVL 可得出星接三相四线制电源的线电压和相电压的关系式，即

$$\left.\begin{aligned} u_{AB} &= u_A - u_B \\ u_{BC} &= u_B - u_C \\ u_{CA} &= u_C - u_A \end{aligned}\right\}$$

用相量表示，即

$$\left.\begin{aligned} \dot{U}_{AB} &= \dot{U}_A - \dot{U}_B = \sqrt{3}\dot{U}_A\angle 30° \\ \dot{U}_{BC} &= \dot{U}_B - \dot{U}_C = \sqrt{3}\dot{U}_B\angle 30° \\ \dot{U}_{CA} &= \dot{U}_C - \dot{U}_A = \sqrt{3}\dot{U}_C\angle 30° \end{aligned}\right\} \tag{6-6}$$

由式（6-6）画出相电压、线电压的相量图如图6-7所示。由图6-7可以看出，线电压也是一组对称三相电压，线电压与相电压有效值的关系可在图中底角为30°的等腰三角形上找到，即 $U_{AB} = \sqrt{3}U_A$；$U_{BC} = \sqrt{3}U_B$；$U_{CA} = \sqrt{3}U_C$。也可写为

$$U_l = \sqrt{3}U_p \tag{6-7}$$

我国现行低压三相四线制 380/220V 供电系统中，380V 为线电压，供三相用电设备使用，220V 则为相电压，供单相用电设备使用。

三相三线制电源只能提供三相对称线电压，如式（6-6）中的电压相量 $\dot{U}_{AB}$、$\dot{U}_{BC}$、$\dot{U}_{CA}$，或图6-7中的电压相量 $\dot{U}_{AB}$、$\dot{U}_{BC}$、$\dot{U}_{CA}$。

2. 三角形（△）联结　将三相电源的首末端依次相连接，即 A 与 Z（或 A 与 Y）相连、B 与 X（或 B 与 Z）相连、C 与 Y（或 C 与 X）相连，然后从三个连接点引出三条导线，就是三角形联结，用符号△表示，如图6-8所示。

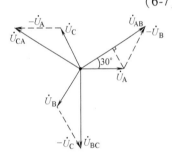

图6-7　Y联结三相电源相
电压、线电压相量图

显然，三相电源采用三角形联结时为三相三线制，线电压就是相电压，只能向负载提供一种对称三相电压，即

$$\left.\begin{aligned} u_{AB} &= u_A \\ u_{BC} &= u_B \\ u_{CA} &= u_C \end{aligned}\right\}$$

用相量表示为

$$\left.\begin{aligned} \dot{U}_{AB} &= \dot{U}_A \\ \dot{U}_{BC} &= \dot{U}_B \\ \dot{U}_{CA} &= \dot{U}_C \end{aligned}\right\} \tag{6-8}$$

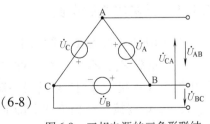

图6-8　三相电源的三角形联结

线电压、相电压有效值的关系为

$$U_l = U_p \tag{6-9}$$

思 考 题

6-1 星形联结的对称三相发电机，若 C 相电压为 $\dot{U}_C = 220\angle -30°\mathrm{V}$，相序为正序。试求线电压 $\dot{U}_{AB}$、$\dot{U}_{BC}$、$\dot{U}_{CA}$。

6-2 判断下列各组电压的相序：

（1）$u_A = 10000\cos(\omega t - 18°)\,\mathrm{V}$

$u_B = 10000\cos(\omega t - 138°)\,\mathrm{V}$

$u_C = 10000\cos(\omega t + 102°)\,\mathrm{V}$

（2）$\dot{U}_A = 220\angle 27°\mathrm{V}$

$\dot{U}_B = 220\angle 147°\mathrm{V}$

$\dot{U}_C = 220\angle -97°\mathrm{V}$

6.2 负载星形联结的三相电路

三相电路中用电设备种类繁多，既有三相用电设备，如三相电动机、大功率三相电炉等；又有单相用电设备，如照明灯具、家用电器、交流电焊机等。用电路模型阻抗表示负载时，三相阻抗分别用 Z_A、Z_B、Z_C 表示，如图 6-9a 所示。若各相阻抗相等，即 $Z_A = Z_B = Z_C$，这样的负载称为对称三相负载；若阻抗不相等，即 $Z_A \neq Z_B \neq Z_C$，就称为不对称三相负载。

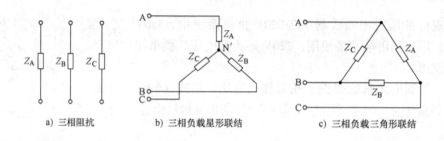

a) 三相阻抗   b) 三相负载星形联结   c) 三相负载三角形联结

图 6-9 三相负载等效阻抗和连接方式

与三相电源一样，三相负载也可以连接成星形（Y）和三角形（△）两种形式，如图 6-9 b、c 所示。

本节将讨论星形联结的负载对称、不对称时三相电路电压、电流的分析计算及要关注的特殊问题。为了简单起见，负载星形联结的三相电路中，忽略了输电线路的等效阻抗，举例中再考虑。

6.2.1 三相四线制电路

图 6-10 所示为负载星形联结的三相四线电路。

三相负载 Z_A、Z_B、Z_C 的一端连成一点 N′，与电源的中性线 N 连接，每相负载的另一端分别与电源三条相线 A、B、C 连接。每相负载上的电压称为相电压，用 $\dot{U}_{AN'}$、$\dot{U}_{BN'}$、$\dot{U}_{CN'}$ 表示，每相负载上流过的电流称为相电

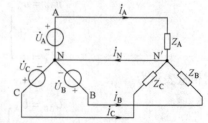

图 6-10 负载星形联结时的
三相四线电路

流，用 $\dot{I}_{AN'}$、$\dot{I}_{BN'}$、$\dot{I}_{CN'}$ 表示。相线上流过的电流称为线电流，用 $\dot{I}_A$、$\dot{I}_B$、$\dot{I}_C$ 表示，中性线上流过的电流称为中性线电流，简称中性线电流，用 $\dot{I}_N$ 表示，电压、电流的参考方向如图6-10所示。

在忽略三相输电线路等效阻抗的情况下，三相负载的相电压 $\dot{U}_{AN'}$、$\dot{U}_{BN'}$、$\dot{U}_{CN'}$ 与三相电源的相电压完全相同，即

$$\dot{U}_{AN'} = \dot{U}_A \qquad \dot{U}_{BN'} = \dot{U}_B \qquad \dot{U}_{CN'} = \dot{U}_C \qquad (6\text{-}10)$$

负载的相电流可用下式计算：

$$\dot{I}_{AN'} = \frac{\dot{U}_A}{Z_A} \qquad \dot{I}_{BN'} = \frac{\dot{U}_B}{Z_B} \qquad \dot{I}_{CN'} = \frac{\dot{U}_C}{Z_C} \qquad (6\text{-}11)$$

因为星形联结时相电流与线电流为同一电流，则线电流与相电流相等，即

$$\dot{I}_A = \dot{I}_{AN'} \qquad \dot{I}_B = \dot{I}_{BN'} \qquad \dot{I}_C = \dot{I}_{CN'} \qquad (6\text{-}12)$$

此时中性线电流为

$$\dot{I}_{NN'} = \dot{I}_A + \dot{I}_B + \dot{I}_C \qquad (6\text{-}13)$$

1）当三相负载对称时，即 $Z_A = Z_B = Z_C = |Z| \angle \varphi$，三相负载电流为一组对称三相电流。此时可以用第4章计算单相电路的方法，只要计算出其中一相电流，其余两相电流便可按照对称关系推算出。

若只计算 A 相电流 $\dot{I}_A$，先画出 A 相计算电路，如图6-11所示。

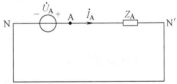

图6-11　计算A相电路图

设 A 相电压 $\dot{U}_A$ 为参考相量，即 $\dot{U}_A = U \angle 0°$，设负载阻抗 Z_A 为感性。则 A 相电流为

$$\dot{I}_A = \frac{\dot{U}_A}{Z_A} = I_A \angle -\varphi_A \qquad (6\text{-}14)$$

其中：电流的有效值为

$$I_A = \frac{U_A}{|Z_A|}$$

电流的初相角为

$$\varphi_A = \arctan \frac{X_A}{R_A}$$

再根据对称性直接写出 B 相、C 相的相电流为

$$\left. \begin{array}{l} \dot{I}_B = \dot{I}_A \angle -120° = I_A \angle (-\varphi_A - 120°) \\ \dot{I}_C = \dot{I}_A \angle 120° = I_A \angle (-\varphi_A + 120°) \end{array} \right\} \qquad (6\text{-}15)$$

对称负载（感性）星形联结时相电压、相电流的相量图如图6-12所示。

此时中性线电流为

$$\begin{aligned} \dot{I}_N &= \dot{I}_A + \dot{I}_B + \dot{I}_C \\ &= I_A \angle -\varphi_A + I_A \angle (-\varphi_A - 120°) + I_A \angle (-\varphi_A + 120°) = 0 \end{aligned}$$

既然中性线没有电流流过，故可以将中性线去掉，电路便成为对称负载连接的三相三线制电路，如图6-13所示。

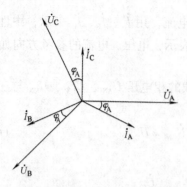

图 6-12 相电压和相电流的相量图

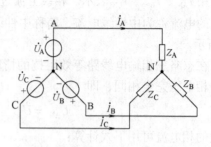

图 6-13 对称三相负载去掉中性线
后的三相星形联结电路

【**例 6-1**】 对称三相负载星形联结,每相负载的电阻 $R = 30\Omega$,感抗 $X_L = 40\Omega$,接到对称三相电源上,已知线电压 $u_{AB} = 380\sqrt{2}\cos(314t + 30°)\text{V}$。试求负载的相电流 i_A、i_B、i_C 和中性线电流 i_N。

【**解**】 因为三相负载对称,先计算 A 相电流,B 相、C 相电流根据对称性推出即可。

设 A 相电压为参考相量,即

$$\dot{U}_A = \frac{\dot{U}_{AB}}{\sqrt{3}}\angle-30° = \frac{380}{\sqrt{3}}\angle(30° - 30°)\text{V} = 220\angle0°\text{V}$$

A 相负载阻抗为

$$Z_A = R + jX_L = (30 + j40)\Omega = 50\angle53.1°\Omega$$

A 相电流为

$$\dot{I}_A = \frac{\dot{U}_A}{Z} = \frac{220\angle0°}{30 + j40}\text{A} = \frac{220\angle0°}{50\angle53.1°}\text{A} = 4.4\angle-53.1°\text{A}$$

则

$$i_A = 4.4\sqrt{2}\cos(314t - 53.1°)\text{A}$$

根据对称三相电流的关系,由式(6-13)可以直接写出 i_B、i_C 的表达式为

$$i_B = 4.4\sqrt{2}\cos(314t - 53.1° - 120°)\text{A}$$
$$= 4.4\sqrt{2}\cos(314t - 173.1°)\text{A}$$
$$i_C = 4.4\sqrt{2}\cos(314t - 53.1° + 120°)\text{A}$$
$$= 4.4\sqrt{2}\cos(314t + 66.9°)\text{A}$$

由于负载对称,中性线电流
$$i_N = 0$$

2)当三相负载不对称时,即 $Z_A \neq Z_B \neq Z_C$,三相负载的电流不再是一组对称三相电流,每相负载电流应按式(6-11)分别计算,此时中性线电流不等于零,即

$$\dot{I}_N = \dot{I}_A + \dot{I}_B + \dot{I}_C \neq 0 \tag{6-16}$$

因为中性线有电流流过,不对称三相负载上的电压仍为一组对称三相电压,所以不对称三相负载能正常工作。本章【引例】中的 380/220V 供电系统中,既有额定电压为 380V 的三相电动机,又有 220V 的单相照明灯,所以负载为不对称三相负载,一定要采用三相四线制电路,负载才能正常工作。

【**例 6-2**】 在三相四线制 380/220V 的供电线路上,接入星形联结的白炽灯,A 相接 1

盏灯，B 相接 3 盏灯，C 相接 10 盏灯，每盏灯的额定电压 $U_N = 220V$，额定功率 $P_N = 100W$，如图 6-14 所示。试求负载的相电流 $\dot{I}_A$、$\dot{I}_B$、$\dot{I}_C$ 和中性线电流 $\dot{I}_N$，并画出相量图。

【解】 该电路为不对称三相电路，各相电流应按式（6-11）分别计算。由于有中性线，负载中性点 N′ 的电位与电源中性点 N 的电位相等，即 $\dot{U}_{NN'} = 0$，故负载电压与电源相电压相同，也是对称三相电压。

设 $\dot{U}_A = 220 \angle 0° V$，每盏白炽灯的电阻为

$$R = \frac{U_N^2}{P_N} = \frac{220^2}{100}\Omega = 484\Omega$$

则负载电流为

$$\dot{I}_A = \frac{\dot{U}_A}{R_A} = \frac{220 \angle 0°}{484}A = 0.455 \angle 0° A$$

$$\dot{I}_B = \frac{\dot{U}_B}{R_B} = \frac{220 \angle -120°}{\frac{484}{3}}A = 1.365 \angle -120° A$$

$$\dot{I}_C = \frac{\dot{U}_C}{R_C} = \frac{220 \angle 120°}{\frac{484}{10}}A = 4.545 \angle 120° A$$

中性线电流为

$$\dot{I}_N = \dot{I}_A + \dot{I}_B + \dot{I}_C = [0.455 \angle 0° + 1.364 \angle -120° + 4.545 \angle 120°]A$$

$$= \left[0.455 + 1.36\left(-\frac{1}{2} - j\frac{\sqrt{3}}{2}\right) + 4.545\left(-\frac{1}{2} + j\frac{\sqrt{3}}{2}\right)\right]A$$

$$= [0.455 + (-0.68 - j1.176) + (-2.272 + j3.936)]A = (-2.497 + j2.76)A$$

$$= 3.72 \angle 132.2° A$$

电流的相量图如图 6-15 所示。

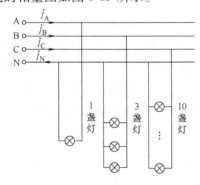

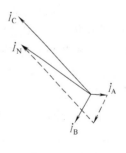

图 6-14 例 6-2 图　　　　　　　　　　　　图 6-15 例 6-2 电流的相量图

6.2.2 不对称三相三线制电路

图 6-16 为不对称负载星形联结的三相三线制电路。不对称负载星形联结的三相三线制电路就是电源的中性点 N 与负载的中性点 N′ 没有连接，即无中性线。

当三相负载不对称，即 $Z_A \neq Z_B \neq Z_C$ 时，因为没有中性线，此时三相负载不能正常工作，电路会出现故障。

在图 6-16 中，当 $Z_A \neq Z_B \neq Z_C$ 时，在忽略输电线路阻抗的条件下，电源产生一组对称的

三相电压, 电源中性点电位 $\dot{U}_N = 0$, 由于负载阻抗不相等, 由式 (6-11) 可知, 流过每相负载的电流不再是一组对称的三相电流, 即 $I_A \neq I_B \neq I_C$; 所以负载电压也不再是一组对称三相电压, Y 联结的三相负载中性点 N′ 的电位不等于零, 即 $\dot{U}_{N'} \neq 0$, 电源中性点与负载中性点之间有电压 $\dot{U}_{N'N}$, 此现象称为中性点位移, 位移电压 $\dot{U}_{N'N}$ 可用结点电压法计算, 即

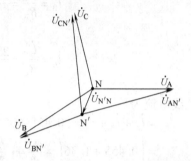

图 6-16 负载 Y 接的三相三线制电路

$$\dot{U}_{N'N} = \frac{\dfrac{\dot{U}_A}{Z_A} + \dfrac{\dot{U}_B}{Z_B} + \dfrac{\dot{U}_C}{Z_C}}{\dfrac{1}{Z_A} + \dfrac{1}{Z_B} + \dfrac{1}{Z_C}} \qquad (6\text{-}17)$$

负载中性点位移的电压相量图如图 6-17 所示。

求出 $\dot{U}_{N'N}$ 后, 根据含源支路欧姆定律计算各个相电流, 即

$$\left. \begin{array}{l} \dot{I}_A = \dfrac{\dot{U}_A - \dot{U}_{N'N}}{Z_A} \\[2mm] \dot{I}_B = \dfrac{\dot{U}_B - \dot{U}_{N'N}}{Z_B} \\[2mm] \dot{I}_C = \dfrac{\dot{U}_C - \dot{U}_{N'N}}{Z_C} \end{array} \right\} \qquad (6\text{-}18)$$

由于负载三相电压不再是一组对称的三相电压, 根据负载不对称程度, 可能使一相负载电压升高, 如图 6-17 中 $U_{CN'}$, 超过负载的额定电压而损坏负载; 也可能使

图 6-17 负载中性点位移

有的相负载电压降低, 如图 6-17 中 $U_{BN'}$, 小于负载的额定电压, 负载不能正常工作。因此, 星形联结三相三线制电源不能给三相不对称负载供电。

凡是有三相不对称负载 (如含有单相负载) 的供电系统一定要用三相四线制。

我国供电规程中规定, 三相四线制供电电路中, 中性线在正常工作时不能断开。三相四线供电干线的中性线上严禁安装开关和熔断器。在负载不对称的三相四线制供电系统中, 中性线的作用是使不对称三相负载能获得一组对称三相电压, 保证各相负载均能在额定电压下正常工作。

【例 6-3】 例 6-2 题中, 若 B 相灯开关全部断开, 此时中性线恰好也断开, 如图 6-18a 所示。试求各相负载的相电压和相电流。

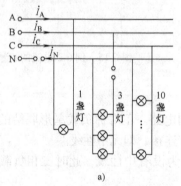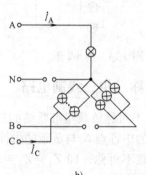

图 6-18 例 6-2 图

【解】　B 相断开，中性线也断开时，A、C 相灯串联接在 A、C 相线间，如图 6-18b 所示。此时，电路已不是三相电路，而是由线电压 $\dot{U}_{\mathrm{CA}}$ 供电的单相电路了，故

A 相灯的总电阻为　　　　　　　　　$R_{\mathrm{A}} = 484\Omega$

C 相灯的总电阻为　　　　　　　$R_{\mathrm{C}} = (484/10)\Omega = 48.4\Omega$

串联后的总电阻为　　　　　$R = (484 + 48.4)\Omega = 532.4\Omega$

仍以 $\dot{U}_{\mathrm{A}}$ 为参考相量，由三相对称电源的线电压和相电压的相量图可知，

$$\dot{U}_{\mathrm{AC}} = -\dot{U}_{\mathrm{CA}} = 380\angle -30°\mathrm{V}$$

电流　　　　　　$\dot{I}_{\mathrm{A}} = -\dot{I}_{\mathrm{C}} = \dfrac{\dot{U}_{\mathrm{AC}}}{R} = \dfrac{380\angle -30°}{532.4}\mathrm{A} = 0.714\angle -30°\mathrm{A}$

B 相电流　　　　　　　　　　　　$\dot{I}_{\mathrm{B}} = 0$

负载 A 相、C 相电压的有效值、相量分别为

$U_{\mathrm{A}} = (0.714 \times 484)\mathrm{V} = 345.58\mathrm{V}$　　　　　$U_{\mathrm{C}} = (0.714 \times 48.4)\mathrm{V} = 34.56\mathrm{V}$

$\dot{U}_{\mathrm{A}} = 345.58\angle -30°\mathrm{V}$　　　　　　　$\dot{U}_{\mathrm{C}} = 34.56\angle -30°\mathrm{V}$

由计算可见，A 相灯的电压比额定电压 220V 高出 125.58V，所以 A 相灯会损坏，C 相灯的电压比 220V 降低 185.44V，C 相灯不能正常发光。

【例 6-4】　在电气工程或自动控制三相电动机调速系统中，往往要知道三相电源的相序，其相序可以用一个不对称三相负载星形联结电路来测定，如图 6-19 所示。星形联结的一相为纯电容 C（或电感 L）另两相为相同的电阻 R（用同样瓦数的白炽灯泡）。此电路能测量电源的相序，叫做相序指示器。如果 $\dfrac{1}{\omega C} = R$，用计算说明在电源对称情况下，如何根据两个灯泡的亮度来确定电源的相序。

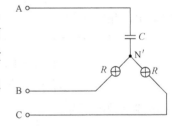

图 6-19　相序指示器电路

【解】　设 A 相电压为参考相量 $\dot{U}_{\mathrm{A}} = U\angle 0°$，电源中性点与负载中性点之间电压为

$$\dot{U}_{\mathrm{N'N}} = \dfrac{\dot{U}_{\mathrm{A}}\mathrm{j}\omega C + \dot{U}_{\mathrm{B}}\dfrac{1}{R} + \dot{U}_{\mathrm{C}}\dfrac{1}{R}}{\mathrm{j}\omega C + \dfrac{2}{R}} = (-0.2 + \mathrm{j}0.6)U = 0.63U\angle 108.4°$$

B 相灯泡的电压为

$$\dot{U}_{\mathrm{BN'}} = \dot{U}_{\mathrm{BN}} - \dot{U}_{\mathrm{N'N}} = U\angle -120° - (-0.2 + \mathrm{j}0.6)U$$
$$= (-0.3 - \mathrm{j}1.47)U = 1.5U\angle -101.5°$$

C 相灯泡的电压为

$$\dot{U}_{\mathrm{CN'}} = \dot{U}_{\mathrm{CN}} - \dot{U}_{\mathrm{N'N}} = U\angle 120° - (-0.2 + \mathrm{j}0.6)U$$
$$= (-0.3 + \mathrm{j}0.266)U = 0.4U\angle 138.4°$$

所以　　　　　　　　　$U_{\mathrm{BN'}} = 1.5U > U_{\mathrm{CN'}} = 0.4U$

根据计算结果可以判断:若电容器所在的那一相为 A 相,则灯泡亮的为 B 相,暗的为 C 相。

6.2.3　考虑输电线等效阻抗后，负载星形联结时电路的计算

工程上，三相输电线各条相线的等效阻抗认为是相等的，即 $Z_{l\mathrm{A}} = Z_{l\mathrm{B}} = Z_{l\mathrm{C}} = Z_{l}$，当考虑输电线路阻抗时，仅以三相负载对称时作为例子说明计算方法。负载不对称时，只要考虑输

电线阻抗后,可用 6.2.2 节的方法计算。

【**例 6-5**】 图 6-20 所示的三相电路输电线等效阻抗为 $Z_l = (1 + j2)\Omega$,中性线等效阻抗 $Z_N = (0.3 + j0.4)\Omega$,负载阻抗 $Z_A = Z_B = Z_C = (10 + j15)\Omega$,电源的线电压为 380V。试求负载的相电流,并画出电压、电流的相量图。

【**解**】 三相星形联结对称负载考虑输电线阻抗后,仍是对称三相负载,所以中性线电流 $\dot{I}_N = 0$。只要取出其中一相计算即可。

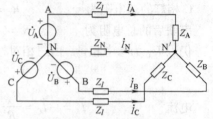

图 6-20　例 6-5 图

负载阻抗 $\quad Z_A = Z_B = Z_C = (10 + j15)\Omega = 18.03\angle 56.3°\Omega$,

输电线阻抗 $\quad Z_l = (1 + j2)\Omega = 2.2\angle 63.4°\Omega$

考虑输电线阻抗后,总阻抗为

$$Z_A' = Z_l + Z_A = (1 + j2 + 10 + j15)\Omega = (11 + j17)\Omega = 20.3\angle 57.1°\Omega$$

设 $\dot{U}_{AB} = 380\angle 30°\text{V}$,则 $\dot{U}_A = 220\angle 0°\text{V}$

$$\dot{I}_A = \frac{\dot{U}_A}{Z_A + Z_l} = \frac{220\angle 0°}{11 + j17}\text{A} = \frac{220\angle 0°}{20.3\angle 57.1°}\text{A} = 10.8\angle -57.1°\text{A}$$

$$\dot{I}_B = 10.8\angle(-57.1° - 120°)\text{A} = 10.8\angle -177.1°\text{A}$$

$$\dot{I}_C = 10.8\angle(-57.1° + 120°)\text{A} = 10.8\angle 62.9°\text{A}$$

负载上的相电压为

$$\dot{U}_A' = \dot{I}_A Z_A = 10.8\angle -57.1° \times 18.03\angle 56.3°\text{V} = 194.7\angle -0.8°\text{V}$$

$$\dot{U}_B' = \dot{I}_B Z_B = \dot{U}_A'\angle -120° = 194.7\angle -120.8°\text{V}$$

$$\dot{U}_C' = \dot{I}_C Z_C = \dot{U}_A'\angle 120° = 194.7\angle 119.2°\text{V}$$

输电线上的电压为

$$\dot{U}_{lA} = \dot{I}_A Z_l = 10.8\angle -57.1° \times 2.2\angle 63.4°\text{V} = 24.1\angle 6.3°\text{V}$$

$$\dot{U}_{lB} = \dot{I}_B Z_l = 10.8\angle -177.1° \times 2.2\angle 63.4°\text{V} = 24.1\angle -113.7°\text{V}$$

$$\dot{U}_{lC} = \dot{I}_C Z_l = 10.8\angle 62.9° \times 2.2\angle 63.4°\text{V} = 24.1\angle 126.3°\text{V}$$

电路的相电压、相电流、负载的相电压及输电线上电压的相量图如图 6-21 所示。

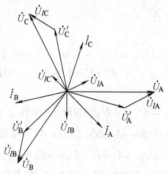

图 6-21　例 6-5 电压、电流相量图

思 考 题

6-3　有一位学生在学习三相电路 Y-Y 联结后,写出下面结论,请判断哪些是正确的,哪些不正确,并说明理由。

（1）电源线电压必定等于负载相电压的 $\sqrt{3}$ 倍。

（2）线电流必定等于相电流。

（3）必须有中性线，且三相负载越接近对称时，中性线电流越小。

6-4　有一幢三层居民住宅楼，每层楼住户的家用电器分别由三相四线制对称电源的一相供电，有一次发生事故，使第二层正在使用的部分家用电器损坏，试分析引起事故的可能原因。

6.3　负载三角形联结的三相电路

将一相负载的末端与另一相负载的首端依次连接，就是三相负载的三角形接线，如图6-22 所示。每相负载的阻抗为 Z_{AB}、Z_{BC}、Z_{CA}。将三角形联结负载的三个结点分别与三相电源连接，不论负载对称或不对称都组成了三角形联结的三相三线制电路。在图 6-22 中，负载的相电压 $\dot{U}_{AB}$、$\dot{U}_{BC}$、$\dot{U}_{CA}$ 就是电源的线电压，每相负载上流过的电流为相电流，用 $\dot{I}_{AB}$、$\dot{I}_{BC}$、$\dot{I}_{CA}$ 表示，相线上流过的电流为线电流，用 $\dot{I}_A$、$\dot{I}_B$、$\dot{I}_C$ 表示。

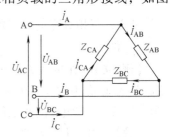

图 6-22　负载三角形联结
的电路

三角形联结负载的各相电流为

$$\dot{I}_{AB} = \frac{\dot{U}_{AB}}{Z_{AB}} \qquad \dot{I}_{BC} = \frac{\dot{U}_{BC}}{Z_{BC}} \qquad \dot{I}_{CA} = \frac{\dot{U}_{CA}}{Z_{CA}} \qquad (6\text{-}19)$$

根据 KCL，由图 6-22 可看出，线电流与相电流有如下关系：

$$\left.\begin{array}{l} \dot{I}_A = \dot{I}_{AB} - \dot{I}_{CA} \\ \dot{I}_B = \dot{I}_{BC} - \dot{I}_{AB} \\ \dot{I}_C = \dot{I}_{CA} - \dot{I}_{BC} \end{array}\right\} \qquad (6\text{-}20)$$

6.3.1　对称三相负载电压、电流的计算

当三相负载对称时，即 $Z_{AB} = Z_{BC} = Z_{CA}$，三相负载的相电流为一组对称三相电流，只要计算其中一相电流，其他两相电流便可按照对称性求出。

若以 AB 相电流 $\dot{I}_{AB}$ 为例，画出计算 AB 相的电路图，如图 6-23 所示。

设 $\dot{U}_{AB}$ 为参考相量，即 $\dot{U}_{AB} = U_{AB} \angle 0°$，阻抗 Z_{AB} 为感性，则

$$\dot{I}_{AB} = \frac{\dot{U}_{AB}}{Z_{AB}} = I_{AB} \angle -\varphi_{AB} \qquad (6\text{-}21)$$

式中，电流的有效值为　$I_{AB} = \dfrac{U_{AB}}{|Z_{AB}|}$

初相位为　　　　　$\varphi_{AB} = \arctan \dfrac{X_{AB}}{R_{AB}}$

根据对称性直接写出 BC 相、CA 相的相电流为

$$\left.\begin{array}{l} \dot{I}_{BC} = I_{BC} \angle (-\varphi_{AB} - 120°) \\ \dot{I}_{CA} = I_{CA} \angle (-\varphi_{AB} + 120°) \end{array}\right\} \qquad (6\text{-}22)$$

线电流 $\dot{I}_A$、$\dot{I}_B$、$\dot{I}_C$ 为

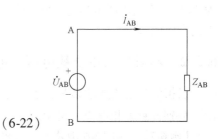

图 6-23　计算 AB 相电路图

$$\begin{aligned}
\dot{I}_A &= \dot{I}_{AB} - \dot{I}_{CA} = I_{AB} \angle \varphi_{AB} - I_{CA} \angle (-\varphi_{AB} + 120°) \\
&= \sqrt{3} \dot{I}_{AB} \angle -30° \\
\dot{I}_B &= \dot{I}_{BC} - \dot{I}_{AB} = \sqrt{3} \dot{I}_{BC} \angle -30° \\
\dot{I}_C &= \dot{I}_{CA} - \dot{I}_{BC} = \sqrt{3} \dot{I}_{CA} \angle -30°
\end{aligned} \right\} \tag{6-23}$$

对称负载（感性）三角形联结时相电流、线电流的相量图如图 6-24 所示。

从式（6-22）、式（6-23）中可以知道，若相电流有效值用 I_p 表示，线电流有效值用 I_1 表示，则

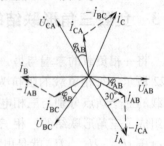

$$I_1 = \sqrt{3} I_p \tag{6-24}$$

也就是说，三相对称负载三角形联结时，线电流的大小为相电流的 $\sqrt{3}$ 倍。

【例 6-6】 在负载为三角形联结的三相电路中，已知每相负载的阻抗为 $Z = (30 + j40)\Omega$，电源的线电压 $\dot{U}_{AB} = 380 \angle 30°\text{V}$。试求负载的相电压、相电流和线电流。

图 6-24　相电流、线电流相量图

【解】 由于 $\dot{U}_{AB} = 380 \angle 30°\text{V}$、$\dot{U}_{BC} = 380 \angle -90°\text{V}$、$\dot{U}_{CA} = 380 \angle 150°\text{V}$；因为负载为三角形联结，所以负载的相电压等于电源的线电压。

AB 相负载的相电流为

$$\dot{I}_{AB} = \frac{\dot{U}_{AB}}{Z_{AB}} = \frac{380 \angle 30°}{30 + j40}\text{A} = \frac{380 \angle 30°}{50 \angle 53.1°}\text{A} = 7.6 \angle -231°\text{A}$$

由于负载对称，则

$$\dot{I}_{BC} = 7.6 \angle (-23.1° - 120°)\text{A} = 7.6 \angle -143.1°\text{A}$$

$$\dot{I}_{CA} = 7.6 \angle (-23.1° + 120°)\text{A} = 7.6 \angle 96.9°\text{A}$$

A 线、B 线、C 线的线电流分别为

$$\dot{I}_A = \sqrt{3} \dot{I}_{AB} \angle -30° = \sqrt{3} \times 7.6 \angle (-23.1° - 30°)\text{A} = 13.16 \angle -53.1°\text{A}$$

$$\dot{I}_B = \sqrt{3} \dot{I}_{BC} \angle -30° = \sqrt{3} \times 7.6 \angle (-143.1° - 30°)\text{A} = 13.16 \angle -173.1°\text{A}$$

$$\dot{I}_C = \sqrt{3} \dot{I}_{CA} \angle -30° = \sqrt{3} \times 7.6 \angle (96.9° - 30°)\text{A} = 13.16 \angle 66.9°\text{A}$$

从例 6-1、例 6-6 中可以看出，一样的三相对称负载接成星形或三角形时，相电流、线电流是不同的。三相负载什么时候接成星形，什么时候接成三角形，要根据负载的额定电压和电源电压来决定，但必须满足电源相电压等于负载的额定电压。例如，一台三相异步电动机的铭牌上标有额定电压为 380/220V，Y/△ 联结，这就是说，电动机每相绕组的额定电压为 220V。当电源线电压为 220V 时，电动机应接成三角形；当电源线电压为 380V 时，电动机则应接成星形。

6.3.2 不对称三相负载电压、电流的计算

三相负载三角形联结时，若三相负载不对称，即 $Z_{AB} \neq Z_{BC} \neq Z_{CA}$。此时，只能用式（6-19）分别计算各相电流，再由式（6-20）分别计算各线电流。

【例 6-7】 在例 6-6 中若 $\dot{U}_{AB} = 380 \angle 0°\text{V}$，CA 相负载断开其他参数不变。试求 $\dot{I}_A$、$\dot{I}_B$ 和 $\dot{I}_C$。

【解】 CA 相负载断开后，三相负载不对称，电路如图 6-25a 所示，相电流、线电流应

分别根据式（6-19）和式（6-20）进行计算。

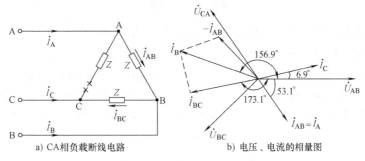

a) CA相负载断线电路　　　　b) 电压、电流的相量图

图 6-25　题 6-7 图

因为电源是对称的，以 $\dot{U}_{AB}$ 为参考相量，则有

$$\dot{U}_{AB}=380\angle0°\text{V}\qquad\dot{U}_{BC}=380\angle-120°\text{V}\qquad\dot{U}_{CA}=380\angle120°\text{V}$$

由于 CA 相负载断开，所以

$$\dot{I}_{CA}=0$$

$$\dot{I}_{AB}=\frac{\dot{U}_{AB}}{Z}=\frac{380\angle0°}{30+\text{j}40}\text{A}=7.6\angle-53.1°\text{A}$$

$$\dot{I}_{BC}=\frac{\dot{U}_{BC}}{Z}=\frac{380\angle-120°}{30+\text{j}40}\text{A}=7.6\angle-173.1°\text{A}$$

各线电流为

$$\dot{I}_{A}=\dot{I}_{AB}=7.6\angle-53.1°\text{A}$$

$$\dot{I}_{B}=\dot{I}_{BC}-\dot{I}_{AB}=(7.6\angle-173.1°-7.6\angle-53.1°)\text{A}$$

$$=[(-7.54-\text{j}0.9)-(4.56-\text{j}6.07)]\text{A}=(-12.1+\text{j}5.17)\text{A}$$

$$=13.16\angle156.9°\text{A}$$

$$\dot{I}_{C}=-\dot{I}_{BC}=-7.6\angle-173.1°\text{A}=7.6\angle6.9°\text{A}$$

各电压、电流的相量图如图 6-25b 所示。

6.3.3　考虑输电线等效阻抗时，三相电路的计算

　　三相负载为三角形联结，又必需考虑输电线的等效阻抗时，如图 6-26a 所示，则要利用阻抗的 Y-△ 变换。将三角形联结的阻抗等效变换为星形联结的阻抗后，按星形联结负载计算出线电流，如图 6-26b 所示。然后再计算出 △ 接的相电流。若三相负载对称，则 $Z_{AB}=Z_{BC}$ $=Z_{CA}=Z$，等效变换为 Y 接一相的阻抗为 $\frac{1}{3}Z$，从而电路变换为图 6-26b 所示 Y 接电路，按式（6-11）求出线电流 $\dot{I}_{A}$、$\dot{I}_{B}$、$\dot{I}_{C}$，再按式（6-23）则可求出各个相电流 $\dot{I}_{AB}$、$\dot{I}_{BC}$、$\dot{I}_{CA}$。

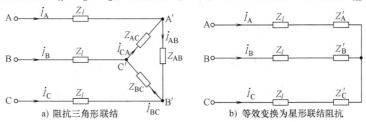

a) 阻抗三角形联结　　　　b) 等效变换为星形联结阻抗

图 6-26　不对称三相负载△-Y 变换电路图

思　考　题

6-5　指出下列各结论中，哪个是正确的？哪个是错误的？并说明理由。

（1）凡是负载作三角形联结时，线电流幅值必为相电流幅值的$\sqrt{3}$倍。

（2）在电源和负载均为三角形联结的系统中，线电流的幅值是相电流幅值的$\sqrt{3}$倍。

6-6　图6-27中，$Z_{AB} = Z_{BC} = Z_{CA}$，当开关S_1、S_2闭合时，电流表的读数均为10A。试问：（1）当S_1闭合、S_2断开时，各电流表的读数如何？（2）S_1断开、S_2闭合时，各电流表的读数又如何？

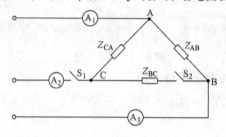

图6-27　思考题6-6图

6.4　三相电路的功率

三相电路的功率有瞬时功率、视在功率、有功功率、无功功率，本节将研究这些功率。

6.4.1　三相瞬时功率

在三相电路中，若三相负载各相电压为u_A、u_B、u_C，各相电流为i_A、i_B、i_C，由能量守恒定律，三相负载的瞬时功率为

$$p = p_A + p_B + p_C$$

若负载为对称三相感性负载。设

$$u_A = U_m \cos\omega t \qquad\qquad i_A = I_m \cos(\omega t - \phi)$$
$$u_B = U_m \cos\left(\omega t - \frac{2}{3}\pi\right) \qquad i_B = I_m \cos\left(\omega t - \frac{2}{3}\pi - \phi\right)$$
$$u_C = U_m \cos\left(\omega t + \frac{2}{3}\pi\right) \qquad i_C = I_m \cos\left(\omega t + \frac{2}{3}\pi - \phi\right)$$

则

$$
\begin{aligned}
P &= u_A i_A + u_B i_B + u_C i_C = U_m I_m \cos(\omega t)\cos(\omega t - \phi)\\
&\quad + U_m I_m \cos\left(\omega t - \frac{2}{3}\pi\right)\cos\left(\omega t - \frac{2}{3}\pi - \phi\right)\\
&\quad + U_m I_m \cos\left(\omega t + \frac{2}{3}\pi\right)\cos\left(\omega t + \frac{2}{3}\pi - \phi\right)\\
&= \frac{1}{2}U_m I_m \cos\varphi - \frac{1}{2}U_m I_m \cos(2\omega t - \phi)\\
&\quad + \frac{1}{2}U_m I_m \cos\varphi - \frac{1}{2}U_m I_m \cos\left(2\omega t - \phi - \frac{4}{3}\pi\right)\\
&\quad + \frac{1}{2}U_m I_m \cos\varphi - \frac{1}{2}U_m I_m \cos\left(2\omega t - \phi - \frac{8}{3}\pi\right)\\
&= \frac{3}{2}U_m I_m \cos\varphi = 3UI\cos\varphi = 常数
\end{aligned}
$$

$$\text{(6-25)}$$

由式（6-25）可以看出，式中三项 2ω 分量相位互差 $\dfrac{4}{3}\pi$，所以相位总和为 0。瞬时功率的这种性质叫做瞬时功率平衡，瞬时功率平衡也是三相共电制的一个优点。对发电机而言，由于任何瞬时转换成的电功率都不变；因此发电机所需的机械转矩也是恒定的，在转动过程中不会发生震动。三相电动机工作时也有此类似优点。

6.4.2 有功功率、无功功率、视在功率

三相电路的有功功率等于每相负载的有功功率之和，即

$$P = P_A + P_B + P_C = U_A I_A \cos\varphi_A + U_B I_B \cos\varphi_B + U_C I_C \cos\varphi_C \tag{6-26}$$

式（6-26）中的电压、电流为各相电压、相电流的有效值，φ_A、φ_B、φ_C 为各相应相电压与相电流之间的相位差角。

当三相负载对称时，各相电压与相电流的有效值相等，它们之间的相位差角也相等，则有功功率为

$$P = 3 U_p I_p \cos\varphi \tag{6-27}$$

若负载为星形联结，有 $U_p = \dfrac{U_l}{\sqrt{3}}$，$I_l = I_p$，则有功功率为

$$P = 3 \times \frac{U_l}{\sqrt{3}} I_l \cos\varphi = \sqrt{3} U_l I_l \cos\varphi \tag{6-28}$$

若负载为三角形联结，有 $U_p = U_l$，$I_p = \dfrac{I_l}{\sqrt{3}}$，则有功功率为

$$P = 3 U_l \frac{I_l}{\sqrt{3}} \cos\varphi = \sqrt{3} U_l I_l \cos\varphi \tag{6-29}$$

式（6-28）和式（6-29）表明，三相对称负载无论作星形联结，还是作三角形联结，有功功率的计算式是一样的。

三相负载的无功功率也等于各相负载的无功功率之和。即

$$Q = Q_A + Q_B + Q_C = U_A I_A \sin\varphi_A + U_B I_B \sin\varphi_B + U_C I_C \sin\varphi_C \tag{6-30}$$

若负载对称，无论是星形联结还是三角形联结，无功功率都可以用下式计算，即

$$Q = \sqrt{3} U_l I_l \sin\varphi = 3 U_p I_p \sin\varphi \tag{6-31}$$

三相视在功率为

$$S = \sqrt{P^2 + Q^2} \tag{6-32}$$

若负载对称，也有

$$S = \sqrt{3} U_l I_l = 3 U_p I_p \tag{6-33}$$

【例 6-8】 有一组对称三相负载，每相负载的 $R = 4\Omega$，$X = 3\Omega$，$U_N = 380\text{V}$，若分别连

接成星形和三角形接到线电压为380V 的三相电源上。试求电路的有功功率、无功功率和视在功率。

【解】 **1. 负载星形联结时**

因为电源的线电压 $U_l = 380V$，所以相电压 $U_p = 220V$，负载星形联结时，负载上的相电压也为220V。

负载的功率因数为

$$\cos\varphi = \frac{R}{\sqrt{R^2 + X^2}} = \frac{4}{\sqrt{4^2 + 3^2}} = 0.8 \qquad \varphi = 36.8°$$

$$I_l = I_p = \frac{U_p}{\sqrt{R^2 + X^2}} = \frac{220}{\sqrt{4^2 + 3^2}}A = 44A$$

$$P = \sqrt{3}U_l I_l \cos\varphi = \sqrt{3} \times 380 \times 44 \times 0.8kW = 23.1kW$$

$$Q = \sqrt{3}U_l I_l \sin\varphi = \sqrt{3} \times 380 \times 44 \times 0.6kvar = 17.4kvar$$

$$S = \sqrt{3}U_l I_l kV \cdot A = 28.9kV \cdot A$$

2. 负载三角形联结时

因为电源线电压 $U_l = 380V$，负载角接时，负载额定电压 $U_N = 380V$，与电源线电压相等。

$$I_l = \sqrt{3}I_p = \sqrt{3} \times \frac{U_p}{\sqrt{R^2 + X^2}} = \sqrt{3} \times \frac{380}{\sqrt{4^2 + 3^2}}A = 132A$$

$$P = \sqrt{3}U_l I_l \cos\varphi = \sqrt{3} \times 380 \times 132 \times 0.8kW = 69.5kW$$

$$Q = \sqrt{3}U_l I_l \sin\varphi = \sqrt{3} \times 380 \times 132 \times 0.6kvar = 52.1kvar$$

$$S = \sqrt{3}U_l I_l kV \cdot A = 86.9kV \cdot A$$

从上面的计算可以得出，当电源线电压相同时，负载接成星形时，负载工作在欠电压状态，并且负载得到的功率是三角形接法的 $\frac{1}{3}$。

【例6-9】 有一台三相异步电动机接在电压为380V 的三相电源上，电动机的输出功率为10kW，效率为0.9，功率因数为0.85，额定电压为380V，试问该电动机应用何种接线方式？线电流是多大？

【解】 由于电源线电压为380V，电动机的额定电压也为380V，所以电动机应接成三角形。

电动机的输入功率为

$$P_1 = P/\eta = (10/0.9)kW = 11.1kW$$

线电流为

$$I_l = \frac{P_1}{\sqrt{3}U_l \cos\varphi} = \frac{11.1 \times 10^3}{\sqrt{3} \times 380 \times 0.85}A = 19.86A$$

本 章 小 结

1. 三相电源的连接、线电压、相电压

三相电源的三个绕阻称为对称三相绕阻。星形联结的三相电源可以用三相四线制、三相三线制两种方式对负载供电。三相四线制供电方式向负载提供两种电压，即线电压（U_l）和相电压（U_p）。其中，线电压在幅值上是相电压的 $\sqrt{3}$ 倍，线电压在相位上超前相电压 30° 角。三相三线制供电方式只能向负载提供线电压。

三角形联结的三相电源是以三相三线制供电方式向负载供电。

2. 三相对称电源的相电压的表示方法

三相对称电源的相电压是三个大小相等、频率相同、相位互差 120° 的三个电压，可用三角函数式、波形图、相量式和相量图表示。

三角函数式、相量式为

$$\begin{cases} u_A = \sqrt{2}U\cos(\omega t) \\ u_B = \sqrt{2}U\cos(\omega t - 120°) \\ u_C = \sqrt{2}U\cos(\omega t + 120°) \end{cases} \qquad \begin{cases} \dot{U}_A = U\angle 0° \\ \dot{U}_B = U\angle -120° \\ \dot{U}_C = U\angle 120° \end{cases}$$

3. 三相负载的连接，线电流、相电流

三相负载的阻抗 $Z_A = Z_B = Z_C$ 称为对称三相负载，否则就是不对称三相负载。

三相负载接入电源有三种基本形式，星形联结有中性线，由三相四线制电源供电；星形联结无中性线，由三相三线制电源供电。这两种方式中，线电流和相电流相同。

但对不对称三相负载供电时一定要用三相四制，此时中性线有电流流过，即

$$\dot{I}_N = \dot{I}_A + \dot{I}_B + \dot{I}_C$$

保证不对称三相负载得到一组对称的三相电压，能使负载正常工作。

若将三相负载三角形联结，由三相三线制电源供电。在这种方式中，线电流和相电流不相等。

4. 三相交流电路的计算

（1）三相交流电路应一相一相地计算。若三相负载对称，只需计算一相即可，其余各相电压、电流则按对称关系写出，可用相量法、分析法计算。

（2）三相电压、电流应用同一个参考相量。一般设 $\dot{U}_A = U_A\angle 0°$ 或 $\dot{U}_{AB} = U_{AB}\angle 30°$。其他电量的相位均与参考相量作比较。

（3）三相电路中，若负载三角形联结又必须计及输电线路的等效阻抗时，可将三角形联结的三相负载阻抗等效变换成星形联结的等效阻抗后再计算。

5. 三相功率的计算

无论负载接成星形还是三角形，当三相负载对称时，功率可用以下各式计算，即

$$P = \sqrt{3}U_l I_l \cos\varphi = 3U_p I_p \cos\varphi$$

$$Q = \sqrt{3}U_l I_l \sin\varphi = 3U_p I_p \sin\varphi$$

$$S = \sqrt{3}U_l I_l$$

式中，φ 角为相电压与对应相电流的相位差。

若负载不对称，则应分别计算各相功率，三相有功、无功功率等于各相功率之和，即

$$P = P_A + P_B + P_C$$

$$Q = Q_A + Q_B + Q_C$$

$$S = \sqrt{P^2 + Q^2}$$

习　题

6-1　已知三相电源的线电压 $U_l = 380V$，对称三相负载星形联结，每相负载的阻抗 $Z = (60 + j80)\Omega$。试求：（1）负载的相电流及线电流；（2）画出相量图；（3）若输电线阻抗 $Z_l = (5 + j4)\Omega$，再求负载的相电流及线电流。

6-2　对称三相电路的电源线电压为 380V，三角形联结的对称负载 $Z = (15 + j20)\Omega$。试求：（1）负载的相电流和线电流；（2）画出相量图；（3）若输电线阻抗 $Z_l = (1 + j2)\Omega$，再求负载的相电流和线电流。

6-3　有一幢教学楼需装荧光灯 300 盏，每盏荧光灯的额定功率为 40W，功率因数为 0.5；还要装电风扇 60 台，每台额定功率为 100W，功率因数为 0.7，它们的额定电压都是 220V。现用 380/220V 的电源供电。试求：（1）这些负载应怎样接入电路才合理，画出电路图；（2）当这些负载都工作时，计算线路电流 I_l。

6-4　在图 6-29 中，对称三相电源的线电压 $U_l = 380V$，三个负载 $R_A = 20\Omega$，$R_B = 10\Omega$，$R_C = 5\Omega$，额定电压均为 220V，现将三个负载接成星形且无中性线，再与电源连接。试求：（1）每相负载的相电压和相电流；（2）用计算说明该电路能否正常工作。

6-5　在图 6-30 所示的三相四线制电路中，已知电源的线电压为 380V，$R = X_L = X_C = 20\Omega$。试求：（1）各相负载的相电流 $\dot{I}_A$、$\dot{I}_B$、$\dot{I}_C$；（2）用相量图计算中性线电流 $\dot{I}_N$。

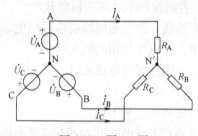

图 6-29　题 6-4 图

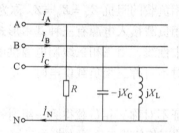

图 6-30　题 6-5 图

6-6　求题 6-1、6-2 中对称三相负载的有功功率、无功功率和视在功率。

6-7　有一三相对称感性负载作三角形联结后接到线电压为 380V 的三相电源上，如图 6-31a 所示。已知感性负载的有功功率 $P = 5kW$，功率因数 $\cos\varphi = 0.76$。试求：（1）相电流，线电流；（2）如果将此感性负载改接成星形，如图 6-31b 所示，仍接在上述电源上，计算此时负载所取用的有功功率。

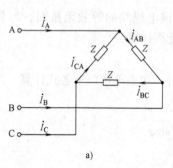

a)

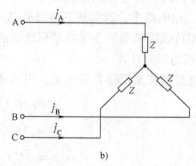

b)

图 6-31　题 6-7 图

6-8 在线电压为 380V 的三相四线制电源上接有对称星形连接的荧光灯，荧光灯消耗的总功率为 120W，功率因数 $\cos\varphi = 0.6$。此外，在 C 相上接有 40W 的白炽灯一只，电路如图 6-32 所示。试求线路电流 $\dot{I}_A$、$\dot{I}_B$、$\dot{I}_C$ 和 $\dot{I}_N$。

6-9 在图 6-33 所示电路中，已知电源线电压为 380V，三相对称负载为星形联结，负载消耗的总功率为 600W，每相负载的功率因数 $\cos\varphi = 0.8$。试求每相负载的阻抗 Z。

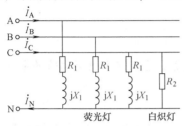

图 6-32 题 6-8 图

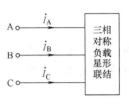

图 6-33 题 6-9 图

6-10 图 6-34 所示为负载三角形联结的三相电路，其负载阻抗为 $Z_L = (10.36 + j9.14)\,\Omega$，额定电压为 380V，已知电源的线电压为 380V，$\omega = 314\text{rad/s}$。试求：（1）线电路上的电流及功率因数；（2）为了提高线路的功率因数，在线路上并联一组三角形联结的三相电容器，每相电容为 $150\,\mu\text{F}$。试计算此时的线路总电流及总功率因数。

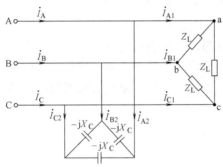

图 6-34 题 6-10 图

第7章 含有耦合电感的电路与变压器

内 容 提 要

本章主要介绍互感的概念，耦合电感电路的伏安关系，含有耦合电感电路的分析，变压器的端口伏安关系及工程电路的分析。

【引例】 为了保证人身安全，避免触电事故，人们经常接触的一些用电设备都采用交流低压供电。例如，金属加工机床的工作台上使用的局部照明灯，其工作电压为交流36V。为了使该照明灯正常工作，需要将220V交流电压通过变压器变换为36V交流低压，具体变换电路如图7-1所示。

在图7-1中，变压器的铁心上绕有两个绕组，分别称为一次绕组和二次绕组。其中，一次绕组接220V交流电源，二次绕组

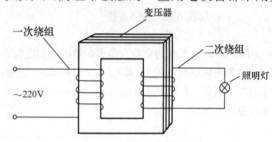

图7-1 变压器的应用举例

接照明灯。一次绕组与二次绕组没有连接在一起，它们之间没有直接电的联系。那么，变压器是如何变换、传送交流电压的呢？学完本章内容便可做出解答。

7.1 互感

7.1.1 互感的定义

图7-2a、b是两个绕在同一心子上的线圈。设线圈的心子及周围的磁介质为非铁磁物质，且两个线圈靠得很紧密，它们之间没有直接电的联系。在7-2a中，当线圈1通有电流i_1，线圈2开路时，根据电流产生磁场的概念，电流i_1就会在线圈1周围产生磁通Φ_{11}。Φ_{11}不仅穿过线圈1，其绝大部分也穿过线圈2，即在线圈2周围也会产生磁通Φ_{21}。磁通Φ的下标意义是，第一个数字代表线圈号，第2个数字代表线圈电流。即Φ_{11}是指线圈1中的电流在线圈1周围产生的磁通，也就是本线圈中的电流在本线圈中产生的磁通；Φ_{21}是指线圈1中的电流在线圈2周围产生的磁通，也就是相邻线圈中的电流在本线圈中产生的磁通。所以，Φ_{11}称为自感磁通，Φ_{21}称为互感

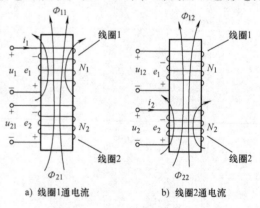

a) 线圈1通电流 b) 线圈2通电流

图7-2 两个线圈的磁耦合

磁通。同理，在图 7-2b 中，当线圈 2 中通有电流 i_2，线圈 1 开路时，电流 i_2 也会在线圈 2 和线圈 1 中产生自感磁通 Φ_{22} 和互感磁通 Φ_{12}。可见，两个通有电流的线圈相互地产生感应磁通，这种现象称为互感现象。这种通过磁场将两个彼此电隔离的线圈联系起来的现象称为磁耦合。

在图 7-2a 中，设线圈 1 的匝数为 N_1，线圈 2 的匝数为 N_2。自感磁通 Φ_{11} 与线圈 1 相交链形成自感磁通链 Ψ_{11}，即 $\Psi_{11} = N_1 \Phi_{11}$；互感磁通 Φ_{21} 与线圈 2 相交链形成互感磁通链 Ψ_{21}，即 $\Psi_{21} = N_2 \Phi_{21}$。同理，在图 7-2b 中，自感磁通 Φ_{22} 与线圈 2 相交链形成自感磁通链 Ψ_{22}，互感磁通 Φ_{12} 与线圈 1 相交链形成互感磁通链 Ψ_{12}。

由图 7-2a、b 可知，线圈 1 和线圈 2 中的总磁通链是自感磁通链与互感磁通链之和。设线圈 1 的总磁通链为 Ψ_1，线圈 2 的总磁通链为 Ψ_2，即

$$\left.\begin{array}{l} \Psi_1 = \Psi_{11} + \Psi_{12} \\ \Psi_2 = \Psi_{22} + \Psi_{21} \end{array}\right\} \tag{7-1}$$

当线圈的周围空间磁介质的磁导率不变，即为线性时，自感磁通链 Ψ_{11} 和 Ψ_{22} 分别与产生它们的电流 i_1 和 i_2 成正比，即有

$$\left.\begin{array}{l} \Psi_{11} = L_1 i_1 \\ \Psi_{22} = L_2 i_2 \end{array}\right\} \tag{7-2}$$

式中，L_1 和 L_2 称为线圈 1 和线圈 2 的自感系数，简称自感，又称为线圈的电感。

当线圈的周围空间磁介质为线性时，由毕奥-沙伐-拉普拉斯定律可知，由电流 i_1 或电流 i_2 在周围空间内产生的任一点的磁感应强度都与电流 i_1 或电流 i_2 成正比，所以由电流 i_1 产生的通过线圈 2 的互感磁通 Φ_{21} 也必然和 i_1 成正比；由电流 i_2 产生的通过线圈 1 的互感磁通 Φ_{12} 也必然和 i_2 成正比。所以线圈 1 和线圈 2 的互感磁通链也和 i_1、i_2 成正比，即

$$\left.\begin{array}{l} \Psi_{12} = M_{12} i_2 \\ \Psi_{21} = M_{21} i_1 \end{array}\right\} \tag{7-3}$$

式中，M_{12} 和 M_{21} 称为线圈 1 和线圈 2 的互感系数，简称互感。

对于周围空间磁介质为线性的互感线圈来说，自感和互感均为正常数，且 $M_{12} = M_{21}$，证明略。所以，互感的下标可以略去，都用 M 表示，即 $M = M_{12} = M_{21}$。式（7-3）变为

$$\left.\begin{array}{l} \Psi_{12} = M i_2 \\ \Psi_{21} = M i_1 \end{array}\right\} \tag{7-4}$$

互感的单位与自感的单位相同，即为 H（亨）。

7.1.2 耦合系数

互感 M 的大小不仅与线圈中的电流、磁通链有关，还与线圈的结构、相互位置及磁介质有关。工程上为了衡量两个线圈之间的紧密程度，引出耦合系数 k。耦合系数 k 与互感 M、自感 L_1 和 L_2 之间的关系为

$$k = \frac{M}{\sqrt{L_1 L_2}} \tag{7-5}$$

k 值的大小反映了两耦合线圈之间的耦合紧密程度。当紧耦合时，$k \approx 1$（称为全耦合），即两个线圈紧密的、平行的绕在一个心子上；松耦合时，可能使 $k \approx 0$（无耦合），即两个

线圈相离较远，或垂直放置，如图7-3a、b所示。因此 k 的取值范围为

$$0 \leqslant k \leqslant 1$$

工程应用中的变压器耦合线圈的紧密程度接近全耦合。

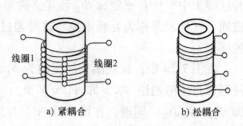

a) 紧耦合　　　b) 松耦合

图7-3　紧耦合与松耦合

【例7-1】　在图7-3a 中，线圈1的匝数为 N_1，线圈2的匝数为 N_2，设线圈1和线圈2的长度 l 和截面积 S 相等，心子磁介质的磁导率为 μ。试求：(1) 互感；(2) 两线圈的自感和互感之间的关系。

【解】　(1) 设线圈1通有电流 i_1，i_1 在线圈1中产生的磁通为 Φ，磁通 Φ 与磁感应强度 B、线圈1的截面积 S 之间的关系为

$$\Phi = BS = \mu \frac{N_1 i_1}{l} S$$

由于线圈2与线圈1同心，且紧密缠绕，则通过线圈2的磁通也为 Φ，所以线圈2的互感磁通链为

$$N_2 \Phi = \mu \frac{N_1 N_2 i_1}{l} S$$

根据互感的定义 $N_2 \Phi = M i_1$，有

$$M = \mu \frac{N_1 N_2}{l} S$$

(2) 线圈1通有电流 i_1 时，线圈1的自感磁通链为

$$N_1 \Phi = \mu \frac{N_1^2 i_1}{l} S$$

根据自感的定义 $N\Phi = Li$，有线圈1的自感为

$$L_1 = \frac{N_1 \Phi}{i_1} = \mu \frac{N_1^2}{l} S$$

同理，线圈2的自感为

$$L_2 = \frac{N_2 \Phi}{i_2} = \mu \frac{N_2^2}{l} S$$

由此可见，互感 M 和自感 L_1、L_2 的关系为

$$M^2 = \left(\mu \frac{N_1 N_2}{l} S \right)^2 = \left(\mu \frac{N_1^2}{l} S \right) \left(\mu \frac{N_2^2}{l} S \right) = L_1 L_2$$

即

$$M = \sqrt{L_1 L_2}$$

一般情况下，$M = k \sqrt{L_1 L_2}$，$0 \leqslant k \leqslant 1$。此题也证明了式（7-5）的耦合系数 k 的由来。

7.1.3　互感电压

在图7-2a 中，设电流 i_1 为交变电流，线圈1中的自感磁通 Φ_{11} 和线圈2中的互感磁通 Φ_{21} 将跟随电流 i_1 变化。根据电磁感应定律，交变磁通 Φ_{11} 在线圈1两端产生感应电动势 e_1，交变磁通 Φ_{21} 在线圈2两端产生感应电动势 e_2。e_1 称为自感电动势，e_2 称为互感电动势，它

们具有阻碍磁通 Φ_{11} 和 Φ_{21} 变化的性质。在磁通 Φ_{11} 的正方向和 e_1 的正方向、Φ_{21} 的正方向和 e_2 的正方向之间符合右手螺旋法则时，自感电动势 e_1 和互感电动势 e_2 与电流 i_1 的关系为

$$\left.\begin{array}{l} e_1 = -\dfrac{\mathrm{d}\Psi_{11}}{\mathrm{d}t} = -L_1 \dfrac{\mathrm{d}i_1}{\mathrm{d}t} \\[3mm] e_2 = -\dfrac{\mathrm{d}\Psi_{21}}{\mathrm{d}t} = -M \dfrac{\mathrm{d}i_1}{\mathrm{d}t} \end{array}\right\} \tag{7-6}$$

所以，线圈 1 的自感电压 u_{11} 和线圈 2 的互感电压 u_{21} 分别为

$$\left.\begin{array}{l} u_{11} = -e_1 = L_1 \dfrac{\mathrm{d}i_1}{\mathrm{d}t} \\[3mm] u_{21} = -e_2 = M \dfrac{\mathrm{d}i_1}{\mathrm{d}t} \end{array}\right\} \tag{7-7}$$

同样，在图 7-2b 中，线圈 2 中通以交变电流 i_2，自感磁通 Φ_{22} 也会在线圈 2 两端产生自感电动势 e_2，互感磁通 Φ_{12} 也会在线圈 1 两端产生互感电动势 e_1。在磁通的正方向和感应电动势的正方向之间符合右手螺旋法则时，互感电动势 e_1 和自感电动势 e_2 与电流 i_2 的关系为

$$\left.\begin{array}{l} e_1 = -\dfrac{\mathrm{d}\Psi_{12}}{\mathrm{d}t} = -M \dfrac{\mathrm{d}i_2}{\mathrm{d}t} \\[3mm] e_2 = -\dfrac{\mathrm{d}\Psi_{22}}{\mathrm{d}t} = -L_2 \dfrac{\mathrm{d}i_2}{\mathrm{d}t} \end{array}\right\} \tag{7-8}$$

所以，线圈 1 的互感电压 u_{12} 和线圈 2 的自感电压 u_{22} 分别为

$$\left.\begin{array}{l} u_{12} = -e_1 = M \dfrac{\mathrm{d}i_2}{\mathrm{d}t} \\[3mm] u_{22} = -e_2 = L_2 \dfrac{\mathrm{d}i_2}{\mathrm{d}t} \end{array}\right\} \tag{7-9}$$

可见，每个线圈的总电压是由自感电压和互感电压两部分组成。

7.1.4　同名端

　　工程上利用耦合线圈传输电压信号时，有时需要知道耦合线圈产生的互感电压的极性，才能正确设计电路。另外，实际工程当中还经常使用在一个铁心柱上绕制多个绕组的耦合器件（多绕组变压器），根据负载的需要，可将这些耦合线圈串联或并联，用以提高电路的输出电压和输出电流。那么，若要将这些耦合线圈的端子正确连接起来，必须要知道耦合线圈两端产生的互感电压的极性，而互感电压的极性与耦合线圈的绕向有关。只要知道耦合线圈的绕向，就可以确定互感电压的极性，然而，实际上磁耦合器件绕制好封装后，一般都不知道耦合线圈的绕向（有的耦合线圈有标记），这就

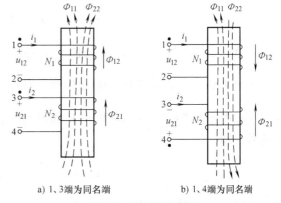

a) 1、3 端为同名端　　　　b) 1、4 端为同名端

图 7-4　同名端的判断

需要在使用磁耦合器件时，先要判断线圈的绕向，然后将线圈的绕向相同的端子标记出来，这就是我们要讨论的同名端问题。

在图7-4a中，两个耦合线圈绕在同一心柱上，且绕向相同。当 i_1 从1端流入，i_2 从3端流入，两电流在相邻的线圈中产生的互感磁通与自感磁通方向一致，其结果使磁场增强，即互感起增磁作用，则线圈1的1端和线圈2的3端称为同名端，用"●"或"*"表示。同名端也称为同极性端，即1端和3端的互感电压极性相同，均为正或负。在图7-4b中，当两个耦合线圈绕向相反时，i_1 还是从1端流入，i_2 还是从3端流入。但是，两电流在相邻的线圈中产生的互感磁通与自感磁通方向相反，其结果使磁场减弱，即互感起去磁作用，则1端、3端为异名端，即1端和3端的互感电压极性相反。

在耦合线圈的端子标出同名端之后，就不需要画出耦合线圈的绕向，可以用带有互感 M 和同名端标记的电感 L_1 和 L_2 表示耦合线圈，如图7-5所示。

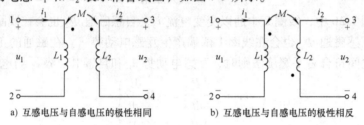

a) 互感电压与自感电压的极性相同　　　　　b) 互感电压与自感电压的极性相反

图7-5　耦合线圈的互感电压

根据耦合电感的同名端，可以方便地判断出互感电压的极性。在图7-5a中，电流 i_1 和 i_2 都从两个耦合电感的同名端流入，当 $\dfrac{di_2}{dt}>0,\dfrac{di_1}{dt}>0$ 时，产生的互感电压起增磁作用，u_{12} 和 u_{21} 的极性与自感电压 u_{11} 和 u_{22} 的极性相同，均为上正下负，则互感电压前均取正号，即

$$u_{12} = M\frac{di_2}{dt}, \quad u_{21} = M\frac{di_1}{dt}$$

耦合电感 L_1、L_2 的总电压 u_1 和 u_2 为

$$\left. \begin{aligned} u_1 = u_{11} + u_{12} = L_1\frac{di_1}{dt} + M\frac{di_2}{dt} \\ u_2 = u_{22} + u_{21} = L_2\frac{di_2}{dt} + M\frac{di_1}{dt} \end{aligned} \right\} \tag{7-10}$$

注意：当电流与自感电压是关联参考方向时，自感电压前取正号，否则为负号。

在图7-5b中，两个变化的电流 i_1 和 i_2 从两线圈的异名端流入，当 $\dfrac{di_2}{dt}>0,\dfrac{di_1}{dt}>0$ 时，产生的互感电压起去磁作用，u_{12} 和 u_{21} 的极性与自感电压 u_{11} 和 u_{22} 的极性相反，互感电压前均取负号，即

$$u_{12} = -M\frac{di_2}{dt}, \quad u_{21} = -M\frac{di_1}{dt}$$

耦合电感 L_1、L_2 的总电压 u_1 和 u_2 为

$$u_1 = u_{11} + u_{12} = L_1 \frac{\mathrm{d}i_1}{\mathrm{d}t} - M \frac{\mathrm{d}i_2}{\mathrm{d}t} \left.\rule{0pt}{24pt}\right\}$$

$$u_2 = u_{22} + u_{21} = L_2 \frac{\mathrm{d}i_2}{\mathrm{d}t} - M \frac{\mathrm{d}i_1}{\mathrm{d}t}$$

(7-11)

当外加的电流 i_1 和 i_2 为正弦量时，在稳态情况下，图 7-5a 和 b 的电压方程可用相量表示，即

$$\dot{U}_1 = \mathrm{j}\omega L_1 \dot{I}_1 \pm \mathrm{j}\omega M \dot{I}_2 \left.\rule{0pt}{16pt}\right\}$$

$$\dot{U}_2 = \mathrm{j}\omega L_2 \dot{I}_2 \pm \mathrm{j}\omega M \dot{I}_1$$

(7-12)

在式（7-12）中，互感电压前取正号的 $\dot{U}_1$、$\dot{U}_2$ 方程式为图 7-5a 的电压方程；互感电压前取负号的 $\dot{U}_1$、$\dot{U}_2$ 方程式为图 7-5b 的电压方程。

【例 7-2】 具有互感的两个线圈接成如图 7-6 所示的电路。线圈 1 接直流电源（干电池），线圈 2 接电压表。当开关 S 闭合瞬间，若电压表的指针正偏，试判断互感线圈的同名端。

【解】 当开关 S 闭合瞬间，线圈 1 中产生电流 i_1，其实际方向如图所示。i_1 在线圈 1 两端产生的自感电压极性为上正下负。当电压表的指针正偏时，线圈 2 两端产生的互感电压极性也为上正下负。由于同极性端即为同名端，所以 1 和 3 端为同名端。这种判断同名端的方法称为直流判断法。

【例 7-3】 在图 7-7 所示的电路中，已知输入电压 $u_1 = 10\sqrt{2}\cos 2000t\,\mathrm{V}$，$R_1 = 3\Omega$，$L_1 = 2\mathrm{mH}$，$L_2 = 3\mathrm{mH}$，$M = 2\mathrm{mH}$，$R_2 = 8\Omega$。试求开关 S 打开与闭合时的 i_1 和 u_2。

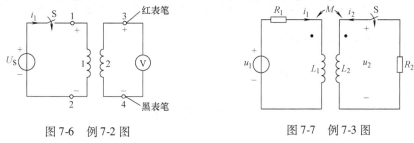

图 7-6 例 7-2 图　　　　　　　　　图 7-7 例 7-3 图

【解】 开关 S 打开时，$i_2 = 0$，L_1 两端无互感电压。L_2 两端无自感电压，只有互感电压。

$$\omega L_1 = \omega M = 2000 \times 2 \times 10^{-3}\Omega = 4\Omega$$

$$\omega L_2 = 2000 \times 3 \times 10^{-3}\Omega = 6\Omega$$

$$\dot{I}_1 = \frac{\dot{U}_1}{(R_1 + \mathrm{j}\omega L_1)} = \frac{10\angle 0°}{3 + \mathrm{j}4}\mathrm{A} = 2\angle -53.1°\mathrm{A}$$

$$\dot{U}_2 = \mathrm{j}\omega M \dot{I}_1 = \mathrm{j}4 \times 2\angle -53.1°\mathrm{V} = 8\angle 36.9°\mathrm{V}$$

$$i_1 = 2\sqrt{2}\cos(2000t - 53.1°)\,\mathrm{A}$$

即

$$u_2 = 8\sqrt{2}\cos(2000t + 36.9°)\,\mathrm{V}$$

开关 S 闭合时，L_1 和 L_2 两端均产生自感电压和互感电压。根据 KVL 有

$$\dot{U}_1 = (R_1 + \mathrm{j}\omega L_1)\dot{I}_1 + \mathrm{j}\omega M \dot{I}_2$$

(1)

$$(R_2 + j\omega L_2)\dot{I}_2 + j\omega M \dot{I}_1 = 0 \qquad (2)$$

由式（2）得

$$\dot{I}_1 = -\frac{(R_2 + j\omega L_2)}{j\omega M}\dot{I}_2 \qquad (3)$$

将式（3）代入式（1），得

$$\dot{U}_1 = -(R_1 + j\omega L_1)\left(\frac{R_2 + j\omega L_2}{j\omega M}\right)\dot{I}_2 + j\omega M \dot{I}_2 \qquad (4)$$

代入数据，整理得

$$10\angle 0° = -(3 + j4)\frac{(8 + j6)}{j4}\dot{I}_2 + j4\dot{I}_2$$

$$= -5\angle 53.1° \times 2.5\angle -53.1°\dot{I}_2 + j4\dot{I}_2$$

$$= (-12.5 + j4)\dot{I}_2$$

$$\dot{I}_2 = \frac{10\angle 0°}{-12.5 + j4}A = \frac{10\angle 0°}{13.12\angle 162.2°}A = 0.76\angle -162.2°A$$

$$\dot{I}_1 = -\frac{(R_2 + j\omega L_2)}{j\omega M}\dot{I}_2 = (-2.5\angle -53.1° \times 0.76\angle -162.2°)A = -1.9\angle -215.3°A$$

$$= 1.9\angle -35.3°A$$

$$\dot{U}_2 = -R_2\dot{I}_2 = (-8 \times 0.76\angle -162.2°)V = -6.1\angle -162.2°V = 6.1\angle 17.8°V$$

即

$$i_1 = 1.9\sqrt{2}\cos(2000t - 35.3°)A$$

$$u_2 = 6.1\sqrt{2}\cos(2000t + 17.8°)V$$

思 考 题

7-1 什么叫做磁耦合？两个线圈在什么情况下产生互感电压？

7-2 图7-8中，当线圈2的电流 i_2 增加时，即 $\frac{\mathrm{d}i_2}{\mathrm{d}t} > 0$ 时，标出线圈1的互感电压的极性。

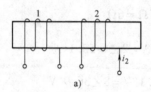 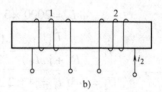

图7-8 思考题7-2图

7-3 在例题7-2中，当开关 S 闭合瞬间，若电压表的指针反偏，1 和 3 端还是同名端吗？

7.2　含有互感电路的计算

分析计算含有耦合电感（互感）的正弦电路时，其分析方法仍然采用相量法。在用相量法列电压方程时，与 RL 正弦稳态电路不同的是，耦合电感上的电压要包含互感电压，且互感电压前的正负号由另一线圈的电流参考方向及同名端决定。

为了计算方便，通常将含有互感的电路等效为无互感的电路之后再进行计算，这种方法称为互感消去法。

7.2.1　耦合电感的串联与并联

耦合电感的串联与并联，在实际应用中起到改变输出电压和输出电流的作用。

1. 耦合电感的串联（顺接与反接）

图 7-9a 和 b 为耦合电感的串联。7-9a 是耦合电感顺向串联（顺接），即是异名端相连，电流 i 从两个线圈的同名端流入，产生的互感电压与自感电压同方向，其结果使总电压 u 增加，即

$$u = u_1 + u_2 = L_1\frac{\mathrm{d}i}{\mathrm{d}t} + M\frac{\mathrm{d}i}{\mathrm{d}t} + L_2\frac{\mathrm{d}i}{\mathrm{d}t} + M\frac{\mathrm{d}i}{\mathrm{d}t}$$

$$= (L_1 + L_2 + 2M)\frac{\mathrm{d}i}{\mathrm{d}t}$$

$$= L\frac{\mathrm{d}i}{\mathrm{d}t} \tag{7-13}$$

式中，L 称为耦合电感顺接的等效电感。

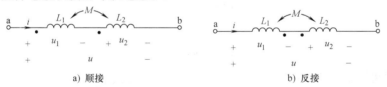

a) 顺接　　　　　　　　　　　b) 反接

图 7-9　耦合电感的串联

图 7-10b 是耦合电感反向串联（反接），即是同名端相连，电流 i 从两个线圈的异名端流入，产生的互感电压与自感电压反方向，其结果使总电压 u 减小，即

$$u = u_1 + u_2 = L_1\frac{\mathrm{d}i}{\mathrm{d}t} - M\frac{\mathrm{d}i}{\mathrm{d}t} + L_2\frac{\mathrm{d}i}{\mathrm{d}t} - M\frac{\mathrm{d}i}{\mathrm{d}t}$$

$$= (L_1 + L_2 - 2M)\frac{\mathrm{d}i}{\mathrm{d}t}$$

$$= L\frac{\mathrm{d}i}{\mathrm{d}t} \tag{7-14}$$

式中，L 称为耦合电感反接的等效电感。

若图 7-9 的耦合电感电路为正弦电路时，其电压与电流的关系可用相量式表示，即图 a 的相量式为

$$\dot{U} = \dot{U}_1 + \dot{U}_2 = j\omega(L_1 + L_2 + 2M)\dot{I} \qquad (7\text{-}15)$$

图 b 的相量式为

$$\dot{U} = \dot{U}_1 + \dot{U}_2 = j\omega(L_1 + L_2 - 2M)\dot{I} \qquad (7\text{-}16)$$

【例 7-4】 在图 7-10a 中，已知输入电压 $u = 100\sqrt{2}\cos 1000t\,\text{V}$，$R_1 = 10\Omega$，$R_2 = 30\Omega$，$L_1 = 50\text{mH}$，$L_2 = 80\text{mH}$，$M = 50\text{mH}$。试求：（1）耦合系数 k；（2）电流 i；（3）画出等效电路。

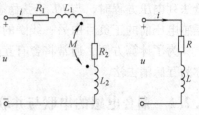

a) 互感电路　　　b) 等效电路

图 7-10　例 7-4 图

【解】 （1）耦合系数 k 为

$$k = \frac{M}{\sqrt{L_1 L_2}} = \frac{0.05}{\sqrt{0.05 \times 0.08}} = 0.79$$

（2）由图 7-10a 可知，两个耦合线圈是反向串联。根据 KVL 有

$$\begin{aligned}
\dot{U} &= (R_1 + j\omega L_1)\dot{I} - j\omega M\dot{I} + (R_2 + j\omega L_2)\dot{I} - j\omega M\dot{I} \\
&= [(R_1 + R_2) + j\omega(L_1 + L_2 - 2M)]\dot{I} \\
&= (R + j\omega L)\dot{I} \\
&= Z\dot{I}
\end{aligned}$$

式中

$$R = R_1 + R_2 = (10 + 30)\Omega = 40\Omega$$

$$L = L_1 + L_2 - 2M = (50 + 80 - 2 \times 50)\text{mH} = 30\text{mH}$$

$$\omega L = (1000 \times 30 \times 10^{-3})\Omega = 30\Omega$$

则

$$Z = R + j\omega L = (40 + j30)\Omega$$

故

$$\dot{I} = \frac{\dot{U}}{Z} = \frac{100\angle 0°}{40 + j30}\text{A} = 2\angle 36.9°\text{A}$$

电流 i 为

$$i = 2\sqrt{2}\cos(1000t + 36.9°)\text{A}$$

（3）等效电路如图 7-10b 所示。

2. 耦合电感的并联（同名端并联和异名端并联）

图 7-11a 和 b 是耦合电感的并联。其中图 a 是同名端并联，图 b 是异名端并联。

对于图 7-11a 的同名端并联的正弦稳态电路，根据 KVL 有

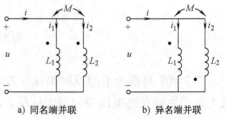

a) 同名端并联　　　b) 异名端并联

图 7-11　耦合电感的并联

$$\left.\begin{aligned}
\dot{U} &= j\omega L_1 \dot{I}_1 + j\omega M\dot{I}_2 = Z_1\dot{I}_1 + Z_M\dot{I}_2 \\
\dot{U} &= j\omega M\dot{I}_1 + j\omega L_2\dot{I}_2 = Z_M\dot{I}_1 + Z_2\dot{I}_2
\end{aligned}\right\} \qquad (7\text{-}17)$$

由以上的电压方程联立得

$$\dot{I}_1 = \frac{Z_2 - Z_M}{Z_1 Z_2 - Z_M^2}\dot{U} \qquad (7\text{-}18)$$

$$\dot{I}_2 = \frac{Z_1 - Z_M}{Z_1 Z_2 - Z_M^2}\dot{U} \qquad (7\text{-}19)$$

根据 KCL，总电流为

$$\dot{I} = \dot{I}_1 + \dot{I}_2 = \frac{Z_2 - Z_M}{Z_1 Z_2 - Z_M^2}\dot{U} + \frac{Z_1 - Z_M}{Z_1 Z_2 - Z_M^2}\dot{U} = \frac{Z_1 + Z_2 - 2Z_M}{Z_1 Z_2 - Z_M^2}\dot{U} \tag{7-20}$$

所以

$$\dot{U} = \frac{Z_1 Z_2 - Z_M^2}{Z_1 + Z_2 - 2Z_M}\dot{I} = j\omega\frac{(L_1 L_2 - M^2)}{(L_1 + L_2 - 2M)}\dot{I} = j\omega L\dot{I} \tag{7-21}$$

式中，L 称为耦合电感同名端并联的等效电感，即

$$L = \frac{L_1 L_2 - M^2}{L_1 + L_2 - 2M} \tag{7-22}$$

同理，对于图 7-11b 的异名端并联的正弦稳态电路，根据 KVL 和 KCL 有

$$\left.\begin{aligned} \dot{U} &= j\omega L_1 \dot{I}_1 - j\omega M \dot{I}_2 = Z_1 \dot{I}_1 - Z_M \dot{I}_2 \\ \dot{U} &= -j\omega M \dot{I}_1 + j\omega L_2 \dot{I}_2 = -Z_M \dot{I}_1 + Z_2 \dot{I}_2 \\ \dot{I} &= \dot{I}_1 + \dot{I}_2 \end{aligned}\right\} \tag{7-23}$$

经整理得

$$\dot{U} = \frac{Z_1 Z_2 - Z_M^2}{Z_1 + Z_2 + 2Z_M}\dot{I} = j\omega\frac{(L_1 L_2 - M^2)}{(L_1 + L_2 + 2M)}\dot{I} = j\omega L\dot{I} \tag{7-24}$$

式中，L 称为耦合电感异名端并联的等效电感，即

$$L = \frac{L_1 L_2 - M^2}{L_1 + L_2 + 2M} \tag{7-25}$$

7.2.2 耦合电感的 T 形去耦等效电路

在分析计算含有耦合电感的交流电路时，为了分析方便，通常采用互感消去法将含有互感的电路转换为无互感的等效电路，下面就介绍互感消去法。

图 7-12 所示为两个耦合电感的串联接线形式。其中，图 7-12a 是两耦合电感同名端相连，图 7-12b 是两耦合电感异名端相连，连接点为 c。

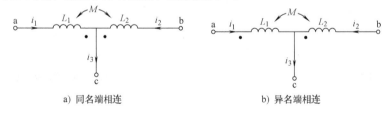

a) 同名端相连　　　　　　　　　　b) 异名端相连

图 7-12　具有耦合电感的三端电路

在图 7-12a 中，设两耦合电感的连接点 c 为公共端，按图示电流的参考方向，对 ac 端和 bc 端列相量形式的电压方程为

$$\begin{cases} \dot{U}_{ac} = j\omega L_1 \dot{I}_1 + j\omega M \dot{I}_2 \\ \dot{U}_{bc} = j\omega L_2 \dot{I}_2 + j\omega M \dot{I}_1 \end{cases}$$

将 $\dot{I}_3 = \dot{I}_1 + \dot{I}_2$ 带入上两式得

$$\begin{cases} \dot{U}_{ac} = j\omega L_1 \dot{I}_1 + j\omega M (\dot{I}_3 - \dot{I}_1) = j\omega(L_1 - M)\dot{I}_1 + j\omega M \dot{I}_3 \\ \dot{U}_{bc} = j\omega L_2 \dot{I}_2 + j\omega M (\dot{I}_3 - \dot{I}_2) = j\omega(L_2 - M)\dot{I}_2 + j\omega M \dot{I}_3 \end{cases} \tag{7-26}$$

由式（7-26）可知，若将 M 看成是电流 $\dot{I}_1$ 和 $\dot{I}_2$ 共同流过的公共支路的电感，并将 L_1 和 L_2 分别用 $(L_1 - M)$ 和 $(L_2 - M)$ 来代替，由式（7-26）就可以得到图 7-13a 所示的没有互感的等效电路了。这样就可以用正弦稳态电路的分析方法求解各支路电流和电压了。

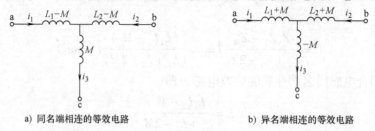

a) 同名端相连的等效电路　　　　　　　　b) 异名端相连的等效电路

图 7-13　消去互感的等效电路

同理，对于图 7-12b 的互感电路，应用互感消去法得到的等效电路如图 7-13b 所示，具体推导过程与图 7-12a 相同。

【例 7-5】　用互感消去法求 7-14a 电路的等效电感。

【解】　在图 7-14a 中，设 b 点为两个耦合电感的公共端，两耦合电感是同名端相连，其消去互感的等效电路如图 7-14b 所示，则等效电感为

$$L_{ab} = M + \frac{(L_1 - M)(L_2 - M)}{L_1 - M + L_2 - M}$$

$$= \frac{L_1 L_2 - M^2}{L_1 + L_2 - 2M}$$

其结果与式（7-22）相同，显然用互感消去法求等效电感很简单。

【例 7-6】　在图 7-15a 中，已知角频率为 ω。试用互感消去法求电路的等效阻抗。

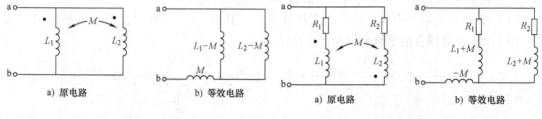

a) 原电路　　　　　b) 等效电路　　　　　　　a) 原电路　　　　　b) 等效电路

图 7-14　例 7-5 图　　　　　　　　　图 7-15　例 7-6 图

【解】　在图 7-15a 中，b 点为两个耦合电感的公共端，两耦合电感是异名端相连，其消去互感的等效电路如图 7-15b 所示，则等效阻抗为

$$Z_{ab} = -j\omega M + [R_1 + j\omega(L_1 + M)] // [R_2 + j\omega(L_2 + M)]$$

【例 7-7】　在图 7-16a 中，已知 $R_1 = 3\Omega$，$R_2 = 6\Omega$，$\omega L_1 = 6\Omega$，$\omega L_2 = 8\Omega$，$\omega M = 4\Omega$，$\dot{U} = 10\angle 0°\text{V}$。试用互感消去法求 $\dot{I}_1$、$\dot{I}_2$ 和输入阻抗 Z_i。

【解】　将图 7-16a 电路中的互感消去，其等效电路如图 7-16b 所示。
由图 7-16b 得

$$Z_1 = (3 + j2)\Omega = 3.6\angle 33.6°\Omega, \quad Z_2 = (6 + j4)\Omega = 7.2\angle 33.6°\Omega$$

$$Z_1 // Z_2 = \frac{(3+j2)(6+j4)}{3+j2+6+j4}\Omega = \frac{25.92\angle 67.2°}{9+j6}\Omega = 2.4\angle 33.6°\Omega = (2+j1.32)\Omega$$

输入阻抗为

$$Z_i = j4\Omega + Z_1 // Z_2$$
$$= (j4+2+j1.32)\Omega$$
$$= (2+j5.32)\Omega$$

总电流为

$$\dot{I} = \frac{\dot{U}}{Z_i} = \frac{10\angle 0°}{2+j5.32}A$$
$$= 1.76\angle -69.4°A$$

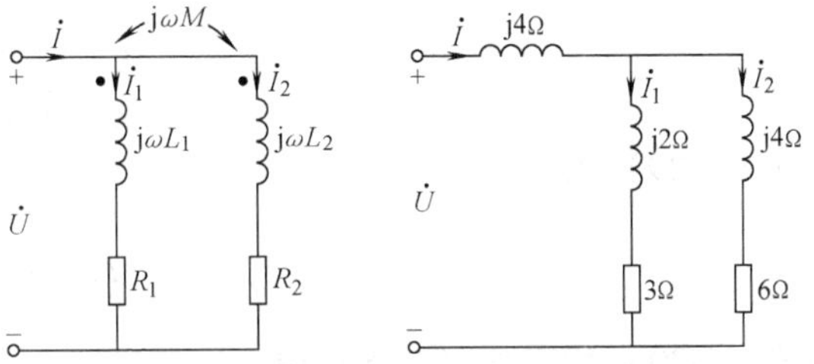

则

$$\dot{I}_1 = \frac{6+j4}{3+j2+6+j4}\dot{I} = \frac{7.2\angle 33.6°}{10.8\angle 33.6°}\times 1.76\angle -69.4°A = 1.16\angle -69.4°A$$

$$\dot{I}_2 = \frac{3+j2}{3+j2+6+j4}\dot{I} = \frac{3.6\angle 33.6°}{10.8\angle 33.6°}\times 1.76\angle -69.4°A = 0.58\angle -69.4°A$$

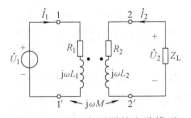

图 7-16　例 7-7 图

思　考　题

7-4　在图 7-9b 中，若 $L_1 = L_2 = M$ 时，会出现什么情况？

7-5　在图 7-11a 和 b 中，若 $\omega L_1 = \omega L_2 = \omega M = 10\Omega$ 时，输入阻抗分别等于多少？

7.3　变压器

变压器是电力系统、电工技术和通信技术中常用的电气设备，它是利用电磁感应现象实现电能和信号的传输。

变压器由绕组和心子组成，绕组绕在心子上，分为一次绕组（输入绕组）和二次绕组（输出绕组），心子的材料有非铁磁体和铁磁体、铁氧体三种。由这三种心子做成的变压器分别称为空心变压器、铁心变压器和铁氧体磁心变压器。空心变压器和铁氧体磁心变压器主要应用于通信电路系统和高频开关电源技术中，铁心变压器主要应用于音频电路和电力系统中。

7.3.1　空心变压器

图 7-17 是空心变压器的电路模型。空心变压器的一次绕组接交流电压源，二次绕组接负载。工程上可以采用不同的等效方法分析变压器的输入、输出端口的伏安关系。对于空心变压器，可以采用一、二侧等效电路和 T 形去耦电路分析其端口的伏安关系。

空心变压器在正弦电压作用下，各电流都按正弦规律变化。根据 KVL 的相量形式，列出的电压方程为

$$\left.\begin{array}{l}(R_1+j\omega L_1)\dot{I}_1 + j\omega M\dot{I}_2 = \dot{U}_1 \\ (R_2+j\omega L_2+Z_L)\dot{I}_2 + j\omega M\dot{I}_1 = 0\end{array}\right\} \quad (7\text{-}27)$$

图 7-17　空心变压器的电路模型

令式（7-27）中的 $R_1 + j\omega L_1 = Z_{11}$，$R_2 + j\omega L_2 + Z_L = Z_{22}$，$j\omega M = Z_M$。$Z_{11}$ 称为一次回路阻抗，Z_{22} 称为二次回路阻抗，Z_M 称为互感抗，则式（7-27）可简写为

$$Z_{11}\dot{I}_1 + Z_M\dot{I}_2 = \dot{U}_1 \tag{7-28}$$

$$Z_M\dot{I}_1 + Z_{22}\dot{I}_2 = 0 \tag{7-29}$$

由式（7-29）得

$$\dot{I}_2 = -\frac{Z_M}{Z_{22}}\dot{I}_1 \tag{7-30}$$

将式（7-30）代入式（7-28）得

$$\dot{I}_1 = \frac{\dot{U}_1}{Z_{11} - \dfrac{Z_M^2}{Z_{22}}} = \frac{\dot{U}_1}{Z_{11} + \dfrac{(\omega M)^2}{Z_{22}}} \tag{7-31}$$

式（7-31）说明，变压器的一次侧等效电路的输入阻抗是由 Z_{11} 和 $(\omega M)^2/Z_{22}$ 串联组成，其中 $(\omega M)^2/Z_{22}$ 是二次回路阻抗和互感抗通过互感反映到一次侧的等效阻抗，称为反映阻抗。反映阻抗的性质与 Z_{22} 相反，即二次回路的阻抗为感性时，反映阻抗变为容性，二次回路的阻抗为容性时，反映阻抗变为感性。一次侧等效电路如图 7-18a 所示。在一次侧输入电压 $\dot{U}_1$ 和空心变压器参数已知的情况下，由一次侧等效电路或式（7-31）可求出电流 $\dot{I}_1$，由式（7-30）求出电流 $\dot{I}_2$，二次侧输出电压可由 $\dot{U}_2 = -Z_L\dot{I}_2$ 求出。

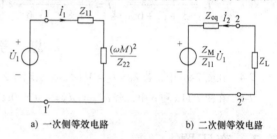

a) 一次侧等效电路　　　　b) 二次侧等效电路

图 7-18　一、二次侧等效电路

空心变压器的输入、输出端口的伏安关系也可由二次侧等效电路确定。将式（7-31）代入式（7-30）得

$$\dot{I}_2 = -\frac{Z_M}{Z_{22}}\dot{I}_1 = -\frac{Z_M}{Z_{22}}\frac{\dot{U}_1}{Z_{11} + \dfrac{(\omega M)^2}{Z_{22}}} = -\frac{Z_M\dot{U}_1}{Z_{11}Z_{22} + (\omega M)^2}$$

$$= -\frac{Z_M\dot{U}_1/Z_{11}}{Z_{22} + \dfrac{(\omega M)^2}{Z_{11}}} = -\frac{\dot{U}_{OC}}{Z_{eq} + Z_L} \tag{7-32}$$

式中的 $\dot{U}_{OC}$ 是图 7-17 的二次侧开路电压，即为戴维宁等效电路的等效电压源，Z_{eq} 为其等效阻抗，其值为 $Z_{eq} = R_2 + j\omega L_2 + (\omega M)^2/Z_{11}$；$Z_L$ 为负载阻抗。式（7-32）的结果读者可用戴维宁定理求证。由式（7-32）画出的二次侧等效电路如图 7-18b 所示。在一次侧输入电压 $\dot{U}_1$ 和空心变压器参数已知的情况下，由二次侧等效电路或式（7-32）就可求出电流 $\dot{I}_2$ 和 $\dot{I}_1$。

空心变压器的输入、输出端口的伏安关系也可用 T 形去耦等效电路确定。将图 7-17 用 T 形互感消去法等效，其等效电路如图 7-19 所示。在图 7-19 中，根据基尔霍夫定律或电路的分析方法可求出 $\dot{I}_1$、$\dot{I}_2$ 和 $\dot{U}_2$。

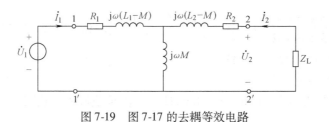

图 7-19　图 7-17 的去耦等效电路

【例 7-8】　在图 7-20 所示的电路中，已知 $\dot{U}_S = 10\angle 0°V$，$\omega = 5000\text{rad/s}$，$R_1 = 5\Omega$，$L_1 = L_2$ $= 1\text{mH}$，$M = 0.4\text{mH}$。求负载获得最大功率时的 Z_L 值。

【解法一】　用一次侧等效电路求 Z_L。

$$\omega L_1 = \omega L_2 = 5000 \times 1 \times 10^{-3}\Omega = 5\Omega,$$

$$\omega M = 5000 \times 0.4 \times 10^{-3}\Omega = 2\Omega$$

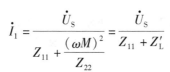

图 7-20　例 7-8 图

设　　　　　$Z_{11} = R_1 + j\omega L_1$，$Z_{22} = j\omega L_2 + Z_L$，$Z_M = j\omega M$

根据式（7-31）得

$$\dot{I}_1 = \frac{\dot{U}_S}{Z_{11} + \dfrac{(\omega M)^2}{Z_{22}}} = \frac{\dot{U}_S}{Z_{11} + Z_L'}$$

式中，Z_L' 为折合到一次侧的等效阻抗，一次侧等效电路如图 7-21 所示。

在图 7-21 中，若使负载获得最大功率，则有 $Z_L' = Z_{11}^* = (5 - j5)\Omega$，即

$$Z_L' = \frac{(\omega M)^2}{Z_{22}} = \frac{2^2}{Z_L + j5}$$

$$Z_L' = (5 - j5)\Omega$$

所以

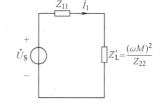

图 7-21　一次侧等效电路

$$Z_L = \left[\left(\frac{2^2}{5 - j5}\right) - j5\right]\Omega = (0.39 - j4.6)\Omega$$

【解法二】　用二次侧等效电路求 Z_L。

由式（7-32）求出二次侧等效电路中的等效阻抗 Z_{eq} 为

$$Z_{eq} = j\omega L_2 + (\omega M)^2/Z_{11} = \left(j5 + \frac{4}{5 + j5}\right)\Omega = (j5 + 0.56\angle -45°)\Omega$$

$$= (j5 + 0.39 - j0.39)\Omega = (0.39 + j4.6)\Omega$$

由二次侧等效电路图 7-18b 可知，当 $Z_L = Z_{eq}^* = (0.39 - j4.6)\Omega$ 时，负载获得最大功率。

【解法三】　用互感消去法求 Z_L。

用互感消去法将图 7-20 等效成图 7-22a 的无互感电路，然后利用戴维宁定理求出对 Z_L 的等效电路如图 7-22c 所示，再根据最大功率条件求出 Z_L。

将图 7-22a 中的负载 Z_L 开路，其开路电压 $\dot{U}_{OC}$ 为

$$\dot{U}_{OC} = \left(\frac{10\angle 0°}{5 + j5}\right) \times j2V = 2\sqrt{2}\angle 45°V$$

等效阻抗为

$$Z_{eq} = \left(\frac{(5+j3) \times j2}{5+j3+j2} + j3\right)\Omega = \left(\frac{11.66\angle 121°}{7.07\angle 45°} + j3\right)\Omega = (1.64\angle 76° + j3)\Omega$$

$$= (0.39 + j1.6 + j3)\Omega$$

$$= (0.39 + j4.6)\Omega$$

由图 7-22b 可知，当 $Z_L = Z_{eq}^* = (0.39 - j4.6)\Omega$ 时，负载获得最大功率。

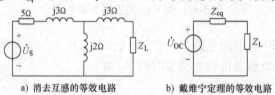

a) 消去互感的等效电路　　　　b) 戴维宁定理的等效电路

图 7-22　解法三的等效电路

7.3.2　铁心变压器

常见的铁心变压器外形如图 7-23a、b 所示。铁心变压器的一次绕组和二次绕组耦合很紧密，近似为全耦合；铁心是由高导磁材料硅钢片叠成，其结构见图 7-23c、d。

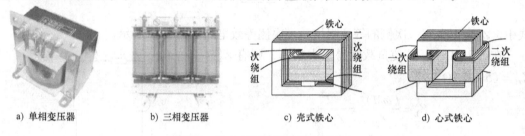

a) 单相变压器　　　　b) 三相变压器　　　　c) 壳式铁心　　　　d) 心式铁心

图 7-23　铁心变压器的外形与结构

1. 工作原理

图 7-24 和图 7-25 分别是变压器空载和有载时的原理示意图。首先分析空载情况。

在图 7-24 中，开关 S 是断开的，变压器的二次侧没有接负载。当变压器的一次绕组接上交流电压 u_1 时，一次绕组中产生的电流 $i_1 = i_{1o}$，i_{1o} 称为励磁电流。由于变压器的铁心是由高导磁的铁磁材料制成，所以数值不大的 i_{1o} 在铁心中和其绕组周围也能产生很强的磁场，i_{1o} 产生的磁通绝大多数是通过铁心闭合的，这部分磁通称为主磁通，记作 Φ，还有少量磁通

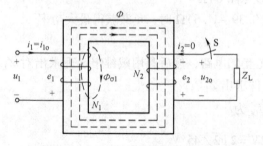

图 7-24　铁心变压器空载示意图

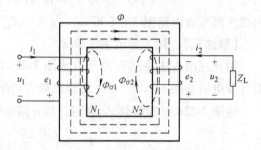

图 7-25　铁心变压器有载示意图

是通过一次绕组周围的空气闭合的，这小部分的磁通称为漏磁通，记作 $\Phi_{\sigma1}$。主磁通 Φ 同时穿越一次绕组和二次绕组，在一次绕组两端产生自感电动势 e_1，在二次绕组两端产生互感电动势 e_2，也就是互感电压 u_{2o}。即变压器通过互感的作用，将 u_1 变换为 u_{2o}。变压器空载时的电磁关系如图 7-26 所示，其中，$i_{1o}N_1$ 称为一次绕组的磁动势（相当电路中的电动势），其作用是在磁路中产生磁通。

下面分析变压器有载时的电磁关系。

在图 7-25 中，变压器的二次侧接上负载 Z_L，称为变压器的有载工作状态。有载时，互感电动势 e_2 产生电流 i_2，i_2N_2 称为二次绕组的磁动势。i_2N_2 也会在铁心中产生主磁通，在二次绕组周围产生漏磁通 $\Phi_{\sigma2}$。也就是说，主磁通 Φ 是由 i_1N_1 和 i_2N_2 共同作用产生的。此时，变压器的一次电流 i_1 包括励磁电流 i_{1o} 和负载所需要的电流。变压器有载时的电磁关系如图 7-27 所示。

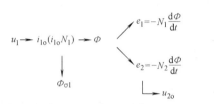

图 7-26　变压器空载时的电磁关系

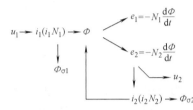

图 7-27　变压器有载时的电磁关系

2. 变换功能

变压器在实际工程应用中经常用来变换电压、变换电流和变换阻抗。

（1）电压变换　在图 7-25 中，由于变压器的一、二次绕组耦合得甚为紧密，漏磁通 $\Phi_{\sigma1}$、$\Phi_{\sigma2}$ 很小，近似为全耦合，即耦合系数 $k \approx 1$。一、二次绕组的电阻 R_1、R_2 的数值也很小，所以在工程应用分析中，常常将它们的影响忽略不计。

对于图 7-25 的一次回路，忽略漏磁 $\Phi_{\sigma1}$、忽略一次绕组电阻 R_1，则一次回路的电压与感应电动势的关系为

$$u_1 = -e_1 \tag{7-33}$$

用相量表示
$$\dot{U}_1 = -\dot{E}_1 \tag{7-34}$$

有效值关系
$$U_1 = E_1$$

同理，对于图 7-25 的二次回路，忽略漏磁 $\Phi_{\sigma2}$、忽略二次绕组电阻 R_2，则二次回路的电压与感应电动势的关系为

$$u_2 = -e_2 \tag{7-35}$$

用相量表示
$$\dot{U}_2 = -\dot{E}_2 \tag{7-36}$$

有效值关系
$$U_2 = E_2$$

由于 u_1 随时间按正弦规律变化，e_1 和主磁通按 Φ 也按正弦规律变化。设 $\Phi = \Phi_m\cos\omega t$，一次绕组的感应电动势为

$$e_1 = -N_1\frac{d\Phi}{dt} = -N_1\frac{d(\Phi_m\cos\omega t)}{dt} = \omega N_1\Phi_m\sin\omega t = \omega N_1\Phi_m\cos(\omega t + 90°)$$

$$= E_{1m}\cos(\omega t + 90°)$$

式中

$$E_{1m} = \omega N_1 \Phi_m = 2\pi f N_1 \Phi_m$$

e_1 的有效值为

$$E_1 = \frac{E_{1m}}{\sqrt{2}} = 4.44 f N_1 \Phi_m \tag{7-37}$$

同理，由 $e_2 = -N_2 \dfrac{\mathrm{d}\Phi}{\mathrm{d}t} = E_{2m}\cos(\omega t + 90°)$ 可得到二次绕组的感应电动势的有效值，即

$$E_2 = \frac{E_{2m}}{\sqrt{2}} = 4.44 f N_2 \Phi_m \tag{7-38}$$

于是一次绕组和二次绕组电压之比为

$$\frac{\dot{U}_1}{\dot{U}_2} = \frac{-\dot{E}_1}{-\dot{E}_2} = \frac{E_1}{E_2} = \frac{4.44 f N_1 \Phi_m}{4.44 f N_2 \Phi_m} = \frac{N_1}{N_2} = K$$

即

$$\frac{\dot{U}_1}{\dot{U}_2} = \frac{U_1}{U_2} = \frac{N_1}{N_2} = K \tag{7-39}$$

式中，K 为一次绕组和二次绕组的匝数比，称为变压器的电压比。

由式（7-39）可知，若输入电压 U_1 一定时，只要改变匝数比，就可以得到不同的输出电压 U_2。当 $K > 1$ 时，变压器起降压作用；当 $K < 1$ 时，变压器起升压作用。

（2）电流变换　变压器空载运行时，主磁通 Φ 是由一次侧磁动势 $i_{1o}N_1$ 作用产生的，变压器负载运行时，主磁通 Φ 是由一次侧磁动势 $i_1 N_1$ 和二次侧磁动势 $i_2 N_2$ 共同作用产生的。由于变压器的电源电压 $U_1 = $ 常值，而 $U_1 = E_1 = 4.44 f N_1 \Phi_m$，当电源电压 U_1 和电源的频率 f、一次绕组的匝数 N_1 不变时，主磁通 $\Phi_m \approx$ 常值。也就是说，变压器空载运行和有载运行时的主磁通 Φ_m 在数值上是基本不变的，也就是变压器空载运行和有载运行时的磁动势要保持相等，即

$$\dot{I}_1 N_1 + \dot{I}_2 N_2 = \dot{I}_{1o} N_1 \tag{7-40}$$

由于励磁电流 $\dot{I}_{1o}$ 很小，其值约为一次绕组额定电流的 10%，故 $\dot{I}_{1o} N_1 \approx 0$。则

$$\dot{I}_1 N_1 = -\dot{I}_2 N_2$$

$$\frac{\dot{I}_1}{\dot{I}_2} = -\frac{N_2}{N_1} = -\frac{1}{K} \tag{7-41}$$

式中的负号表示 $\dot{I}_1$ 和 $\dot{I}_2$ 的相位实际上是相反的，其物理意义是二次绕组电流 $\dot{I}_2$ 产生的磁通和一次绕组电流 $\dot{I}_1$ 产生的磁通方向相反，即 $\dot{I}_2$ 对 $\dot{I}_1$ 具有去磁作用。所以，当变压器的负载增大时，即 I_2 增加时，为了维持变压器的主磁通不变，I_1 必须随之增大。

式（7-41）说明了变压器的电流变换作用，即一、二次电流之比与绕组的匝数比成反比。

由前面分析可见，式（7-39）和式（7-41）是在忽略漏磁，即全耦合；忽略铜损（绕组损耗）和铁损（铁心损耗），即无损耗；忽略励磁电流，即铁心材料的导磁率 $\mu \to \infty$ 的条件下得出的。所以，在工程应用分析中，可以将实际的变压器进行以上的近似处理，这种近似处理又称为理想化处理。满足全耦合、无损耗、$\mu \to \infty$ 的理想化条件的实际变压器称为理想变压器。根据理想变压器的条件可知，一次绕组和二次绕组的电阻 R_1、$R_2 \to 0$，自感 L_1、

$L_2 \to \infty$，互感 $M \to \infty$，所以理想变压器不能用这些参数表示，只能用电压比 K 参数表示。理想变压器的电路模型如图 7-28 所示。

3. 阻抗变换

变压器除变换电压、电流外，还具有变换阻抗的作用。由理想变压器的端口电压、电流的关系推导出一次侧等效阻抗和负载阻抗的关系。

在图 7-29a 中，理想变压器的二次侧接负载阻抗 Z_L，从理想变压器的一次侧两端看进去的等效阻抗为

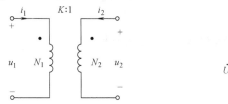

图 7-28　理想变压器的电路模型

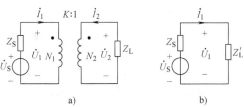

a)　　　　　　　b)

图 7-29　变压器的阻抗变换

$$Z_L' = \frac{\dot{U}_1}{\dot{I}_1} = \frac{K\dot{U}_2}{-\frac{1}{K}\dot{I}_2} = \frac{K^2 \dot{U}_2}{-\dot{I}_2} = K^2 \left(\frac{\dot{U}_2}{-\dot{I}_2} \right) = K^2 Z_L \tag{7-42}$$

等效电路如图 7-29b 所示。

思　考　题

7-6　变压器的负载电流 I_2 增大时，一次电流 I_1 为什么也随之增大？

7-7　变压器正常工作时，为什么要保证主磁通 $\varPhi_m$ 基本不变？

7.4　含有理想变压器的正弦稳态电路的分析

在工程电路分析中，对于含有铁心变压器的正弦稳态电路，在分析时一般是将铁心变压器按理想变压器来分析，在上节分析铁心变压器的功能时，就已经这样处理了。

在电路分析中，对于理想变压器需要注意以下几点：

1）理想变压器不能变换直流信号。

2）理想变压器的伏安关系对于任何交流信号均成立。

3）理想变压器的电压比和电流比公式由同名端位置的不同和所设的电压、电流的参考方向不同，使式（7-39）和式（7-41）中的正负号也不同。为了方便记忆，应按以下规则修正式（7-39）和式（7-41）中的正负号。

对于电压比公式，在同名端子上，电压的参考方向均为正号或均为负号，则公式取正号，否则取负号；对于电流比公式，电流的参考方向均流入或流出同名端，则公式取负号，否则取正号。

对图 7-30 的 4 种表示形式，它们的公式关系分别为

图 a：$\dot{U}_1 = K\dot{U}_2, \dot{I}_1 = -\dfrac{1}{K}\dot{I}_2$ 　　　　图 b：$\dot{U}_1 = -K\dot{U}_2, \dot{I}_1 = \dfrac{1}{K}\dot{I}_2$

图 c：$\dot{U}_1 = K\dot{U}_2, \dot{I}_1 = \dfrac{1}{K}\dot{I}_2$ 　　　　图 d：$\dot{U}_1 = -K\dot{U}_2, \dot{I}_1 = -\dfrac{1}{K}\dot{I}_2$

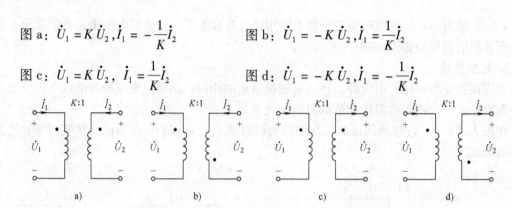

图 7-30　参考方向与同名端对伏安关系的影响

4）在图 7-30 中，$K{:}1$ 的含义是 $K = \dfrac{N_1}{N_2}$。

【例 7-9】　有一台额定容量为 10kV·A、额定电压为 3300/220V 的变压器给用电地区照明供电。试求：（1）变压器的一、二次额定电流；（2）二次侧可接 40W，220V 的白炽灯多少只？（3）二次侧若接 40W，220V，功率因数 $\cos\varphi = 0.6$ 的荧光灯，可接多少只？

【解】　（1）由于理想变压器无损耗，即 $P = 0$，$Q = 0$，所以变压器的视在功率（容量）为

$$S_N = U_{1N}I_{1N} = U_{2N}I_{2N}$$

则

$$I_{1N} = \frac{S_N}{U_{1N}} = \frac{10000}{3300}A = 3A$$

$$I_{2N} = \frac{S_N}{U_{2N}} = \frac{10000}{220}A = 45.45A$$

（2）二次侧可接白炽灯的灯数为

$$白炽灯 = \frac{10000}{40}只 = 250\ 只$$

（3）设每只荧光灯的电流为 I_L，则

$$I_L = \frac{P}{U\cos\varphi} = \frac{40}{220 \times 0.6}A = 0.3A$$

$$荧光灯的数量 = \frac{I_{2N}}{I_L} = \frac{45.45}{0.3}只 = 152\ 只$$

【例 7-10】　在图 7-29a 中，已知 $\dot{U}_S = 10\angle 0°V, Z_S = R_S = 100\Omega, Z_L = R_L = 25\Omega$。若使负载获得最大功率，试求：（1）电压比；（2）$\dot{I}_1$ 和 $\dot{I}_2$；（3）负载获得的最大功率。

【解】　（1）图 7-29a 的等效电路如图 7-29b 所示。由于负载获得最大功率的条件是 $R'_L = R_S$，又由理想变压器的阻抗变换公式 $R'_L = K^2 R_L$，得出电压比为

$$K = \sqrt{\frac{R_S}{R_L}} = \sqrt{\frac{100}{25}} = 2$$

（2）由图 7-29b 求 $\dot{I}_1$，即

$$\dot{I}_1 = \frac{\dot{U}_S}{Z_S + Z_L'} = \frac{\dot{U}_S}{R_S + R_L'} = \frac{10\angle 0°}{200}\text{A} = 50\text{mA}$$

由电流比的关系求 $\dot{I}_2$，即

$$\dot{I}_2 = -K\dot{I}_1 = -2\times 50\text{mA} = -100\text{mA}$$

（3）在图 7-29b 中，当 $Z_L' = Z_S$ 时，也就是 $R_L' = R_S = 100\Omega$ 时，负载获得最大功率，即

$$P = \frac{U_S^2}{4R_S} = \frac{10^2}{4\times 100}\text{W} = 0.25\text{W}$$

【例 7-11】 在图 7-31 所示的电路中，已知 $\dot{I}_S = 4\angle 0°\text{A}, R_1 = R_2 = R_3 = 2\Omega, jX_L = j4\Omega$。试求：（1）22′端口电路的戴维宁等效电路；（2）最佳匹配时负载 Z_L 上获得的最大功率。

【解】 （1）求开路电压和等效阻抗的一端口电路如图 7-32a、b 所示。

在图 7-32a 中，根据理想变压器的电压比，有

图 7-31 例 7-11 图

$$\dot{U}_{2o} = \frac{1}{K}\dot{U}_1 = \frac{1}{2}\dot{U}_1$$

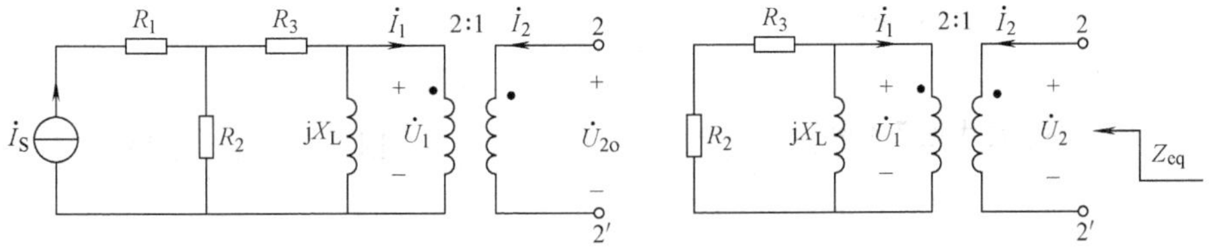

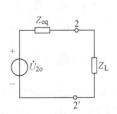

a) 求一端口开路电压   b) 求等效阻抗

图 7-32 求开路电压和等效阻抗的电路图

由于 $\dot{I}_2 = 0$，所以 $\dot{I}_1 = -\frac{1}{K}\dot{I}_2 = 0$，则

$$\dot{U}_1 = jX_L\frac{R_2}{R_2 + R_3 + jX_L}\dot{I}_S = \left(j4\times\frac{2}{2+2+j4}\times 4\angle 0°\right)\text{V} = 4\sqrt{2}\angle 45°\text{V}$$

故

$$\dot{U}_{2o} = \frac{1}{2}\dot{U}_1 = \frac{1}{2}\times 4\sqrt{2}\angle 45°\text{V} = 2\sqrt{2}\angle 45°\text{V}$$

在图 7-32b 中，由外加电压法得

$$
\begin{aligned}
Z_{eq} &= \frac{\dot{U}_2}{\dot{I}_2} = \frac{\dfrac{\dot{U}_1}{K}}{-K\dot{I}_1} = \frac{1}{K^2}\frac{\dot{U}_1}{(-\dot{I}_1)} \\
&= \frac{1}{K^2}\frac{[(R_2 + R_3)//jX_L](-\dot{I}_1)}{-\dot{I}_1} = \left(\frac{1}{4}\times 4//j4\right)\Omega \\
&= \left(\frac{1}{2} + \frac{j}{2}\right)\Omega
\end{aligned}
$$

图 7-31 的 22′端口的戴维宁等效电路如图 7-33 所示。

图 7-33 戴维宁等效电路

（2）当 $Z_L = Z_{eq}^* = \left(\dfrac{1}{2} - j\dfrac{1}{2}\right)\Omega$ 时，负载可获最大功率，即

$$P_L = \frac{U_{2o}^2}{4R_{eq}} = \frac{(2\sqrt{2})^2}{4 \times \dfrac{1}{2}}\text{W} = 4\text{W}$$

思 考 题

7-8 某多绕组的电源变压器如图 7-34 所示。试问：（1）若将变压器的一次绕组接到 220V 交流电源上，一次绕组应如何连接？（2）三个二次绕组一共能输出多少种电压？

7-9 在图 7-35 中，要给 3Ω 的扬声器传输最大功率，则变压器的电压比 K 应为多少？

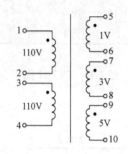

图 7-34　思考题 7-8 图

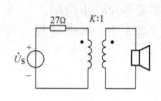

图 7-35　思考题 7-9 图

本 章 小 结

1. 互感、互感电压与同名端

两个或更多缠绕在一个心子上的线圈之间存在互感（磁耦合），即当在一个线圈通以交变电流时，另一个线圈中产生互感电压。当电流的参考方向是从同名端（打·端）流入时，互感电压的极性在同名端处（打·端）为"＋"，当电流的参考方向是从异名端流入时，互感电压的极性在同名端处（打·端）为"－"。

2. 含有互感的电路的分析方法

（1）列方程计算法　对于含有互感线圈的交流电路，应用 KCL、KVL 列电流方程和回路电压方程，求出其他物理量。

互感线圈串联时，等效电感为 $L = L_1 + L_2 \pm 2M$。其中，互感线圈的异名端串联时，互感前取正号，同名端串联时，互感前取负号。

互感线圈并联时，等效电感为 $L = \dfrac{L_1 L_2 - M^2}{L_1 + L_2 \mp 2M}$。其中，互感线圈的同名端并联时，互感前取负号，异名端并联时，互感前取正号。

（2）消去互感计算法　对于含有两个互感线圈的交流电路，用互感消去法可等效成三个独立的电感线圈。

设两个互感线圈的连接点为公共结点。

当两个互感线圈的同名端相连时，两个线圈的电感分别为，$L_1 - M$，$L_2 - M$，公共支路的电感为 M；当两个互感线圈的异名端相连时，两个线圈的电感分别为 $L_1 + M$ 和 $L_2 + M$，公共支路的电感为 $-M$。

消去互感法不仅适合三端电路，也适合二端和四端电路。

3. 变压器

变压器是借助互感（磁耦合）实现传递电能的电气设备。变压器由心子和绕组（线圈）组成，工程上常用的变压器主要是铁心变压器和高频变压器（铁氧体磁心变压器或空心变压器）。铁心变压器主要应用于电力系统和音频电路中，高频变压器主要应用于通讯电路系统和高频开关电源技术中，铁心变压器和高频变压器的工作原理是相同的。

变压器具有变电压、变电流、变阻抗的功能。

在实际应用和分析中，常常将实际变压器当作理想变压器进行分析。理想变压器的条件是全耦合、无损耗、磁导率 $\mu \to \infty$。分析理想变压器的主要公式为

（1）变电压
$$\frac{\dot{U}_1}{\dot{U}_2} = \frac{N_1}{N_2} = K$$

（2）变电流
$$\frac{\dot{I}_1}{\dot{I}_2} = -\frac{N_2}{N_1} = -\frac{1}{K}$$

（3）变阻抗　　　　　　　　　$Z'_L = K^2 Z_L$

（4）视在功率　　　　　　　　$S = U_1 I_1 = U_2 I_2$

在具体电路分析中，对于电压比公式，在同名端子上，电压的参考方向均为正号或均为负号，则公式取正号，否则取负号；对于电流比公式，电流的参考方向均流入或流出同名端，则公式取负号，否则取正号。

习　　题

7-1　确定图 7-36 所示各线圈的同名端。

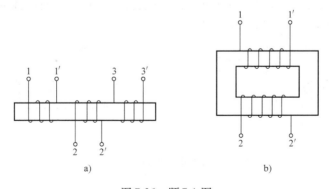

a)　　　　　　　　　　　　b)

图 7-36　题 7-1 图

7-2　在图 7-37 中，当电流 i_1、i_2 增大时，确定各线圈的互感电压极性。

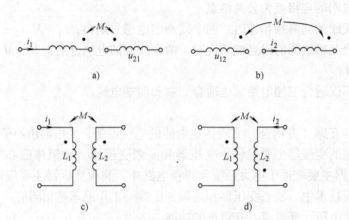

图 7-37   题 7-2 图

7-3   在图 7-38 所示的各电路中，已知 $L_1 = 6H, L_2 = L_3 = 4H, M = 4H$。试求：（1）耦合系数；（2）等效电感 L_{ab}。

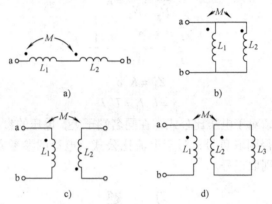

图 7-38   题 7-3 图

7-4   在图 7-39 所示的各电路中，已知 $R_1 = R_2 = 1\Omega, \omega L_1 = 8\Omega, \omega L_2 = 6\Omega, \omega M = 6\Omega, R_L = 10\Omega, \dot{U}_S = 100\angle 0°V$。试求：（1）输入阻抗 Z_i；（2）负载 R_L 消耗的功率。

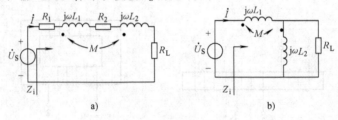

图 7-39   题 7-4 图

7-5   在图 7-40 所示的电路中，已知 $u_S = 10\sqrt{2}\cos 3140t$ V，$\omega L_1 = \omega L_2 = 9\Omega, \omega M = 3\Omega, R_L = 10\Omega$。若使负载 R_L 获得最大功率，需要多大的电容？并计算负载的最大功率。

7-6   在图 7-41 所示的电路中，已知 $\dot{U}_S = 48\angle 0°V, R_1 = 30\Omega, \omega L_1 = 40\Omega, \omega L_2 = 80\Omega, \omega M = 40\Omega, R_L = 60\Omega$。试求电流 $\dot{I}_1$ 和 $\dot{I}_2$。

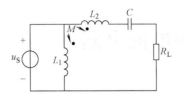

图 7-40 题 7-5 图

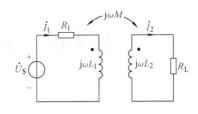

图 7-41 题 7-6 图

7-7 某等效电源为扬声器提供功率。已知等效电源的电压 $\dot{U}_S = 10\angle 0°V$，内阻 $R_S = 800\Omega$，扬声器的电阻 $R_L = 8\Omega$。若要给扬声器提供最大功率，在等效电源与扬声器之间接入匹配变压器，如图 7-42 所示。试求：（1）匹配变压器的电压比；（2）电流 $\dot{I}_1$ 和 $\dot{I}_2$；（3）扬声器获得的最大功率。

7-8 图 7-43a、b 是用交流法测量某变压器同名端的电路图。图 a 中两绕组的 2、4 端连接，交流电压表测量出 $U_{12} = 2V, U_{34} = 4.8V, U_{13} = 3.5V$，试判断绕组的同名端；图 b 中两绕组的 2、3 端连接，交流电压表测出 $U_{12} = 2V, U_{43} = 4.8V, U_{14} = 6.5V$，再判断绕组的同名端。

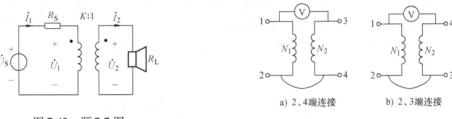

图 7-42 题 7-7 图

a) 2、4 端连接   b) 2、3 端连接

图 7-43 题 7-8 图

7-9 在图 7-44 所示的电路中，已知 $\dot{U}_S = 100\angle 0°V, R_1 = \dfrac{1}{\omega C_1} = 2\Omega, R_2 = 2\Omega, \omega L_2 = 3\Omega$。试求 $\dot{I}_2$ 和 $\dot{U}_2$。

7-10 在图 7-45 所示的电路中，已知 $\dot{I}_S = 10\angle 0°A, R_1 = X_L = 4\Omega, R_2 = X_C = 16\Omega$。若使负载获得最大功率，试求：（1）理想变压器的电压比；（2）R_2 获得的最大功率。

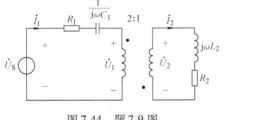

图 7-44 题 7-9 图

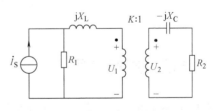

图 7-45 题 7-10 图

第8章 非正弦周期电流电路

内 容 提 要

本章主要介绍非正弦周期信号、傅里叶级数展开、非正弦周期量的有效值、平均值、功率及非正弦周期电流电路的一般分析方法。

【引例】 在电气、电子及通信等工程领域，经常会遇到周期性非正弦信号激励的电路，电路中的响应电压、电流都是非正弦的，如方波、三角波、脉冲波等。

图 8-1a 所示电路为实际的半导体二极管整流电路，当输入为如图 8-1b 所示的正弦波信号时，输出为如图 8-1c 所示的非正弦周期半波信号。对于正弦量，我们可以用有效值来描述信号的大小。而对于图 8-1c 所示的非正弦周期信号作用在电路中，该如何计算负载 R_L 上的电压、电流的大小？如何计算其电功率？学完本章内容便可得出解答。

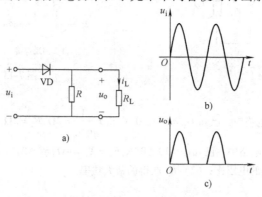

图 8-1 半导体二极管整流电路

8.1 非正弦周期信号

在电力系统和电子电路中，正弦交流电路是周期电流电路的基本形式。但是在实际当中还会遇到激励和响应不按正弦规律变化的周期电流电路，称为非正弦周期电流电路。形成非正弦周期电流电路的原因主要有以下几种情形：

1）发电机产生的电压波形并不是标准的正弦电压。

2）电源虽然是正弦量，但由于电路中存在非线性元件，电路中的电压、电流也将出现非正弦量。

3）在电子技术和控制系统中，所传输的信号常常本身就不是按正弦规律变化的。

4）当两个或两个以上不同频率的正弦激励作用于某一电路时，其响应也是非正弦的。

在电子技术中，电路常常工作在非正弦状态中。

非正弦量可分为周期和非周期两类，本章将讨论线性电路在非正弦周期电源作用时电路的响应。典型的非正弦周期信号有方波、三角波、锯齿波等，其波形如图 8-2 所示。

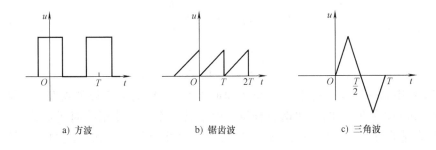

a) 方波   b) 锯齿波   c) 三角波

图 8-2 非正弦周期信号

分析非正弦周期电流电路时，仍然要应用前面所讲述的电路基本定律，但是和正弦交流电路的分析方法还有不同之处。

分析非正弦周期电流电路一般采用谐波分析法——首先应用数学中的傅里叶级数展开法，将非正弦周期激励电压、电流信号分解为一系列频率为周期函数频率的正整数倍的正弦量之和，再根据线性电路的叠加原理，分别计算每一频率的正弦量单独作用下，电路中产生的同频正弦电流分量和电压分量，最后将所得分量按时域形式叠加，就可以得到电路在非正弦周期激励下的稳态电流和电压。谐波分析法的实质就是将非正弦周期电流电路的计算转化为一系列不同频率的正弦电流电路的计算。

思 考 题

8-1 什么是谐波分析法?

8.2 非正弦周期信号的分解

非正弦周期电流、电压信号都可以用一个周期函数来表示，即
$$f(t) = f(t + nT)$$
式中，T 为周期函数的周期；$n = 0$、1、2、…。

如果给定的周期函数满足狄里赫利条件，则可以展开为收敛的傅里叶级数。周期函数的级数形式为

$$f(t) = a_0 + (a_1\cos\omega_1 t + b_1\sin\omega_1 t) + (a_2\cos2\omega_1 t + b_2\sin2\omega_1 t) + \cdots + (a_k\cos k\omega_1 t + b_k\sin k\omega_1 t) + \cdots$$

$$= a_0 + \sum_{k=1}^{\infty}(a_k\cos k\omega_1 t + b_k\sin k\omega_1 t) \tag{8-1}$$

式（8-1）还可以表示成另外一种形式：

$$f(t) = A_0 + A_{1m}(\cos\omega_1 t + \varphi_1) + A_{2m}(\cos2\omega_1 t + \varphi_2) + \cdots + A_{km}(\cos k\omega_1 t + \varphi_k) + \cdots$$

$$= A_0 + \sum_{k=1}^{\infty} A_{km}\cos(k\omega_1 t + \varphi_k) \tag{8-2}$$

由式（8-1）和式（8-2）可以得出

$$A_0 = a_0$$

$$A_{km} = \sqrt{a_k^2 + b_k^2}$$

$$\varphi_k = -\arctan\frac{b_k}{a_k}$$

$$a_k = A_{km}\cos\varphi_k$$

$$b_k = -A_{km}\sin\varphi_k$$

式（8-2）中第一项 $A_0 = a_0$ 称为非正弦周期函数 $f(t)$ 的恒定分量或直流分量。第二项 $A_{1m}\cos(\omega_1 t + \varphi_1)$ 称为 $f(t)$ 的一次谐波分量，由于其频率与原非正弦周期函数 $f(t)$ 的频率相同，故称为基波分量，其他各项（$k > 1$）统称为高次谐波。高次谐波的频率是基波频率的整数倍。

式（8-2）中各系数可按下列公式计算：

$$\left.\begin{aligned}
a_0 &= \frac{1}{T}\int_0^T f(t)\,\mathrm{d}t = \frac{1}{T}\int_{-\frac{T}{2}}^{\frac{T}{2}} f(t)\,\mathrm{d}t \\
a_k &= \frac{2}{T}\int_0^T f(t)\cos(k\omega_1 t)\,\mathrm{d}t \\
&= \frac{1}{\pi}\int_0^{2\pi} f(t)\cos(k\omega_1 t)\,\mathrm{d}(\omega_1 t) = \frac{1}{\pi}\int_{-\pi}^{\pi} f(t)\cos(k\omega_1 t)\,\mathrm{d}(\omega_1 t) \\
b_k &= \frac{2}{T}\int_0^T f(t)\sin(k\omega_1 t)\,\mathrm{d}t \\
&= \frac{1}{\pi}\int_0^{2\pi} f(t)\sin(k\omega_1 t)\,\mathrm{d}(\omega_1 t) = \frac{1}{\pi}\int_{-\pi}^{\pi} f(t)\sin(k\omega_1 t)\,\mathrm{d}(\omega_1 t)
\end{aligned}\right\} \tag{8-3}$$

傅里叶级数是一个收敛的无穷级数。随着 k 取值的增大，A_{km} 的值减小，k 值取得越大，傅里叶级数就越接近周期函数 $f(t)$。当 $k \to \infty$ 时，傅里叶级数就能准确的代表周期函数 $f(t)$。但随着 k 取值的增大，计算量也随之增大。实际运算时傅里叶级数应取多少项，要根据实际情况的精度要求和级数的收敛快慢来决定。在工程计算中，一般取前几项就可以满足要求了，后面的高次谐波可以忽略不计。

非正弦周期函数可以分解为直流及各次谐波分量之和，它们都具有一定的幅值和初相位。虽然它们能准确的描述组成非正弦周期函数的各次谐波分量，但是并不直观。为了直观、清晰的看出各谐波幅值 A_{km} 和初相位 φ_k 与频率 $k\omega_1$ 之间的关系，通常以 $k\omega_1$ 为横坐标，A_{km} 和 φ_k 为纵坐标，对应 $k\omega_1$ 的 A_{km} 和 φ_k 用竖线表示，这样就得到一系列离散竖线段所构成的图形。它们分别称为幅度频谱图和相位频谱图，如图 8-3 所示。一般所指的频谱为幅度频谱。

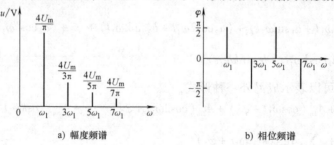

a) 幅度频谱　　　　　　　　　　b) 相位频谱

图 8-3　频谱曲线

频谱图中的竖线称为谱线，谱线只有在离散点 $k\omega_1$ 的位置上才出现。谱线间的间距取决于信号的周期。周期越大，ω_1 越小，谱线间距越窄，谱线越密。

【例 8-1】 求图 8-4a 所示矩形波电压的傅里叶级数展开式，并画出其幅度频谱。

【解】 图 8-4a 所示矩形波电压在一个周期内的表达式为

$$\left.\begin{array}{ll} u = U_{\mathrm{m}} & 0 < \omega_1 t < \pi \\ u = -U_{\mathrm{m}} & \pi < \omega_1 t < 2\pi \end{array}\right\}$$

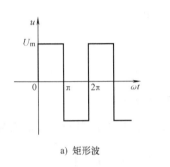

a) 矩形波

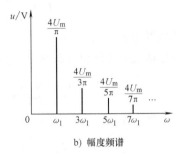

b) 幅度频谱

图 8-4 矩形波及其频谱图

由式（8-3）求各系数为

$$a_0 = \frac{1}{2\pi}\int_0^{2\pi} u\mathrm{d}(\omega t) = \frac{1}{2\pi}\left[\int_0^{\pi} U_{\mathrm{m}}\mathrm{d}(\omega t) + \int_{\pi}^{2\pi}(-U_{\mathrm{m}})\mathrm{d}(\omega t)\right] = 0$$

$$a_k = \frac{1}{\pi}\int_0^{2\pi} u\cos k\omega_1 t\mathrm{d}(\omega t) = \frac{1}{\pi}\left[\int_0^{\pi} U_{\mathrm{m}}\cos k\omega_1 t\mathrm{d}(\omega t) + \int_{\pi}^{2\pi}(-U_{\mathrm{m}})\cos k\omega_1 t\mathrm{d}\omega t\right]$$

$$= \frac{2U_{\mathrm{m}}}{\pi}\int_0^{\pi}\cos k\omega_1 t\mathrm{d}(\omega t) = \frac{2U_{\mathrm{m}}}{\pi}\left(\frac{1}{k}\sin k\omega_1 t\right)\Big|_0^{\pi}$$

$$= 0$$

$$b_k = \frac{1}{\pi}\int_0^{2\pi} u\sin k\omega_1 t\mathrm{d}(\omega t) = \frac{1}{\pi}\left[\int_0^{\pi} U_{\mathrm{m}}\sin k\omega_1 t\mathrm{d}(\omega t) + \int_{\pi}^{2\pi}(-U_{\mathrm{m}})\sin k\omega_1 t\mathrm{d}(\omega t)\right]$$

$$= \frac{2U_{\mathrm{m}}}{\pi}\int_0^{\pi}\sin k\omega_1 t\mathrm{d}(\omega t) = \frac{2U_{\mathrm{m}}}{k\pi}(1 - \cos k\pi)\Big|_0^{\pi}$$

$$= \begin{cases} 0 & （k \text{ 为偶数}）\\ \dfrac{4U_{\mathrm{m}}}{k\pi} & （k \text{ 为奇数}）\end{cases}$$

由此可以得出

$$u = \frac{4U_{\mathrm{m}}}{\pi}\left(\sin\omega_1 t + \frac{1}{3}\sin3\omega_1 t + \frac{1}{5}\sin5\omega_1 t + \cdots\right)$$

其幅度频谱如图 8-4b 所示。

思 考 题

8-2 什么是谱线？怎样画频谱图？

8.3 非正弦周期量的有效值和平均功率

8.3.1 非正弦周期电流的有效值

非正弦量的有效值定义与正弦量的有效值定义相同，即

$$I = \sqrt{\frac{1}{T}\int_0^T i^2 \mathrm{d}t}$$

同样适用于非正弦周期电流信号。

设一非正弦周期电流 i 的傅里叶级数展开式为

$$i = I_0 + \sum_{k=1}^{\infty} I_{km}\cos(k\omega_1 t + \phi_k)$$

将电流 i 的傅里叶级数展开式代入有效值公式，则得到非正弦周期电流的有效值为

$$I = \sqrt{\frac{1}{T}\int_0^T \left[I_0 + \sum_{k=1}^{\infty} I_{km}\cos(k\omega_1 t + \phi_k) \right]^2 \mathrm{d}t} \tag{8-4}$$

式（8-4）展开后得到下列 4 种积分形式，根据正弦函数的正交性有

1）直流量平方的积分为

$$\frac{1}{T}\int_0^T I_0^2 \mathrm{d}t = I_0^2$$

2）各次谐波成分平方的积分为

$$\frac{1}{T}\int_0^T \left[I_{km}\cos(k\omega_1 t + \phi_k) \right]^2 \mathrm{d}t = I_k^2$$

3）直流分量与各次谐波分量乘积的 2 倍的积分为

$$\frac{1}{T}\int_0^T 2 I_0 I_{km}\cos(k\omega_1 t + \phi_k)\mathrm{d}t = 0$$

4）不同频率谐波分量乘积 2 倍的积分为

$$\frac{1}{T}\int_0^T 2 I_{km}\cos(k\omega_1 t + \phi_k) \times I_{qm}\cos(q\omega_1 t + \phi_q)\mathrm{d}t = 0$$

上式中，$k \neq q$，根据正弦函数的正交性可知该项积分等于零。

将以上结果代入式（8-4），有

$$I = \sqrt{I_0^2 + I_1^2 + I_2^2 + \cdots} = \sqrt{I_0^2 + \sum_{k=1}^{\infty} I_k^2} \tag{8-5}$$

即非正弦周期电流的有效值等于直流分量的平方与各次谐波有效值的平方和的平方根。同理，非正弦周期电压 u 的有效值为

$$U = \sqrt{U_0^2 + U_1^2 + U_2^2 + \cdots} = \sqrt{U_0^2 + \sum_{k=1}^{\infty} U_k^2} \tag{8-6}$$

在实际中还经常用到平均值的概念，周期量在一周期内的平均值为恒定量。为了计算整流电路，常把平均值理解为信号的绝对值在一个周期内的平均值。以电流为例，其平均值为

$$I_{av} = \frac{1}{T} \int_0^T |i| \, \mathrm{d}t \qquad (8-7)$$

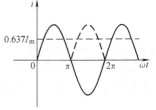

图 8-5　正弦电流的平均值

对于正弦周期电流 $i = I_m \cos\omega t$ 来说，其平均值为

$$I_{av} = \frac{1}{T} \int_0^T |I_m \cos\omega t| \, \mathrm{d}t = \frac{4I_m}{T} \int_0^{\frac{T}{4}} \cos\omega t \mathrm{d}t$$

$$= \frac{4I_m}{\omega T}\sin\omega t \bigg|_0^{\frac{T}{4}} = 0.637I_m = 0.898I$$

它相当于正弦电流经全波整流后的平均值，如图 8-5 所示。

对于同一非正弦周期电流，当使用不同类型的电工仪表测量时，会得到不同的结果。

8.3.2　非正弦周期电流电路的平均功率

设作用于图 8-6 所示一端口网络的非正弦周期电压为

$$u = U_0 + \sum_{k=1}^{\infty} U_{km}\cos(k\omega_1 t + \phi_{uk})$$

由非正弦周期电压所产生的非正弦周期电流为

$$i = I_0 + \sum_{k=1}^{\infty} I_{km}\cos(k\omega_1 t + \phi_{ik})$$

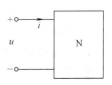

图 8-6　非正弦周期电流
的一端口网络

则一端口网络的瞬时功率为

$$p = ui = \left[U_0 + \sum_{k=1}^{\infty} U_{km}\cos(k\omega_1 t + \phi_{uk}) \right] \left[I_0 + \sum_{k=1}^{\infty} I_{km}\cos(k\omega_1 t + \phi_{ik}) \right] \qquad (8-8)$$

一端口的有功功率为

$$P = \frac{1}{T} \int_0^T \left[U_0 + \sum_{k=1}^{\infty} U_{km}\cos(k\omega_1 t + \phi_{uk}) \right] \left[I_0 + \sum_{k=1}^{\infty} I_{km}\cos(k\omega_1 t + \phi_{ik}) \right] \mathrm{d}t \qquad (8-9)$$

此式展开后有 4 类不同项，其中正弦量在一个周期内的平均值为零，即

$$\frac{1}{T} \int_0^T U_0 \sum_{k=1}^{\infty} I_{km}\cos(k\omega_1 t + \phi_{ik})\mathrm{d}t = 0 \qquad \frac{1}{T} \int_0^T I_0 \sum_{k=1}^{\infty} U_{km}\cos(k\omega_1 t + \phi_{uk})\mathrm{d}t = 0$$

而根据正交函数的性质，不同频率正弦量的乘积在一周期内的平均值也为零，即

$$\frac{1}{T} \int_0^T \sum_{k=1}^{\infty} U_{km}\cos(k\omega_1 t + \phi_{uk}) \sum_{\substack{p=1 \\ p \neq k}}^{\infty} I_{jm}\cos(j\omega_1 t + \phi_{ip})\mathrm{d}t = 0$$

故式（8-9）可表示为

$$P = \frac{1}{T} \int_0^T \left[U_0 + \sum_{k=1}^{\infty} U_{km}\cos(k\omega_1 t + \phi_{uk}) \right] \left[I_0 + \sum_{k=1}^{\infty} I_{km}\cos(k\omega_1 t + \phi_{ik}) \right] \mathrm{d}t$$

$$= U_0 I_0 + U_1 I_1 \cos\varphi_1 + U_2 I_2 \cos\varphi_2 + \cdots$$

$$= U_0 I_0 + \sum_{k=1}^{\infty} U_k I_k \cos\varphi_k \qquad (8-10)$$

或

$$P = P_0 + P_1 + P_2 + P_3 + \cdots = \sum_{k=0}^{\infty} P_k \tag{8-11}$$

式中，φ_k 是第 k 次谐波电压与谐波电流之间的相位差 $\varphi_k = \phi_{uk} - \phi_{ik}$。

式（8-10）表明，非正弦周期电路吸收的平均功率等于直流分量和各次谐波分量的平均功率的代数和，而非相同频率的电压谐波和电流谐波只形成瞬时功率，并不产生平均功率。

思 考 题

8-3 怎样计算非正弦周期信号的有效值？怎样求非正弦周期电流信号的平均值？

8-4 已知某电路的电压为 $u = 10 + 2\sqrt{2}\cos(\omega t + 30°) + 0.1\sqrt{2}\cos(3\omega t + 60°)$ V，电流为 $i = 2\sqrt{2}\cos(\omega t + 45°)$ A。试求其平均功率。

8.4 非正弦周期电流电路的计算

正弦激励作用于线性稳态电路时，电路中各支路的响应也是同频率的正弦量，正弦交流电路的分析可采用相量法。对于非线性周期信号作用于线性稳态电路时，通过傅里叶级数展开可以将激励展开成不同频率的正弦周期信号，同样可以采用相量法来进行分析计算。非正弦周期电流电路的分析步骤如下：

1）将非正弦周期信号展开成傅里叶级数，得到直流分量和各次谐波分量。谐波分量取多少项，要根据电路所需精度而定。

2）分别计算出直流分量和各次谐波分量单独作用时电路的响应。当直流分量单独作用时，采用直流稳态电路的分析方法进行计算（电容开路，电感短路）；当各次谐波分量单独作用时，电路响应可以采用相量法来进行分析。在对各次谐波分量进行分析时，要注意电抗跟电源频率之间的关系。

3）利用叠加定理，将属于同一支路的直流分量和谐波分量作用所产生的响应叠加，即得到非正弦周期电流电路的总响应。

【**例 8-2**】 RLC 串联电路如图 8-7 所示。已知 $R = 10\Omega$，$C = 200\mu F$，$L = 100mH$，$f = 50Hz$，$u = [20 + 20\sqrt{2}\cos\omega t + 10\sqrt{2}\cos(3\omega t + 90°)]$ V。试求（1）电流 i；（2）外加电压和电流的有效值；（3）电路中消耗的功率。

【**解**】 （1）利用叠加定理求 i。

对于直流分量，由于电容的隔直作用，此时电路的电流为零，即

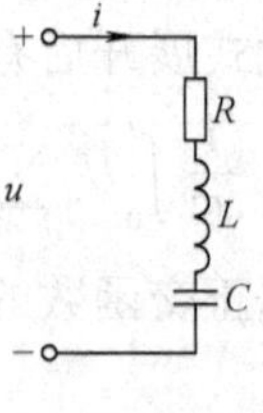

$$I_0 = 0$$

图 8-7 例题 8-2 的图

当基波分量 $u_1 = 20\sqrt{2}\cos\omega t$ V 单独作用时，$\dot{U}_1 = 20\angle 0°$V，即基波电流为

$$\dot{I}_1 = \frac{\dot{U}_1}{R + j\left(\omega L - \dfrac{1}{\omega C}\right)} = \frac{20\angle 0°}{\left[10 + j\left(314 \times 100 \times 10^{-3} - \dfrac{1}{314 \times 200 \times 10^{-6}}\right)\right]} \text{A}$$

$$= 1.08\angle -57.2° \text{A}$$

则

$$i_1 = 1.08\sqrt{2}\cos(\omega t - 57.2°)\,\text{A}$$

当三次谐波分量 $u_3 = 10\sqrt{2}\cos(3\omega t + 90°)\,\text{V}$ 单独作用时，$\dot{U}_3 = 10\angle 90°\,\text{V}$，即

$$\dot{I}_3 = \frac{\dot{U}_3}{R + j\left(3\omega L - \dfrac{1}{3\omega C}\right)} = \frac{10\angle 90°}{[10 + j(94.2 - 5.3)]}\,\text{A} = 0.112\angle 6.4°\,\text{A}$$

则 $\qquad\qquad\qquad\qquad i_3 = 0.112\sqrt{2}\cos(3\omega t + 6.4°)\,\text{A}$

所以 $\qquad\qquad i = i_1 + i_3 = [1.08\sqrt{2}\cos(\omega t - 57.2°) + 0.112\sqrt{2}\cos(3\omega t + 6.4°)]\,\text{A}$

（2）电流 i 的有效值为

$$I = \sqrt{I_0^2 + I_1^2 + I_3^2} = \sqrt{1.08^2 + 0.112^2}\,\text{A} = 0.767\sqrt{2}\,\text{A} \approx 1.805\,\text{A}$$

电压 u 的有效值为

$$U = \sqrt{U_0^2 + U_1^2 + U_3^2} = \sqrt{20^2 + 20^2 + 10^2}\,\text{V} = 30\,\text{V}$$

（3）电路中消耗的功率为

$$P = P_1 + P_3 = I_1^2 R + I_3^2 R = I^2 R$$
$$= (1.085)^2 \times 10\,\text{W} \approx 11.8\,\text{W}$$

【例 8-3】　已知一端口网络的电压和电流分别为

$$u = [10 + 10\cos\omega t + 10\cos3\omega t + 20\cos5\omega t]\,\text{V}$$
$$i = [2 + 1.94\cos(\omega t - 14°) + 1.7\cos(5\omega t + 32°)]\,\text{A}$$

试求此一端口网络的有功功率。

【解】　根据非正弦周期电流电路有功功率的计算公式（8-11）有

$$P = P_0 + P_1 + P_3 + P_5$$

其中：

$$P_0 = U_0 I_0 = 2 \times 10 = 20\,\text{W}$$

$$P_1 = U_1 I_1 \cos\varphi_1 = \frac{10}{\sqrt{2}} \times \frac{1.94}{\sqrt{2}} \times \cos 14°\,\text{W} = 9.412\,\text{W}$$

$$P_3 = U_3 I_3 \cos\varphi_3 = \frac{10}{\sqrt{2}} \times 0\,\text{W} = 0\,\text{W}$$

$$P_5 = U_5 I_5 \cos\varphi_5 = \frac{20}{\sqrt{2}} \times \frac{1.7}{\sqrt{2}} \times \cos(-32°)\,\text{W} = 14.416\,\text{W}$$

$$P = P_0 + P_1 + P_3 + P_5 = (20 + 9.412 + 14.416)\,\text{W} = 43.83\,\text{W}$$

本 章 小 结

本章讨论的非正弦周期电流电路是指非正弦周期信号作用于线性电路的稳定状态，电路中的激励和响应是周期量。

非正弦周期电流电路的分析计算方法是基于傅里叶分解和叠加定理的基础之上，称为谐波分析法，可归结为下列三个步骤，即

1）将给定的非正弦周期信号分解成傅里叶级数，看作是各次谐波分量叠加的结果；

2）应用相量法分别计算各次谐波单独作用时所产生的响应；

3）应用叠加定理将所得各次响应的瞬时值相加，得到用时间函数表示的总响应。

在分析与计算非正弦周期电流电路时应注意以下三点，即

1）电感和电容元件对不同频率的谐波分量表现出不同的感抗和容抗；

2）求最终响应时，一定是在时域中叠加各次谐波的响应，若把不同次谐波正弦量的相量进行加减是没有意义的；

3）不同频率的电压电流之间不构成平均功率。

习　题

8-1　将图 8-8 所示非正弦周期信号分解成傅里叶级数，并作出信号的幅度频谱。

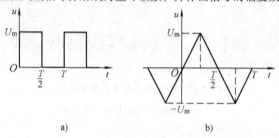

a)　　　　　　　　b)

图 8-8　题 8-1 的图

8-2　在图 8-9 所示电路中，已知电源电压 $u_i = (20 + 100\cos\omega t + 70\cos3\omega t)\,\text{V}$，$L = 1\text{H}$，$R = 100\,\Omega$，$f = 50\text{Hz}$。试求输出电压 $u_R(t)$。

8-3　在图 8-10 所示电路中，已知电源电压 $u_S = (10\cos100t + 3\cos500t)\,\text{V}$，$L = 1\text{mH}$，$C = 0.01\,\mu\text{F}$。试求电流 i_L 和 i_C。

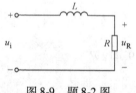

图 8-9　题 8-2 图

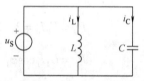

图 8-10　题 8-3 图

8-4　在图 8-11 所示电路中，已知电源电压 $u_S = [10 + 80\cos(\omega t + 30°) + 18\cos3\omega t]\,\text{V}$，$R = 6\,\Omega$，$\omega L = 2\,\Omega$，$\dfrac{1}{\omega C} = 18\,\Omega$。试求电路中的电流 i 和电压 u 的有效值及电路的总功率 P。

8-5　在图 8-12 所示电路中，已知 $u_1 = [2 + 2\cos2t]\,\text{V}$，$u_2 = 3\sin2t\,\text{V}$，$R = 1\,\Omega$，$L = 1\text{H}$，$C = 0.25\text{F}$。试求电阻上的电压 u_R 及其消耗的功率。

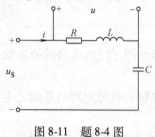

图 8-11　题 8-4 图

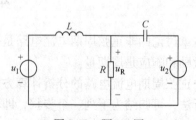

图 8-12　题 8-5 图

8-6　已知 RLC 串联电路的端口电压和电流分别为

$$u = \left[100\cos(314t + 30°) + 50\cos(1256t - 30°)\right] \text{V}$$
$$i = \left[10\cos(314t + 30°) + 1.755\cos(1256t + \theta_4)\right] \text{A}$$

试求（1）R、L、C 的值；（2）θ_4 的值；（3）电路消耗的功率。

8-7　在图 8-13 所示的电路中，已知电流源的电流 $i_S = 4\sqrt{2}\cos 1000t$ A，电压源的电压 $U_S = 2$V。试求电感电流 i_L 及其有效值。

8-8　在图 8-14 所示的电路中，已知 $R_1 = 20\Omega$，$R_2 = 10\Omega$，$\omega L_1 = 6\Omega$，$\omega L_2 = 4\Omega$，$\omega M = 2\Omega$，$\dfrac{1}{\omega C} = 16\Omega$，$u_S = \left[100 + 50\cos(2\omega t + 30°)\right] \text{V}$。试求非正弦周期电流 i_1、i_2 的有效值及电源发出的平均功率。

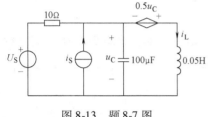

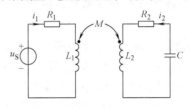

图 8-13　题 8-7 图　　　　　　　　　　图 8-14　题 8-8 图

8-9　在图 8-15 所示的电路中，当 i_S 为角频率 $\omega = 1000\text{rad/s}$ 的正弦电流时，电感电流 i_L 的有效值 I_L 是 i_S 有效值 I_S 的 0.8；当 i_S 的角频率增加 1 倍时，$I_L = I_S$。当 $i_S = (0.3 + \sqrt{2}\cos 1000t + 0.3\sqrt{2}\cos 2000t)$A 时，试求：（1）电感电流 i_L；（2）若电流源 i_S 发出的功率为 15W，计算 R、L、C 的值。

8-10　在图 8-16 所示的电路中，$u_S = (10 + 5\sin\omega t + 21\sin 3\omega t)\text{V}$，$\omega L_1 = \omega L_2 = 1\Omega$，$\dfrac{1}{\omega C_1} = 9\Omega$，$\dfrac{1}{\omega C_2} = 1\Omega$，$R = 10\Omega$。试求 i_{L1} 和 i_R。

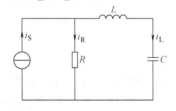

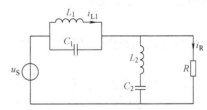

图 8-15　题 8-9 图　　　　　　　　　　图 8-16　题 8-10 图

第9章　线性电路的暂态分析

内 容 提 要

本章主要介绍线性一阶电路的零输入响应、零状态响应和全响应，线性一阶电路的阶跃响应和冲激响应；积分电路和微分电路；二阶电路的零输入响应。

【引例】　在一些电子设备上，有的电路系统需要延时启动，这就需要在外加电源和电路系统之间接入一个延时电路。例如，某电路系统的延时启动电路如图9-1所示。

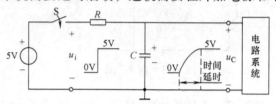

在图9-1中，由 RC 串联电路组成延时启动电路。RC 电路的输入端接5V直流电源，输出端接电路系统。当开关 S 闭合后，从 RC 电路的输入电压 u_i 和输出电压 u_C 的

图9-1　延时启动应用电路

波形中看到，u_i 是从0V瞬间上升到5V，而 u_C 则从0V缓慢上升到5V，输出电压 u_C 在时间上对输入电压 u_i 出现了延时，实现了电路系统的延时启动。改变 R 或 C 的数值，就可以调整延时时间的长短。那么，为什么输出电压 u_C 会出现延时？u_C 是按着什么规律变化的？延时时间的长短和 R、C 之间是什么关系？学完本章内容就可以做出解答。

9.1　电路暂态过程的基本概念

在前面分析的直流电路和交流电路中，当电源恒定或周期性变化时，所产生的响应也是恒定的或周期性变化的，电路的这种工作状态称为稳定状态，简称稳态。实际电路的工作状态总是发生变化的，例如电源的接通或断开，电源电压、电流的改变、电路元件的参数改变等，都会使电路中的电压、电流发生变化，导致电路从一个稳定状态转换为另一个稳定状态。我们将电源的接通或断开、电压或电流的改变、电路元件的参数改变统称为换路。

由于电感和电容是储能元件，在换路时，储能元件的能量储存和释放不是一瞬间完成的，而是要经过一定的转换过程，这个转换过程称为暂态过程或过渡过程。本章所要分析的就是电路的暂态过程。

9.1.1　暂态过程产生的原因

我们先来分析图9-2a电路的暂态过程。当开关 S 断开时（换路前），电容未储存能量，即 $u_C = 0$，这时的电路称为原稳态，也就是换路前的工作状态。当开关 S 闭合后（换路后），电源通过电阻向电容提供能量，电容储存能量，u_C 上升。对于线性电容元件，在任意 t 时刻，其上的电荷和电压的关系为

$$\left.\begin{array}{l} q(t) \ = \ q(t_0) \ + \ \displaystyle\int_{t_0}^{t} i_C(\xi)\,\mathrm{d}\xi \\[3mm] u_C(t) \ = \ u_C(t_0) \ + \ \dfrac{1}{C} \displaystyle\int_{t_0}^{t} i_C(\xi)\,\mathrm{d}\xi \end{array}\right\} \qquad (9\text{-}1)$$

设 t_0 为换路前时刻，t 为换路后时刻。若换路时刻前后，电容的电流 $i_C(t)$ 是有限值，则式（9-1）中的积分项为零，说明换路时刻前后，电容上的电荷和电压不发生跃变。

由式（9-1）可知，在换路时刻前后，电容上的电压 u_C 不能跃变，实质上也就是说电容的能量不能跃变。所以图 9-2a 换路后，电容电压 u_C 是从 0V 开始逐渐上升的，当 u_C 达到 U_S 时，电容的能量储存完毕，电路达到了新的稳态。一般将电容储存能量的过程称为电容的充电。电容充电的电压波形如图 9-2b 所示。

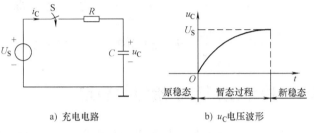

a) 充电电路　　　　　　　　b) u_C电压波形

图 9-2　电容的充电过程

我们再来分析图 9-3a 电路的暂态过程。当开关 S 在位置 1 时（换路前），电容已经储存了能量，此时 $u_C = U_S$。当开关 S 在位置 2 时（换路后），直流电源被断开，电容和电阻构成了闭合电路，此时的电容要释放能量。由于换路时刻前后电容的电流 $i_C(t)$ 是有限值，所以储能元件的能量不能跃变，则电容上的电压 u_C 从 U_S 开始逐渐下降，当 u_C 下降到 0V 时，电容的能量释放完毕，电路达到了新的稳态。一般将电容释放能量的过程称为电容的放电。电容放电的电压波形如图 9-3b 所示。

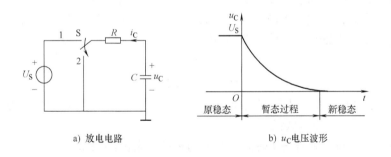

a) 放电电路　　　　　　　　b) u_C电压波形

图 9-3　电容的放电过程

从以上分析可见，在含有储能元件的电路中，由于储能元件的能量在换路时不能跃变，所以电路才会出现暂态过程。

9.1.2　暂态过程的分析方法

线性电路暂态过程的分析方法包括经典法和拉普拉斯变换法。由于电容、电感的伏安关系分别为 $i_C = C\dfrac{\mathrm{d}u_C}{\mathrm{d}t}$ 和 $u_L = L\dfrac{\mathrm{d}i_L}{\mathrm{d}t}$，所以，对于含有电容、电感的任一电路，所列出的 KCL 和

KVL 方程都是微分方程。所以，经典法就是微分方程法。

由于经典法是解微分方程，当电路中含有多个储能元件时，就要建立高阶微分方程。然而，确定高阶微分方程的积分常数过程很繁琐。所以，当电路中含有多个储能元件时，一般都采用拉普拉斯变换分析法。拉普拉斯变换分析法就是将线性电路的微分方程转换为代数方程进行求解的方法。

本章主要以直流激励的电路为例，介绍暂态过程的经典分析法。

思 考 题

9-1 根据 $i_C = C \dfrac{\mathrm{d}u_C}{\mathrm{d}t}$，从电路的角度分析，电容的电压在换路时为什么不能跃变？

9.2 换路定则和初始值的确定

在 9.1.1 节中我们分析了电容的充电过程和放电过程，从图 9-2b 和图 9-3b 的电压 u_C 波形可以看出，暂态过程是从 $t = 0$ 时刻开始，经过一段时间达到新的稳态。所以研究电路暂态过程的变化规律要确定两个数值，一个是暂态过程的开始值，即初始值；一个是暂态过程的结束值，即稳态值。本节先讨论暂态过程的初始值。

9.2.1 换路定则

设 $t = 0$ 为换路时刻，$t = 0_-$ 为换路前的末了瞬间，$t = 0_+$ 为换路后的初始瞬间，$t_0 = 0_-$ 到 0_+ 为换路瞬间。

所谓初始值，是指换路后初始瞬间的电压、电流值，即 $t = 0_+$ 时的电压、电流值。

对于线性电容元件，式（9-1）已经说明，若换路瞬间前后电流 $i_C(t)$ 为有限值，则电容上的电荷和电压不发生跃变。令式（9-1）中的 $t_0 = 0_-$，$t = 0_+$，可得

$$\left.\begin{array}{c} q(0_+) = q(0_-) \\ u_C(0_+) = u_C(0_-) \end{array}\right\} \tag{9-2}$$

式中的 $q(0_+)$ 和 $u_C(0_+)$ 为电容电荷和电压的初始值，$q(0_-)$ 和 $u_C(0_-)$ 为换路前末了瞬间的电容电荷和电压，称为原始值。

对于线性电感元件，在任意 t 时刻，其上的磁链和电流的关系为

$$\left\{\begin{array}{l} \Psi_L(t) = \psi_L(t_0) + \displaystyle\int_{t_0}^{t} u_L(\xi)\,\mathrm{d}\xi \\[3mm] i_L(t) = i_L(t_0) + \dfrac{1}{L}\displaystyle\int_{t_0}^{t} u_L(\xi)\,\mathrm{d}\xi \end{array}\right.$$

令 $t_0 = 0_-$，$t = 0_+$，可得

$$\left.\begin{array}{l} \Psi_L(0_+) = \psi_L(0_-) + \displaystyle\int_{0_-}^{0_+} u_L(\xi)\,\mathrm{d}\xi \\[3mm] i_L(0_+) = i_L(0_-) + \dfrac{1}{L}\displaystyle\int_{0_-}^{0_+} u_L(\xi)\,\mathrm{d}\xi \end{array}\right\} \tag{9-3}$$

在换路瞬间（$0_-\sim0_+$），若电压 $u_L(t)$ 为有限值，则式（9-3）中的积分项为零，此时电感中的磁链和电流不发生跃变，即

$$\begin{cases} \Psi_L(0_+) = \Psi_L(0_-) \\ i_L(0_+) = i_L(0_-) \end{cases} \tag{9-4}$$

由上分析可见，在换路瞬间，若电容电流为有限值，则电容电压不能跃变；若电感电压为有限值，则电感电流不能跃变，则式（9-2）和式（9-4）称为换路定则。

9.2.2 初始值的确定

由式（9-2）和式（9-4）的换路定则可知，电容电压的初始值 $u_C(0_+)$ 和电感电流的初始值 $i_L(0_+)$ 均由原稳态电路 $t=0_-$ 时的 $u_C(0_-)$ 和 $i_L(0_-)$ 来确定。而其他电压、电流的初始值均由 $t=0_+$ 时的等效电路确定。

在图 9-2a 中，$t=0_-$ 时开关 S 断开，电容未储能，$u_C(0_-)=0$，$i_C(0_-)=0$，电路为原稳态。$t=0$ 时，开关 S 闭合，此时换路。根据换路定则有 $u_C(0_+)=u_C(0_-)=0$。而电容中的电流此时从零跃变为最大值，即 $i_C(0_+)=\dfrac{U_S-u_C(0_+)}{R}=\dfrac{U_S}{R}$。

在图 9-3a 中，$t=0_-$ 时，开关 S 与位置 1 接通，电容已经储能，$u_C(0_-)=U_S$，$i_C(0_-)=0$，电路为原稳态。$t=0$ 时，开关 S 与位置 2 接通，此时换路。根据换路定则有 $u_C(0_+)=u_C(0_-)=U_S$。而电容中的电流 $i_C(0_+)=\dfrac{u_C(0_+)}{R}=\dfrac{U_S}{R}$。

由以上分析可见，电容电压的初始值 $u_C(0_+)=u_C(0_-)$，说明换路后的初始瞬间，电容的电压没有跃变，其值等于原稳态时电容上的电压值。电容中的电流初始值 $i_C(0_+)\neq i_C(0_-)$，说明 $i_C(0_+)$ 发生跃变，其值由 $t=0_+$ 时的等效电路决定。由于求解 $u_C(0_+)$ 和 $i_C(0_+)$ 的电路工作状态不同，所以初始值分为独立初始值和非独立初始值。由原稳态电路确定（$t=0_+$ 时不能跃变）的初始值称为独立初始值，即为 $u_C(0_+)$ 和 $i_L(0_+)$；由 $t=0_+$ 时的等效电路确定的初始值称为非独立初始值，如 $i_C(0_+)$ 和 $u_L(0_+)$ 等。求解初始值的具体步骤如下：

1）先求独立初始值 $u_C(0_+)$ 和 $i_L(0_+)$。$u_C(0_+)$ 和 $i_L(0_+)$ 根据换路定则求解。$t=0_-$ 时电路为原稳态电路。

2）再求非独立初始值 $u(0_+)$ 和 $i(0_+)$。$u(0_+)$ 和 $i(0_+)$ 根据 $t=0_+$ 时的等效电路求解。画出 $t=0_+$ 时的等效电路，根据 $u_C(0_+)$ 和 $i_L(0_+)$ 的数值将电容和电感进行等效替代，即

对于电容：当 $u_C(0_+)=0$ 时，电容相当短路；

当 $u_C(0_+)=U_0$ 时，电容相当是一个电压值为 U_0 的电压源。

对于电感：当 $i_L(0_+)=0$ 时，电感相当断路；

当 $i_L(0_+)=I_0$ 时，电感相当是一个电流值为 I_0 的电流源。

【例 9-1】 在图 9-4a 中，已知 $U_S=10V$，$R_1=3\Omega$，$R_2=2\Omega$，换路前电感和电容均未储能，$t=0$ 时开关 S 闭合。试求：电路的初始值 $u_C(0_+)$、$i_L(0_+)$、$i_C(0_+)$、$u_L(0_+)$、

$u_{R1}(0_+)$、$u_{R2}(0_+)$、$i(0_+)$。

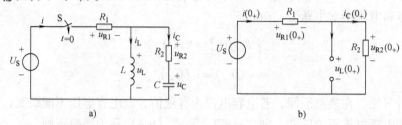

图 9-4 例 9-1 图

【解】

(1) 求独立初始值。$t=0_-$ 时，$u_C(0_-)=0,i_L(0_-)=0$。根据换路定则，有

$$u_C(0_+)=u_C(0_-)=0,i_L(0_+)=i_L(0_-)=0$$

(2) 求非独立初始值。由于 $u_C(0_+)=0,i_L(0_+)=0$，所以在 $t=0_+$ 时，电容相当短路、电感相当断路。$t=0_+$ 时的等效电路如图 9-4b 所示。由等效电路求出

$$i(0_+)=i_C(0_+)=\frac{U_S}{R_1+R_2}=\frac{10}{3+2}A=2A$$

$$u_{R1}(0_+)=i(0_+)R_1=2\times3V=6V$$

$$u_L(0_+)=u_{R2}(0_+)=U_S-u_{R1}(0_+)=(10-6)V=4V$$

【例 9-2】 在图 9-5a 中，已知 $U_S=10V$，$R_1=3\Omega$，$R_2=2\Omega$，$R_3=1\Omega$。换路前电路已处于稳态，$t=0$ 时开关 S 打开。试求：电路的初始值 $u_C(0_+)$、$i_L(0_+)$、$i_C(0_+)$、$u_L(0_+)$、$u_{R2}(0_+)$。

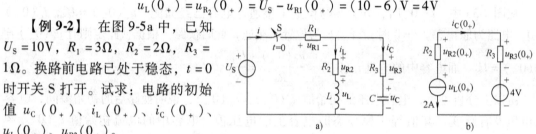

图 9-5 例 9-2 图

【解】

(1) 求独立初始值。$t=0_-$ 时电感、电容已储能，电路处于稳态，电感相当于短路、电容相当于断路，则有

$$u_C(0_-)=\frac{R_2}{R_1+R_2}U_S=\frac{2}{3+2}\times10V=4V$$

$$i_L(0_-)=\frac{U_S}{R_1+R_2}=\frac{10}{3+2}A=2A$$

由换路定则有 $u_C(0_+)=u_C(0_-)=4V,i_L(0_+)=i_L(0_-)=2A$。

(2) 求非独立初始值。由于 $u_C(0_+)=4V$、$i_L(0_+)=2A$，所以在 $t=0_+$ 时，电容用 4V 的电压源替代，电感用 2A 的电流源替代。$t=0_+$ 时的等效电路如图 9-5b 所示。由等效电路求出：

$$i_C(0_+)=-i_L(0_+)=-2A$$

$$u_{R2}(0_+)=i_L(0_+)R_2=2\times2V=4V$$

$$u_{R3}(0_+)=i_C(0_+)R_3=-2\times1V=-2V$$

$$u_L(0_+)=u_C(0_+)+u_{R3}(0_+)-u_{R2}(0_+)=(4-2-4)V=-2V$$

思　考　题

9-2　在例 9-1、9-2 中，求解非独立初始值时，电容元件和电感元件是如何处理的?

9.3　一阶电路的零输入响应

用一阶线性微分方程描述的电路称为一阶电路。当电路中只含有一个储能元件（电容或电感）时，或经过变换可等效为一个储能元件时，且储能元件以外的线性电阻电路可用戴维宁定理等效为电压源和电阻的串联，或用诺顿定理等效为电流源和电阻的并联，对于这样的电路，统称为一阶电路，所建立的电路方程是一阶线性微分方程。一阶电路产生的响应有三种情况，即零输入响应、零状态响应和全响应。下面先介绍零输入响应。

所谓零输入响应，是指换路前储能元件已经储能，换路后的电路中无独立电源，仅由储能元件释放能量在电路中产生的响应。

9.3.1　RC 电路的零输入响应

在图 9-6a 中，开关 S 置于 1 的位置时，电容 C 充电到 U_0，电路处于原稳态。$t = 0$ 时，开关 S 置于 2 的位置，电容 C 脱离直流电源仅与电阻 R 接通，如图 9-6b 所示。在图 9-6b 中，电容通过电阻进行放电，最后将能量全部释放掉，电路达到新的稳态。这种仅由储能元件释放能量在电路中产生的响应就是零输入响应。

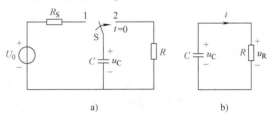

图 9-6　RC 电路的零输入响应

根据图 9-6b 中所选取的参考方向，由 KVL 列出 $t > 0$ 时的电压方程，即

$$-u_R + u_C = 0 \qquad t > 0$$

将 $u_R = iR$，$i = -C\dfrac{\mathrm{d}u_C}{\mathrm{d}t}$ 代入上述方程，有

$$RC\frac{\mathrm{d}u_C}{\mathrm{d}t} + u_C = 0 \qquad t > 0 \tag{9-5}$$

这是一阶常系数线性齐次微分方程，其方程的通解为

$$u_C = A\mathrm{e}^{pt} \qquad t > 0 \tag{9-6}$$

式中，p 为特征方程的根，A 为积分常数。将式（9-6）代入式（9-5），求出特征根，即

$$RCp + 1 = 0$$

特征根为

$$p = -\frac{1}{RC}$$

式（9-6）的通解为

$$u_C = A e^{-\frac{t}{RC}} \qquad t > 0 \tag{9-7}$$

下面确定积分常数 A。积分常数 A 由电路的初始条件 $u_C(0_+)$ 确定。
在 $t = 0_+$ 时，由换路定则得

$$u_C(0_+) = u_C(0_-) = U_0$$

将 $u_C(0_+) = U_0$ 代入式（9-7），求出积分常数，即

$$U_0 = A e^{-\frac{0}{RC}}$$

其积分常数为

$$A = U_0$$

所以

$$u_C = U_0 e^{-\frac{t}{RC}} = u_C(0_+) e^{-\frac{t}{RC}} \qquad t > 0 \tag{9-8}$$

式（9-8）就是电容放电过程中，其电压 u_C 随时间变化的表达式。

放电电流 i 随时间变化的表达式为

$$i = -C \frac{\mathrm{d}u_C}{\mathrm{d}t} = \frac{U_0}{R} e^{-\frac{t}{RC}} = i(0_+) e^{-\frac{t}{RC}} \qquad t > 0 \tag{9-9}$$

电阻的电压 u_R 随时间变化的表达式为

$$u_R = iR = U_0 e^{-\frac{t}{RC}} = u_R(0_+) e^{-\frac{t}{RC}} \qquad t > 0 \tag{9-10}$$

可见，u_C、i 和 u_R 都是随着时间 t 按指数规律变化的，其变化曲线如图 9-7 所示。

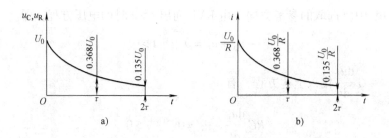

图 9-7 u_C、u_R 和 i 随时间变化的曲线

由图 9-7 可知，在 $t > 0$ 后，u_C、i 和 u_R 都是随着时间按指数规律衰减，当时间 $t \to \infty$ 时，电压、电流都等于零，暂态过程结束，电路达到新的稳态。所不同的是，在 $t = 0_+$ 时，u_C 的初始值 $u_C(0_+) = u_C(0_-) = U_0$ 没有跃变，而电流 $i(0_+) = \dfrac{U_0}{R}$、$u_R(0_+) = U_0$ 都发生了跃变。

RC 电路的零输入响应实际上就是电容的放电过程。电路换路后，电容通过电阻释放能量，最终能量全部被电阻吸收转换成热能。

9.3.2 电路的时间常数

在式（9-8）、式（9-9）和式（9-10）中，当增大或减小 RC 的数值时，u_C、i 和 u_R 的暂态过程时间就会变长或缩短。RC 的乘积单位为秒，即

$$欧 \cdot 法 = 欧 \cdot \frac{库}{伏} = 欧 \cdot \frac{安 \cdot 秒}{伏} = 欧 \cdot \frac{秒}{欧} = 秒$$

所以，我们将 RC 称为电路的时间常数，用 τ 表示，即

$$\tau = RC \tag{9-11}$$

这样，u_C、i 和 u_R 的表达式又可以表示为

$$u_C = u_C(0_+) e^{-\frac{t}{\tau}} \tag{9-12}$$

$$i = i(0_+) e^{-\frac{t}{\tau}} \tag{9-13}$$

$$u_R = u_R(0_+) e^{-\frac{t}{\tau}} \tag{9-14}$$

由式（9-12）、式（9-13）和式（9-14）可见，τ 的大小影响电路暂态过程的时间长短，理论分析认为，暂态过程经过无穷大的时间才结束，而实际上暂态过程经过多长时间结束？下面我们以电容电压为例，用 τ 来度量电路暂态过程的时间。

在式（9-12）中，当 $t = \tau$ 时，

$$u_C = u_C(0_+) e^{-1} = \frac{U_0}{e} = \frac{U_0}{2.718} = 0.368 U_0 = 36.8\% U_0$$

可见，经过一个 τ 的时间，电压 u_C 已经下降到初始值 U_0 的 36.8%。也就是说，τ 等于 u_C 衰减到初始值 U_0 的 36.8% 所需要的时间。$t = 1 \sim 6\tau$ 时，电压 u_C 随时间按指数衰减情况见表9-1。

表 9-1 u_C 随 τ 衰减情况

t	0	τ	2τ	3τ	4τ	5τ	6τ	∞
$u_C(t)$	U_0	$0.368U_0$	$0.135U_0$	$0.05U_0$	$0.018U_0$	$0.007U_0$	$0.002U_0$	0

从表9-1可见，实际上电路的暂态过程经过 $3 \sim 5\tau$ 的时间就结束了。时间常数 τ 可以通过电路的参数求出，也可以通过测试 u_C 变化曲线上的时间求出，即时间常数 τ 等于电压 u_C 衰减到初始值 U_0 的 36.8% 所需要的时间，见图9-8a。还可以通过作指数曲线上任意点的切线求出 τ，例如，设图9-8b中曲线上初始值这一点为 A，通过 A 点作切线相交于 B，则 OB 段的时间就等于 τ，即

$$OB = \frac{AO}{\tan\alpha} = \frac{u_C(t)}{-\dfrac{\mathrm{d}u_C}{\mathrm{d}t}\Big|_{t=0}} = \frac{U_0 e^{-\frac{0}{\tau}}}{\dfrac{1}{\tau} U_0 e^{-\frac{0}{\tau}}} = \tau$$

在初始值 U_0 不变的情况下，R 或 C 越大，时间常数 τ 就越大，电容放电就越慢，暂态过程的时间就越长，图9-9是 τ 值不同的情况下，u_C 随时间变化的曲线。

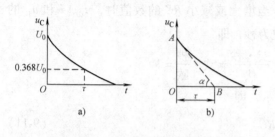 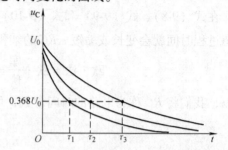

图9-8 从曲线上求解时间常数 τ 图9-9 τ 值不同时，u_C 随时间变化的曲线

【例9-3】 在图9-10a中，已知 $I_S = 2\text{mA}$，$R_1 = R_2 = 3\text{k}\Omega$，$R_3 = R_4 = 6\text{k}\Omega$，$C = 1\mu\text{F}$。换路前电路已处于稳态，$t = 0$ 时开关 S 闭合。试求 $t > 0$ 时的电压 $u_C(t)$、电流 $i_C(t)$、$i_1(t)$ 和 $i_2(t)$，并画出它们随时间变化的曲线。

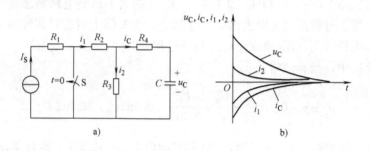

图9-10 例9-3图

【解】 根据题意可知，此电路的工作状态是零输入响应。求解如下：

$$u_C(0_+) = u_C(0_-) = I_S R_3 = 2 \times 10^{-3} \times 6 \times 10^3 \text{V} = 12\text{V}$$

$$\tau = R_{\text{eq}}C = \left(\frac{R_2 R_3}{R_2 + R_3} + R_4\right)C = \left(\frac{3 \times 6}{3 + 6} + 6\right) \times 10^3 \times 1 \times 10^{-6}\text{s} = 8 \times 10^{-3}\text{s} = 8\text{ms}$$

式中，R_{eq} 是换路后从储能元件两端看进去的等效电阻。

电压 $u_C(t)$ 为

$$u_C(t) = u_C(0_+)\text{e}^{-\frac{t}{\tau}} = 12\text{e}^{-\frac{10^3}{8}t}\text{V} = 12\text{e}^{-125t}\text{V} \qquad t > 0$$

各电流分别为

$$i_C(t) = C\frac{\text{d}u_C}{\text{d}t} = -1 \times 10^{-6} \times 12 \times 125\text{e}^{-125t} = -1.5\text{e}^{-125t}\text{mA} \qquad t > 0$$

$$i_2(t) = \frac{R_4 i_C + u_C}{R_3} = (-1.5e^{-125t} + 2e^{-125t})mA = 0.5e^{-125t}mA \qquad t > 0$$

$$i_1(t) = i_2(t) + i_C(t) = (0.5e^{-125t} - 1.5e^{-125t})mA = -e^{-125t}mA \qquad t > 0$$

以上各电压、电流随时间变化的曲线如图 9-10b 所示。

i_C、i_1 和 i_2 除了用基本定律求解之外，也可以用零输入响应的公式求出。首先画出 $t = 0_+$ 时的等效电路如图 9-11 所示。由于 $u_C(0_+) = 12V$，所以在等效电路中，电容由一个 12V 的理想电压源替代；然后根据等效电路求出 i_C、i_1 和 i_2 的初始值，即

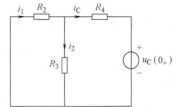

$$i_C(0_+) = -\frac{u_C(0_+)}{(R_2 // R_3) + R_4} = -\frac{12}{(2+6) \times 10^3}A = -1.5mA$$

$$i_2(0_+) = \frac{R_4 i_C(0_+) + u_C(0_+)}{R_3} = \frac{-9+12}{6 \times 10^3}A = 0.5mA$$

图 9-11　$t = 0_+$ 时的等效电路

$$i_1(0_+) = i_2(0_+) + i_C(0_+) = (0.5 - 1.5)mA = -1mA$$

所以

$$i_C = i_C(0_+)e^{-\frac{t}{\tau}} = -1.5e^{-125t}mA \qquad\qquad t > 0$$

$$i_2 = i_2(0_+)e^{-\frac{t}{\tau}} = 0.5e^{-125t}mA \qquad\qquad t > 0$$

$$i_1 = i_1(0_+)e^{-\frac{t}{\tau}} = -e^{-125t}mA \qquad\qquad t > 0$$

9.3.3　*RL* 电路的零输入响应

在图 9-12a 中，开关 S 断开时，电感 L 储能，$i_L(0_-) = I_0$，电路为原稳态。$t = 0$ 时，开关 S 闭合，电感 L 脱离电流源与电阻 R 组成闭合电路，见图 9-12b。在图 9-12b 中，电感 L 从初始值 I_0 开始向电阻 R 释放能量，最终将能量全部释放掉。

根据图 9-12b 中所选取的参考方向，由 KVL 列出 $t > 0$ 时的电压方程

$$u_R + u_L = 0 \qquad t > 0$$

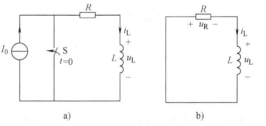

图 9-12　*RL* 电路的零输入响应

将 $u_R = i_L R$，$u_L = L\dfrac{di_L}{dt}$ 代入上述方程，有

$$L\frac{di_L}{dt} + i_L R = 0 \qquad\qquad t > 0 \qquad\qquad (9-15)$$

这也是一阶齐次微分方程，其方程的通解为

$$i_L = Ae^{pt} \qquad\qquad t > 0 \qquad\qquad (9-16)$$

式中，p 为特征方程的特征根；A 为积分常数。

将式（9-16）代入式（9-15），求出特征根，即

$$Lp + R = 0$$

特征根为

$$p = -\frac{R}{L}$$

则式（9-16）为

$$i_L = A e^{-\frac{R}{L}t} \tag{9-17}$$

将 $i_L(0_+) = i_L(0_-) = I_0$ 代入式（9-17），求出积分常数 $A = i_L(0_+) = I_0$，则电感的电流为

$$i_L = i_L(0_+) e^{-\frac{R}{L}t} = I_0 e^{-\frac{R}{L}t} \qquad t > 0 \tag{9-18}$$

电感上的电压为

$$u_L = L\frac{di_L}{dt} = -R I_0 e^{-\frac{R}{L}t} = u_L(0_+) e^{-\frac{R}{L}t} \qquad t > 0 \tag{9-19}$$

电阻上的电压为

$$u_R = i_L R = R I_0 e^{-\frac{R}{L}t} = u_R(0_+) e^{-\frac{R}{L}t} \qquad t > 0 \tag{9-20}$$

和 RC 电路相似，$\dfrac{L}{R}$ 的单位也是 s，称为一阶 RL 电路的时间常数，即 $\tau = \dfrac{L}{R}$。这样，i_L、u_L 和 u_R 的表达式又可以表示为

$$i_L = i_L(0_+) e^{-\frac{t}{\tau}} \qquad t > 0 \tag{9-21}$$

$$u_L = u_L(0_+) e^{-\frac{t}{\tau}} \qquad t > 0 \tag{9-22}$$

$$u_R = u_R(0_+) e^{-\frac{t}{\tau}} \qquad t > 0 \tag{9-23}$$

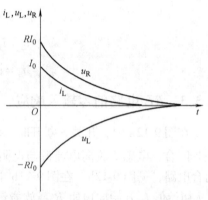

i_L、u_L 和 u_R 随时间变化的曲线如图 9-13 所示。

RL 电路的零输入响应实际上就是电感释放能量的过程。换路后，电感通过电阻释放磁场能量（$W_L = \dfrac{1}{2}L I_0^2$），最终磁场能量全部被电阻吸收转换成热能消耗掉。

图 9-13　i_L、u_L 和 u_R 随时间变化的曲线

【例 9-4】　在图 9-14a 中，已知电感线圈的电阻 $R = 2\Omega$，$L = 100\text{mH}$，$U_S = 20\text{V}$，直流电压表的量程为 100V，电压表的内阻 $R_V = 10\text{k}\Omega$，换路前电路已处于稳态，$t = 0$ 时开关 S 打开。试求：（1）换路后的 $i_L(t)$、$u_L(t)$；（2）换路瞬间电压表的读数。

【解】　（1）根据题意可知，此电路的工作状态是零输入响应。求解如下：

$$i_L(0_+) = i_L(0_-) = \frac{U_S}{R} = \frac{20}{2}\text{A} = 10\text{A}$$

$$\tau = \frac{L}{R + R_V} = \frac{100 \times 10^{-3}}{2 + 10000}\text{s} = 10 \times 10^{-6}\text{s}$$

$$i_L(t) = i_L(0_+) e^{-\frac{t}{\tau}} = 10 e^{-\frac{10^6}{10^1}t}\text{A}$$

$$= 10 e^{-10^5 t}\text{A} \quad t > 0$$

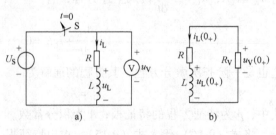

图 9-14　例 9-4 图

$$u_L = L\frac{\mathrm{d}i_L}{\mathrm{d}t} = -100 \times 10^{-3} \times 10^5 \times 10\mathrm{e}^{-10^5 t}\mathrm{V} = -100\mathrm{e}^{-10^5 t}\mathrm{kV} \quad t > 0$$

（2）$t = 0_+$ 时的等效电路如图 9-14b 所示，则电压表的读数为

$$u_V(0_+) = -i_L(0_+)R_V = -10 \times 10 \times 10^3\mathrm{V} = -100\mathrm{kV}$$

可见，在换路瞬间电压表的读数远远超过其测量的量程，造成电压表的损坏。

为什么电压表会产生过电压呢？因为换路后，电感元件与电压表构成了闭合电路，所以电感通过电压表释放能量。在换路瞬间电压表中有 10A 的电流流过，其两端就会产生高压。若在换路前将电压表拆掉，电感就会通过开关 S 释放能量，将开关烧坏。为了保护电压表和开关，一般在电感线圈两端并联一个半导体二极管 VD，见图 9-15a。

半导体二极管的功能相当是一个电子开关。当二极管外加正向电压时（二极管的 B 点电位 V_B 高于 A 点电位 V_A），二极管导通。二极管导通之后其两端的电压很小，约为 $0.3 \sim 0.6\mathrm{V}$，所以二极管在导通时相当于短路；当二极管外加反向电压时（二极管的 B 点电位 V_B 低于 A 点电位 V_A），二极管截止。二极管截止时在电路中相当于断路。在图 9-15a 中，换路前电感储能，二极管 VD 两端的电压为反向电压，二极管 VD 截止相当断路，对电路无影响。在换路后的图 9-15b 中，电感的电流要减少，电感线圈两端产生的感应电压 u_L 要阻碍电流 i_L 减小，其 u_L 的极性变为下正上负，二极管 VD 承受正向电压而导通。二极管 VD 导通后与电感线圈构成闭合回路，电感通过二极管 VD 快速释放能量，电路见图 9-15c。

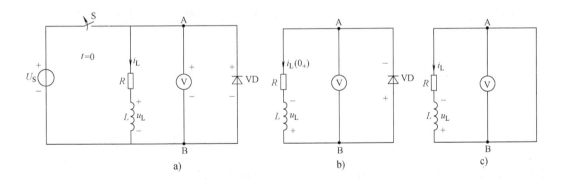

a)　　　　　　　　b)　　　　　　　　c)

图 9-15　具有二极管保护的 RL 电路

思 考 题

9-3　RC 和 RL 电路的时间常数 τ 等于什么？τ 的大小对电流、电压的衰减快慢有什么影响？

9.4　一阶电路的零状态响应

所谓零状态响应，是指换路前储能元件未储能，换路后仅由独立电源作用在电路中产生的响应。

9.4.1 *RC* 电路的零状态响应

在图 9-16 中，换路前开关 S 是断开的，电容 C 未储能，即 $u_C(0_-) = 0$，电路为原稳态。

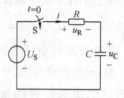

$t = 0$ 时开关 S 闭合，RC 电路与直流电源接通，直流电源通过电阻向电容充电，电容的电压最后充电至 U_S，电路达到新的稳态。根据图 9-16 中所选取的参考方向，由 KVL 列出 $t > 0$ 时的电压方程，即

$$u_R + u_C = U_S \qquad t > 0$$

图 9-16 *RC* 电路的零状态响应

将 $u_R = iR$，$i = C\dfrac{du_C}{dt}$ 代入上述方程，有

$$RC\frac{du_C}{dt} + u_C = U_S \qquad t > 0 \tag{9-24}$$

这是一阶常系数线性非齐次微分方程，其方程的解为两部分，即

$$u_C = u_C' + u_C''$$

u_C' 是非齐次微分方程的一个特解，与外施激励有关。当外施激励为常数时，u_C' 也是常数，其值就是电路达到稳态时 $(t = \infty)$ 的 u_C 值，即 $u_C' = u_C(\infty) = U_S$，所以 u_C' 又称为稳态分量。u_C'' 是齐次微分方程 $RC\dfrac{du_C}{dt} + u_C = 0$ 的通解，即

$$u_C'' = Ae^{-\frac{t}{\tau}} \qquad t > 0$$

当 $t = \infty$ 时，$u_C'' = 0$，所以 u_C'' 又称为暂态分量。将稳态分量与暂态分量相加，即得

$$u_C = U_S + Ae^{-\frac{t}{\tau}} \qquad t > 0 \tag{9-25}$$

将初始值 $u_C(0_+) = 0$ 代入式（9-25），求得

$$A = -U_S$$

所以

$$u_C = U_S - U_S e^{-\frac{t}{\tau}} = U_S(1 - e^{-\frac{t}{\tau}}) = u_C(\infty)(1 - e^{-\frac{t}{\tau}}) \qquad t > 0 \tag{9-26}$$

式（9-26）是电容充电过程中，电压 u_C 随时间变化的表达式。

充电电流 i 随时间变化的表达式为

$$i = C\frac{du_C}{dt} = \frac{U_S}{R}e^{-\frac{t}{\tau}} = i(0_+)e^{-\frac{t}{\tau}} \qquad t > 0$$

电阻电压 u_R 随时间变化的表达式为

$$u_R = iR = U_S e^{-\frac{t}{\tau}} = u_R(0_+)e^{-\frac{t}{\tau}} \qquad t > 0$$

可见，$t > 0$ 后，u_C、i 和 u_R 都是随着时间按指数规律变化，时间 $t \to \infty$ 时，电路达到新的稳态。在新的稳态下，电容相当于开路，此时的 u_C 值、i 值和 u_R 值称为稳态值，记为 $u_C(\infty)$、$i(\infty)$、$u_R(\infty)$。u_C、i 和 u_R 随时间变化的曲线如图 9-17 所示。

RC 电路的零状态响应实际上就是电容的充电过程。在电容充电过程中，电源提供的能量一部分转换为电场能量储存在电容中，一部分被电阻转换为热能消耗掉。电阻消耗的电能为

$$W_R = \int_0^\infty i^2 R \mathrm{d}t = \int_0^\infty \left(\frac{U_S}{R}\mathrm{e}^{-\frac{t}{\tau}}\right)^2 R\mathrm{d}t$$

$$= \frac{U_S^2}{R}\left(-\frac{RC}{2}\right)\mathrm{e}^{-\frac{2t}{RC}}\Big|_0^\infty = \frac{1}{2}CU_S^2$$

可见 $W_R = W_C$，电容充电效率只有 50%。

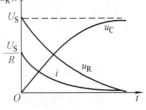

图 9-17 u_C、u_R 和 i 随时间变化的曲线

【例 9-5】 在图 9-18a 中，已知 $R = 10\mathrm{k}\Omega$，$C = 0.01\mu\mathrm{F}$，$U_S = 10\mathrm{V}$。$t = 0$ 时，开关 S 置于位置 1，RC 电路与直流电源 U_S 接通，电容充电；$t = t_1 = 200\mu\mathrm{s}$ 时，开关 S 从位置 1 换到位置 2。试求：（1）电容电压 u_C 随时间变化的规律；（2）$t = 1\tau$ 时，电容充电电压为多少？（3）电容放电需要多长时间？（4）画出 $t > 0$ 时电容电压 u_C 随时间变化的曲线。

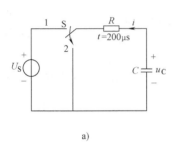

a)

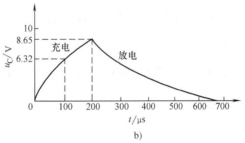

b)

图 9-18 例 9-5 图

【解】 由题意可知，$t = 0$ 时是 RC 电路的第一次换路，换路后电容充电；$t = 200\mu\mathrm{s}$ 时是第二次换路，换路后电容放电。由于此电路换路两次，所以要进行分段求解。

（1）在 $0 < t < t_1$ 时间内，电路的工作状态是零状态响应，电容的充电电压为

$$u_C = U_S(1 - \mathrm{e}^{-\frac{t}{\tau}}) \qquad 0 < t < t_1$$

$\tau = RC = 10 \times 10^3 \times 0.01 \times 10^{-6}\mathrm{s} = 0.1 \times 10^{-3}\mathrm{s} = 100\mu\mathrm{s}$，$U_S = 10\mathrm{V}$。所以

$$u_C = U_S(1 - \mathrm{e}^{-\frac{t}{\tau}}) = 10(1 - \mathrm{e}^{-10^4 t})\mathrm{V} \qquad 0 < t < t_1$$

在 $t > t_1$ 后，电路的工作状态是零输入响应，电容的放电电压为

$$u_C = u_C(t_{1+})\mathrm{e}^{-\frac{(t - t_1)}{\tau}} \qquad t > t_1$$

由零状态响应结果求出 $t = t_1 = 200\mu\mathrm{s}$ 时电容电压初始值 $u_C(t_{1+})$，即

$$u_C(t_{1+}) = 10(1 - \mathrm{e}^{-10^4 t})\mathrm{V} = 10(1 - \mathrm{e}^{-2})\mathrm{V} = 8.65\mathrm{V}$$

所以

$$u_C = u_C(t_{1+})\mathrm{e}^{-\frac{(t - t_1)}{\tau}} = 8.65\mathrm{e}^{-10^4(t - t_1)}\mathrm{V} \qquad t > t_1$$

（2）当 $t = 1\tau$ 时，电容电压 u_C 充到

$$u_C = U_s(1 - e^{-\frac{t}{\tau}}) = 10(1 - e^{-1})V = 0.632 \times 10V = 6.32V$$

可见，经过一个 τ 的时间，电容上的电压已经上升到稳态值 U_s 的 63.2%。

（3）电容放电需要近似 $5\tau = 500\mu s$ 的时间。由表 9-1 可知，当 $t = 5\tau$ 时，

$$u_C = 0.007U_0 = 0.007 \times 8.65V = 0.06V$$

（4）电容充电与放电的电压波形如图 9-18b 所示。

9.4.2 *RL* 电路的零状态响应

图 9-19 是 *RL* 储能电路。根据图中的参考方向，由 KVL 列出 $t > 0$ 时的电压方程

$$u_R + u_L = U_s \qquad t > 0$$

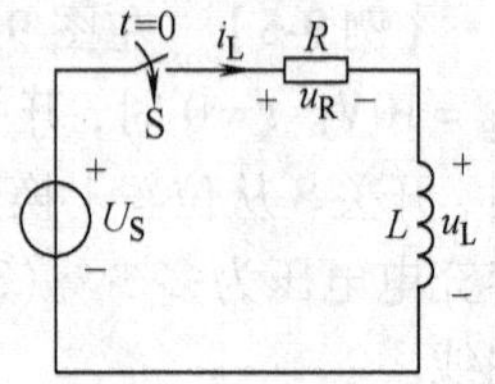

将 $u_R = i_L R$，$u_L = L\dfrac{di_L}{dt}$ 代入上述方程，整理得

$$\frac{L}{R}\frac{di_L}{dt} + i_L = \frac{U_s}{R} \qquad t > 0 \tag{9-27}$$

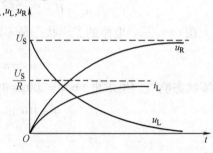

图 9-19 *RL* 电路与
直流电源接通

式（9-27）与式（9-24）具有相同形式的解，也是由两部分组成，即

$$i_L = i_L' + i_L''$$

式中，i_L' 是非齐次微分方程的特解，在图 9-19 中，$i_L' = i_L'(\infty) = \dfrac{U_s}{R}$；$i_L''$ 是齐次微分方程的通

解，即 $i_L'' = Ae^{-\frac{t}{\tau}}$。

所以

$$i_L = i_L' + i_L'' = \frac{U_s}{R} + Ae^{-\frac{t}{\tau}} \qquad t > 0 \tag{9-28}$$

将初始值 $i_L(0_+) = 0$ 代入式（9-28），求出积分常数为

$$A = -\frac{U_s}{R}$$

所以

$$i_L = \frac{U_s}{R} - \frac{U_s}{R}e^{-\frac{t}{\tau}} = \frac{U_s}{R}(1 - e^{-\frac{t}{\tau}}) = i_L(\infty)(1 - e^{-\frac{t}{\tau}}) \tag{9-29}$$

式（9-29）就是电感储存能量过程中，电流 i_L 随时间变化的表达式。

电感电压随时间变化的表达式为

$$u_L = L\frac{di_L}{dt} = U_s e^{-\frac{t}{\tau}} = u_L(0_+)e^{-\frac{t}{\tau}}$$

电阻电压随时间变化的表达式为

$$u_R = iR = U_s(1 - e^{-\frac{t}{\tau}}) = u_R(\infty)(1 - e^{-\frac{t}{\tau}})$$

i_L、u_L 和 u_R 随时间变化的曲线如图 9-20 所示。

RL 电路的零状态响应实际上就是电感的能量
储存过程，当电感量 L 越大，自感电压 u_L 阻碍电流

图 9-20 i_L、u_L 和 u_R
随时间变化的曲线

变化的作用就越强,能量储存时间就越长。

思 考 题

9-4 在图 9-19 中,设 $U_S = 10V$, $L = 1H$, $R = 10\Omega$。计算换路后 $t = 1 \tau$ 时电感中的电流值。

9.5 一阶电路的全响应及三要素法

9.5.1 一阶电路的全响应

所谓全响应,是指换路前储能元件已经储能,换路后由储能元件和独立电源共同作用在电路中产生的响应。

在图 9-21 中,开关 S 置于 1 的位置时,电容 C 由电源 U_{S1} 提供能量,即 $u_C(0_-) = U_{S1} = U_0$,电路为原稳态。$t = 0$ 时,开关 S 置于 2 的位置,电容 C 由电源 U_{S2} 提供能量,电路达到新稳态时,$u_C = u_C(\infty) = U_{S2}$。

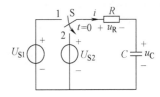

图 9-21 全响应的 RC 电路

电路处于全响应工作状态时,u_C 的方程式与零状态响应的方程式(9-24)相同,即

$$RC \frac{\mathrm{d}u_C}{\mathrm{d}t} + u_C = U_{S2} \qquad t > 0 \tag{9-30}$$

方程的解也与(9-25)相同,即

$$u_C = U_{S2} + A\mathrm{e}^{-\frac{t}{\tau}} \qquad t > 0 \tag{9-31}$$

所不同的是,电路的积分常数值与零状态响应时不同。将初始值代入式(9-31)得

$$A = U_0 - U_{S2}$$

所以,电容电压 u_C 为

$$u_C = U_{S2} + (U_0 - U_{S2})\mathrm{e}^{-\frac{t}{\tau}} \qquad t > 0 \tag{9-32}$$

式(9-32)说明,全响应是稳态分量与暂态分量之和。将式(9-32)改写成

$$u_C = U_0 \mathrm{e}^{-\frac{t}{\tau}} + U_{S2}(1 - \mathrm{e}^{-\frac{t}{\tau}}) \qquad t > 0$$

可见,全响应是零输入响应与零状态响应之和。

9.5.2 一阶电路的三要素法

将式(9-32)中的初始值 U_0 用 $u_C(0_+)$ 表示、稳态值 U_{S2} 用 $u_C(\infty)$ 表示,式(9-32)又可表示为

$$u_C = u_C(\infty) + [u_C(0_+) - u_C(\infty)]\mathrm{e}^{-\frac{t}{\tau}} \qquad t > 0 \tag{9-33}$$

式(9-33)也可以写成

$$u_C = u_C(0_+)\mathrm{e}^{-\frac{t}{\tau}} + u_C(\infty)(1 - \mathrm{e}^{-\frac{t}{\tau}}) \qquad t > 0$$

可见,不论用(稳态分量 + 暂态分量)或用(零输入响应 + 零状态响应)求解电路的全响应,都是要求初始值、稳态值和时间常数。也就是说,只要求出电路的初始值、稳态值和时

间常数，就可方便的求出电路的零输入、零状态和全响应。所以仿照式(9-33)，可以写出在直流电源激励下，求解一阶线性电路全响应的通式，即

$$f(t) = f(\infty) + (f(0_+) - f(\infty))e^{-\frac{t}{\tau}} \qquad t > 0 \tag{9-34}$$

式中，初始值 $f(0_+)$、稳态值 $f(\infty)$ 和时间常数 τ 称为一阶电路的三要素。所以，式(9-34)称为三要素公式，这种用三要素公式求解暂态过程的方法称为三要素法。

【例9-6】 在图 9-22 中，已知 $U_S = 9V$，$I_S = 1A$，$R_1 = 3\Omega$，$R_2 = 6\Omega$，$R_3 = R_4 = 2\Omega$，$C = 10\mu F$。试求：(1) 开关 S 打开后的 $u_C(t)$ 和 $i_1(t)$；(2) 画出 $u_C(t)$ 和 $i_1(t)$ 的变化曲线。

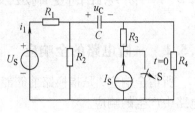

图 9-22 例 9-6 图

【解】 (1) 由题意可知，换路后电路为全响应，用三要素法求解 $u_C(t)$ 和 $i_1(t)$。

1) 首先求 $u_C(t)$。

$$u_C(0_+) = u_C(0_-) = \frac{R_2}{R_1 + R_2}U_S = \frac{6}{3+6} \times 9V = 6V$$

$$u_C(\infty) = \frac{R_2}{R_1 + R_2}U_S - I_S R_4 = \left(\frac{6}{3+6} \times 9 - 1 \times 2\right)V = 4V$$

$$\tau = R_{eq}C = \left(\frac{R_1 R_2}{R_1 + R_2} + R_4\right)C = \left(\frac{3 \times 6}{3+6} + 2\right) \times 10 \times 10^{-6}s = 40 \times 10^{-6}s = 40\mu s$$

R_{eq} 是电路中所有独立电源不起作用，从储能元件两端看进去的等效电阻。求解 R_{eq} 的方法与戴维宁定理求等效电阻的方法相同。将初始值、稳态值、时间常数代入三要素公式，得电容的电压为

$$u_C = u_C(\infty) + (u_C(0_+) - u_C(\infty))e^{-\frac{t}{\tau}} = [4 + (6-4)e^{-25 \times 10^3 t}]V = (4 + 2e^{-25 \times 10^3 t})V$$

2) 求 $i_1(t)$。$i_1(0_+)$ 根据 $t = 0_+$ 的等效电路求出。$t = 0_+$ 的等效电路见图 9-23a，其中电容用 6V 的理想电压源代替。用电源的等效变换求 $i_1(0_+)$，变换步骤见图 9-23b、c、d。

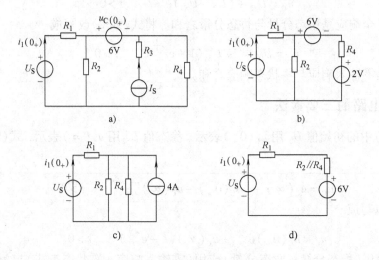

图 9-23 用电源的等效变换求 $i_1(0_+)$

由图 9-23d 得初始值

$$i_1(0_+) = \frac{U_S - 6}{R_1 + R_2 /\!/ R_4} = \frac{9 - 6}{3 + 1.5}A = 0.66A$$

在新稳态时，电容相当开路，见图 9-24。所以电流 i_1 的稳态值为

$$i_1(\infty) = \frac{U_S}{R_1 + R_2} = \frac{9}{3 + 6}A = 1A$$

时间常数 τ 不变。

所以

$$i_1 = i_1(\infty) + [i_1(0_+) - i_1(\infty)]e^{-\frac{t}{\tau}} = [1 + (0.66 - 1)e^{-25 \times 10^3 t}]A$$
$$= (1 - 0.34e^{-25 \times 10^3 t})A \qquad t > 0$$

（2）$u_C(t)$ 和 $i_1(t)$ 随时间变化曲线如图 9-25 所示。

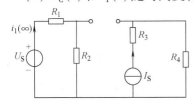

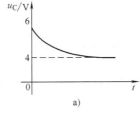

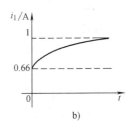

图 9-24　新稳态电路图　　　　　图 9-25　$u_C(t)$ 和 $i_1(t)$ 随时间变化的曲线

【例 9-7】　在图 9-26 中，$t = 0$ 时开关 S 闭合。试求：（1）开关 S 闭合后的 $i_L(t)$ 和 $u_L(t)$；
（2）画出 $i_L(t)$ 和 $u_L(t)$ 的变化曲线。

【解】　（1）由题意可知，换路后电路为全响应。用三要素法求解 $i_L(t)$ 和 $u_L(t)$。

$$i_L(0_+) = i_L(0_-) = \frac{5}{10}A = 0.5A$$

$$i_L(\infty) = \frac{5i}{20} - i = \frac{-5 \times 0.5}{20}A + 0.5A = 0.375A$$

式中，$i = -\frac{5}{10}A = -0.5A$。

由于电路中含有受控源，应用外加电压法求时间常数 τ 中的等效电阻。由图 9-27 的等效
电路可知

$$R_{eq} = \frac{U_o}{I_o} = \frac{U_o}{\dfrac{U_o - 5i}{20} + \dfrac{U_o}{10}} = \frac{U_o}{\dfrac{U_o - 5 \times \dfrac{U_o}{10}}{20} + \dfrac{U_o}{10}}$$

$$R_{eq} = \frac{1}{\dfrac{0.5}{20} + \dfrac{1}{10}}\Omega = \frac{20}{2.5}\Omega = 8\Omega$$

$$\tau = \frac{L}{R_{eq}} = \frac{10 \times 10^{-3}}{8}s = 1.25 \times 10^{-3}s = 1.25ms$$

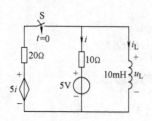

图 9-26　例 9-7 图

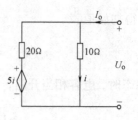

图 9-27　求等效电阻 R_{eq} 的电路

将初始值、稳态值、时间常数代入三要素公式，得电感中的电流为

$$i_L = i_L(\infty) + [i_L(0_+) - i_L(\infty)]e^{-\frac{t}{\tau}} = [0.375 + (0.5 - 0.375)e^{-800t}]A \qquad t > 0$$
$$= (0.375 + 0.125e^{-800t})A$$

电感电压为

$$u_L = L\frac{di_L}{dt} = (-10 \times 10^{-3} \times 800 \times 0.125e^{-800t})V = -e^{-800t}V \qquad t > 0$$

u_L 也可以用三要素法求解。求 $u_L(0_+)$ 时，要画出 $t = 0_+$ 时的等效电路，将电感用 0.5A 的理想电流源代替，见图 9-28。

在图 9-28 中，应用结点电压法求 u_L 的初始值，即

$$u_L(0_+) = \frac{\dfrac{5i}{20} - i - 0.5}{\dfrac{1}{20}} = -15i - 10 \qquad (1)$$

$$i = \frac{u_L(0_+) - 5}{10} \qquad (2)$$

联立式(1)和式(2)，得

$$u_L(0_+) = -1V$$
$$u_L(\infty) = 0$$
$$\tau = \frac{L}{R_{eq}} = 1.25ms$$

则　$u_L = u_L(\infty) + [u_L(0_+) - u_L(\infty)]e^{-\frac{t}{\tau}} = [0 + (-1 - 0)e^{-800t}]V = -e^{-800t}V \qquad t > 0$

(2) $i_L(t)$ 和 $u_L(t)$ 随时间变化曲线如图 9-29 所示。

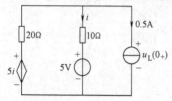

图 9-28　求 u_L 初始值的等效电路

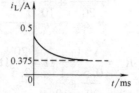
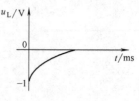

图 9-29　$i_L(t)$ 和 $u_L(t)$ 的变化曲线

思　考　题

9-5　在例题 9-7 中，求换路后 i_L 的零输入响应和零状态响应。

9.6　一阶积分电路与微分电路

在前面的几节中，我们详细介绍了一阶电路的零输入响应、零状态响应和全响应的分析方法。本节将介绍由 RC 和 RL 组成的积分电路和微分电路。所谓积分电路和微分电路，是指在特定的条件下，电路的输出与输入之间近似为积分关系和微分关系。积分电路和微分电路在工程上广泛应用，如将输入脉冲转换为三角波、锯齿波、尖脉冲等。

9.6.1　积分电路

1. RC 积分电路

图 9-30 是 RC 积分电路，输入电压 u_i 的脉冲宽度为 t_P，其输出电压 u_o 从电容两端取出。当电路满足 $\tau > 5t_P$ 的条件时，可以认为 u_i 全部降落在电阻 R 上，即 $u_i = u_R + u_o \approx u_R$，又因为

$$u_o = \frac{1}{C}\int i\mathrm{d}t = \frac{1}{C}\int \frac{u_R}{R}\mathrm{d}t = \frac{1}{RC}\int u_R\mathrm{d}t \approx \frac{1}{RC}\int u_i\mathrm{d}t \qquad (9-35)$$

可见输出电压 u_o 近似与输入电压 u_i 的积分成正比，所以这种电路称为积分电路。在实际工作中，常常利用积分电路将输入脉冲转换为三角波或锯齿波。

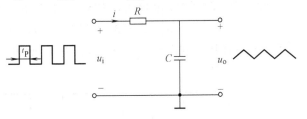

图 9-30　RC 积分电路

【例 9-8】　在图 9-30 中，设输入脉冲的周期 $T = 2\mu s$，脉冲宽度 $t_P = 1\mu s$，脉冲幅度为 5V，$R = 6k\Omega$，$C = 0.001\mu F$，输入脉冲到来之前电容未储能。试画出输出电压波形，比较时间常数 τ 的大小对输出电压波形的影响。

【解】　由参数可知，$\tau = RC = 6 \times 10^3 \times 0.001 \times 10^{-6}\mathrm{s} = 6 \times 10^{-6}\mathrm{s} = 6\mu s$，满足 $\tau > 5t_P$ 的条件。下面就分析输入 5 个序列脉冲（见图 9-31）时的输出电压波形。

（1）第一个脉冲作用情况。在脉冲持续时间内，电容从初始值 0V 开始充电，其输出电压 u_o 从 0V 开始上升，电路为零状态响应。当 $t = 1\mu s$ 时，输出电压 u_o 上升到

$$u_o = U_S(1 - e^{-\frac{t}{\tau}}) = 5 \times (1 - e^{-\frac{1}{6}})\mathrm{V} = 5(1 - e^{-0.1666})\mathrm{V}$$
$$= 5 \times (1 - 0.847)\mathrm{V} = 5 \times 0.153\mathrm{V} = 0.765\mathrm{V}$$

在脉冲消失时间内，电容从 0.765V 开始放电，电路为零输入响应。当 $t = 2\mu s$ 时，输出电压 u_o 下降到 $u_o = U_0 e^{-\frac{t-1}{\tau}} = 0.765 e^{-0.1666}\mathrm{V} = 0.765 \times 0.847\mathrm{V} = 0.648\mathrm{V}$

（2）第二个脉冲作用情况。在脉冲持续时间内，电容从 0.648V 开始充电，电路为全响应。

当 $t = 3\mu s$ 时，输出电压 u_o 上升到

$$u_o = U_S + (U_0 - U_S)e^{-\frac{t-2}{\tau}}$$

$$= \left[5 + (0.648 - 5)e^{-0.1666}\right]V = (5 - 4.352 \times 0.847)V = 1.314V$$

在脉冲消失时间内，电容从 1.314V 开始放电。当 $t = 4\mu s$ 时，u_o 下降到

$$u_o = U_0 e^{-\frac{t-3}{\tau}} = 1.314e^{-0.1666}V = 1.314 \times 0.847V = 1.113V$$

（3）第三个脉冲作用情况。依此类推，在脉冲持续时间内，电容从 1.113V 开始充电，当 $t = 5\mu s$ 时，输出电压 u_o 上升到

$$u_o = \left[5 + (1.113 - 5)e^{-0.1666}\right]V = (5 - 3.887 \times 0.847)V = 1.708V$$

在脉冲消失时间内，电容从 1.708V 开始放电，当 $t = 6\mu s$ 时，u_o 下降到

$$u_o = 1.708e^{-0.1666}V = 1.708 \times 0.847V = 1.447V$$

（4）第四个脉冲作用情况。在脉冲持续时间内，电容从 1.447V 开始充电，当 $t = 7\mu s$ 时，输出电压 u_o 上升到

$$u_o = \left[5 + (1.447 - 5)e^{-0.1666}\right]V = (5 - 3.553 \times 0.847)V = 1.991V$$

在脉冲消失时间内，电容从 1.991V 开始放电，当 $t = 8\mu s$ 时，u_o 下降到

$$u_o = 1.991e^{-0.1666}V = 1.991 \times 0.847V = 1.686V$$

（5）第五个脉冲作用情况。在脉冲持续时间内，电容从 1.686V 开始充电，当 $t = 9\mu s$ 时，输出电压 u_o 上升到

$$u_o = \left[5 + (1.686 - 5)e^{-0.1666}\right]V = (5 - 3.314 \times 0.847)V = 2.193V$$

在脉冲消失时间内，电容从 2.193V 开始放电，当 $t = 10\mu s$ 时，u_o 下降到

$$u_o = 2.193e^{-0.1666}V = 2.193 \times 0.847V = 1.857V$$

5 个脉冲作用时输出电压的波形如图 9-31 所示。

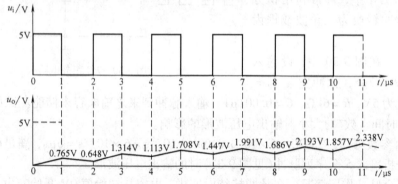

图 9-31　2τ 时间内，积分电路的输入、输出电压波形

依此类推，积分器输入 15 个脉冲时，输出电压 u_o 的增长情况如表 9-2 所示。

表 9-2　输入 15 个脉冲时，输出电压的变化数据

脉冲	充电时间/μs	充电/V		放电时间/μs	放电/V	
		范　围	增　量		范　围	减　量
1	$0 \leqslant t \leqslant 1$	$0 \sim 0.765$	0.765	$1 \leqslant t \leqslant 2$	$0.765 \sim 0.648$	0.117
2	$2 \leqslant t \leqslant 3$	$0.648 \sim 1.314$	0.666	$3 \leqslant t \leqslant 4$	$1.314 \sim 1.113$	0.201
3	$4 \leqslant t \leqslant 5$	$1.113 \sim 1.708$	0.595	$5 \leqslant t \leqslant 6$	$1.708 \sim 1.447$	0.261

（续）

脉冲	充电时间/μs	充电/V		放电时间/μs	放电/V	
		范　围	增　量		范　围	减　量
4	$6 \leqslant t \leqslant 7$	1.447 ~ 1.991	0.544	$7 \leqslant t \leqslant 8$	1.991 ~ 1.686	0.305
5	$8 \leqslant t \leqslant 9$	1.686 ~ 2.193	0.507	$9 \leqslant t \leqslant 10$	2.193 ~ 1.857	0.336
6	$10 \leqslant t \leqslant 11$	1.857 ~ 2.338	0.481	$11 \leqslant t \leqslant 12$	2.338 ~ 1.98	0.358
7	$12 \leqslant t \leqslant 13$	1.98 ~ 2.442	0.462	$13 \leqslant t \leqslant 14$	2.442 ~ 2.069	0.373
8	$14 \leqslant t \leqslant 15$	2.069 ~ 2.517	0.448	$15 \leqslant t \leqslant 16$	2.517 ~ 2.132	0.385
9	$16 \leqslant t \leqslant 17$	2.132 ~ 2.571	0.439	$17 \leqslant t \leqslant 18$	2.571 ~ 2.177	0.394
10	$18 \leqslant t \leqslant 19$	2.177 ~ 2.609	0.432	$19 \leqslant t \leqslant 20$	2.609 ~ 2.21	0.399
11	$20 \leqslant t \leqslant 21$	2.21 ~ 2.637	0.427	$21 \leqslant t \leqslant 22$	2.637 ~ 2.233	0.404
12	$22 \leqslant t \leqslant 23$	2.233 ~ 2.657	0.424	$23 \leqslant t \leqslant 24$	2.657 ~ 2.25	0.407
13	$24 \leqslant t \leqslant 25$	2.25 ~ 2.671	0.421	$25 \leqslant t \leqslant 26$	2.671 ~ 2.26	0.411
14	$26 \leqslant t \leqslant 27$	2.26 ~ 2.681	0.421	$27 \leqslant t \leqslant 28$	2.681 ~ 2.271	0.411
15	$28 \leqslant t \leqslant 29$	2.271 ~ 2.689	0.418	$29 \leqslant t \leqslant 30$	2.689 ~ 2.277	0.412

由表 9-2 可见，经过 5τ 时间后，即经过 15 个脉冲后，电容的充电增量与放电减量近似相等，说明电路已经接近稳态，最终输出电压 u_o 在 2.7 ~ 2.3V 之间稳定变化，积分电路输出稳定的三角波，其波形如图 9-32 所示。

当输入脉冲的宽度和周期固定不变时，改变电路的时间常数，输出电压的三角波形会发生明显的变化，如图 9-33 所示。

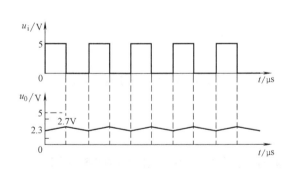

图 9-32　大于 5τ 后的稳定输出电压波形

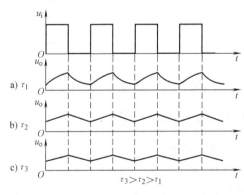

图 9-33　τ 的大小对输出电压波形的影响

积分电路在实际当中广泛应用，例如在电视机和示波器中用积分电路产生锯齿波信号作为扫描线。

*2. RL 积分电路

图 9-34 是 RL 积分电路。与 RC 积分电路不同的是，RL 积分电路是从电阻两端输出电压。设输入脉冲的周期为 2ms，脉冲的宽度 $t_P = 1$ms，脉冲的幅度为 5V，$R = 100\Omega$，$L = 600$mH，电路的时间常数 $\tau = \dfrac{L}{R} = \dfrac{600 \times 10^{-3}}{100}$s $= 6$ms，满足 $\tau > 5t_P$ 的条件。经过 5τ 时间，即 15

个脉冲，暂态过程结束，电路达到稳定状态，稳定状态下的 i、u_o、u_L 波形如图 9-35 所示。

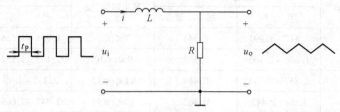

图 9-34　RL 积分电路

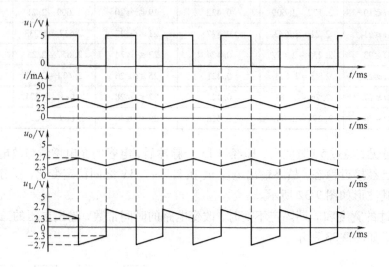

图 9-35　i，u_R，u_L 的稳定波形

由于 RL 积分电路与 RC 积分电路的分析方法相同，所以 RL 积分电路分析详略。

9.6.2　微分电路与耦合电路

1. RC 微分电路

将 RC 积分电路中的电阻与电容掉换位置，输出电压从电阻两端取出，如图 9-36 所示。当电路满足 $5\tau \leqslant t_P$ 的条件时，可以认为 u_i 全部降落在电容 C 上，即 $u_i = u_C + u_o \approx u_C$。又因为

$$u_o = iR = RC\frac{\mathrm{d}u_C}{\mathrm{d}t} \approx RC\frac{\mathrm{d}u_i}{\mathrm{d}t} \tag{9-36}$$

可见输出电压 u_o 近似与输入电压 u_i 为微分关系，所以这种电路称为微分电路。在实际工作中，常常利用图 9-36 所示的微分电路将输入脉冲转换为尖脉冲。

【例 9-9】　在图 9-36 中，设输入脉冲的周期 $T = 10\mathrm{ms}$，脉冲宽度 $t_P = 5\mathrm{ms}$，脉冲幅度为

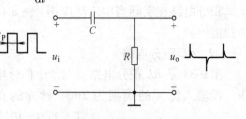

图 9-36　RC 微分电路

5V，$R = 10\text{k}\Omega$，$C = 0.1\mu\text{F}$，输入脉冲到来之前电容未储能。试画出输出电压波形。

【解】 由参数可知，$\tau = RC = 10 \times 10^3 \times 0.1 \times 10^{-6}\text{s} = 1 \times 10^{-3}\text{s} = 1\text{ms}$，满足 $5\tau \leqslant t_P$ 的条件，所以电容能够在脉冲持续和消失期间内完全充电和放电。

当输入脉冲的上升沿到来时，由于电容的电压在换路瞬间不能跃变，即 $u_C = 0$，电容相当短路，电阻电压瞬间达到 5V，即 $u_o = 5\text{V}$，如图 9-37a 所示。

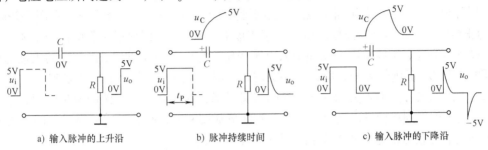

a) 输入脉冲的上升沿   b) 脉冲持续时间   c) 输入脉冲的下降沿

图 9-37 $t_P = 5\tau$ 时 RC 微分电路的输出波形

在脉冲持续时间内电容充电，电容电压按指数规律增大，电阻两端电压按指数规律减小，它们之间的变化关系满足 KVL 定律，即 $u_C + u_R = u_i$。由于 $t_P = 5\tau$，电容在脉冲持续时间内完全充电，当 $t = 5\tau$ 时，$u_C = 5\text{V}$，电阻电压下降到 0V，如图 9-37b 所示。

当输入脉冲的下降沿到来时，由于电容的电压在换路瞬间不能跃变，即 $u_C = 5\text{V}$，电容此时相当是个电压源加于电阻两端，使电阻两端电压瞬间跃变到 -5V，即 $u_o = -5\text{V}$。而后，电容开始按指数规律放电到 0V，电阻电压也按指数规律从 -5V 变到 0V，如图 9-37c 所示。输入序列脉种时，微分电路的输出波形如图 9-38 所示。

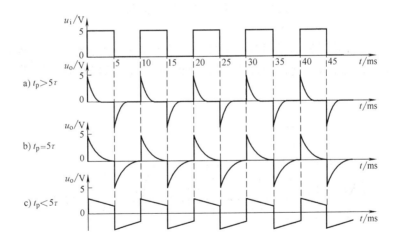

图 9-38 时间常数 τ 的大小对微分电路输出电压波形的影响

在图 9-38a、b 中，$t_P > 5\tau$ 和 $t_P = 5\tau$，电容都完全充电，微分电路输出尖脉冲。在图 9-38c 中，$t_P < 5\tau$，电容不能完全充电，输出波形接近输入波形的形状，这时的 RC 微分电路就变成了 RC 耦合电路；当 $t_P \ll 5\tau$ 时，输出波形就与输入波形完全相同了。

*2. 微分电路与耦合电路的应用举例

微分电路产生的尖脉冲在实际电路应用中常用来作为触发信号和控制信号。例如，尖脉冲在半导体晶闸管整流电路中的应用如图 9-39a 所示。半导体晶闸管具有单向导电的特性，在电路中相当是一个可控的电子开关。晶闸管的导通要同时满足两个条件，一是阳极电位 A 高于阴极电位 B (见图 9-39a)，二是门极 g (亦称控制极 g) 加正向尖脉冲 u_g。晶闸管导通后由于正向压降很小，在电路中相当于短路，晶闸管关断后在电路中相当于开路。在图 9-39a 中，当 u_i 为正半波时，晶闸管的阳极电位 A 高于阴极电位 B，在 t_1 时刻晶闸管的门极 g 加入尖脉冲 u_g，晶闸管导通，所以输出电压随输入电压变化；当 u_i 为负半波时，晶闸管的阳极电位 A 低于阴极电位 B，晶闸管关断，所以电路无输出电压。在 u_i 的下个正半波来到时，在 t_2 时刻，晶闸管的门极 g 又加入尖脉冲 u_g，晶闸管又导通，重复上个正半波的输出情况，这样反复变化，输出就得到单向脉动的直流信号，其波形如图 9-39b 所示。这种通过晶闸管将交流信号转换为直流信号的电路称为单相半波可控整流电路。

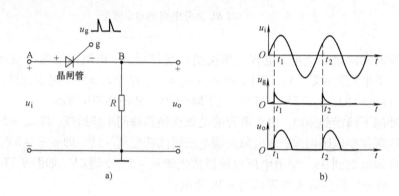

图 9-39 单相半波可控整流电路

耦合电路产生的波形是输入信号的交流部分，即耦合电路在电路中起到通交流信号隔断直流信号的作用。例如，RC 耦合电路在多级交流电压放大器的级间应用，如图 9-40 所示。

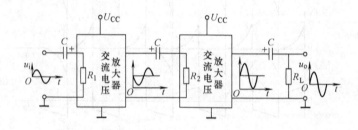

图 9-40 多级交流电压放大器的级间耦合方式

由于直流电压源 U_{CC} 是放大器的能源，也是放大器中半导体晶体管的工作电压。所以放大电路中除了输入电压是正弦波之外，其余信号都是直流信号与正弦信号的叠加。为了使输出电压信号为正弦波，在信号源与放大器之间、放大器与放大器之间、放大器与负载之间接

入 RC 耦合电路，通过电容滤掉直流信号。由于耦合电容 C 一般为几十微法，所以在应用时要选用极性电容。

思　考　题

9-6　构成积分电路的条件是什么？在例题 9-8 中，若 $5_{\tau} = t_p$ 时，输出电压波形会怎样变化？

9.7　一阶电路的阶跃响应

通过对前面内容的学习，我们已经熟悉了直流信号、正弦交流信号、方波脉冲信号、三角波信号、尖脉冲信号等，这些信号都是在实际电路中常用的工作信号。

9.7.1　单位阶跃信号

实际中，除了以上介绍的常用工作信号外，还经常应用到单位阶跃信号。单位阶跃信号用 $\varepsilon(t)$ 表示，其数学表达式为

$$\varepsilon(t) = \begin{cases} 0 & (t < 0) \\ 1 & (t > 0) \end{cases} \tag{9-37}$$

该信号在 $t = 0$ 处发生跃变，因其跃变的幅度为 1，故称为单位阶跃信号。单位阶跃信号无量纲，其波形如图 9-41a 所示。

单位阶跃信号也可以延迟 t_0 后再出现，称为延迟单位阶跃信号，其数学表达式为

$$\varepsilon(t - t_0) = \begin{cases} 0 & (t < t_0) \\ 1 & (t > t_0) \end{cases} \tag{9-38}$$

其波形如图 9-41b 所示。单位阶跃信号作为电路的电源时，相当是直流电源在 $t = 0$ 时接入电路的情况，其等效电路如图 9-42 所示。

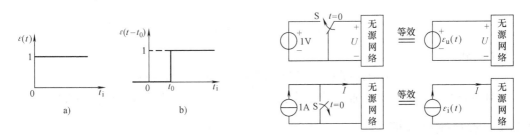

图 9-41　单位阶跃信号　　　　　　　图 9-42　用 $\varepsilon(t)$ 表示电源与电路接通

单位阶跃信号 $\varepsilon(t)$ 乘以恒定电压 U_S 或恒定电流 I_S，称为阶跃电压或阶跃电流，即为一般的阶跃信号，其数学表达式为

$$u_{S1}(t) = U_S \varepsilon(t) \text{ 或 } i_{S1}(t) = I_S \varepsilon(t)$$

$$u_{S2}(t) = U_S \varepsilon(t - t_0) \text{ 或 } i_{S2}(t) = I_S \varepsilon(t - t_0)$$

其波形如图 9-43 所示。

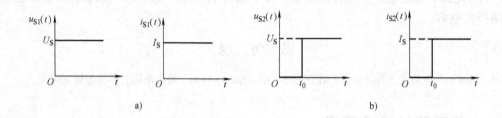

图 9-43　幅度为 U_S、I_S 的阶跃信号

单位阶跃信号有许多应用，例举其两个应用如下：

1）单位阶跃信号具有截取任一信号的功能。如任一信号 $f(t)$ 见图 9-44a，乘上单位阶跃信号 $\varepsilon(t)$，即为信号 $f(t)\varepsilon(t)$。信号 $f(t)\varepsilon(t)$ 所表示的是 $f(t)$ 中 $t > 0$ 的波形；同理，信号 $f(t)\varepsilon(t - t_0)$ 所表示的是 $f(t)$ 中 $t > t_0$ 的波形，其截取的 $f(t)$ 信号如图 9-44b、c 所示。

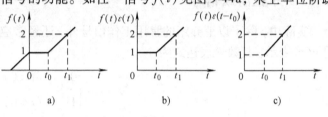

图 9-44　用阶跃信号截取 $f(t)$ 信号

2）可将复杂的跃变信号分解成单位阶跃信号或者一般的阶跃信号的叠加。例如将 $f(t)$ 信号分解为三个阶跃信号的波形如图 9-45 所示，

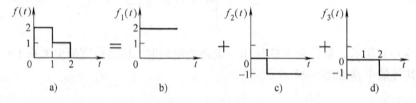

图 9-45　$f(t)$ 信号的分解

$f(t)$ 的表达式为

$$f(t) = f_1(t) + f_2(t) + f_3(t) = 2\varepsilon(t) - \varepsilon(t - 1) - \varepsilon(t - 2)$$

这样处理信号之后，用叠加定理比用分段定义信号分析电路的暂态过程要方便。

9.7.2　阶跃响应分析

所谓阶跃响应，是指以阶跃电源作为激励在电路引起的零状态响应。由图 9-42 可知，单位阶跃信号作用在电路时，电路的工作状态是零状态响应，与 1V 直流电压源作用时在电路中产生的结果相同。同理，一般阶跃信号作用在电路中产生的响应也是零状态响应。

用 $s(t)$ 表示单位阶跃响应。若单位阶跃信号 $u_S(t) = \varepsilon(t)$，对于 RC 电路，则电容电压的单位阶跃响应为

$$s(t) = \left(1 - e^{-\frac{t}{RC}}\right)\varepsilon(t) \tag{9-39}$$

式中包含了 $\varepsilon(t)$，表示此响应仅适用 $t > 0$，所以表达式后不需要再注明 $t > 0$ 了。

若已知电路的单位阶跃响应 $s(t)$，一般阶跃信号 $f(t) = K\varepsilon(t)$ 的阶跃响应为 $Ks(t)$。若延迟单位阶跃信号 $u_S(t) = \varepsilon(t - t_0)$，对于 RC 电路，则延迟单位阶跃响应为

$$s(t - t_0) = \left(1 - e^{-\frac{t - t_0}{RC}}\right)\varepsilon(t - t_0) \tag{9-40}$$

【例 9-10】 在图 9-46a 中，已知 $R = 100\text{k}\Omega, C = 10\mu\text{F}$，电路的输入信号为方波。试求 $t > 0$ 后的 $u_C(t)$，画出其变化曲线。

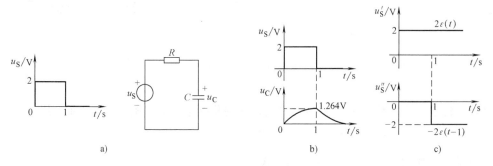

图 9-46 例 9-10 图

【解】 此题可用两种方法求解电路的响应。

（1）用三要素法分段求解。

在 $0 < t < 1\text{s}$ 的时间内，电路为零状态响应。

$u_C(0_+) = u_C(0_-) = 0$，$u_C(\infty) = 2\text{V}$，$\tau = RC = 100 \times 10^3 \times 10 \times 10^{-6}\text{s} = 1\text{s}$。则

$$u_C(t) = u_C(\infty)\left(1 - e^{-\frac{t}{\tau}}\right) = 2(1 - e^{-t})\text{V} \qquad 0 < t < 1\text{s}$$

在 $t > 1\text{s}$ 的时间内，电路为零输入响应。当 $t = 1\text{s}$ 时

$$u_C(1_+) = 2\left(1 - e^{-\frac{t}{\tau}}\right)\text{V} = 2(1 - e^{-1})\text{V} = 2 \times 0.632\text{V} = 1.264\text{V}$$

所以

$$u_C(t) = u_C(1_+)e^{-\frac{(t-1)}{\tau}}\text{V} = 1.264e^{-(t-1)}\text{V} \qquad t > 1\text{s}$$

电容电压随时间变化的曲线如图 9-46b 所示。

（2）用阶跃信号求解。

首先将输入方波信号分解为两个一般的阶跃信号，如图 9-46c 所示，其表达式为

$$u_S(t) = u_S'(t) + u_S''(t) = [2\varepsilon(t) - 2\varepsilon(t - 1)]\text{V}$$

然后应用叠加原理求其阶跃响应，即 $u_S'(t)$ 单独作用时，电容在 2V 电压作用下充电，则

$$u_C'(t) = 2\left(1 - e^{-\frac{t}{\tau}}\right)\varepsilon(t)\text{V} = \left[2(1 - e^{-t})\varepsilon(t)\right]\text{V}$$

$u_S''(t)$ 单独作用时，电容在 -2V 电压作用下充电，则

$$u_C''(t) = -2\left(1 - e^{-\frac{(t-1)}{\tau}}\right)\varepsilon(t - 1)\text{V} = -2(1 - e^{-(t-1)})\varepsilon(t - 1)\text{V}$$

所以

$$u_C(t) = u_C'(t) + u_C''(t) = \left[2(1 - e^{-t})\varepsilon(t) - 2(1 - e^{-(t-1)})\varepsilon(t - 1)\right]\text{V}$$

将两个输出分量叠加起来，就得到图 9-46b 的电容充、放电的电压波形。

可见，用阶跃信号求解法比用三要素法分段求解过程要简单。

【例 9-11】 RL 电路及输入信号如图 9-47a 所示。试求 $t > 0$ 后，$i_L(t)$ 的阶跃响应。

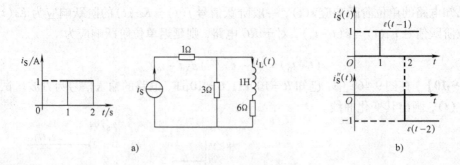

图 9-47 例 9-12 图

【解】 将输入方波信号分解为两个单位延迟的阶跃信号,如图 9-49b 所示,其表达式为

$$i_S(t) = i_S'(t) + i_S''(t) = [\varepsilon(t-1) - \varepsilon(t-2)]A$$

$i_S'(t)$ 单独作用时,$i_L'(\infty) = \frac{3 \times 1}{3+6}A = \frac{1}{3}A$

$$\tau = \frac{L}{R_{eq}} = \frac{1}{3+6}s = \frac{1}{9}s$$

则 $\qquad i_L'(t) = i_L'(\infty)(1 - e^{-\frac{(t-1)}{\tau}})\varepsilon(t-1)A = \frac{1}{3}(1 - e^{-9(t-1)})\varepsilon(t-1)A$

$i_S''(t)$ 单独作用时,$i_L''(\infty) = \frac{3 \times (-1)}{3+6}A = -\frac{1}{3}A$

则 $\quad i_L''(t) = i_L''(\infty)(1 - e^{-\frac{(t-2)}{\tau}})\varepsilon(t-2)A = -\frac{1}{3}(1 - e^{-9(t-2)})\varepsilon(t-2)A$

总电流为

$$i_L(t) = i_L'(t) + i_L''(t) = \left(\frac{1}{3}(1 - e^{-9(t-1)})\varepsilon(t-1) - \frac{1}{3}(1 - e^{-9(t-2)})\varepsilon(t-2)\right)A$$

思 考 题

9-7　试求例题 9-11 中 3Ω 电阻的电流阶跃响应。

9-8　画出信号 $f(t) = 3\varepsilon(t) - \varepsilon(t-1) - \varepsilon(t-2) - \varepsilon(t-3)$ 的波形图。

9.8　一阶电路的冲激响应

9.8.1　单位冲激信号

单位冲激信号也是一种常用信号。单位冲激信号用 $\delta(t)$ 表示,其表达式为

$$\delta(t) = \begin{cases} \infty & (t=0) \\ 0 & (t \neq 0) \end{cases} \qquad 且满足 \int_{-\infty}^{\infty} \delta(t)dt = 1 \tag{9-41}$$

该信号在 $t \neq 0$ 处为零,在 $t = 0$ 瞬间,幅度为无穷大,在图 9-48a 中用箭头表示。该信号在 $(-\infty, \infty)$ 时间内的积分值为 1,即冲激强度为 1,故称为单位冲激信号。

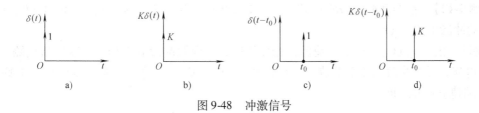

图 9-48 冲激信号

当冲激信号在 $(-\infty, \infty)$ 时间内的积分值为任一常数 K 时，即冲激强度为 K，故称为一般冲激信号，用 $K\delta(t)$ 表示，其波形如图 9-48b 所示。

单位冲激信号也可以延迟到 t_0 时刻出现，称为延迟单位冲激信号，其表达式为

$$\left.\begin{array}{c} \delta(t - t_0) = \begin{cases} \infty & (t = t_0) \\ 0 & (t \neq t_0) \end{cases} \\[2mm] \int_{-\infty}^{\infty} \delta(t - t_0)\,\mathrm{d}t = 1 \end{array}\right\} \tag{9-42}$$

其波形如图 9-48c 所示。强度为 K 的冲激信号延迟到 t_0 时刻出现，用 $K\delta(t - t_0)$ 表示，其波形如图 9-48d 所示。

实际上，冲激信号可理解为是一个作用时间极短，幅度极大的脉冲信号。

在式 (9-41) 中，由于 t 表示时间，所以 $\delta(t)$ 具有倒时间的量纲，在 SI 单位制中为 s^{-1}。一般冲激信号 $K\delta(t)$ 的 K 常带有量纲，对于冲激电流，K 的量纲为电荷，则 $K\delta(t)$ 的量纲就为电流 A。对于冲激电压，K 的量纲为磁链，$K\delta(t)$ 的量纲就为电压 V。

冲激信号的主要性质是：

1）单位冲激信号的积分等于单位阶跃信号，单位阶跃信号的导数等于单位冲激信号，即

$$\varepsilon(t) = \int_{-\infty}^{t} \delta(\tau)\,\mathrm{d}\tau \quad \text{和} \quad \delta(t) = \frac{\mathrm{d}\varepsilon(t)}{\mathrm{d}t}$$

2）冲激信号的取样性。

在 $t = 0$ 时，任意连续函数 $f(t)$ 乘上 $\delta(t)$，其乘积是一个强度为 $f(0)$ 的冲激函数，即

$$f(t)\delta(t) = f(0)\delta(t) \tag{9-43}$$

同理，有

$$f(t)\delta(t - t_0) = f(t_0)\delta(t - t_0) \tag{9-44}$$

如果将 $f(t)\delta(t)$ 在 $(-\infty, \infty)$ 时间内进行积分，可以得到 $f(t)$ 在 $t = 0$ 时的函数值 $f(0)$，也就是说，可以将函数 $f(t)$ 在 $t = 0$ 时的函数值筛选出来，即为取样。若将单位冲激信号移到 t_0 时刻，即可筛选出函数 $f(t)$ 在 $t = t_0$ 时刻的函数值 $f(t_0)$。取样的表达式为

$$\int_{-\infty}^{\infty} f(t)\delta(t)\,\mathrm{d}t = \int_{-\infty}^{\infty} f(0)\delta(t)\,\mathrm{d}t = f(0)\int_{-\infty}^{\infty} \delta(t)\,\mathrm{d}t = f(0) \tag{9-45}$$

$$\int_{-\infty}^{\infty} f(t)\delta(t - t_0)\,\mathrm{d}t = \int_{-\infty}^{\infty} f(t_0)\delta(t - t_0)\,\mathrm{d}t = f(t_0)\int_{-\infty}^{\infty} \delta(t)\,\mathrm{d}t = f(t_0) \tag{9-46}$$

9.8.2 冲激响应分析

所谓冲激响应，是指以冲激电源作为激励使电路引起的零状态响应。冲激信号作为电源加入零状态电路时，在 $t = 0$ 时刻，电路有信号，$t > 0$ 时，电路无信号，那么电路的响应是什么情况呢？下面我们就进行讨论。

【**例 9-12**】　在图 9-49 的 RC 电路中，已知冲激电流源为 $i_S = Q\delta(t)$，$u_C(0_-) = 0$。试求 $t > 0$ 后的冲激响应 $u_C(t)$。

【**解**】　由于 $u_C(0_-) = 0$，电流源开始作用时，电容两端没有电压，电容相当短路，电阻 R 中无电流，所以冲激电流全部流过电容，即 $i_C = i_S = Q\delta(t)$。这个冲激电流会在 $t = 0$ 瞬间在电容两端建立电压，即

$$u_C(t) = u_C(0_-) + \frac{1}{C}\int_{0_-}^{t} i_C(\xi)\,\mathrm{d}\xi = \frac{1}{C}\int_{0_-}^{t} i_C(\xi)\,\mathrm{d}\xi$$

由于 $i_C = Q\delta(t)$，上式中的 $t = 0_+$，则

$$u_C(0_+) = \frac{1}{C}\int_{0_-}^{0_+} Q\delta(t)\,\mathrm{d}t = \frac{Q}{C}\mathrm{V} \tag{9-47}$$

可见，在极短的时间内，冲激电流在电容中就注入了电荷 Q，使电容的电压发生了跃变。$t > 0_+$ 时，$i_S = Q\delta(t) = 0$，冲激电流源相当开路，电容通过电阻 R 放电，相当零输入响应。所以，在冲激电源的作用下，电容电压为

$$u_C(t) = u_C(0_+)\mathrm{e}^{-\frac{t}{\tau}} = \frac{Q}{C}\mathrm{e}^{-\frac{t}{\tau}}\varepsilon(t)$$

式中，$\tau = RC$。

电容电压随时间变化的曲线如图 9-50 所示。

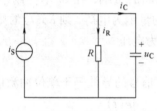

图 9-49　例 9-12 图

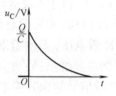

图 9-50　u_C 随时间变化的曲线

【**例 9-13**】　在图 9-51 的 RL 电路中，已知冲激电压源为 $u_S = \psi\delta(t)\mathrm{V}$，$i_L(0_-) = 0$。试求 $t > 0$ 后的冲激响应 $i_L(t)$。

【**解**】　由于 $i_L(0_-) = 0$，冲激电压源开始作用时，电感中没有电流，电感相当开路，电阻 R 两端无电压，所以冲击电压全部作用到电感上，即 $u_L = u_S = \psi\delta(t)$。这个冲激电压会在 $t = 0$ 瞬间在电感中建立电流，即

$$i_L(t) = i_L(0_-) + \frac{1}{L}\int_{0_-}^{t} u_L(\xi)\,\mathrm{d}\xi = \frac{1}{L}\int_{0_-}^{t} u_L(\xi)\,\mathrm{d}\xi$$

由于 $u_L = \psi\delta(t)$，上式中的 $t = 0_+$，则

$$i_L(0_+) = \frac{1}{L}\int_{0_-}^{0_+} \psi\delta(t)\,\mathrm{d}t = \frac{\psi}{L}\mathrm{A} \tag{9-48}$$

可见，在极短的时间内，冲激电压在电感中就注入了磁链 ψ，使电感的电流发生了跃变。$t > 0_+$ 时，$u_S = \psi\delta(t) = 0$，冲激电压源相当于短路，电感通过电阻 R 放电，相当零输入响应。所以，在冲激电源的作用下，电感电流随时间变化的规律为

$$i_L(t) = i_L(0_+)\mathrm{e}^{-\frac{t}{\tau}} = \frac{\psi}{L}\mathrm{e}^{-\frac{t}{\tau}}\varepsilon(t)$$

式中，$\tau = \dfrac{L}{R}$。

i_L 随时间变化的曲线如图 9-52 所示。

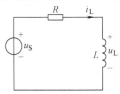

图 9-51 例 9-13 图

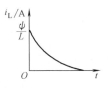

图 9-52 i_L 随时间变化的曲线

由上分析可知，冲激电源作用在零状态电路时，在 $t = 0$ 时刻，电容的电压或电感的电流发生了跃变，即 $u_C(0_+) \neq 0$ 和 $i_L(0_+) \neq 0$；储能元件瞬间存储了能量。在 $t > 0$ 后，冲激电源消失，储能元件释放能量，电路为零输入响应。因此，求解一阶电路的冲激响应主要是求解 $u_C(0_+)$ 和 $i_L(0_+)$。对于求解复杂电路的冲激响应，首先可以根据诺顿定理或戴维宁定理将复杂电路等效成图 9-49 或图 9-51 所示的电路，然后根据式（9-47）或式（9-48）求储能元件的初始值，或者根据 KCL 或 KVL 方程求解其初始值。

【例 9-14】 在图 9-53a 的电路中，已知 $L = 800\text{mH}$，$R_1 = 600\Omega$，$R_2 = 300\Omega$，$i_L(0_-) = 0$。冲激电压源 $u_S = 60\delta(t)\text{V}$，其中冲激电压的强度具有磁链的量纲。试求 $t > 0$ 后的冲击响应 $i_L(t)$ 和 $u_L(t)$，并画出它们的变化曲线。

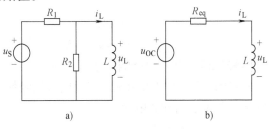

图 9-53 例 9-14 图

【解法一】 将图 9-53a 用戴维宁定理等效为图 9-53b 所示的电路。其中

$$u_{OC} = \frac{R_2}{R_1 + R_2}u_S = \frac{300}{600 + 300} \times 60\delta(t)\text{V} = 20\delta(t)\text{V}$$

$$R_{eq} = \frac{R_1 R_2}{R_1 + R_2} = \frac{180000}{900}\Omega = 200\Omega$$

根据式（9-48）求出电流的初始值为

$$i_L(0_+) = \frac{1}{L}\int_{0_-}^{0_+} 20\delta(t)\,dt = \frac{20\text{Wb}}{800 \times 10^{-3}\text{H}} = 25\text{A}$$

时间常数为

$$\tau = \frac{L}{R_{eq}} = \frac{800 \times 10^{-3}}{200}\text{s} = 4\text{ms}$$

在 $t > 0$ 时，冲激电压 $u_S = 60\delta(t)\text{V} = 0$，电感电流从 25A 开始放电，电感电流的变化规律为

$$i_L(t) = i_L(0_+)e^{-\frac{t}{\tau}}\varepsilon(t)\text{A} = 25e^{-250t}\varepsilon(t)\text{A}$$

电感电压为

$$u_L(t) = u_{OC} - i_L R_{eq} = [20\delta(t) - 25 \times 200e^{-250t}\varepsilon(t)]\text{V} = [20\delta(t) - 5000e^{-250t}\varepsilon(t)]\text{V}$$

或者

$$u_L(t) = L\frac{di_L}{dt} = 800 \times 10^{-3} \times 25 \left[e^{-250t}\varepsilon(t) \right]' V = \left[20\delta(t) - 5000e^{-250t}\varepsilon(t) \right] V$$

【解法二】 利用 KVL 定律求冲激响应。在图 9-53b 中，根据 KVL 得

$$L\frac{di_L}{dt} + R_{eq}i_L = 20\delta(t)$$

为了求出 $i_L(0_+)$，将上式在 $t=0_-$ 到 $t=0_+$ 期间内进行积分：

$$\int_{0_-}^{0_+} L\frac{di_L}{dt}dt + \int_{0_-}^{0_+} R_{eq}i_L dt = \int_{0_-}^{0_+} 20\delta(t)dt$$

因为 i_L 不是冲击函数，有 $\int_{0_-}^{0_+} R_{eq}i_L dt = 0$。则上式积分结果为

$$L[i_L(0_+) - i_L(0_-)] = 20$$

所以，$t=0_+$ 时电感电流的初始值为

$$i_L(0_+) = \frac{20\text{Wb}}{L} = \frac{20\text{Wb}}{800 \times 10^{-3}\text{H}} = 25\text{A}$$

在 $t>0$ 时，冲激电压 $20\delta(t)\text{V} = 0$，电感电流为

$$i_L(t) = i_L(0_+)e^{-\frac{t}{\tau}}\varepsilon(t) = 25e^{-250t}\varepsilon(t)\text{A}$$

$$u_L(t) = u_{OC} - i_L R_{eq} = \left[20\delta(t) - 5000e^{-250t}\varepsilon(t) \right]\text{V}$$

【解法三】 利用阶跃响应求冲激响应。

先将图 9-53b 中的电压源 u_{OC} 变成阶跃函数，求其阶跃响应，然后根据冲激响应与阶跃响应的导数关系求出冲激响应。

因为 $\delta(t) = \dfrac{d\varepsilon(t)}{dt}$，即冲激信号等于阶跃信号的导数。设阶跃响应为 $s(t)$，冲激响应为 $h(t)$，则有 $h(t) = \dfrac{ds(t)}{dt}$，即冲激响应也等于阶跃响应的导数。

设图 9-53b 中所示的电压源 $u_{OC} = 20\varepsilon(t)\text{V}$，其电感电流的阶跃响应为

$$s_{i_L}(t) = 0.1\left(1 - e^{-\frac{t}{\tau}}\right)\varepsilon(t)\text{A} = 0.1\left(1 - e^{-250t}\right)\varepsilon(t)\text{A}$$

则冲激响应为

$$i_L(t) = \frac{ds_{i_L}}{dt} = 0.1 \times \left[\left(1 - e^{-250t}\right)\varepsilon(t) \right]'\text{A} = 0.1 \times \left[250e^{-250t}\varepsilon(t) + \left(1 - e^{-250t}\right)\delta(t) \right]\text{A} = 25e^{-250t}\varepsilon(t)\text{A}$$

$$u_L(t) = L\frac{di_L}{dt} = \left[20\delta(t) - 5000e^{-250t}\varepsilon(t) \right]\text{V}$$

可见，利用冲激响应与阶跃响应的导数关系求冲激响应比较方便。

i_L 和 u_L 随时间变化曲线如图 9-54 所示。从曲线上可以看出，在 $t=0_+$ 时，电感中的电流 i_L 发生了跃变，电感电压 u_L 中含有冲激电压。

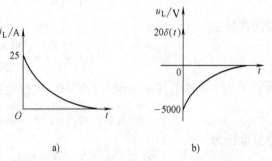

图 9-54 i_L 和 u_L 随时间变化的曲线

思 考 题

9-9 为什么冲激信号作用在电路中会使储能元件的能量发生跃变?

9.9 二阶电路的零输入响应

前面介绍了一阶电路及其分析方法,什么是二阶电路呢? 二阶电路就是指用二阶微分方程描述的电路。二阶电路一般含有两个储能元件。二阶电路的分析方法就是列出电路的二阶微分方程,求其解。本书只介绍二阶电路的零输入响应。

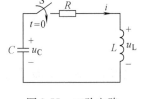

图 9-55 为 RLC 串联电路,设换路前电容已储能,$u_C(0_-) = U_0$,电感未储能,$i(0_-) = 0$。$t = 0$ 时,开关 S 闭合,电容通过电感和电阻进行放电,电路为零输入响应。

图 9-55 二阶电路
的零输入响应

根据 KVL 可得

$$u_C = Ri + u_L$$

将 $i = -C\dfrac{\mathrm{d}u_C}{\mathrm{d}t}$,$u_L = L\dfrac{\mathrm{d}i}{\mathrm{d}t}$ 代入上式,得

$$u_C = -RC\frac{\mathrm{d}u_C}{\mathrm{d}t} + L\frac{\mathrm{d}i}{\mathrm{d}t} = -RC\frac{\mathrm{d}u_C}{\mathrm{d}t} - LC\frac{\mathrm{d}^2 u_C}{\mathrm{d}t}$$

整理得

$$LC\frac{\mathrm{d}^2 u_C}{\mathrm{d}t} + RC\frac{\mathrm{d}u_C}{\mathrm{d}t} + u_C = 0 \tag{9-49}$$

式(9-49)是以 u_C 为未知量的二阶齐次微分方程。求此方程的解时,仍然先设 $u_C = A\mathrm{e}^{pt}$。将 $u_C = A\mathrm{e}^{pt}$ 代入方程式(9-49),得特征方程和特征根为

$$LCp^2 + RCp + 1 = 0$$

$$p = -\frac{R}{2L} \pm \sqrt{\left(\frac{R}{2L}\right)^2 - \frac{1}{LC}}$$

此方程的特征根有 p_1 和 p_2 两个值,即

$$\left.\begin{array}{l} p_1 = -\dfrac{R}{2L} + \sqrt{\left(\dfrac{R}{2L}\right)^2 - \dfrac{1}{LC}} \\[3mm] p_2 = -\dfrac{R}{2L} - \sqrt{\left(\dfrac{R}{2L}\right)^2 - \dfrac{1}{LC}} \end{array}\right\} \tag{9-50}$$

特征根可能出现三种情况,即 p_1 和 p_2 为不相等的负实数、p_1 和 p_2 为相等的负实数、p_1 和 p_2 为共轭复数。所以,式(9-49)方程的解将有不同的形式。下面分别讨论方程根在三种情况下的电路响应。

1. $\left(\dfrac{R}{2L}\right)^2 > \dfrac{1}{LC}$ 或 $R > 2\sqrt{\dfrac{L}{C}}$ (非振荡放电过程)

在这种情况下,p_1 和 p_2 为不相等的负实数,式(9-49)方程的通解为

$$u_C = A_1 e^{p_1 t} + A_2 e^{p_2 t} \qquad (9\text{-}51)$$

式(9-51)中的积分常数由电路的初始条件求解，即由 $u_C(0_+)$，$i(0_+)$ 和式(9-51)的导数 $\dfrac{du_C}{dt}\bigg|_{t=0_+}$ 来确定。在 $t = 0_+$ 时，由式(9-51)和其导数

$$\frac{du_C}{dt}\bigg|_{t=0_+} = p_1 A_1 e^{p_1 t} + p_2 A_2 e^{p_2 t} = p_1 A_1 + p_2 A_2 = -\frac{i(0_+)}{C}, \quad 得$$

$$\left. \begin{aligned} u_C(0_+) &= A_1 + A_2 \\ p_1 A_1 + p_2 A_2 &= -\frac{i(0_+)}{C} \end{aligned} \right\} \qquad (9\text{-}52)$$

联立求解上两式，即可求出 A_1 和 A_2。当 $u_C(0_+) = U_0$，$i(0_+) = 0$ 时，由式(9-52)可得

$$A_1 = \frac{p_2 U_0}{p_2 - p_1}$$

$$A_2 = -\frac{p_1 U_0}{p_2 - p_1}$$

将 A_1 和 A_2 代入式(9-51)，得电容的电压为

$$u_C = \frac{U_0}{p_2 - p_1}(p_2 e^{p_1 t} - p_1 e^{p_2 t}) \qquad t > 0 \qquad (9\text{-}53)$$

放电电流为

$$i = -C\frac{du_C}{dt} = -C\frac{U_0 p_1 p_2}{p_2 - p_1}(e^{p_1 t} - e^{p_2 t}) = -\frac{U_0}{L(p_2 - p_1)}(e^{p_1 t} - e^{p_2 t}) \qquad t > 0 \qquad (9\text{-}54)$$

式中，$p_1 p_2 = \dfrac{1}{LC}$。

电感电压为

$$u_L = L\frac{di}{dt} = -\frac{U_0}{p_2 - p_1}(p_1 e^{p_1 t} - p_2 e^{p_2 t}) \qquad (t > 0) \qquad (9\text{-}55)$$

我们首先分析电容放电情况。从式(9-53)中可见，$t = 0$ 时，$u_C(0_+) = U_0$，由于 $|p_2| > |p_1|$，随着时间 t 的增加，$p_1 e^{p_2 t}$ 比 $p_2 e^{p_1 t}$ 衰减的快，则 $(e^{p_1 t} - e^{p_2 t}) > 0$。所以，电容电压从初始值 U_0 开始随时间按指数规律一直放电，$t = \infty$ 时，$u_C(\infty) = 0$，这种放电情况称为非振荡放电，又称为过阻尼放电。

再来分析放电电流的情况。从式(9-54)中可见，$t = 0$ 时，$i(0_+) = 0$；$t = \infty$ 时，$i(\infty) = 0$，所以在电容放电过程中，电流是从零值随时间按指数规律增加到最大值，然后再从最大值按指数规律衰减到零。设电流达到最大值的时刻为 t_m，t_m 可由 $\dfrac{di}{dt} = 0$ 求出，即

$$(p_1 e^{p_1 t} - p_2 e^{p_2 t}) = 0$$

所以

$$t_{\mathrm{m}} = \frac{\ln\left(\dfrac{p_2}{p_1}\right)}{p_1 - p_2}$$

最后分析电感电压变化情况。从式(9-55)中可见，$t = 0$ 时，$u_{\mathrm{L}}(0_+) = U_0$，在 $0 < t < t_{\mathrm{m}}$ 时间内，电流从零值增加，电感储存能量，u_{L} 随着时间按指数规律下降，当 $t = t_{\mathrm{m}}$ 时，电流达到最大值，电感储存的能量最大，此时 $u_{\mathrm{L}} = 0$。当 $t > t_{\mathrm{m}}$ 时，电流从最大值开始减小，电感因阻止电流减小而改变其电压的极性，而后电感开始释放能量，电压 u_{L} 从零值开始随时间按指数规律反向增加，经过负的最小值后，又随时间按指数规律减小至零。电感电压增加到负的最小值的时间可由 $\dfrac{\mathrm{d}u_{\mathrm{L}}}{\mathrm{d}t} = 0$ 求出，即负的最小值时间 $= 2\,\dfrac{\ln\left(\dfrac{p_2}{p_1}\right)}{p_1 - p_2} = 2t_{\mathrm{m}}$。$u_{\mathrm{C}}$、$i$ 和 u_{L} 随时间变化的过程如图 9-56 所示。

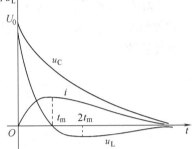

图 9-56　u_{C}、i 和 u_{L} 的变化曲线

从上面分析可见，在 $0 < t < t_{\mathrm{m}}$ 时间内，电容释放能量，电感和电阻吸收能量；在 $t_{\mathrm{m}} < t < \infty$ 时间内，电容和电感释放能量，电阻吸收能量，最终能量全部被电阻所消耗。

【**例 9-15**】　在图 9-55 中，已知 $R = 500\Omega$，$L = 800\mathrm{mH}$，$C = 40\mu\mathrm{F}$，$u_{\mathrm{C}}(0_+) = 10\mathrm{V}$，$i(0_+) = 0$。试求：(1) $t > 0$ 后的 $u_{\mathrm{C}}(t)$、$i(t)$ 和 $u_{\mathrm{L}}(t)$；(2) 电流的最大值 $i_{\max}$ 和电感电压的最小值 u_{Lmin}。

【**解**】　(1) 根据已知参数得 $2\sqrt{\dfrac{L}{C}} = 2\sqrt{\dfrac{800 \times 10^{-3}}{40 \times 10^{-6}}}\Omega = 282\Omega$，所以，$R > 2\sqrt{\dfrac{L}{C}}$，电路工作在非振荡状态。

将参数代入特征方程根的公式(9-50)，求出

$$p_1 = -\frac{R}{2L} + \sqrt{\left(\frac{R}{2L}\right)^2 - \frac{1}{LC}} = -312.5 + 257.7 = -54.8$$

$$p_2 = -\frac{R}{2L} - \sqrt{\left(\frac{R}{2L}\right)^2 - \frac{1}{LC}} = -312.5 - 257.7 = -570.2$$

由式(9-53)、式(9-54)和式(9-55)求出

$$u_{\mathrm{C}} = \frac{U_0}{p_2 - p_1}\left(p_2 \mathrm{e}^{p_1 t} - p_1 \mathrm{e}^{p_2 t}\right) = \left(11.06\mathrm{e}^{-54.8t} - 1.06\mathrm{e}^{-570.2t}\right)\mathrm{V}$$

$$i = -\frac{U_0}{L(p_2 - p_1)}\left(\mathrm{e}^{p_1 t} - \mathrm{e}^{p_2 t}\right) = 24\left(\mathrm{e}^{-54.8t} - \mathrm{e}^{-570.2t}\right)\mathrm{mA}$$

$$u_{\mathrm{L}} = -\frac{U_0}{p_2 - p_1}\left(p_1 \mathrm{e}^{p_1 t} - p_2 \mathrm{e}^{p_2 t}\right) = \left(11.06\mathrm{e}^{-570.2t} - 1.06\mathrm{e}^{-54.8t}\right)\mathrm{V}$$

(2) $t = t_{\mathrm{m}}$ 时，电流达到最大值，此时的 t_{m} 为

$$t_m = \frac{\ln\left(\dfrac{p_2}{p_1}\right)}{p_1 - p_2} = \frac{\ln 10.4}{515.4} = 4.54 \times 10^{-3}\,\text{s} = 4.54\,\text{ms}$$

所以，$i_{\max} = 0.024(\text{e}^{-54.8 \times 4.54 \times 10^{-3}} - \text{e}^{-570.2 \times 4.54 \times 10^{-3}})\,\text{A} = 0.024 \times 0.78\,\text{A} = 18.75\,\text{mA}$

$t = 2t_m = 9.1\,\text{ms}$ 时，电感电压达到最小值，即

$$u_L = (11.06\text{e}^{-570.2 \times 9.1 \times 10^{-3}} - 1.06\text{e}^{-54.8 \times 9.1 \times 10^{-3}})\,\text{V} = (0.06 - 0.644)\,\text{V} = -0.584\,\text{V}$$

2. $\left(\dfrac{R}{2L}\right)^2 < \dfrac{1}{LC}$ **或** $R < 2\sqrt{\dfrac{L}{C}}$（振荡放电过程）

这种情况下，p_1 和 p_2 为一对共轭复数，方程式(9-49)的通解与第 1 种情况相同。共轭复数根为

$$\begin{cases} p_1 = -\dfrac{R}{2L} + \text{j}\sqrt{\left(\dfrac{R}{2L}\right)^2 - \dfrac{1}{LC}} = -\alpha + \text{j}\omega = -(\alpha - \text{j}\omega) \\[4mm] p_1 = -\dfrac{R}{2L} - \text{j}\sqrt{\left(\dfrac{R}{2L}\right)^2 - \dfrac{1}{LC}} = -\alpha - \text{j}\omega = -(\alpha + \text{j}\omega) \end{cases}$$

式中，$\alpha = \dfrac{R}{2L}$；$\omega = \sqrt{\left(\dfrac{R}{2L}\right)^2 - \dfrac{1}{LC}}$。

根据复数的运算公式，得复数的模为 $\omega_0 = \sqrt{\alpha^2 + \omega^2}$，幅角为

$\beta = \arctan\dfrac{\omega}{\alpha}$（见图9-57）。

图 9-57　ω_0、ω 和 α
之间的三角形关系

所以　$p_1 = -\omega_0\text{e}^{-\text{j}\beta}, p_2 = -\omega_0\text{e}^{\text{j}\beta}$

将 p_1，p_2 代入式(9-53)，得

$$u_C = \frac{U_0}{p_2 - p_1}(p_2\text{e}^{p_1 t} - p_1\text{e}^{p_2 t}) = \frac{U_0}{-2\text{j}\omega}\left[-\omega_0\text{e}^{\text{j}\beta}\text{e}^{(-\alpha + \text{j}\omega)t} + \omega_0\text{e}^{-\text{j}\beta}\text{e}^{(-\alpha - \text{j}\omega)t}\right]$$

$$= \frac{U_0\omega_0}{\omega}\text{e}^{-\alpha t}\left[\frac{\text{e}^{\text{j}(\omega t + \beta)} - \text{e}^{-\text{j}(\omega t + \beta)}}{\text{j}2}\right] = \frac{U_0\omega_0}{\omega}\text{e}^{-\alpha t}\sin(\omega t + \beta)$$

其中，$p_2 - p_1$ 根据共轭复数根的关系，得 $p_2 - p_1 = -\alpha - \text{j}\omega + \alpha - \text{j}\omega = -2\text{j}\omega$

利用 $i = -C\dfrac{\text{d}u_C}{\text{d}t}$ 或式(9-54)求出放电的电流为

$$i = \frac{U_0}{\omega L}\text{e}^{-\alpha t}\sin\omega t$$

利用 $u_L = L\dfrac{\text{d}i}{\text{d}t}$ 或式(9-55)求出电感的电压为

$$u_L = -\frac{U_0\omega_0}{\omega}\text{e}^{-\alpha t}\sin(\omega t - \beta)$$

从以上的 u_C、i、u_L 的表达式可以看出，它们都是幅值按着指数规律衰减的正弦函数。在

整个放电过程中，电流周期的改变方向，储能元件周期的交换能量，这种放电过程称为振荡放电。u_C、i、u_L 的波形如图 9-58 所示。

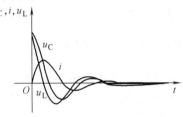

图 9-58　u_C、i、u_L 变化曲线

3. $\left(\dfrac{R}{2L}\right)^2 = \dfrac{1}{LC}$ 或 $R = 2\sqrt{\dfrac{L}{C}}$（临界非振荡放电过程）

这种情况下，$p_1 = p_2 = -\dfrac{R}{2L} = -\alpha$，为相等的负实数。所以微分方程式(9-49)的通解为

$$u_C = (A_1 + A_2 t)\mathrm{e}^{-\alpha t} \tag{9-56}$$

由初始条件得

$$A_1 = U_0$$
$$A_2 = \alpha U_0$$

所以

$$u_C = (U_0 + \alpha U_0 t)\mathrm{e}^{-\alpha t} = U_0(1 + \alpha t)\mathrm{e}^{-\alpha t} \tag{9-57}$$

$$i = -C\frac{\mathrm{d}u_C}{\mathrm{d}t} = \alpha^2 C U_0 t\mathrm{e}^{-\alpha t} = \frac{U_0}{L}t\mathrm{e}^{-\alpha t} \tag{9-58}$$

式中，$\alpha^2 = \dfrac{1}{LC}$。

$$u_L = L\frac{\mathrm{d}i}{\mathrm{d}t} = U_0(1 - \alpha t)\mathrm{e}^{-\alpha t} \tag{9-59}$$

从以上各式中可见，u_C、i、u_L 不是振荡放电，而是和非振荡放电过程相似，此过程是非振荡放电和振荡放电的分界线，因此称为临界非振荡放电。

本 章 小 结

1. 换路定则

在含有电感、电容的电路中，在电路换路时（冲激信号作用除外），电容的电压和电感的电流不能跃变，即 $u_C(0_+) = u_C(0_-)$，$i_L(0_+) = i_L(0_-)$。

2. 初始值和稳态值的求解

（1）初始值的求解　首先根据换路定则求出独立初始值 $u_C(0_+)$ 或 $i_L(0_+)$，然后再根据 $t = 0_+$ 时的等效电路，应用 KVL 和 KCL，或其他的电路分析方法求出非独立初始值。

在画 $t = 0_+$ 的等效电路时，电感和电容可以作如下处理：

若 $u_C(0_+) = 0$，电容相当于短路；若 $u_C(0_+) \neq 0$，电容用一个理想的电压源替代。

若 $i_L(0_+) = 0$，电感相当于开路；若 $i_L(0_+) \neq 0$，电感用一个理想的电流源替代。

（2）稳态值的求解。换路后，$t \to \infty$ 时的电压值或电流值称为稳态值。在求电路的稳态值时，电容相当于开路，电感相当于短路。

3. 时间常数的意义及求解方法

时间常数τ的大小决定电路暂态过程时间的长短，一般经过$3\sim5\tau$时间，电路的暂态过程就结束了。一阶RC电路的时间常数$\tau=R_{eq}C$，RL电路的时间常数$\tau=\dfrac{L}{R_{eq}}$。

求解换路后的时间常数τ，关键是求等效电阻R_{eq}。求解等效电阻R_{eq}的方法与戴维宁定理求解等效电源内阻的方法相同，即是储能元件两端以外的含源一端口电路，所有独立电源不起作用，受控电源保留时的等效电阻。

4. 暂态过程的分析方法

电路的暂态过程分为零输入响应、零状态响应和全响应。求解直流电源激励的一阶电路的最简单的方法是三要素分析法。三要素公式为

$$f(t)=f(\infty)+\left[\left(f(0_+)-f(\infty)\right)\right]e^{-\frac{t}{\tau}}$$

利用三要素公式可方便求出电路的零输入响应、零状态响应和全响应。

当电路的输入信号是方波脉冲信号时，可将输入信号按持续时间和消失时间分段，用三要素公式逐段求解其电路的响应。

5. 积分电路与微分电路

积分电路与微分是利用电路的暂态过程进行波形变换的典型应用电路。积分电路可将方波脉冲信号转换为三角波或锯齿波，微分可将方波脉冲信号转换为尖脉冲。积分电路的条件是$\tau>5t_P$，RC积分电路是从电容两端取信号，RL积分电路是从电阻两端取信号。微分电路的条件为$\tau\leqslant5t_P$，RC微分电路是从电阻两端取信号，RL微分电路是从电感两端取信号。

6. 一阶电路的阶跃响应与冲激响应

当电路加入方波脉冲信号时，除了用三要素法分段求解电路的响应外，也可以将方波脉冲信号分解为一般的阶跃函数$U_S\varepsilon(t)$或$I_S\varepsilon(t)$、$U_S\varepsilon(t-t_0)$或$I_S\varepsilon(t-t_0)$；然后利用叠加原理求解电路的零状态响应。用阶跃函数法求解比用三要素法分段求解过程简单。

当电路加入冲激信号$K\delta(t)$时，电容的电压和电感的电流发生了跃变。在求解复杂电路的冲激响应时，有三种方法，即:(1) 根据$h(t)=\dfrac{ds(t)}{dt}$，先求电路的阶跃响应，再求冲激响应。(2) 根据诺顿定理或戴维宁定理将复杂电路等效成图9-49或图9-51所示的电路，然后根据式(9-47)或式(9-48)求$u_C(0_+)$或$i_L(0_+)$；再求其冲激响应。(3)根据KCL或KVL列出电路的微分方程，对微分方程进行积分求得$u_C(0_+)$或$i_L(0_+)$，而后再求其冲激响应。其中第(1)种方法比较简单。

7. 二阶电路的零输入响应

二阶电路的零输入响应可根据二阶微分方程的两个特征根p_1和p_2的不同分为非振荡放电过程、振荡放电过程和临界非振荡放电过程三种情况。

习　题

9-1　在图9-59a、b中，已知换路前电路已处于稳态。试求换路后$u_C(t)$、$i_C(t)$、$i(t)$、$i_S(t)$、$u_L(t)$、$i_L(t)$的初始值和稳态值。

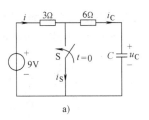 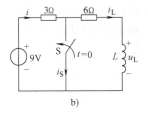

图 9-59 题 9-1 图

9-2 在图 9-60a、b 中，已知换路前电路已处于稳态，$t=0$ 时，开关 S 闭合。试求：(1) 图 a 的初始值 $u_C(0_+)$、$i(0_+)$ 和稳态值 $u_C(\infty)$、$i(\infty)$。(2) 图 b 的初始值 $u_L(0_+)$、$i(0_+)$ 和稳态值 $u_L(\infty)$、$i(\infty)$。

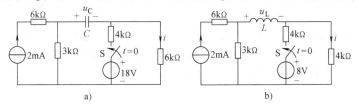

图 9-60 题 9-2 图

9-3 在图 9-61 中，已知 $U_S=13\text{V}$，$R_1=6\Omega$，$R_2=3\Omega$，$R_3=4\Omega$，$R_4=2.29\Omega$，$C=1\mu\text{F}$。$t=0$ 时，开关 S 闭合。试求 $t \geq 0$ 时的 $u_C(t)$ 和 $i_C(t)$，并画出它们随时间变化的曲线。

9-4 在图 9-62 中，已知 $I_S=2.5\text{A}$，$R_1=R_2=4\Omega$，$R_3=6\Omega$，$L=1\text{mH}$。$t=0$ 时，开关 S 闭合。试求 $t \geq 0$ 时的 $i_L(t)$ 和 $u_L(t)$，并画出它们随时间变化的曲线。

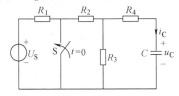 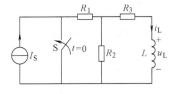

图 9-61 题 9-3 图   图 9-62 题 9-4 图

9-5 在图 9-63 中，已知开关 S 在位置 1 时，电路已处于稳态。$t=0$ 时将开关 S 从位置 1 合到位置 2。试求 $t \geq 0$ 时的 $u_C(t)$ 和 $i_C(t)$，并画出它们随时间变化的曲线。

9-6 在图 9-64 中，已知 $R_1=3\Omega$，$R_2=6\Omega$，$R_3=2\Omega$，$C=5\mu\text{F}$，$U_S=9\text{V}$，换路前电容未储能。$t=0$ 时，开关 S 闭合。试求 $t \geq 0$ 时的 $u_C(t)$，并画出其随时间变化的曲线。

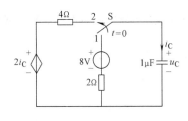 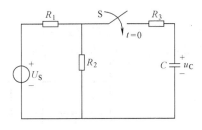

图 9-63 题 9-5 图   图 9-64 题 9-6 图

9-7 在图 9-65 中,换路前电路已处于稳态。$t=0$ 时,开关 S 闭合。试求 $t \geq 0$ 时的 $i_L(t)$ 和 $i_S(t)$。

9-8 在图 9-66 中,换路前电路已处于稳态。$t=0$ 时,开关 S 闭合。试求 $t \geq 0$ 时的 $u_C(t)$ 和 $i(t)$,并画出它们随时间变化的曲线。

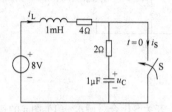

图 9-65 题 9-7 图

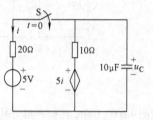

图 9-66 题 9-8 图

9-9 在图 9-67 中,换路前电路已处于稳态。$t=0$ 时,开关 S 打开。已知 $C=1\mu F$,$R_1=6k\Omega$,$R_2=3k\Omega$,$R_3=R_4=2k\Omega$,$I_S=0.5mA$,$U_S=10V$。试求 $t \geq 0$ 时的 $u_C(t)$,并画出其随时间变化的曲线。

9-10 在图 9-68 中,换路前电路已处于稳态。$t=0$ 时,开关 S 打开。试求 $t \geq 0$ 时的 $i_L(t)$,并画出其随时间变化的曲线。

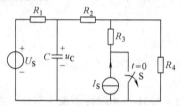

图 9-67 题 9-9 图

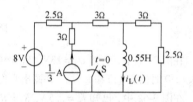

图 9-68 题 9-10 图

9-11 在图 9-69 中,$t=0$ 时,开关 S 闭合。试用三要素法求 $t > 0$ 时的电流 $i_L(t)$,并画出其随时间变化的曲线。

9-12 在图 9-70 中,$u_C(0_-)=0$。$t=0$ 时,开关 S 与位置 1 接通,$t=6ms$ 时,开关 S 从位置 1 换到位置 2。试用三要素法求 $t > 0$ 时的电容电压 $u_C(t)$,并画出其随时间变化的曲线。

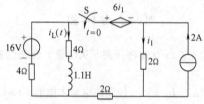

图 9-69 题 9-11 图

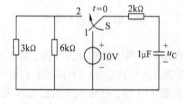

图 9-70 题 9-12 图

9-13 在图 9-71 中,已知电阻 $R=1k\Omega$,$C=1\mu F$,输入 u_i 脉冲的宽度 $t_P=1ms$,幅度 $U_S=5V$。试求在两个脉冲作用下的 $u_o(t)$,并画出其电压波形。

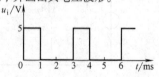

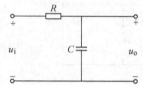

图 9-71 题 9-13 图

9-14　在 9.6 节中的图 9-35 中，RL 积分电路中的电感电压为什么有正有负？试分析在第二个脉冲作用时，电感电压的变化情况。要求画出第二个脉冲持续期间和脉冲消失期间的电路图，并标出其电感电压的极性。

9-15　根据微分电路的条件设计一个 RC 微分电路，要求画出电路图，确定电路参数。设信号源输出方波正脉冲的频率为 200Hz，幅度为 5V，脉冲的宽度 $t_P = 2.5\text{ms}$。

9-16　已知 RC 电路及其输入波形如图 9-72 所示。试求其阶跃响应 $u_C(t)$。

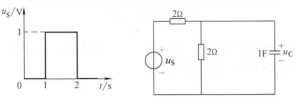

图 9-72　题 9-16 图

9-17　已知 RL 电路及其输入波形如图 9-73 所示。试求其阶跃响应 $i_L(t)$。

9-18　已知电路如图 9-74 所示。试求其冲激响应 $i_L(t)$。

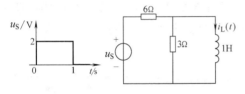

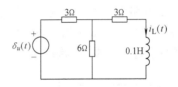

图 9-73　题 9-17 图　　　　　　　　　图 9-74　题 9-18 图

9-19　已知电路如图 9-75 所示。试求其冲激响应 $u_C(t)$。

9-20　在图 9-76 中，已知 $R = 560\Omega$，$L = 100\text{mH}$，$C = 10\mu\text{F}$，$u_C(0_+) = 100\text{V}$，$i(0_+) = 0$。试求 $t > 0$ 后的 $u_C(t)$、$i(t)$。

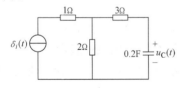

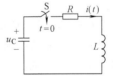

图 9-75　题 9-19 图　　　　　　　　　图 9-76　题 9-20 图

第10章 二端口网络

内 容 提 要

本章主要介绍二端口网络的 Z 参数、Y 参数、T 参数和 H 参数方程；Z 参数和 Y 参数的等效电路以及二端口网络的串联、并联和级联。

10.1 概述

二端口网络要满足下面条件,即从端子 1 流入的电流要等于从端子 1′ 流出的电流,且从端子 2 流入的电流要等于从端子 2′ 流出的电流,如图 10-1 所示。

在实际电路中,我们会遇到各种各样的电路,例如滤波器、变压器等,如图 10-2 所示。图中电路都是由 4 个端子组成的,11′ 是输入端,而 22′ 是输出端。电路具有两个端口,且满足端口条件,称为二端口网络。

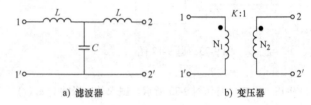

a) 滤波器　　　　　b) 变压器

图 10-1　二端口网络的端口条件　　　　　图 10-2　二端口网络举例

在二端口网络中,端口电压的参考方向通常选取和电流的参考方向相同,即从 1 端指向 1′ 端,2 端指向 2′ 端,如图 10-1 所示。本章后面的二端口网络均采用该种表示形式。

图 10-1 所示的二端口网络,可以用 4 个变量表示,分别是电压 $\dot{U}_1$、$\dot{U}_2$ 和电流 $\dot{I}_1$、$\dot{I}_2$。

对于二端口网络,可以用 6 组参数表示,而本章只学习其中 4 组参数。

10.2 二端口网络的阻抗参数和导纳参数

10.2.1 二端口网络的阻抗参数

在图 10-3 所示的二端口网络中,如果以端口电流 $\dot{I}_1$、$\dot{I}_2$ 表示端口电压 $\dot{U}_1$、$\dot{U}_2$,则可以得到一组用开路阻抗参数表示的方程。用替代定理将端口电流 $\dot{I}_1$、$\dot{I}_2$ 分别用独立电流源替代,应用叠加定理求出电压 $\dot{U}_1$ 和 $\dot{U}_2$,即

$$\left.\begin{aligned}\dot{U}_1 &= Z_{11}\dot{I}_1 + Z_{12}\dot{I}_2 \\ \dot{U}_2 &= Z_{21}\dot{I}_1 + Z_{22}\dot{I}_2\end{aligned}\right\} \tag{10-1}$$

式(10-1)称为开路阻抗参数方程,也称为 Z 参数方程。其中 Z_{11}、Z_{12}、Z_{21} 和 Z_{22} 称为二端口网络的 Z 参数。

Z 参数方程也可以用矩阵形式表示,即

$$\begin{bmatrix} \dot{U}_1 \\ \dot{U}_2 \end{bmatrix} = \begin{bmatrix} Z_{11} & Z_{12} \\ Z_{21} & Z_{22} \end{bmatrix} \begin{bmatrix} \dot{I}_1 \\ \dot{I}_2 \end{bmatrix} = \mathbf{Z} \begin{bmatrix} \dot{I}_1 \\ \dot{I}_2 \end{bmatrix} \quad (10\text{-}2)$$

式中,$\mathbf{Z}$ 称为二端口网络的 $\mathbf{Z}$ 参数矩阵,

$$\mathbf{Z} = \begin{bmatrix} Z_{11} & Z_{12} \\ Z_{21} & Z_{22} \end{bmatrix}。$$

图 10-3 电流源激励的二端口网络

Z 参数可以通过实验测量得到,也可以通过 Z 参数方程求得。用实验的方法测量 Z 参数时,Z 参数可以由两个端口分别开路时分别求出,故 Z 参数也称为开路参数。如果当端口 22′开路时,式(10-1)可化简为 $\dot{U}_1 = Z_{11}\dot{I}_1$,$\dot{U}_2 = Z_{21}\dot{I}_1$。可以求出 Z 参数的 Z_{11} 和 Z_{21},即

$$Z_{11} = \left. \frac{\dot{U}_1}{\dot{I}_1} \right|_{\dot{I}_2 = 0}$$

$$Z_{21} = \left. \frac{\dot{U}_2}{\dot{I}_1} \right|_{\dot{I}_2 = 0}$$

当端口 11′开路时,式(10-1)可化简为 $\dot{U}_1 = Z_{12}\dot{I}_2$,$\dot{U}_2 = Z_{22}\dot{I}_2$,可以求出 Z 参数的 Z_{12} 和 Z_{22},即

$$Z_{12} = \left. \frac{\dot{U}_1}{\dot{I}_2} \right|_{\dot{I}_1 = 0}$$

$$Z_{22} = \left. \frac{\dot{U}_2}{\dot{I}_2} \right|_{\dot{I}_1 = 0}$$

式中,Z_{11} 称为端口 22′开路时端口 11′的输入阻抗;Z_{21} 为端口 22′开路时端口 22′与端口 11′之间的转移阻抗;Z_{12} 称为端口 11′开路时,端口 11′与端口 22′之间的转移阻抗;Z_{22} 称为端口 11′开路时,端口 22′的输入阻抗。

【例 10-1】 求图 10-4 所示电路的 Z 参数。

【解】 根据式(10-1)可先求出 Z_{11} 和 Z_{21}。当端口 22′开路时,电流 $\dot{I}_2 = 0$,电阻 R 和电容 C 串联,则

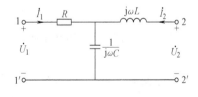

图 10-4 例 10-1 图

$$Z_{11} = \left. \frac{\dot{U}_1}{\dot{I}_1} \right|_{\dot{I}_2 = 0} = R + \frac{1}{j\omega C}$$

$$Z_{21} = \left. \frac{\dot{U}_2}{\dot{I}_1} \right|_{\dot{I}_2 = 0} = \frac{1}{j\omega C}$$

同理,当端口 11′开路时,电流 $\dot{I}_1 = 0$,电感 L 和电容 C 串联,则

$$Z_{12} = \left. \frac{\dot{U}_1}{\dot{I}_2} \right|_{\dot{I}_1 = 0} = \frac{1}{j\omega C}$$

$$Z_{22} = \frac{\dot{U}_2}{\dot{I}_2} \bigg|_{I_1=0} = j\omega L + \frac{1}{j\omega C}$$

故 **Z** 参数矩阵为

$$\mathbf{Z} = \begin{bmatrix} R + \dfrac{1}{j\omega C} & \dfrac{1}{j\omega C} \\[3mm] \dfrac{1}{j\omega C} & j\omega L + \dfrac{1}{j\omega C} \end{bmatrix}$$

通过 **Z** 参数矩阵可见，$Z_{12} = Z_{21}$，二端口网络可用三个参数表征其工作性能。

【例 10-2】 求图 10-5 所示二端口网络的 **Z** 参数矩阵。

【解】 解法一 根据开路阻抗参数定义求解。

列出 Z 参数方程，然后在规定的端口条件下求解，即

$$\dot{U}_1 = Z_{11}\dot{I}_1 + Z_{12}\dot{I}_2$$

$$\dot{U}_2 = Z_{21}\dot{I}_1 + Z_{22}\dot{I}_2$$

当电流 $\dot{I}_2 = 0$ 时，受控电压源 $3\dot{I}_2 = 0$，可以把图 10-5 等效为图 10-6。由图 10-6，可求出

$$Z_{11} = \frac{\dot{U}_1}{\dot{I}_1} \bigg|_{I_2=0} = (1+2)\Omega = 3\Omega$$

$$Z_{21} = \frac{\dot{U}_2}{\dot{I}_1} \bigg|_{I_2=0} = \frac{-4\dot{U}_3 + \dot{U}_3}{\dot{I}_1} = \frac{-3 \times (2\dot{I}_1)}{\dot{I}_1} = -6\Omega$$

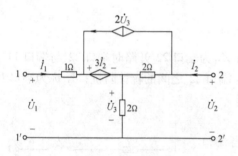

图 10-5 例 10-2 图

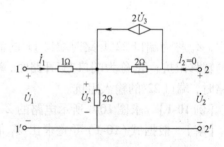

图 10-6 图 10-5 的等效电路

当电流 $\dot{I}_1 = 0$ 时，通过化简，可求出

$$Z_{12} = \frac{\dot{U}_1}{\dot{I}_2} \bigg|_{I_1=0} = \frac{3\dot{I}_2 + \dot{U}_3}{\dot{I}_2} = \frac{3\dot{I}_2 + 2\dot{I}_2}{\dot{I}_2} = 5\Omega$$

$$Z_{22} = \frac{\dot{U}_2}{\dot{I}_2} \bigg|_{I_1=0} = \frac{2(\dot{I}_2 - 2\dot{U}_3) + \dot{U}_3}{\dot{I}_2} = \frac{2\dot{I}_2 - 3 \times 2\dot{I}_2}{\dot{I}_2} = -4\Omega$$

得 **Z** 参数矩阵为

$$Z = \begin{bmatrix} 3 & 5 \\ -6 & -4 \end{bmatrix}$$

解法二　利用网孔电流法求解，选回路如图 10-7 所示。

列出网孔方程为

$$\begin{cases} (1+2)\dot{I}_1 + 2\dot{I}_2 = -3\dot{I}_2 + \dot{U}_1 \\ 2\dot{I}_1 + (2+2)\dot{I}_2 - 2(2\dot{U}_3) = \dot{U}_2 \\ \dot{U}_3 = 2(\dot{I}_1 + \dot{I}_2) \end{cases}$$

化简后得

$$\begin{cases} \dot{U}_1 = 3\dot{I}_1 + 5\dot{I}_2 \\ \dot{U}_2 = -6\dot{I}_1 - 4\dot{I}_2 \end{cases}$$

可得 **Z** 参数矩阵

$$Z = \begin{bmatrix} 3 & 5 \\ -6 & -4 \end{bmatrix}$$

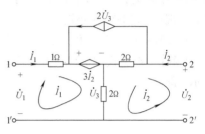

由此结果可知，当二端口网络中含有受控源时，$Z_{12} \neq Z_{21}$。表明此二端口网络必须用 4 个参数表征其电路的工作性能。

图 10-7　用网孔电流法求 Z 参数

10.2.2　二端口网络的导纳参数

在如图 10-8 所示的二端口网络中，如果以端口电压 $\dot{U}_1$ 和 $\dot{U}_2$ 表示端口电流 $\dot{I}_1$ 和 $\dot{I}_2$，则可以得到一组用短路导纳参数表示的方程。用替代定理将端口电压 $\dot{U}_1$ 和 $\dot{U}_2$ 分别用独立电压源替代，应用叠加定理求出电流 $\dot{I}_1$ 和 $\dot{I}_2$。即

$$\left.\begin{matrix} \dot{I}_1 = Y_{11}\dot{U}_1 + Y_{12}\dot{U}_2 \\ \dot{I}_2 = Y_{21}\dot{U}_1 + Y_{22}\dot{U}_2 \end{matrix}\right\} \qquad (10\text{-}3)$$

图 10-8　电压源激励的二端口网络

式(10-3)称为短路导纳参数方程，也称为 Y 参数方程。其中 Y_{11}、Y_{12}、Y_{21} 和 Y_{22} 称为二端口网络的 Y 参数。

Y 参数方程可以用矩阵形式表示，即

$$\begin{bmatrix} \dot{I}_1 \\ \dot{I}_2 \end{bmatrix} = \begin{bmatrix} Y_{11} & Y_{12} \\ Y_{21} & Y_{22} \end{bmatrix}\begin{bmatrix} \dot{U}_1 \\ \dot{U}_2 \end{bmatrix} = Y\begin{bmatrix} \dot{U}_1 \\ \dot{U}_2 \end{bmatrix} \qquad (10\text{-}4)$$

式中，Y 称为二端口网络的 Y 参数矩阵，$Y = \begin{bmatrix} Y_{11} & Y_{12} \\ Y_{21} & Y_{22} \end{bmatrix}$。

Y 参数可以通过实验测量得到，也可以通过 Y 参数方程求得。将图 10-8 中的端口 22′短路，即 $\dot{U}_2 = 0$，可求出 Y_{11} 和 Y_{21} 为

$$Y_{11} = \frac{\dot{I}_1}{\dot{U}_1}\bigg|_{\dot{U}_2 = 0}$$

$$Y_{21} = \frac{\dot{I}_2}{\dot{U}_1}\bigg|_{\dot{U}_2 = 0}$$

将图 10-8 中的端口 11′短路，即 $\dot{U}_1 = 0$，可求出 Y_{12} 和 Y_{22} 为

$$Y_{12} = \frac{\dot{I}_1}{\dot{U}_2}\bigg|_{\dot{U}_1=0}$$

$$Y_{22} = \frac{\dot{I}_2}{\dot{U}_2}\bigg|_{\dot{U}_1=0}$$

式中，Y_{11} 为端口 22′短路时，端口 11′的输入导纳；Y_{21} 为端口 22′短路时，端口 11′转移到端口 22′的转移导纳；Y_{12} 为端口 11′短路时，端口 22′转移到端口 11′的转移导纳；Y_{22} 为端口 11′短路时，端口 22′的输入导纳。

【**例 10-3**】 求图 10-9 二端口网络的 Y 参数。

【**解**】 根据式（10-3），当端口 22′短路时，即电压 $\dot{U}_2 = 0$，图 10-9 可以简化为如图 10-10a 所示，即

$$Y_{11} = \frac{\dot{I}_1}{\dot{U}_1}\bigg|_{\dot{U}_2=0} = j\omega C + \frac{1}{j\omega L_1}$$

$$Y_{21} = \frac{\dot{I}_2}{\dot{U}_1}\bigg|_{\dot{U}_2=0} = -j\omega C$$

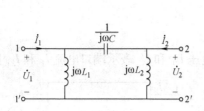

图 10-9　例 10-3 的图

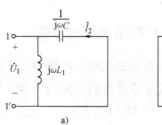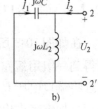

图 10-10　例 10-3 简化图

同理，当端口 11′短路时，电压 $\dot{U}_1 = 0$ 时，图 10-9 可以简化为如图 10-10b 所示，则

$$Y_{12} = \frac{\dot{I}_1}{\dot{U}_2}\bigg|_{\dot{U}_1=0} = -j\omega C$$

$$Y_{22} = \frac{\dot{I}_2}{\dot{U}_2}\bigg|_{\dot{U}_1=0} = j\omega C + \frac{1}{j\omega L_2}$$

解得 Y 参数矩阵为

$$Y = \begin{bmatrix} j\omega C + \dfrac{1}{j\omega L_1} & -j\omega C \\[2mm] -j\omega C & j\omega C + \dfrac{1}{j\omega L_2} \end{bmatrix}$$

思 考 题

10-1　电路在什么情况下没有 Z 参数矩阵或者 Y 参数矩阵？

10.3 二端口网络的传输参数和混合参数

10.3.1 二端口网络的传输参数

在实际电路中，例如在放大电路中，由于输入的电压信号是小信号，即电压的数量级是毫伏级，而输出信号往往是几伏的电压信号，单级放大电路的放大倍数是几十倍到 100 多倍，达不到要求，此时需要几个放大电路的连接。把第一级的输出电压和电流作为下一级的输入电压和电流。因此需要引入传输参数方程。

图 10-11　输入电压、电流激励的二端口网络

如果以电压 $\dot{U}_2$ 和电流 $\dot{I}_2$ 作为独立变量，由图 10-11 可以得到传输参数方程，即

$$\left.\begin{array}{l} \dot{U}_1 = A\,\dot{U}_2 - B\,\dot{I}_2 \\ \dot{I}_1 = C\,\dot{U}_2 - D\,\dot{I}_2 \end{array}\right\} \qquad (10\text{-}5)$$

式(10-5)可以写成传输参数矩阵形式，即

$$\begin{bmatrix} \dot{U}_1 \\ \dot{I}_1 \end{bmatrix} = \begin{bmatrix} A & B \\ C & D \end{bmatrix} \begin{bmatrix} \dot{U}_2 \\ -\dot{I}_2 \end{bmatrix} = \boldsymbol{T} \begin{bmatrix} \dot{U}_2 \\ -\dot{I}_2 \end{bmatrix} \qquad (10\text{-}6)$$

其中，传输参数也称为 T 参数。为了分析方便，在 $\dot{I}_2$ 前面加上了负号。上述传输参数中的各参数可以由式(10-5)当端口 22′ 开路和短路时分别求出，其参数及物理含义为

$$A = \frac{\dot{U}_1}{\dot{U}_2}\bigg|_{\dot{I}_2=0} \quad \text{输出端 22′ 开路时，输入电压和输出电压之比；}$$

$$B = -\frac{\dot{U}_1}{\dot{I}_2}\bigg|_{\dot{U}_2=0} \quad \text{输出端 22′ 短路时，端口 11′ 和端口 22′ 之间的转移阻抗；}$$

$$C = \frac{\dot{I}_1}{\dot{U}_2}\bigg|_{\dot{I}_2=0} \quad \text{输出端 22′ 开路时，端口 22′ 和端口 11′ 之间的转移导纳；}$$

$$D = -\frac{\dot{I}_1}{\dot{I}_2}\bigg|_{\dot{U}_2=0} \quad \text{输出端 22′ 短路时，输入电流和输出电流之比。}$$

A、D 无量纲，B 的量纲为 Ω，C 的量纲为 S。

【例 10-4】 求图 10-12 理想变压器的 T 参数。

【解】 根据理想变压器的伏安特性列出方程为

$$\begin{cases} \dot{U}_1 = K\,\dot{U}_2 \\ \dot{I}_1 = -\dfrac{1}{K}\dot{I}_2 \end{cases}$$

和 T 参数方程比较，可得出 $\boldsymbol{T}$ 参数矩阵为

$$\boldsymbol{T} = \begin{bmatrix} K & 0 \\ 0 & \dfrac{1}{K} \end{bmatrix}$$

【例10-5】 求图10-13二端口网络的T参数矩阵。

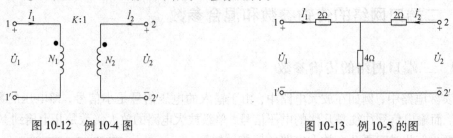

图10-12 例10-4图   图10-13 例10-5的图

【解】 根据式(10-5),先令图10-13的端口22′开路,可分别求出参数A和C为

$$A = \frac{\dot{U}_1}{\dot{U}_2}\bigg|_{\dot{I}_2=0} = \frac{\dot{U}_1}{\frac{4}{2+4}\dot{U}_1} = \frac{6}{4} = 1.5$$

$$C = \frac{\dot{I}_1}{\dot{U}_2}\bigg|_{\dot{I}_2=0} = \frac{\dot{I}_1}{4\dot{I}_1} = 0.25\text{S}$$

再令图10-13的端口22′短路,可分别求出参数B和D为

$$B = -\frac{\dot{U}_1}{\dot{I}_2}\bigg|_{\dot{U}_2=0} = -\frac{\left(2 + \frac{2\times4}{2+4}\right)I_1}{-\frac{4}{4+2}I_1} = 5\Omega$$

$$D = -\frac{\dot{I}_1}{\dot{I}_2}\bigg|_{\dot{U}_2=0} = -\frac{I_1}{-\frac{4}{4+2}I_1} = \frac{6}{4} = 1.5$$

可得T参数矩阵为

$$T = \begin{bmatrix} 1.5 & 5 \\ 0.25 & 1.5 \end{bmatrix}$$

10.3.2 二端口网络的混合参数

在二端口网络中,如果选取端口电流$\dot{I}_1$和$\dot{U}_2$作为独立变量,相当于在一端口加上电流源的作用,而另一端口加上电压源的作用,如图10-14所示。列写二端口网络的方程可以采用H参数。

由图10-14得出二端口网络的H参数方程为

$$\left.\begin{aligned} \dot{U}_1 &= H_{11}\dot{I}_1 + H_{12}\dot{U}_2 \\ \dot{I}_2 &= H_{21}\dot{I}_1 + H_{22}\dot{U}_2 \end{aligned}\right\} \qquad (10\text{-}7)$$

式(10-7)可以写成矩阵形式

$$\begin{bmatrix} \dot{U}_1 \\ \dot{I}_2 \end{bmatrix} = \begin{bmatrix} H_{11} & H_{12} \\ H_{21} & H_{22} \end{bmatrix}\begin{bmatrix} \dot{I}_1 \\ \dot{U}_2 \end{bmatrix} = H\begin{bmatrix} \dot{I}_1 \\ \dot{U}_2 \end{bmatrix} \quad (10\text{-}8)$$

图10-14 电压源,电流源激励的二端口网络

式中，$\boldsymbol{H}$ 称为二端口网络的 H 参数矩阵，$\boldsymbol{H} = \begin{bmatrix} H_{11} & H_{12} \\ H_{21} & H_{22} \end{bmatrix}$。

H 参数可由端口 11′开路和端口 22′短路求出。若二端口网络端口 22′短路，即 $\dot{U}_2 = 0$，可求出 H_{11} 和 H_{21}，即

$$H_{11} = \left. \frac{\dot{U}_1}{\dot{I}_1} \right|_{\dot{U}_2 = 0}$$

$$H_{21} = \left. \frac{\dot{I}_2}{\dot{I}_1} \right|_{\dot{U}_2 = 0}$$

若二端口网络的端口 11′开路，即 $\dot{I}_1 = 0$，可求出 H_{12} 和 H_{22}，即

$$H_{12} = \left. \frac{\dot{U}_1}{\dot{U}_2} \right|_{\dot{I}_1 = 0}$$

$$H_{22} = \left. \frac{\dot{I}_2}{\dot{U}_2} \right|_{\dot{I}_1 = 0}$$

H_{12}、H_{21} 无量纲，H_{11} 的量纲为 Ω，H_{22} 的量纲为 S。

【**例 10-6**】 在图 10-15 所示电路中，已知 $R_1 = R_2 = R_3 = 1\Omega$。求其 H 参数。

【**解**】 由图 10-15 可列出方程为

$$\dot{U}_1 = \left(\dot{I}_1 - \frac{\dot{U}_1}{R_1} \right) R_2 + 2\dot{U}_2$$

$$\dot{I}_2 = \frac{\dot{U}_2 - 2\dot{U}_2}{R_3}$$

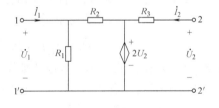

图 10-15 例 10-6 的图

解得

$$\dot{U}_1 = \frac{1}{2}\dot{I}_1 + \dot{U}_2$$

$$\dot{I}_2 = -\dot{U}_2$$

得 $\boldsymbol{H}$ 参数矩阵

$$\boldsymbol{H} = \begin{bmatrix} \dfrac{1}{2} & 1 \\ 0 & -1 \end{bmatrix}$$

思 考 题

10-2 T 参数能否由 Y 参数导出？

10.4 二端口网络的等效电路

"等效"的概念在电路分析中应用非常广泛。在电路中，如果电路 A 和电路 B 对于电路 C 有相同的电压和电流，我们就说电路 A 和电路 B 是等效的。二端网络的等效电路有戴维宁等

效电路和诺顿等效电路。它们都包含有一个理想电源和一个电阻。对于无源(不含受控源)二端口网络,可用三个元件的等效电路进行替代,最简单的二端口网络有 T 形和∏形两种形式。

下面对常用的 Z、Y 参数的等效电路进行分析。

首先建立 Z 参数的等效电路,Z 参数方程为

$$\begin{cases} \dot{U}_1 = Z_{11}\dot{I}_1 + Z_{12}\dot{I}_2 \\ \dot{U}_2 = Z_{21}\dot{I}_1 + Z_{22}\dot{I}_2 \end{cases}$$

Z 参数的等效电路有两种方法可以得到。

方法 1   直接由参数方程得到等效电路。即根据式(10-1)可以得到 Z 参数的等效电路,该电路中含有两个受控源,也叫双源 Z 参数等效电路,如图 10-16 所示。

方法 2   采用等效变换的方法。

方法 1 虽然能得到等效电路,但等效电路的结构不是最简单的。若要等效电路为 T 形电路,则需进行如下变换。

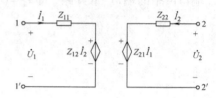

第一种情况,当 $Z_{12} = Z_{21}$ 时,式(10-1)可写成

$$\left.\begin{array}{l} \dot{U}_1 = Z_{11}\dot{I}_1 + Z_{12}\dot{I}_2 \\ \dot{U}_2 = Z_{12}\dot{I}_1 + Z_{22}\dot{I}_2 \end{array}\right\} \tag{10-9}$$

图 10-16   双源 Z 参数等效电路

式中,Z_{12} 中流过 $\dot{I}_1$ 和 $\dot{I}_2$,所以 Z_{12} 就是互阻抗,故式(10-9)可写为

$$\left.\begin{array}{l} \dot{U}_1 = Z_{11}\dot{I}_1 + Z_{12}\dot{I}_2 = (Z_{11} - Z_{12})\dot{I}_1 + Z_{12}(\dot{I}_1 + \dot{I}_2) \\ \dot{U}_2 = Z_{12}\dot{I}_1 + Z_{22}\dot{I}_2 = Z_{12}(\dot{I}_1 + \dot{I}_2) + (Z_{22} - Z_{12})\dot{I}_2 \end{array}\right\} \tag{10-10}$$

由式(10-10)画出的 T 形等效电路如图 10-17 所示。

第二种情况,当 $Z_{12} \neq Z_{21}$ 时,电路中含有受控电压源,在 T 形电路结构不变的情况下,将式(10-1)进行如下变换,即

$$\left.\begin{array}{l} \dot{U}_1 = Z_{11}\dot{I}_1 + Z_{12}\dot{I}_2 = (Z_{11} - Z_{12})\dot{I}_1 + Z_{12}(\dot{I}_1 + \dot{I}_2) \\ \dot{U}_2 = Z_{21}\dot{I}_1 + Z_{22}\dot{I}_2 = Z_{12}(\dot{I}_1 + \dot{I}_2) + (Z_{22} - Z_{12})\dot{I}_2 + (Z_{21} - Z_{12})\dot{I}_1 \end{array}\right\} \tag{10-11}$$

由式(10-11)画出的等效电路如图 10-18 所示。

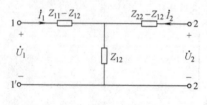

图 10-17   T 形等效电路

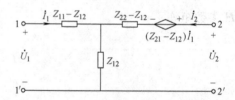

图 10-18   含有受控源的 T 形等效电路

10.5   二端口网络的连接

大多数的网络是复杂的,由多个二端口网络组合成的。二端口网络的连接方式包括级联、串联和并联。

10.5.1 二端口网络的串联

一个二端口网络的串联电路如图 10-19 所示。两个二端口网络 N_1 和 N_2 串联形成一个新的二端口网络 N 后，网络 N_1 和网络 N_2 是二端口网络，也可能不是二端口网络。如何保证各二端口网络在联接后仍然保持端口的电流约束条件，本章不作讨论。但是如果两个二端口网络在串联后仍保持各自端口电流的约束条件，则串联后的二端口网络的 Z 参数等于网络 N_1 和 N_2 之和。所以可以通过开路阻抗参数进行计算。

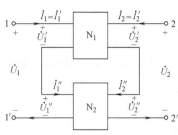

图 10-19 二端口网络的串联

由图 10-19 可知，对于二端口网络的串联，流过两个网络的电流相等，即 $\dot{I}_1 = \dot{I}_1' = \dot{I}_1''$，$\dot{I}_2 = \dot{I}_2' = \dot{I}_2''$。设二端口网络 N_1 和 N_2 的 Z 矩阵分别是 $\mathbf{Z}_1$ 和 $\mathbf{Z}_2$，可得

$$\begin{bmatrix} \dot{U}_1' \\ \dot{U}_2' \end{bmatrix} = \mathbf{Z}_1 \begin{bmatrix} \dot{I}_1' \\ \dot{I}_2' \end{bmatrix}$$

$$\begin{bmatrix} \dot{U}_1'' \\ \dot{U}_2'' \end{bmatrix} = \mathbf{Z}_2 \begin{bmatrix} \dot{I}_1'' \\ \dot{I}_2'' \end{bmatrix}$$

可得

$$\begin{bmatrix} \dot{U}_1 \\ \dot{U}_2 \end{bmatrix} = \begin{bmatrix} \dot{U}_1' \\ \dot{U}_2' \end{bmatrix} + \begin{bmatrix} \dot{U}_1'' \\ \dot{U}_2'' \end{bmatrix} = \mathbf{Z}_1 \begin{bmatrix} \dot{I}_1' \\ \dot{I}_2' \end{bmatrix} + \mathbf{Z}_2 \begin{bmatrix} \dot{I}_1'' \\ \dot{I}_2'' \end{bmatrix} = (\mathbf{Z}_1 + \mathbf{Z}_2) \begin{bmatrix} \dot{I}_1 \\ \dot{I}_2 \end{bmatrix} = \mathbf{Z} \begin{bmatrix} \dot{I}_1 \\ \dot{I}_2 \end{bmatrix}$$

复合网络的 Z 矩阵为

$$\mathbf{Z} = \mathbf{Z}_1 + \mathbf{Z}_2 \tag{10-12}$$

式(10-12)说明串联二端口网络的开路阻抗矩阵等于各个二端口网络开路阻抗矩阵的和。要注意的是，当两个二端口网络串联时，应当保证二端口网络的输入和输出端口条件不被破坏，称之为有效串联。

【**例 10-7**】 二端口网络 N_1 和 N_2 如图 10-20a、b 所示。试求：(1) 两个二端口网络的 Z 参数；(2) 如果把两个二端口网络串联起来，求串联后的 Z 参数；(3) 验证 $\mathbf{Z} = \mathbf{Z}_1 + \mathbf{Z}_2$ 是否成立，说明原因。

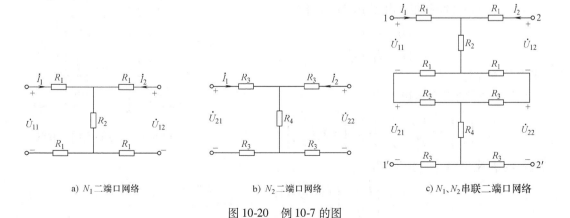

a) N_1 二端口网络　　　　　b) N_2 二端口网络　　　　　c) N_1、N_2 串联二端口网络

图 10-20　例 10-7 的图

【解】 （1）首先求出图 10-20a 的二端口网络的 Z 参数，由回路电流法列方程，得

$$\dot{U}_{11} = (2R_1 + R_2)\dot{I}_1 + R_2\dot{I}_2$$

$$\dot{U}_{12} = R_2\dot{I}_1 + (2R_1 + R_2)\dot{I}_2$$

求出

$$\mathbf{Z}_1 = \begin{bmatrix} 2R_1 + R_2 & R_2 \\ R_2 & 2R_1 + R_2 \end{bmatrix}$$

（2）求出图 10-20b 的二端口网络的 Z 参数，由回路电流法列方程，得

$$\dot{U}_{21} = (2R_3 + R_4)\dot{I}_1 + R_4\dot{I}_2$$

$$\dot{U}_{22} = R_4\dot{I}_1 + (2R_3 + R_4)\dot{I}_2$$

求出

$$\mathbf{Z}_2 = \begin{bmatrix} 2R_3 + R_4 & R_4 \\ R_4 & 2R_3 + R_4 \end{bmatrix}$$

所以

$$\mathbf{Z} = \mathbf{Z}_1 + \mathbf{Z}_2 = \begin{bmatrix} R_2 + R_4 + 2(R_1 + R_3) & R_2 + R_4 \\ R_2 + R_4 & R_2 + R_4 + 2(R_1 + R_3) \end{bmatrix}$$

（3）由图 10-20c 求出串联二端口网络的 $\mathbf{Z}$ 参数矩阵为

$$\mathbf{Z} = \begin{bmatrix} \dfrac{3}{2}(R_1 + R_3) + R_2 + R_4 & R_2 + R_4 + \dfrac{R_1 + R_3}{2} \\ R_2 + R_4 + \dfrac{R_1 + R_3}{2} & \dfrac{3}{2}(R_1 + R_3) + R_2 + R_4 \end{bmatrix}$$

由上可知，总的 $\mathbf{Z}$ 参数矩阵不等于两个参数矩阵 $\mathbf{Z}_1$ 和 $\mathbf{Z}_2$ 之和。如何判别二端口网络联接的有效性呢？一般根据联接后每个二端口网络的电流是否能够保证其有效性。对串联来说，设在两个端口各连接相同的电流源，则两个网络能够有效的串联。否则要另外计算。

10.5.2　二端口网络的并联

同理，如果两个二端口网络并联后仍能保持端口电流的约束条件，则并联后的二端口网络的 Y 参数等于各 Y 参数之和。

二端口网络的并联电路如图 10-21 所示。

对于二端口并联网络，由图 10-21 可得

$$\begin{cases} \dot{I}_1 = \dot{I}_1' + \dot{I}_1'' \\ \dot{I}_2 = \dot{I}_2' + \dot{I}_2'' \end{cases}$$

由 Y 参数方程得

二端口网络 N_1 的 Y 参数矩阵为

$$\begin{bmatrix} \dot{I}_1' \\ \dot{I}_2' \end{bmatrix} = \begin{bmatrix} Y_{11}' & Y_{12}' \\ Y_{21}' & Y_{22}' \end{bmatrix} \begin{bmatrix} \dot{U}_1' \\ \dot{U}_2' \end{bmatrix} = \mathbf{Y}_1 \begin{bmatrix} \dot{U}_1' \\ \dot{U}_2' \end{bmatrix}$$

二端口网络 N_2 的 Y 参数矩阵为

$$\begin{bmatrix} \dot{I}_1'' \\ \dot{I}_2'' \end{bmatrix} = \begin{bmatrix} Y_{11}'' & Y_{12}'' \\ Y_{21}'' & Y_{22}'' \end{bmatrix} \begin{bmatrix} \dot{U}_1'' \\ \dot{U}_2'' \end{bmatrix} = \mathbf{Y}_2 \begin{bmatrix} \dot{U}_1'' \\ \dot{U}_2'' \end{bmatrix}$$

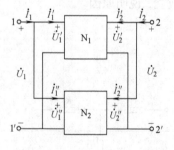

图 10-21　二端口网络的并联

根据电路并联的特性，电压和电流要满足下列关系，即

$$\dot{U}_1 = \dot{U}_1' = \dot{U}_1''$$

$$\dot{I}_1 = \dot{I}_1' + \dot{I}_1''$$

$$\dot{U}_2 = \dot{U}_2' = \dot{U}_2''$$

$$\dot{I}_2 = \dot{I}_2' + \dot{I}_2''$$

可得

$$\begin{bmatrix} \dot{I}_1 \\ \dot{I}_2 \end{bmatrix} = \begin{bmatrix} \dot{I}_1' \\ \dot{I}_2' \end{bmatrix} + \begin{bmatrix} \dot{I}_1'' \\ \dot{I}_2'' \end{bmatrix} = \begin{bmatrix} Y_{11}' + Y_{11}'' & Y_{12}' + Y_{12}'' \\ Y_{21}' + Y_{21}'' & Y_{22}' + Y_{22}'' \end{bmatrix} \begin{bmatrix} \dot{U}_1 \\ \dot{U}_2 \end{bmatrix} = \begin{bmatrix} Y_{11} & Y_{12} \\ Y_{21} & Y_{22} \end{bmatrix} \begin{bmatrix} \dot{U}_1 \\ \dot{U}_2 \end{bmatrix}$$

可得二端口网络的并联 $\boldsymbol{Y}$ 参数矩阵

$$\boldsymbol{Y} = \boldsymbol{Y}_1 + \boldsymbol{Y}_2 \tag{10-13}$$

【例 10-8】　求图 10-22 的二端口网络的 Y 参数，已知 $R_1 = 2\Omega, R_2 = 4\Omega$。

【解】　图 10-22 可看成两个二端口网络的并联，两个二端口网络如图 10-23a、b 所示。

（1）由图 10-23a 求 $\boldsymbol{Y}_1$ 参数。由网孔电流方程得

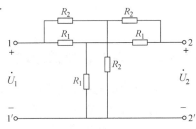

图 10-22　例 10-8 的图

$$\dot{U}_1 = 2R_1\dot{I}_1' + R_1\dot{I}_2'$$

$$\dot{U}_2 = R_1\dot{I}_1' + 2R_1\dot{I}_2'$$

得 $\boldsymbol{Z}_1$ 参数矩阵为

$$\boldsymbol{Z}_1 = \begin{bmatrix} 2R_1 & R_1 \\ R_1 & 2R_1 \end{bmatrix}$$

代入 $R_1 = 2\Omega$，得 $\boldsymbol{Z}_1 = \begin{bmatrix} 4 & 2 \\ 2 & 4 \end{bmatrix}$

$$\boldsymbol{Y}_1 = \boldsymbol{Z}_1^{-1} = \begin{bmatrix} \dfrac{1}{3} & -\dfrac{1}{6} \\[2mm] -\dfrac{1}{6} & \dfrac{1}{3} \end{bmatrix}$$

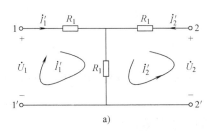

a)

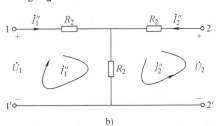

b)

图 10-23　图 10-22 的分解

（2）由图 10-23b 求 $\boldsymbol{Y}_2$ 参数。由网孔电流方程得

$$\dot{U}_1 = 2R_2\dot{I}_1'' + R_2\dot{I}_2''$$

$$\dot{U}_2 = R_2\dot{I}_1'' + 2R_2\dot{I}_2''$$

$$Z_2 = \begin{bmatrix} 2R_2 & R_2 \\ R_2 & 2R_2 \end{bmatrix}$$

代入 $R_2 = 4\Omega$，得 $Z_2 = \begin{bmatrix} 8 & 4 \\ 4 & 8 \end{bmatrix}$

$$Y_1 = Z_1^{-1} = \begin{bmatrix} \dfrac{1}{6} & -\dfrac{1}{12} \\ -\dfrac{1}{12} & \dfrac{1}{6} \end{bmatrix}$$

总的 Y 参数矩阵为

$$Y = Y_1 + Y_2 = \begin{bmatrix} \dfrac{1}{2} & -\dfrac{1}{4} \\ -\dfrac{1}{4} & \dfrac{1}{2} \end{bmatrix}$$

10.5.3　二端口网络的级联

　　二端口网络的级联是将后一级的的输入和前一级的输出相连，如图 10-24 所示。由传输参数的特性可知，在分析级联的二端口网络时，可以采用传输参数。

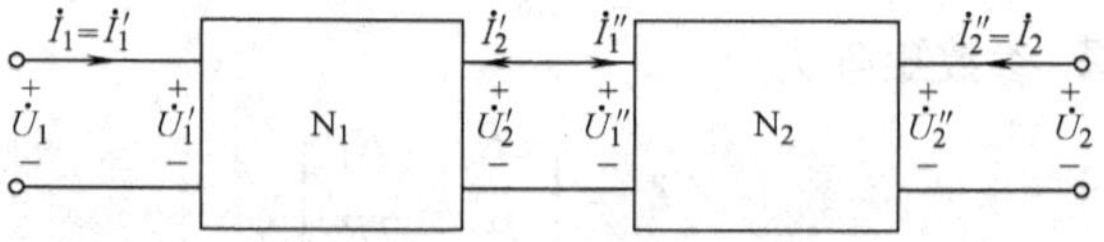

二端口网络 N_1 传输方程的矩阵形式为

$$\begin{bmatrix} \dot{U}_1 \\ \dot{I}_1 \end{bmatrix} = \begin{bmatrix} A_1 & B_1 \\ C_1 & D_1 \end{bmatrix} \begin{bmatrix} \dot{U}_2' \\ -\dot{I}_2' \end{bmatrix}$$

图 10-24　二端口网络的级联

二端口网络 N_2 传输方程的矩阵形式为

$$\begin{bmatrix} \dot{U}_1'' \\ \dot{I}_1'' \end{bmatrix} = \begin{bmatrix} A_2 & B_2 \\ C_2 & D_2 \end{bmatrix} \begin{bmatrix} \dot{U}_2 \\ -\dot{I}_2 \end{bmatrix}$$

由于 $\dot{U}_2' = \dot{U}_1''$，$-\dot{I}_2' = \dot{I}_1''$，所以有

$$\begin{bmatrix} \dot{U}_1 \\ \dot{I}_1 \end{bmatrix} = \begin{bmatrix} A_1 & B_1 \\ C_1 & D_1 \end{bmatrix} \begin{bmatrix} A_2 & B_2 \\ C_2 & D_2 \end{bmatrix} \begin{bmatrix} \dot{U}_2 \\ -\dot{I}_2 \end{bmatrix} = T_1 T_2 \begin{bmatrix} \dot{U}_2 \\ -\dot{I}_2 \end{bmatrix}$$

由上式可以看出，对于二端口网络的级联，它的矩阵等于两个端口网络的矩阵的乘积，即

$$T = T_1 T_2 \tag{10-14}$$

如果网络由多个线性二端口网络联接时，可以得到总的传输参数，即

$$T = T_1 T_2 \cdots T_n \tag{10-15}$$

　　【例 10-9】　求图 10-25 所示二端口网络的总的传输矩阵。

　　【解】　将图 10-25 所示的二端口网络看成两个网络 N_1 和 N_2 的级联，如图 10-26 中的虚线所示。对于网络 N_1 有

$$\dot{U}_1 = \dot{U}_2'$$
$$\dot{I}_1 = Y \dot{U}_2' - \dot{I}_2'$$

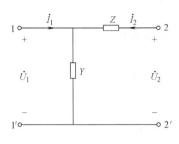

图 10-25 例 10-9 的图

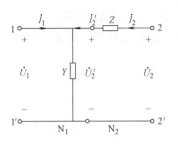

图 10-26 例 10-9 分成两部分级联图

矩阵形式为

$$\begin{bmatrix} \dot{U}_1 \\ \dot{I}_1 \end{bmatrix} = \begin{bmatrix} 1 & 0 \\ Y & 1 \end{bmatrix} \begin{bmatrix} \dot{U}_2' \\ -\dot{I}_2' \end{bmatrix}$$

网络 N_1 的 T_1 参数矩阵为

$$T_1 = \begin{bmatrix} 1 & 0 \\ Y & 1 \end{bmatrix}$$

对于网络 N_2 有

$$\dot{U}_2' = \dot{U}_2 - Z\dot{I}_2$$
$$-\dot{I}_2' = -\dot{I}_2$$

其矩阵形式为

$$\begin{bmatrix} \dot{U}_2' \\ -\dot{I}_1' \end{bmatrix} = \begin{bmatrix} 1 & Z \\ 0 & 1 \end{bmatrix} \begin{bmatrix} \dot{U}_2 \\ -\dot{I}_2 \end{bmatrix}$$

网络 N_2 的 T_2 参数矩阵为

$$T_2 = \begin{bmatrix} 1 & Z \\ 0 & 1 \end{bmatrix}$$

级联的 T 参数为

$$T = T_1 T_2 = \begin{bmatrix} 1 & 0 \\ Y & 1 \end{bmatrix} \begin{bmatrix} 1 & Z \\ 0 & 1 \end{bmatrix} = \begin{bmatrix} 1 & Z \\ Y & YZ + 1 \end{bmatrix}$$

思 考 题

10-3 二端口网络满足什么条件时, 在连接后仍然会保持端口的电流约束条件?

10-4 二端口网络的级联顺序能否交换? 为什么?

本 章 小 结

1. 二端口网络的组成

二端口网络是由两个端口组成的网络。在同一个端口上, 流入一端的电流等于从另一端流出的电流。二端口网络的分析要在统一的参考方向下进行。

2. 二端口网络参数的确定

二端口网络参数可用下面两个方法计算。

（1）用定义计算 以 Z、Y 参数为例，其他参数同样可以求出。

$$Z_{11} = \frac{\dot{U}_1}{\dot{I}_1}\bigg|_{\dot{I}_2=0} \qquad 输入阻抗 \qquad Z_{21} = \frac{\dot{U}_2}{\dot{I}_1}\bigg|_{\dot{I}_2=0} \qquad 转移阻抗$$

$$Z_{22} = \frac{\dot{U}_2}{\dot{I}_2}\bigg|_{\dot{I}_1=0} \qquad 输入阻抗 \qquad Z_{12} = \frac{\dot{U}_1}{\dot{I}_2}\bigg|_{\dot{I}_1=0} \qquad 转移阻抗$$

$$Y_{11} = \frac{\dot{I}_1}{\dot{U}_1}\bigg|_{\dot{U}_2=0} \qquad 输入导纳 \qquad Y_{21} = \frac{\dot{I}_2}{\dot{U}_1}\bigg|_{\dot{U}_2=0} \qquad 转移导纳$$

$$Y_{22} = \frac{\dot{I}_2}{\dot{U}_2}\bigg|_{\dot{U}_1=0} \qquad 输入导纳 \qquad Y_{12} = \frac{\dot{I}_1}{\dot{U}_2}\bigg|_{\dot{U}_1=0} \qquad 转移导纳$$

（2）用网络方程计算 Z 参数和 Y 参数 对于一般的二端口网络，可列写网络方程或结点方程得到，经过比较方程中的系数可以得到 Z 参数和 Y 参数。T 参数和 H 参数同样可以写出。

3. 二端口网络的等效电路

二端口网络的等效电路可以用 T 形电路和 ∏ 形电路表示，Z 参数可以等效为 T 形，而 Y 参数可以等效为 ∏ 形。

4. 二端口网络的连接

一个复杂的网络可看成是由若干个简单的二端口网络按一定的方式连接而成。常见的连接方式有串联、并联和级联。如果串联连接且满足端口条件，则复合二端口的 Z 参数矩阵为 $Z = Z_1 + Z_2$。如果并联连接且满足端口条件，则复合二端口的 Y 参数矩阵为 $Y = Y_1 + Y_2$。级联二端口网络的传输矩阵等于各个二端口网络的传输矩阵的乘积，即 $T = T_1 T_2$。

习　题

10-1　试求图 10-27 所示的二端口网络的 Z 参数矩阵。

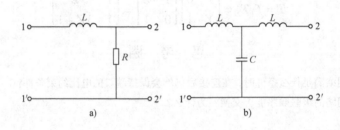

图 10-27　题 10-1 图

10-2　试求图 10-28 所示电路的 Y 参数矩阵。

10-3　试求题图 10-29 所示电路的 Z 参数矩阵。

10-4　试求图 10-30 所示电路的 Y 参数矩阵。

10-5　试求图 10-31 所示电路的 T 参数矩阵。

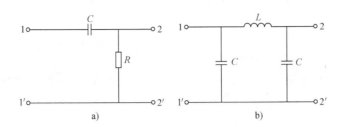

图 10-28 题 10-2 图

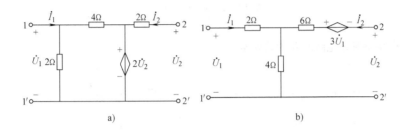

图 10-29 题 10-3 图

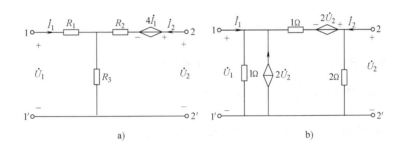

图 10-30 题 10-4 图

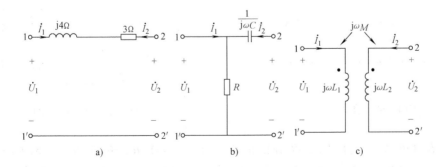

图 10-31 题 10-5 图

10-6 试求图 10-32 所示电路的 T 参数矩阵。已知图 b 的 $X_C = 10\Omega$。

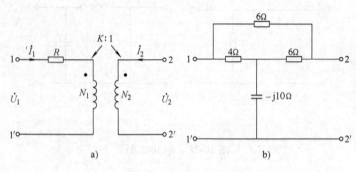

图 10-32 题 10-6 图

10-7 试求图 10-33 所示电路的 H 参数矩阵。

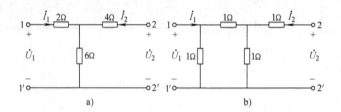

图 10-33 题 10-7 图

10-8 试求图 10-34 所示电路的复合二端口网络的 T 参数矩阵。

10-9 已知 Z 参数矩阵为 $\boldsymbol{Z} = \begin{bmatrix} j3 & 8 \\ 8 & j6 \end{bmatrix}$，求其二端口的等效电路。

10-10 已知图 10-35 所示二端口网络 N 的 Z 参数矩阵为 $\boldsymbol{Z} = \begin{bmatrix} j3 & 6 \\ 6 & j6 \end{bmatrix}$，求开路电压 $\dot{U}_2$。

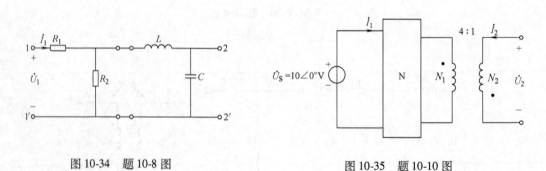

图 10-34 题 10-8 图　　　　　图 10-35 题 10-10 图

10-11 在图 10-36 所示电路中，二端口网络的混合参数 $H_{11} = 4\Omega$，$H_{12} = 0.25$，$H_{21} = -5$，$H_{22} = 0.5\text{s}$；输入端接内阻 $R_S = 4\Omega$ 的电压源 $\dot{U}_S = 10\angle 0°\text{V}$，$R_C = 2\Omega$。试求负载 $Z_L = (4 + j3)\Omega$ 时所消耗的功率。

10-12 已知 Y 参数矩阵为 $\boldsymbol{Y} = \begin{bmatrix} 2 & 1 \\ 2 & 2 \end{bmatrix}$，求其二端口的等效电路。

10-13 在图 10-37 所示电路中，N 为纯电阻二端口网络，已知 N 的传输参数矩阵 $T = \begin{bmatrix} 2 & 1 \\ 3 & 2 \end{bmatrix}$。试求负载电阻 $R_L = 1\Omega$ 时所吸收的功率。

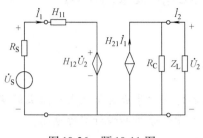

图 10-36　题 10-11 图

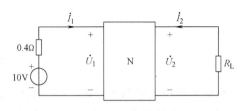

图 10-37　题 10-13 图

第 11 章　集成运算放大器及其应用

内 容 提 要

本章主要以无源器件中的电阻、电感、电容和有源器件中的集成运算放大器组成的实际电路为例,介绍实际电路的分析与设计,使初学者能够初步学会分析和设计实际电路。

11.1　集成运算放大器的工作特性及分析方法

集成运算放大器(简称集成运放)是 14 引脚或 8 引脚的集成芯片,其外形和电路符号如图 11-1a、b 所示。8 引脚的芯片集成了一个运算放大器,14 脚的芯片集成了两个或 4 个运算放大器。

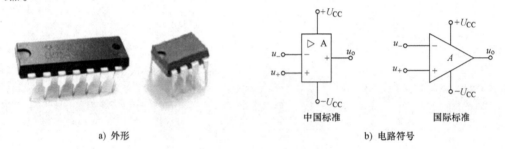

a) 外形　　　　　　　　　　　　　　　　　b) 电路符号

图 11-1　运算放大器的外形和电路符号

集成运放的内部电路是由半导体晶体管组成的多级直流放大电路。由于半导体晶体管必须外加直流工作电源之后才能将微弱的电信号进行放大,所以晶体管是有源器件,集成运放也就称为有源器件。

集成运算放大器因早期多用于各种数学运算而得此名。目前,集成运放在工程上得到了广泛的应用,例如可进行信号的运算、信号的处理和信号的产生等等。

11.1.1　集成运放的工作特性及主要技术参数

1. 电压传输特性

集成运放有两个输入端,分别用" + "和" − "号表示。" + "号表示的端子称为同相输入端,即在此端输入电压时,输出电压与输入电压同相位;" − "号表示的端子称为反相输入端,即在此端输入电压时,输出电压与输入电压反相位。本书用符号 u_+ 和 u_- 分别表示同相端和反相端的对地电压。当在集成运放的两个输入端加入电压信号 u_+ 和 u_- 时,见图 11-2a(在电路中,一般运放的工作电压符号不画出),集成运放的输出电压 u_o 随输入电压之差 $u_d = u_+ - u_-$ 变化的关系称为电压传输特性,其变化曲线如图 11-2b 所示。

由图 11-2b 可知,集成运放工作区域分为线性区和非线性区。在线性区时,输出电压 u_o

与输入电压 u_d 之间是线性放大的关系,即

$$u_o = A_{uo}(u_+ - u_-) = A_{uo}u_d \qquad (11\text{-}1)$$

由于集成运放的电压放大倍数 A_{uo} 高达
10^4 以上,所以集成运放的线性工作区非常
窄。例如,若集成运放的工作电源电压为
12V,考虑电源内阻的压降,集成运放的最大
输出电压 $u_o = \pm U_{OM} \approx 11V$。当 $u_o \approx 11.5V$、
$A_{uo} = 10^4$ 时,$u_d = 1.15mV$。也就是说,$u_d <$
1.15mV 时,集成运放才能够将输入信号进行
线性放大。当输入信号 $u_d > 1.15mV$ 时,集
成运放就进入非线性区,u_o 与 u_d 不再是线性
关系,输出电压 u_o 为高、低电平,即

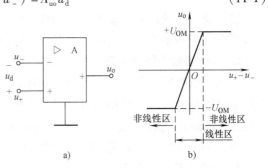

图 11-2　运算放大器的电压传输特性

$$u_o = \pm U_{OM} \qquad (11\text{-}2)$$

由上分析可见,集成运放工作在线性区时,可将输入信号进行放大,工作在非线性区
时,可将输入信号变换为高、低电平。

2. 主要技术参数

集成运放的性能可用以下几个主要参数来表征。

(1) 开环电压放大倍数 A_{uo}　开环电压放大倍数是指集成运放的输出端与输入端之间没
有外接元件（无反馈）时,在输入端加入小电压信号时所测出的电压放大倍数。集成运放
的 A_{uo} 很高,一般为 $10^4 \sim 10^7$。

(2) 最大输出电压 U_{OM}　最大输出电压是指集成运放在输出电压不失真的条件下输出的
最大电压。U_{OM} 值略小于集成运放的工作电源电压值。

(3) 输入电阻 r_{id}　输入电阻是指集成运放的输入电压与输入电流之比。集成运放的 r_{id}
都很高,一般在 $M\Omega$ 以上。

(4) 输出电阻 r_o　输出电阻是指集成运放的输出端的等效电阻。集成运放的 r_o 都很小,
一般在几十欧以下。

(5) 共模抑制比 K_{CMR}　共模抑制比是指集成运放的差模信号放大倍数和共模信号放大
倍数之比,即

$$K_{CMR} = \frac{A_{ud}}{A_{uc}} \qquad (11\text{-}3)$$

K_{CMR} 大,说明集成运放的抗干扰能力强。

差模信号是指大小相等,方向相反的两个信号;共模信号是指大小相等,方向相同的两
个信号。

(6) 通频带 f_H　通频带是指集成运放工作在线性区时,差模信号 A_{ud} 下降到其 0.707 倍
时所对应的输入信号频率。f_H 高,说明集成运放的通频带宽。

集成运放的其他参数将在后续课程中详细介绍。

实际使用集成运放时,要根据具体要求选择合适的型号。目前常用的集成运放有
$\mu A741$、LM324、LM358、TL084 等。

11. 1. 2 集成运放工作在线性区的分析方法

若仅研究集成运放对输入信号的放大问题，不考虑其他因素对电路的影响，可以将集成运放用线性电路来等效，用线性电路的分析方法来分析。

1. 集成运放的等效电路

集成运放在低频信号下工作时，从输入端看进去，可以等效为一个电阻 r_{id}，从输出端看进去可以等效为一个受控的电压源。其中，受控电压源的电压为 $A_{uo}u_d$，内阻为 r_o（也是集成运放的输出电阻）。这样图 11-3a 的集成运放可以用图 11-3b 的等效电路来表示。

由图 11-3b 可知，集成运放也可用等效电路来分析，但在实际中这种分析方法很少用。

2. 集成运放的分析方法

由于集成运放的放大倍数很高，从集成运放的电压传输特性可见，集成运放的线性区很窄。为了保证集成运放工作在线性区，必须在电路中引入负反馈，即通过无源网络将集成运放的输出端和反相输入端连接起来，电路如图 11-4 所示。所谓负反馈就是指将集成运放输出端信号的一部分或全部分通过无源网络送回到输入端，使集成运放的输入量减小。

由于集成运放具有放大倍数高、输入电阻大、输出电阻小的特点，所以在分析集成运放电路时，设图 11-3b 的运放电路模型中的 $r_{id} = \infty$，$r_o = 0$，$A_{uo} = \infty$，即将实际运放理想化处理，理想化处理后的运放称为理想运放。理想运放的计算结果与实际运放误差不大，所以工程上的许多场合都将实际运放按理想运放来分析。

将实际运放电路符号中的 A 换成 ∞ 就是理想运放的电路符号。

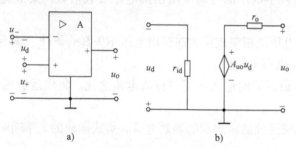

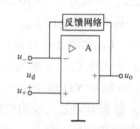

图 11-3 运算放大器的等效电路模型   图 11-4 集成运放引入负反馈

理想集成运放工作在线性区时，由理想集成运放的条件可得出以下三个重要分析规则：

（1）输入端虚短 在图 11-5a 中，理想运放的输出电压为 $u_o = A_{uo}(u_+ - u_-)$，则输入电压为

$$u_+ - u_- = \frac{u_o}{A_{uo}}$$

由于 $A_{uo} = \infty$，且 u_o 为有限值，所以 $u_+ - u_- = 0$，即

$$u_- = u_+ \tag{11-4}$$

式（11-4）表明，理想运放工作在线性区时，可以认为反相端和同相端的电位相等，即两端可视为短路。实际上 $A_{uo} \neq \infty$，反相端和同相端的电位是趋于相等的，不是真正的短路，所以这种短路称为输入端虚短。

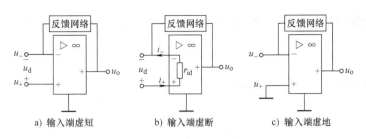

a) 输入端虚短　　　　b) 输入端虚断　　　　c) 输入端虚地

图 11-5　理想集成运放的虚短、虚断和虚地

（2）输入端虚断　在图 11-5b 中，理想运放的输入电流为

$$i_+ = i_- = \frac{u_d}{r_{id}}$$

由于 $r_{id} = \infty$ ，所以有

$$i_+ = i_- = 0 \tag{11-5}$$

式（11-5）表明，理想运放工作在线性区时，可以认为流入同相端和反相端的电流为零，两输入端可视为断路。实际上 $r_{id} \neq \infty$ ，i_- 和 i_+ 是趋于零，不是真正的断路，所以这种断路称为输入端虚断。

（3）输入端虚地　在图 11-5c 中，当集成运放的同相端接地时，$u_+ = 0$ ，根据输入端虚短，有

$$u_- = 0 \tag{11-6}$$

式（11-6）表明，理想运放工作在线性区时，当同相端接地时，可以认为反相端的电位等于零，反相端可视为接地。实际上，反相端 u_- 的电位是趋于零，不是真正的接地，所以这种接地称为输入端虚地。

式（11-4）、式（11-5）和式（11-6）是理想集成运放工作在线性区的重要分析规则，读者应熟练掌握。

思　考　题

11-1　理想集成运放的条件是什么？输入端的虚短、虚断和虚地的含义是什么？

11.2　集成运放的基本运算电路

集成运放工作在线性区时，可进行比例、加减、乘除、积分、微分、对数和反对数等运算，本书只介绍前几种运算。集成运放的基本运算电路是组成线性应用电路的基本单元，需要读者熟练掌握。

1. 反相比例运算电路

图 11-6 为反相比例运算电路。其中，输入信号 u_i 通过电阻 R_1 加在反相输入端，同相输入端不加信号而接地。R_F 跨接在反相输入端和输出端之间，其作用是产生负反馈，加宽输出电压随输入电压线性变化的范围。所以 R_F 称为负反馈电阻，R_1 和 R_2 分别为反相输入端和同相输入

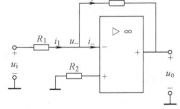

图 11-6　反相比例运算电路

端的电阻。下面我们就从电流入手，分析此电路的输出电压与输入电压之间的关系。

由 KCL 得

$$i_1 = i_f + i_-$$

由于输入端虚断，即 $i_- = 0$，则有

$$i_1 = i_f$$

又有

$$i_1 = \frac{u_i - u_-}{R_1}, i_f = \frac{u_- - u_o}{R_F}$$

由于输入端虚短和虚地，即 $u_- = u_+ = 0$，则有

$$i_1 = \frac{u_i}{R_1}, i_f = \frac{-u_o}{R_F}$$

所以

$$\frac{u_i}{R_1} = \frac{-u_o}{R_F}$$

$$u_o = -\frac{R_F}{R_1} u_i \tag{11-7}$$

由式（11-7）可见，u_o 和 u_i 之间为比例运算关系，负号表明 u_o 与 u_i 相位相反，故称为反相比例运算电路。

由于电路中引入了负反馈，所得到的电压放大倍数称为有负反馈（闭环）电压放大倍数，用 A_{uf} 表示。即

$$A_{uf} = \frac{u_o}{u_i} = -\frac{R_F}{R_1} \tag{11-8}$$

由式（11-8）可知，只要开环电压放大倍数 A_{uo} 足够大，A_{uf} 只与电阻 R_1 和 R_F 有关，而与集成运放本身的参数无关，因此，集成运放的电压放大倍数非常稳定。

电阻 R_2 是静态平衡电阻，其作用是静态（$u_i = 0$，$u_o = 0$）时，保证集成运放内部输入级的差动放大电路的对称性，即集成运放输入级的两个放大电路的静态工作点相同。所以集成运放同相输入端和反相输入端对地的电阻应该相等，数值为

$$R_2 = R_1 // R_F \tag{11-9}$$

2. 同相比例运算电路

将图 11-6 中的输入信号 u_i 加入同相输入端，反相输入端接地，其他不变，就构成了同相比例运算电路，如图 11-7 所示。

由于输入端虚断，即 $i_+ = i_- = 0$、$u_+ = u_i$，则有

$$u_- = \frac{R_1}{R_1 + R_F} u_o$$

由于输入端虚短，即 $u_- = u_+$，则有

$$u_+ = u_i = \frac{R_1}{R_1 + R_F} u_o$$

所以

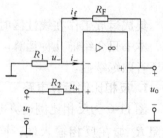

图 11-7　同相比例运算电路

$$u_o = \left(1 + \frac{R_F}{R_1}\right) u_i \tag{11-10}$$

$$A_{uf} = \frac{u_o}{u_i} = \left(1 + \frac{R_F}{R_1}\right) \tag{11-11}$$

由式（11-10）可见，u_o 与 u_i 同相位，故称为同相比例运算电路。

由式（11-11）可知，电压放大倍数 $A_{uf} \geqslant 1$。

3. 电压跟随器

当式（11-10）中的 $R_1 = \infty$、$R_F = 0$ 或者 $R_1 = \infty$ 时，电路就变成了图 11-8 所示的两种形式。这时电路的输出电压等于输入电压，且同相，即 $u_o = u_i$，故电压放大倍数 $A_{uf} = 1$。这样的电路称为电压跟随器。

【**例 11-1**】　在图 11-9 所示的电路中，已知 $u_i = 0.4V$，电阻 $R_1 = R_4 = 10k\Omega$，$R_{F1} = R_{F2} = 50k\Omega$，集成运放的工作电压为 $\pm 15V$。试求输出电压 u_o。

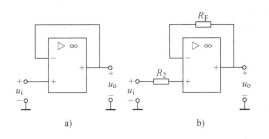

图 11-8　电压跟随器

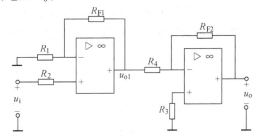

图 11-9　例题 11-1 的图

【**解**】　这是两级运算电路，第一级为同相比例运算电路，第二级为反相比例运算电路。第一级的输出电压 u_{o1} 是第二级的输入电压。在计算 u_{o1} 时，不考虑第二级电路对第一级电路的影响，因为集成运放的输出电阻均为零，具有恒压特性。

第一级的输出电压为

$$u_{o1} = \left(1 + \frac{R_{F1}}{R_1}\right)u_i = \left(1 + \frac{50}{10}\right) \times 0.4V = 2.4V$$

第二级的输出电压为

$$u_o = -\frac{R_{F2}}{R_4}u_{o1} = -\frac{50}{10} \times 2.4V = -12V$$

4. 加法运算电路

用集成运放组成的加法运算电路可以实现多个模拟量的求和运算。图 11-10 是反相输入加法运算电路，根据 $u_- = u_+ = 0$，有

$$i_{i1} = \frac{u_{i1} - u_-}{R_{11}} = \frac{u_{i1}}{R_{11}}$$

$$i_{i2} = \frac{u_{i2} - u_-}{R_{12}} = \frac{u_{i2}}{R_{12}}$$

$$i_{i3} = \frac{u_{i3} - u_-}{R_{13}} = \frac{u_{i3}}{R_{13}}$$

因为 $i_- = 0$，所以　　$i_{i1} + i_{i2} + i_{i3} = i_f$

由此得出输出电压与各个输入电压的关系为

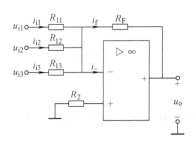

图 11-10　反相输入加法运算电路

$$u_o = -R_F\left(\frac{u_{i1}}{R_{11}} + \frac{u_{i2}}{R_{12}} + \frac{u_{i3}}{R_{13}}\right) \tag{11-12}$$

当 $R_{11} = R_{12} = R_{13} = R_1$ 时，式（11-12）为

$$u_o = -\frac{R_F}{R_1}(u_{i1} + u_{i2} + u_{i3}) \tag{11-13}$$

如果 $R_{11} = R_F$，式（11-13）为

$$u_o = -(u_{i1} + u_{i2} + u_{i3}) \tag{11-14}$$

可见，输出电压与各输入电压之间是加法运算关系。

5. 减法运算电路

减法运算电路如图 11-11 所示。减法运算电路是两个输入端都有电压信号输入，称为差分输入。应用叠加原理分析减法运算电路较为简单。

当 u_{i1} 单独作用时，电路变为反相比例运算电路，如图 11-12a 所示，有

$$u_o' = -\frac{R_F}{R_1}u_{i1}$$

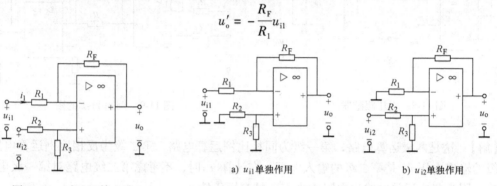

图 11-11 减法运算电路

a) u_{i1} 单独作用   b) u_{i2} 单独作用

图 11-12 电源单独作用的减法运算电路

当 u_{i2} 单独作用时，电路变为同相比例运算电路，如图 11-12b 所示。由于电阻 R_3 的分压作用，使同相输入端的电位 u_+ 为

$$u_+ = \frac{R_3}{R_2 + R_3}u_{i2}$$

则

$$u_o'' = \left(1 + \frac{R_F}{R_1}\right)u_+ = \left(1 + \frac{R_F}{R_1}\right)\frac{R_3}{R_2 + R_3}u_{i2}$$

所以，u_{i1} 和 u_{i2} 共同作用时的输出电压为

$$u_o = u_o' + u_o'' = \left(1 + \frac{R_F}{R_1}\right)\frac{R_3}{R_2 + R_3}u_{i2} - \frac{R_F}{R_1}u_{i1} \tag{11-15}$$

当 $R_1 = R_2$，$R_3 = R_F$ 时，式（11-15）为

$$u_o = \frac{R_F}{R_1}(u_{i2} - u_{i1}) \tag{11-16}$$

如果 $R_1 = R_F$，则式（11-6）为

$$u_o = u_{i2} - u_{i1} \tag{11-17}$$

由式（11-16）和式（11-17）可见，电路的输出电压与输入电压的差值成正比，实现了

减法运算。

6. 积分运算电路

图 11-13 为积分运算电路。由 KCL 得

$$i_R = i_C + i_-$$

由于输入端虚断和虚地，则有

$$i_C = i_R = \frac{u_i}{R} = C\frac{du_C}{dt}$$

$$u_C = -u_o$$

则
$$u_o = -u_C = -\frac{1}{C}\int i_C dt = -\frac{1}{RC}\int u_i dt \qquad (11\text{-}18)$$

由式（11-18）可见，输出电压与输入电压的积分成比例，即实现了积分运算。

7. 微分运算电路

将图 11-13 中的电阻、电容调换位置，就构成了微分运算电路，如图 11-14 所示。

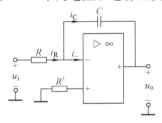

图 11-13 积分运算电路

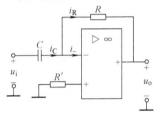

图 11-14 微分运算电路

由于输入端虚断和虚地，则有

$$u_C = u_i, \ i_C = i_R$$

$$i_C = C\frac{du_C}{dt} = C\frac{du_i}{dt}$$

则
$$u_o = -i_R R = -RC\frac{du_i}{dt} \qquad (11\text{-}19)$$

由式（11-19）可见，输出电压与输入电压的变化率成比例，即实现了微分运算。

思 考 题

11-2 试用虚短、虚断和虚地的方法分析减法运算电路。

11-3 图 11-8b 中的电阻 R_F 起什么作用?

11.3 应用电路分析举例

对于电路结构比较简单的应用电路，可直接分析其电路的功能。

对于电路结构比较复杂的应用电路，在分析电路的功能时大致按如下步骤进行：

1）将整个电路分解成各个单元电路；

2）分析各单元电路的工作原理；

3）估算各单元电路的主要技术参数；

4）整体电路的性能分析。

本节分析几种应用电路，作为扩展阅读。

1. 可调参考电压电路

在实际应用中，一些电路工作时常需要有参考电压，提供参考电压的电路可由集成运放组成。由集成运放组成的两种可调参考电压电路如图 11-15a、b 所示。其中 R_{RP} 是可调电阻，称为电位器。在图 11-15a 中，集成运放接成同相比例运放电路，则输出电压与输入电压的关系式为

$$u_o = \left(1 + \frac{R_{RP}}{R_1}\right)u_i$$

调节电位器 R_{RP}，可以输出不同的正电压。当 $R_{RP} = 0$ 时，输出电压 $u_o = u_i$ 最小。

在图 11-15b 中，集成运放接成减法运算电路，反相端和同相端外加同一信号源 u_i。在分析电路时，可以看成反相端和同相端外加两个相等的信号源。根据叠加原理得

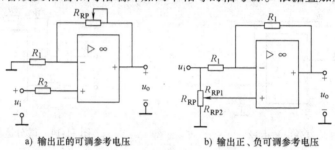

a) 输出正的可调参考电压　　　　　　　b) 输出正、负可调参考电压

图 11-15　两种可调参考电压电路

$$u_o = \left(1 + \frac{R_1}{R_1}\right)\frac{R_{RP2}}{R_{RP}}u_i - \frac{R_1}{R_1}u_i = 2\frac{R_{RP2}}{R_{RP}}u_i - u_i \tag{11-20}$$

由式（11-20）可知，当 $R_{RP2} = 0$ 时，$u_o = -u_i$；

当 $R_{RP2} = R_{RP1} = \dfrac{1}{2}R_{RP}$时，$u_o = 0$；

当 $R_{RP2} = R_{RP}$时，$u_o = u_i$。

由此可见，此电路输出电压 u_o 的调节范围是（$u_i \sim -u_i$）。

2. 电压-电流转换电路

在实际应用中，一些电路工作时常需要将电压信号转换为电流信号。由集成运放组成的两种电压-电流转换电路如图 11-16a、b 所示。在图 11-16a 中，根据虚短、虚断的概念，有

$$u_- = u_+ = u_i,\ i_L = i_1$$

则

$$i_L = \frac{u_i}{R_1} \tag{11-21}$$

可见，负载电流 i_L 只与输入电压 u_i 和电阻 R_1 有关，而与负载 R_L 无关，集成运放向负载提供恒定电流。

此电流源的缺点是负载 R_L 不能接地，需要离地浮置。

图 11-16b 是用两个集成运放构成的负载 R_L 直接接地的电流源电路，A_1 是减法运算电

路，A_2 是电压跟随器。

首先求 u_{o2}，$u_{o2} = u_o$。再求 u_{o1}，当输入端虚断时，有

$$u_- = \frac{R_1}{R_1 + R_2}(u_{o1} - u_i) + u_i = \frac{R_1}{R_1 + R_2}u_{o1} + \frac{R_2}{R_1 + R_2}u_i$$

$$u_+ = \frac{R_1}{R_1 + R_2}u_o$$

由于 $u_- = u_+$，所以

$$u_{o1} = u_o - \frac{R_2}{R_1}u_i$$

负载电流 i_L 为

$$i_L = \frac{u_{o1} - u_o}{R_S} = -\frac{R_2}{R_1 R_S}u_i \tag{11-22}$$

可见，负载电流 i_L 只与输入电压 u_i 和电阻 R_1、R_2、R_S 有关，而与负载 R_L 无关，集成运放向负载提供恒定电流。

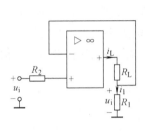 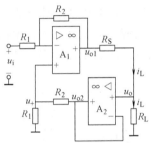

a) 负载 R_L 不接地的电压-电流转换电路　　　b) 负载 R_L 接地的电压-电流转换电路

图 11-16　两种电压-电流转换电路

3. 电压比较器

图 11-17a 所示的电路是由集成运放组成的电压比较器。从电路结构上看，理想运放的反相输入端和输出端之间没有跨接线性元件，所以理想运放工作在非线性区。由理想运放的电压传输特性 11-17b 可知，理想运放在非线性区的工作情况是，两个输入信号在输入端进行比较，输出电压为高、低电平，即当 $u_i > U_R$ 时，$u_o = -U_{OM}$；当 $u_i < U_R$ 时，$u_o = +U_{OM}$。其中 U_R 是基准电压（参考电压）或其他输入信号。

由上分析可见，理想运放工作在非线性区的分析依据是：

$$u_- > u_+,u_o = -U_{OM}$$

$$u_- < u_+,u_o = +U_{OM} \tag{11-23}$$

由式（11-23）可见，电压比较器将输入的任意信号转换为高、低电平。

在 11-17a 中，当 $U_R = 0$ 时，理想运放的同相输入端接地，u_i 信号与零进行比较，这种比较器称为过零电压比较器。过零电压比较器的电路和电压传输特性如图

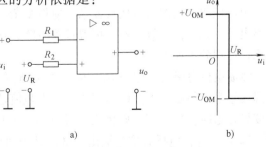

a)　　　　　　　　b)

图 11-17　电压比较器

11-18a、b 所示。当输入信号 u_i 是正弦波时，利用电压比较器可以将正弦波转换为矩形波，其波形如图 11-18c 所示。

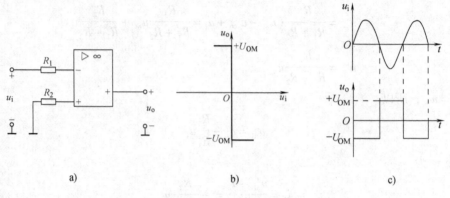

a)　　　　　　　　　　　b)　　　　　　　　　　　c)

图 11-18　过零电压比较器

4. 恒温控制电路

图 11-19 是小功率液体电热恒温控制电路，其功能是对液体加热进行恒温控制。控制电路的工作原理是，当液体的温度低于设定值时，恒温控制电路发出信号，主电路的电热丝通电，液体加热；当液体的温度在设定值范围内时，恒温控制电路不发出信号，主电路中的电热丝断电，液体保温。

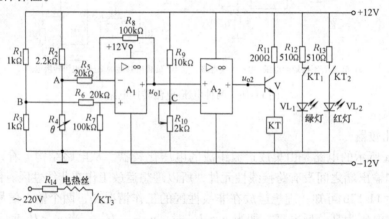

图 11-19　液体加热恒温控制电路

恒温控制电路的结构比较复杂，应按复杂电路的分析步骤进行分析。恒温控制电路是由测温电桥、温度信号放大器、恒温预置电路、继电器驱动电路及显示电路组成。各部分电路的工作原理分析如下：

测温电桥电路是由电阻 R_1、R_2、R_3 和 R_4 组成。其中用 R_4 电阻代替温度传感器，R_4 是正温度系数的热敏电阻，即温度越高，电阻值越大。测温电桥的作用是，当液体的温度等于温度设定值时，$V_A = V_B$，电桥无信号输出，液体处于保温状态；当液体的温度低于设定值时，即 $V_A < V_B$，电桥有信号输出，液体处于加热状态。

温度信号放大器由集成运放 A_1 和电阻 R_5、R_6、R_7、R_8 组成减法运算电路。温度信号放大器的作用是将测温电桥送来的信号进行放大，送到恒温预置电路。

恒温预置电路是由集成运放 A_2 和电阻 R_9、电位器 R_{10} 组成，A_2 是电压比较器。集成运放 A_1 的输出端 u_{o1} 加在集成运放 A_2 的同相输入端，A_2 的反相输入端是温度预置设定端，调节 R_{10} 可进行预置值 V_C 的设定。恒温预置电路的功能是，当 $u_{o1} > V_C$ 时，u_{o2} 为高电平，液体加热；当 $u_{o1} < V_C$ 时，u_{o2} 为低电平，液体保温。

继电器驱动电路是由晶体管 V、继电器线圈 KT 和电阻 R_{11} 组成。继电器 KT 有三个触点，分别是 KT_1、KT_2 和 KT_3。继电器驱动电路的功能是，当 u_{o2} 输出高电平时，晶体管 V 导通，继电器线圈 KT 通电，其常开触点 KT_3 闭合，电热丝加热；当 u_{o2} 输出低电平时，晶体管 V 截止，继电器线圈 KT 断电，其常开触点 KT_3 打开，电热丝断电，液体保温。

显示电路是由发光二极管 VL_1、VL_2，电阻 R_{12}、R_{13} 和继电器的触点 KT_1、KT_2 组成。显示电路的作用是显示电路的工作状态。液体加热时，继电器线圈 KT 通电，其常开触点 KT_2 闭合，发光二极管 VL_2 导通，工作指示灯红灯亮；液体保温时，继电器线圈 KT 断电，其常开触点 KT_2 打开，常闭触点 KT_1 闭合，发光二极管 VL_1 导通，工作指示灯绿灯亮。

图 11-19 的整体电路分析如下：

当液体的温度等于设定值时，$V_A = V_B = 6V$，$u_{o1} = 0$，使 $u_{o1} < V_C$（$V_C \approx 2V$），A_2 的输出 u_{o2} 为低电平（约为 $-11V$ 左右），晶体管 T 截止，继电器线圈 KT 断电，其常开触点 KT_2、KT_3 打开，电热丝断电，继电器的常闭触点 KT_1 闭合，发光二极管 VL_1 导通，即绿灯亮，表示液体处于保温状态。

当液体的温度低于设定值时，传感器电阻 R_4 阻值减小，即 $V_A < V_B$，$u_{o1} \approx 5V$，使 $u_{o1} > V_C$（$V_C \approx 2V$），u_{o2} 为高电平（约为 $+11V$ 左右），晶体管 VT 导通，继电器线圈 KT 通电，其常开触点 KT_2、KT_3 闭合，电热丝通电，发光二极管 VL_2 导通，即红灯亮，表示液体处于加热状态。

思 考 题

11-4　结合图 11-19，思考两个集成运放的作用。

11.4　应用电路设计举例

对于应用电路的设计，应按如下步骤进行：

1）任务要求分析：深刻理解任务要求的含义，找出重点和难点。

2）确定电路方案：将整个电路按功能分为几个部分，画出各单元电路的框图。

3）单元电路的设计：用最合理的电路设计单元电路，然后进行实验论证。

4）整体电路调试。

本节以可调参考电压源和滤波器的设计为例，作为扩展阅读。

1. 可调参考电压源的设计

【例题 11-2】　试用理想运放和若干电阻设计一个 $-5 \sim +5V$ 的连续可调的参考电压源。

【解】　（1）确定电路方案。由于要求参考电压从 $-5 \sim +5V$ 连续可调，所以集成运放采用放大倍数为 5 的减法电路结构，电路如图 11-20 所示。

（2）选择集成运放，确定电路的工作电压。集成运放选择 LM324，其工作电压为

±12V。

（3）确定集成运放输出与输入的关系式。根据叠加原理，有

$$U_o = \left(1 + \frac{R_F}{R_1 // R_2}\right)\frac{R_{RP2}}{R_{RP}}U_i - \frac{R_F}{R_1}U_i \tag{11-24}$$

式中的 U_i 是由 1kΩ 电阻和 10kΩ 电阻、1kΩ 电位器的分压获得，即 $U_i = \dfrac{1 \times 12V}{1 + (10 + 1)} = 1V$。

（4）确定电阻 R_F、R_1。由式（11-24）可知，当 $R_{RP2} = 0$ 时，$U_o = -5V$，即

$$U_o = -\frac{R_F}{R_1}U_i, \text{则} \; A_u = \frac{R_f}{R_1} = 5$$

实际中，为了保证电路接通之后 $U_i = 1V$ 不变，R_F、R_1 电阻要选大些，故选 $R_F = 300kΩ$，则

$$R_1 = \frac{R_F}{A_u} = \frac{300}{5}kΩ = 60kΩ$$

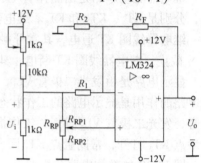

图 11-20 放大倍数为 5 的可调参考电压源

（5）确定电位器 R_{RP} 和 R_2。R_{RP} 电位器也要选大些，原因同上。选 $R_{RP} = 100kΩ$。由式（11-24）可知，当 $R_{RP2} = R_{RP}$ 时，输出电压 $U_o = +5V$，即

$$\left(1 + \frac{R_F}{R_1 // R_2}\right)U_i - \frac{R_F}{R_1}U_i = \left(1 + \frac{R_F}{R_1 // R_2}\right) \times 1 - 5 \times 1 = 5V$$

则 $\left(1 + \dfrac{R_F}{R_1 // R_2}\right) = 10$。整理得 $R_F(R_1 + R_2) = 9R_1R_2$

所以有 $18000kΩ = 240R_2$

$$R_2 = \frac{18000}{240}kΩ = 75kΩ$$

将各电阻的参数带入式（11-24），可见，当 $R_{RP2} = 0$ 时，$U_o = -5V$；当 $R_{RP2} = \dfrac{1}{2}R_{RP}$ 时，$U_o = 0$；当 $R_{RP2} = R_{RP}$ 时，$U_o = +5V$，实现了参考电压从 $-5 \sim +5V$ 连续可调。

2. 滤波器的设计

【例题 11-3】 设计一个截止频率为 3kHz 的无源低通滤波器。

【解】（1）确定电路的结构。无源低通滤波器可由 RC 电路或 RL 电路组成。由于 RC 电路比 RL 电路的分析简单一些，所以本题选择 RC 电路结构，如图 11-21 所示。

（2）计算截止角频率 ω_c。低通滤波器的传递函数为

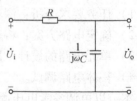

图 11-21 RC 无源低通滤波器

$$H(j\omega) = \frac{\dot{U}_o}{\dot{U}_i} = \frac{1}{1 + j\omega RC} = |H(j\omega)| \angle \varphi(\omega)$$

幅频特性为

$$|H(j\omega)| = \frac{1}{\sqrt{1 + (\omega RC)^2}}$$

截止角频率为
$$\omega_c = \frac{1}{RC}$$

本例中的 $f_c = 3\text{kHz}$，则
$$\omega_c = 2\pi f_c = 2 \times 3.14 \times 3 \times 10^3 \text{krad/s} = 18.84\text{krad/s}$$

（3）选则 R、C 参数。实际中可根据手头现有的电阻和电容进行选择。一般先选电容，选电容 $C = 0.1\mu\text{F}$。

（4）根据 $\omega_c = \frac{1}{RC}$ 确定电阻的参数。当 $C = 0.1\mu\text{F}$ 时，则
$$R = \frac{1}{\omega_c C} = \frac{1}{18.84 \times 10^3 \times 0.1 \times 10^{-6}} \Omega = 530\Omega$$

选标称值为 510Ω 的电阻。

（5）用仿真软件进行验证。本例的仿真电路和幅频特性曲线如图 11-22a、b 所示。

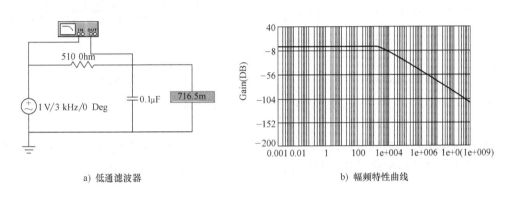

a) 低通滤波器　　　　　　　　　　　　b) 幅频特性曲线

图 11-22　RC 无源低通滤波器

【例题 11-4】　设计一个截止频率为 3kHz，放大倍数 $A_u = 10$ 的有源低通滤波器。

【解】　（1）确定电路结构。由于无源滤波器的通带放大倍数和截止频率都随负载变化，为了使负载不影响滤波特性，实际中低通滤波器通常用有源器件组成，将图 11-21 的 RC 无源滤波器后面接一个同相比例集成运放就组成了低通有源滤波器，电路如图 11-23 所示。

图 11-23 中的有源低通滤波器的传递函数为
$$H(j\omega) = \frac{\dot{U}_o}{\dot{U}_i} = \left(1 + \frac{R_F}{R_1}\right)\frac{1}{1 + j\omega RC} = A_u \frac{1}{1 + j\omega RC} = |H(j\omega)| \angle \varphi(\omega)$$

幅频特性为
$$|H(j\omega)| = \frac{A_u}{\sqrt{1 + \left(\frac{\omega}{\omega_c}\right)^2}}$$

截止角频率为
$$\omega_c = \frac{1}{RC}$$

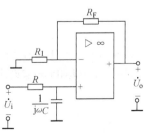

图 11-23　RC 有源低通滤波器

（2）确定集成运放的型号和电源电压。选择 LM324 集成运放，电源电压为 ±12V。

（3）选择 R_F、R_1。首先选 $R_F = 90k\Omega$。由同相比例运放的关系式，即

$$A_u = \left(1 + \frac{R_F}{R_1}\right) = 10 , 得 R_1 = 10k\Omega。$$

（4）选择 R、C 的参数。按例题 11-3 选取电容 $C = 0.1\mu F$，$R = 510\Omega$。

（5）用仿真软件进行验证。本例的仿真电路和幅频特性曲线如图 11-24a、b 所示。

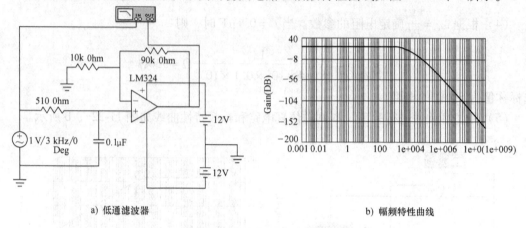

a) 低通滤波器　　　　　　　　　　　　　　b) 幅频特性曲线

图 11-24　RC 有源低通滤波器

比较两种滤波器的幅频特性，由图 11-25 可知，有源滤波器对高频信号衰减的快，幅频特性曲线比无源滤波器的曲线陡，有源滤波器的滤波效果比无源滤波器好。

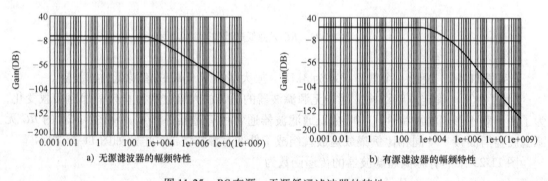

a) 无源滤波器的幅频特性　　　　　　　　　b) 有源滤波器的幅频特性

图 11-25　RC 有源、无源低通滤波器的特性

思　考　题

11-5　图 11-20 中的 1kΩ 电位器起什么作用？

11-6　试用电阻和电容设计一个截止频率为 5kHz 的高通滤波器。

本　章　小　结

1. 集成运算放大器

集成运算放大器（简称集成运放）内部是由高放大倍数的直流放大器组成。集成运放是有源器件，在实际使用时要加直流工作电源电压。集成运放工作在线性区时放大输入信号，工作在非线性区时不能放大输入信号，输出为高电平或低电平。

2. 集成运放的分析方法

（1）工作在线性区的分析方法 集成运放工作在线性区时，将实际运放当作理想运放，根据输入端虚短（$u_- = u_+$）、虚断（$i_- = i_+$）和虚地（$u_- = 0$）的概念应用基尔霍夫定律、叠加原理、结点电压法分析各种功能的线性电路。

（2）工作在非线性区的分析方法 集成运放工作在非线性区的典型电路是电压比较器，其分析方法是，两输入端信号进行比较，即 $u_- > u_+$ 时，$u_o = -U_{OM}$（$U_{OM} \approx$ 集成运放的工作电压），$u_- < u_+$ 时，$u_o = +U_{OM}$。

3. 应用电路的分析与设计

对于应用电路的分析，大致按如下几步进行：

1）将整个电路分解成各个单元电路；

2）分析各单元电路的工作原理；

3）估算各单元电路的主要技术参数；

4）最后分析整体电路的性能。

对于应用电路的设计，大致按如下几步进行：

1）明确任务要求，深刻理解其含义；

2）确定电路方案，将整个电路按功能化分为单元电路；

3）进行单元电路的设计；

4）整体电路实验调试。

习　　题

11-1　已知电路如图 11-26 所示。试求输出电压 u_o。

11-2　已知电路如图 11-27 所示。试求输出电压 u_o 和电阻 R_2。

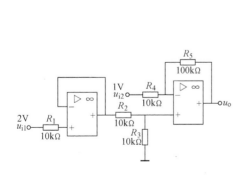

图 11-26　题 11-1 图

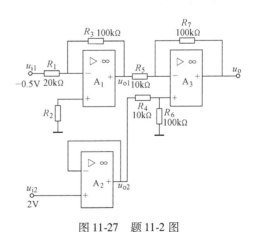

图 11-27　题 11-2 图

11-3　已知电路如图 11-28 所示，$u_C(0_-) = 0$。试求输出电压 u_o。

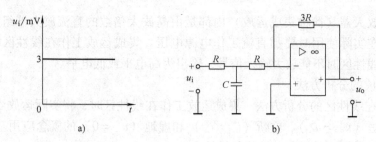

图 11-28 题 11-3 图

11-4 已知电路如图 11-29 所示。试求输出电压 u_o。

11-5 已知电路如图 11-30 所示。试求输出电压 u_o。

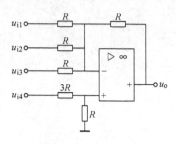

图 11-29 题 11-4 图

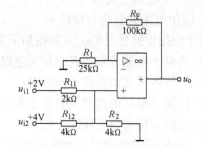

图 11-30 题 11-5 图

11-6 按以下的输出电压与输入电压的关系，试用一个集成运放设计电路。要求画出电路图，确定电路的参数。

(1) $u_o = 0.5u_i$；(2) $u_o = 2(u_{i2} - u_{i1})$；(3) $u_o = -10\int u_{i1}\,dt - 5\int u_{i2}\,dt$ （$C = 1\mu F$）

11-7 试用理想运放设计一个 0 ~ +5V 连续可调的参考电压源。

11-8 试用理想运放设计一个 −6 ~ +6V 连续可调的参考电压源。

11-9 试用 RC 电路设计一个截止频率为 1kHz 的低通滤波器。

11-10 试用 RC 电路和理想运放设计一个截止频率为 1kHz，放大倍数为 5 的低通滤波器。

第 12 章　线性电路暂态过程的复频域分析

内 容 提 要

本章主要介绍拉普拉斯变换的定义、几种性质和应用拉普拉斯变换分析线性电路暂态过程的方法。

12.1　拉普拉斯变换

我们在第 9 章对线性电路暂态过程进行了详细的分析，其分析方法是根据基尔霍夫定律列电路的微分方程，解微分方程就可以求出电压、电流随时间变化的规律，这种方法称为经典法，又称为时域分析法。

对于直流电源激励的一阶线性电路，我们总结出用三要素法分析电路的暂态过程简单方便，且物理概念清晰。对于电路中含有多个储能元件的高阶电路，三要素法不适用。显然，求解高阶微分方程过程比较复杂。为了简化电路的暂态过程分析，本章介绍一种积分变换法。

积分变换法就是将时域的微分方程变换为复频域的代数方程，求解其代数方程，然后再变换回时域，求出原微分方程的解。

拉普拉斯变换就是一种积分变换法，应用拉普拉斯变换分析高阶线性电路的暂态过程是目前广泛应用的方法。

12.1.1　拉普拉斯变换的定义

设函数 $f(t)$ 在 $[0,\infty)$ 区间有定义，将 $f(t)$ 进行如下积分变换，即

$$F(s) = \int_{0_-}^{\infty} f(t)\,\mathrm{e}^{-st}\mathrm{d}t \tag{12-1}$$

式（12-1）就称为 $f(t)$ 的拉普拉斯变换，简称拉氏变换。

式中，$s = \sigma + \mathrm{j}\omega$ 为复数，σ 是常数，ω 是角频率，s 是复频率。$F(s)$ 称为 $f(t)$ 的象函数，$f(t)$ 称为 $F(s)$ 的原函数。式（12-1）说明，拉氏变换将一个时域函数 $f(t)$ 变换到 s 域内的复变函数 $F(s)$。式（12-1）中的积分下限取 0_-，是将 $t=0$ 时由于函数不连续性带来的影响包含在内，例如冲激函数 $\delta(t)$ 等。

通常将式（12-1）表示为

$$F(s) = \mathscr{L}[f(t)]$$

式中符号 "$\mathscr{L}[\quad]$" 表示对方括号里的原函数作拉氏变换。

在式（12-1）中还可以看出，$f(t)\mathrm{e}^{-st}$ 的积分结果是有限值时，即

$$\int_{0_-}^{\infty} |f(t)|\,\mathrm{e}^{-\sigma t}\mathrm{d}t < \infty \tag{12-2}$$

$f(t)$拉氏变换的$F(s)$才存在。式中的$e^{-\sigma t}$起收敛作用，称为收敛因子。所以，不是所有的时域函数$f(t)$拉氏变换的$F(s)$都存在。由于电路中的激励函数一般都能满足式（12-2）的条件，因此都能用式（12-1）进行拉氏变换，求出$F(s)$。

12.1.2 拉普拉斯反变换

时域函数$f(t)$经拉氏变换后，通过求解复频域函数的代数方程求出$F(s)$。在求出象函数$F(s)$后，若要求出所对应的原函数$f(t)$，需要进行拉氏反变换。

设已知象函数$F(s)$，它所对应的原函数$f(t)$的变换公式为

$$f(t) = \frac{1}{2\pi j} \int_{\sigma - j\infty}^{\sigma + j\infty} F(s) e^{-st} ds \tag{12-3}$$

式（12-3）是由$F(s)$到$f(t)$的变换，称为拉氏反变换。

式（12-3）可表示为

$$f(t) = \mathscr{L}^{-1}[F(s)]$$

符号"$\mathscr{L}^{-1}[\quad]$"表示对方括号里的象函数作拉氏反变换。

【**例12-1**】 求解（1）单位阶跃函数$f(t) = \varepsilon(t)$；（2）单位冲激函数$f(t) = \delta(t)$；（3）指数函数$f(t) = e^{-\alpha t}$的象函数。

【**解**】（1）求单位阶跃函数$f(t) = \varepsilon(t)$的象函数

$$F(s) = \mathscr{L}[f(t)] = \int_{0_-}^{\infty} f(t) e^{-st} dt = \int_{0_-}^{\infty} \varepsilon(t) e^{-st} dt = \int_{0_-}^{\infty} e^{-st} dt = -\frac{1}{s} e^{-st} \Big|_{0_-}^{\infty} = \frac{1}{s}$$

（2）求单位冲激函数$f(t) = \delta(t)$的象函数

$$F(s) = \mathscr{L}[f(t)] = \int_{0_-}^{\infty} f(t) e^{-st} dt = \int_{0_-}^{\infty} \delta(t) e^{-st} dt = \int_{0_-}^{0_+} \delta(t) e^{-st} dt$$

$$= \int_{0_-}^{0_+} \delta(t) e^{0} dt = \int_{0_-}^{0_+} \delta(t) dt = 1$$

（3）求指数函数$f(t) = e^{-\alpha t}$的象函数

$$F(s) = \mathscr{L}[f(t)] = \int_{0_-}^{\infty} f(t) e^{-st} dt = \int_{0_-}^{\infty} e^{at} e^{-st} dt$$

$$= \int_{0_-}^{\infty} e^{-(s-a)t} dt = \frac{e^{-(s-a)t}}{-(s-a)} \Big|_{0_-}^{\infty} = \frac{1}{s-\alpha}$$

12.2 拉普拉斯变换的基本性质

拉普拉斯变换有很多性质，在此仅介绍在电路分析中常用的几个基本性质。

12.2.1 线性性质

设$f_1(t)$和$f_2(t)$的象函数分别为$F_1(s)$和$F_2(s)$，且a和b是两个任意常数，则

$$\mathscr{L}[a f_1(t) \pm b f_2(t)] = a F_1(s) \pm b F_2(s) \tag{12-4}$$

即，若干个原函数的线性组合的象函数等于各原函数的象函数的线性组合。

证明

$$\mathscr{L}\left[a f_1(t) \pm b f_2(t)\right] = \int_{0-}^{\infty}\left[a f_1(t) \pm b f_2(t)\right]\mathrm{e}^{-st}\mathrm{d}t = a\int_{0-}^{\infty}f_1(t)\mathrm{e}^{-st}\mathrm{d}t \pm b\int_{0-}^{\infty}f_2(t)\mathrm{e}^{-st}\mathrm{d}t$$

$$= aF_1(s) \pm bF_2(s)$$

【例 12-2】　求指数函数 $f(t) = K(1 - \mathrm{e}^{-at})$ 的象函数。

【解】　$\mathscr{L}\left[K(1 - \mathrm{e}^{-at})\right] = \mathscr{L}[K] - \mathscr{L}[K\mathrm{e}^{-at}] = \int_{0-}^{\infty}K\mathrm{e}^{-st}\mathrm{d}t - \int_{0-}^{\infty}K\mathrm{e}^{-at}\mathrm{e}^{-st}\mathrm{d}t$

$$= -\frac{K}{S}\mathrm{e}^{-st}\Big|_{0-}^{\infty} - \int_{0-}^{\infty}K\mathrm{e}^{-(s+a)t}\mathrm{d}t = \frac{K}{s} - \frac{K}{s+a} = \frac{K\alpha}{s(s+a)}$$

12.2.2　微分性质

设 $\mathscr{L}[f(t)] = F(s)$，则

$$\mathscr{L}[f'(t)] = \mathscr{L}\left[\frac{\mathrm{d}f(t)}{\mathrm{d}t}\right] = sF(s) - f(0_-) \tag{12-5}$$

即，时域中的原函数求导运算等于复域中的象函数乘以 s 的运算减去原函数 $f(t)$ 在 $t = 0_-$ 时的值。

证明　利用分部积分公式 $\int u\mathrm{d}v = uv - \int v\mathrm{d}u$，可得

$$\mathscr{L}[f'(t)] = \int_{0-}^{\infty}f'(t)\mathrm{e}^{-st}\mathrm{d}t = f(t)\mathrm{e}^{-st}\Big|_{0-}^{\infty} + s\int_{0-}^{\infty}f(t)\mathrm{e}^{-st}\mathrm{d}t = sF(s) - f(0_-)$$

同理可以推证：

$$\mathscr{L}[f''(t)] = s^2F(s) - sf(0_-) - f'(0_-)$$

$$\mathscr{L}[f'''(t)] = s^3F(s) - s^2f(0_-) - sf'(0_-) - f''(0_-)$$

12.2.3　积分性质

设 $\mathscr{L}[f(t)] = F(s)$，则

$$\mathscr{L}\left[\int_{0-}^{t}f(\xi)\mathrm{d}\xi\right] = \frac{F(s)}{s} \tag{12-6}$$

即，时域中 $f(\xi)$ 由 0_- 到 t 的积分运算等于复域中 $F(s)$ 除以 s 的运算。式（12-6）中用变量 ξ 代替时间变量 t 是为了避免与积分上限 t 相混淆。

证明　设 $u = \int_{0-}^{t}f(\xi)\mathrm{d}\xi$，$\mathrm{d}u = f(\xi)\mathrm{d}\xi$，$\mathrm{d}v = \mathrm{e}^{-st}\mathrm{d}t$，$v = -\frac{1}{s}\mathrm{e}^{-st}$。利用分布积分公式 $\int u\mathrm{d}v = uv - \int v\mathrm{d}u$，可得

$$\mathscr{L}\left[\int_{0-}^{t}f(\xi)\mathrm{d}\xi\right] = \int_{0-}^{\infty}\left[\int_{0-}^{t}f(\xi)\mathrm{d}\xi\right]\mathrm{e}^{-st}\mathrm{d}t = -\frac{1}{s}\mathrm{e}^{-st}\left(\int_{0-}^{t}f(\xi)\mathrm{d}\xi\right)\Big|_{0-}^{\infty} + \frac{1}{s}\int_{0-}^{\infty}f(t)\mathrm{e}^{-st}\mathrm{d}t$$

$$= 0 + \frac{1}{s}F(s) = \frac{F(s)}{s}$$

其中，当 $t \to \infty$ 和 $t = 0_-$ 时，等式右边第一项都为零。一些常用的拉氏变换如表 12-1 所示。

表 12-1　拉氏变换表

序号	原函数 $f(t)$	象函数 $F(s)$	序号	原函数 $f(t)$	象函数 $F(s)$
1	$\delta(t)$	1	10	$1 - e^{-\alpha t}$	$\dfrac{\alpha}{s(s+\alpha)}$
2	$\delta'(t)$	s	11	$(1-\alpha t)e^{-\alpha t}$	$\dfrac{s}{(s+\alpha)^2}$
3	$\delta''(t)$	s^2	12	$\dfrac{1}{2}t^2$	$\dfrac{1}{s^3}$
4	$A\delta(t)$	A	13	$\sin\omega t$	$\dfrac{\omega}{s^2+\omega^2}$
5	A	$\dfrac{A}{S}$	14	$\cos\omega t$	$\dfrac{s}{s^2+\omega^2}$
6	$\varepsilon(t)$	$\dfrac{1}{s}$	15	$\sin(\omega t+\varphi)$	$\dfrac{s\sin\varphi+\omega\cos\varphi}{s^2+\omega^2}$
7	t	$\dfrac{1}{s^2}$	16	$\cos(\omega t+\varphi)$	$\dfrac{s\cos\varphi-\omega\sin\varphi}{s^2+\omega^2}$
8	$Ae^{-\alpha t}$	$\dfrac{A}{s+\alpha}$	17	$e^{-\alpha t}\sin\omega t$	$\dfrac{\omega}{(s+\alpha)^2+\omega^2}$
9	$te^{-\alpha t}$	$\dfrac{1}{(s+\alpha)^2}$	18	$e^{-\alpha t}\cos(\omega t)$	$\dfrac{s+\alpha}{(s+\alpha)^2+\omega^2}$

12.3　用部分分式法进行拉普拉斯反变换

应用拉氏变换求解线性电路的暂态过程时，需将求出的象函数再反变换为时域函数，才能求出原函数。拉氏反变换用式（12-3）求解比较复杂，所以拉氏反变换最简单的求法就是查表法。若象函数比较复杂，从拉氏变换表 12-1 中直接查不到原函数时，可以先将象函数分解成若干个简单的、能够从表中查出的各项，然后将各项相加即得所求的原函数。分解象函数的方法为部分分式展开法。

设象函数 $F(s)$ 为

$$F(s)=\frac{F_1(s)}{F_2(s)}=\frac{a_0 s^m+a_1 s^{m-1}+\cdots+a_m}{b_0 s^n+b_1 s^{n-1}+\cdots+b_n} \tag{12-7}$$

式中的 $F_1(s)$ 和 $F_2(s)$ 都是实系数的多项式，m 和 n 为正整数。由于电路分析中的象函数大多数都是有理真分式，即 $n>m$。

用部分分式展开有理真分式 $F(s)$ 时，需要对分母的多项式 $F_2(s)$ 进行因式分解，求出时域的根。$F_2(s)=0$ 时的根有单根、重根和共轭复数根三种情况。

1. 单根

设 $F_2(s)$ 多项式因式分解后为 $F_2(s)=(s-p_1)(s-p_2)\cdots(s-p_n)$，当 $F_2(s)=0$ 时就有

多个不相等的实数根 p_1、p_2、$\cdots$、p_n。这时 $F(s)$ 可以展开为

$$F(s) = \frac{F_1(s)}{F_2(s)} = \frac{K_1}{s - P_1} + \frac{K_2}{s - P_2} + \cdots + \frac{K_i}{s - P_i} + \cdots + \frac{K_n}{s - P_n} \tag{12-8}$$

式中，K_1、K_2、$\cdots$、K_i、K_n 为待定系数。

为了求出任意一个待定系数 K_i，可以用 $(s - p_i)$ 乘以式（12-8），令 $s = p_i$ 就可求出 K_i。例如若求 K_1 时，就用 $(s - p_1)$ 乘以式（12-8），得

$$(s - P_1)F(s) = (s - P_1)\frac{F_1(s)}{F_2(s)} = (s - P_1)\left(\frac{K_1}{s - P_1} + \frac{K_2}{s - P_2} + \cdots + \frac{K_i}{s - P_i} + \cdots + \frac{K_n}{s - P_n} \right)$$

$$= K_1 + (s - P_1)\left(\frac{K_2}{s - P_2} + \cdots + \frac{K_i}{s - P_i} + \cdots + \frac{K_n}{s - P_n} \right)$$

令 $s = p_1$，等式右边除 K_1 项以外，其余各项均为零，所以求得 K_1 为

$$K_1 = \left[(s - P_1)F(s) \right]_{s = p_1} = \left[(s - P_1)\frac{F_2(s)}{F_2(s)} \right]_{s = p_1}$$

依此类推，就可求出 K_2、$\cdots$、K_i。所以，求 K_i 的公式为

$$K_i = \left[(s - P_i)F(s) \right]_{s = p_i} = \left[(s - P_i)\frac{F_1(s)}{F_2(s)} \right]_{s = p_i} \qquad i = 1、2、3、\cdots、n \tag{12-9}$$

由于 p_i 是 $F_2(s) = 0$ 的一个根，则 $(s - p_i)$ 是 $F_2(s)$ 中的一个因子。在求解 K_i 时可以先将 $(s - p_i)$ 因子与 $F_2(s)$ 中的相同因子消去，然后再代入 $s = p_i$，求出 K_i。若在求解 K_i 时不消去相同的因子时，当 $s = p_i$ 时，式（12-9）就变为 $K_i = \dfrac{0}{0}$，成为不定式。这时可用求极限的方法（洛必达法则）导出另外一个求 K_i 的公式，即

$$K_i = \lim_{s \to p_i} \frac{(s - P_i)F_1(s)}{F_2(s)} = \lim_{s \to p_i} \frac{(s - P_i)F_1'(s) + F_1(s)}{F_2'(s)} = \frac{F_1(s)}{F_2'(s)}$$

即

$$K_i = \frac{F_1(s)}{F_2'(s)} \bigg|_{s \to p_i} = \frac{F_1(p_i)}{F_2'(p_i)} \tag{12-10}$$

求出式（12-8）中各待定系数后，查拉氏变换表可得

$$\mathscr{L}^{-1}\left[\frac{K_i}{s - p_i} \right] = K_i \mathrm{e}^{p_i t}$$

$F(s)$ 对应的原函数为

$$f(t) = \mathscr{L}^{-1}[F(s)] = \sum_{i=1}^{n} K_i \mathrm{e}^{p_i t} = \sum_{i=1}^{n} \frac{F_1(p_i)}{F_2'(p_i)} \mathrm{e}^{p_i t}$$

【例 12-3】　已知 $F(s) = \dfrac{s^2 + 3s + 5}{s^3 + 6s^2 + 11s + 6}$，求 $f(t)$。

【解】　将 $F_2(s)$ 的多项式分解，即 $F_2(s) = (s + 1)(s + 2)(s + 3)$，则 $F_2(s) = 0$ 的根为 $p_1 = -1$，$p_2 = -2$，$p_3 = -3$。由式（12-9）分别求出

$$K_1 = \left[(s - P_1)F(s) \right]_{s = -1} = \left[(s + 1)\frac{s^2 + 3s + 5}{(s + 1)(s + 2)(s + 3)} \right]_{s = -1} = \left[\frac{s^2 + 3s + 5}{(s + 2)(s + 3)} \right]_{s = -1} = 1.5$$

$$K_2 = \left[(s - P_2)F(s) \right]_{s=-2} = \left[(s+2)\frac{s^2 + 3s + 5}{(s+1)(s+2)(s+3)} \right]_{s=-2} = \left[\frac{s^2 + 3s + 5}{(s+1)(s+3)} \right]_{s=-2} = -3$$

$$K_3 = \left[(s - P_3)F(s) \right]_{s=-3} = \left[(s+3)\frac{s^2 + 3s + 5}{(s+1)(s+2)(s+3)} \right]_{s=-3} = \left[\frac{s^2 + 3s + 5}{(s+1)(s+2)} \right]_{s=-3} = 2.5$$

或由公式（12-10）求出

$$K_1 = \frac{F_1(s)}{F_2'(s)} \bigg|_{s \to -1} = \frac{s^2 + 3s + 5}{3s^2 + 12s + 11} \bigg|_{s=-1} = \frac{3}{2} = 1.5$$

$$K_2 = \frac{F_1(s)}{F_2'(s)} \bigg|_{s \to -2} = \frac{s^2 + 3s + 5}{3s^2 + 12s + 11} \bigg|_{s=-2} = -3$$

$$K_3 = \frac{F_1(s)}{F_2'(s)} \bigg|_{s \to -3} = \frac{s^2 + 3s + 5}{3s^2 + 12s + 11} \bigg|_{s=-3} = 2.5$$

所以

$$F(s) = \frac{1.5}{s+1} + \frac{-3}{s+2} + \frac{2.5}{s+3}$$

查表得 $f(t) = \mathscr{L}^{-1}[F(s)] = 1.5e^{-t} - 3e^{-2t} + 2.5e^{-3t}$

2. 共轭复根

当 $F_2(s) = 0$ 的根是复数时，由于 $F_2(s)$ 的多项式的系数都为实数，所以复数根是一对共轭复数根，即

$$p_1 = \alpha + j\omega, \ p_2 = \alpha - j\omega$$

则 $F(s)$ 的展开式为

$$F(s) = \frac{F_1(s)}{F_2(s)} = \frac{K_1}{s - p_1} + \frac{K_2}{s - p_2} = \frac{K_1}{s - \alpha - j\omega} + \frac{K_2}{s - \alpha + j\omega} \tag{12-11}$$

由式（12-9）和式（12-10）都可以求出 K_1 和 K_2。由式（12-9）得

$$K_1 = \left[(s - \alpha - j\omega)F(s) \right]_{s = \alpha + j\omega} = |K_1|e^{j\theta_1}$$

$$K_2 = \left[(s - \alpha + j\omega)F(s) \right]_{s = \alpha - j\omega} = |K_1|e^{-j\theta_1}$$

可见 K_1 和 K_2 也是一对共轭复数。

式（12-11）的反变换为

$$f(t) = |K_1|e^{j\theta_1}e^{(\alpha + j\omega)t} + |K_2|e^{-j\theta_1}e^{(\alpha - j\omega)t} = |K_1|e^{\alpha t}\left[e^{j(\omega t + \theta_1)} + e^{j(\omega t + \theta_1)} \right]$$

$$= 2|K_1|e^{\alpha t}\cos(\omega t + \theta_1) \tag{12-12}$$

【例12-4】 已知 $F(s) = \dfrac{s+2}{s^2 + 2s + 2}$，求 $f(t)$。

【解】 $F_2(s) = 0$ 的根是对共轭复数根，即 $p_1 = -1 + j1$，$p_2 = -1 - j1$。

$$F(s) = \frac{K_1}{s - p_1} + \frac{K_2}{s - p_2}$$

由公式（12-9）求 K_1，得

$$K_1 = \left[(s - P_1)F(s) \right]_{s = p_1} = \left[(s - p_1)\frac{s+2}{(s - p_1)(s - p_2)} \right]_{s = p_1} = \left[\frac{s+2}{(s - p_2)} \right]_{s = (-1+j1)}$$

$$= \frac{-1 + j1 + 2}{(-1 + j1 + 1 + j1)} = \frac{1 + j1}{j2} = \frac{\sqrt{2}\angle 45^\circ}{j2} = 0.707 \angle -45^\circ$$

$$K_2 = K_1^* = 0.707 \angle 45°$$

K_1 也可由公式（12-10）求出，即

$$K_1 = \frac{F_1(s)}{F_2'(s)} \bigg|_{s \to p_i} = \frac{s+2}{2s+2} \bigg|_{s=p_1} = \frac{-1+j1+2}{2(-1+j1)+2} = \frac{1+j1}{j2} = 0.707 \angle -45°$$

由式（12-12）得

$$f(t) = 2|K_1|e^{\alpha t}\cos(\omega t + \theta_1) = \sqrt{2}e^{-t}\cos(t-45°)$$

3. 重根

当 $F_2(s) = 0$ 具有重根时，则 $F_2(s)$ 是含有 $(s-p_1)^n$ 的因式。设 $F(s)$ 中只含有 $(s-p_1)^2$ 的因式，即 p_1 为 $F(s) = 0$ 的二重根，则 $F(s)$ 的展开式为

$$F(s) = \frac{F_1(s)}{F_2(s)} = \frac{K_{11}}{s-P_1} + \frac{K_{12}}{(s-P_1)^2} \tag{12-13}$$

其中 K_{11} 的第一个下标对应 $F(s)$ 的重根 P_1，第二个下标对应分母的阶数。

为了求出 K_{11} 和 K_{12}，将式（12-13）两边乘以 $(s-p_1)^2$，即

$$(s-P_1)^2 F(s) = (s-P_1)K_{11} + K_{12} \tag{12-14}$$

则

$$K_{12} = (s-P_1)^2 F(s) \bigg|_{s=p_1} \tag{12-15}$$

再对式（12-14）两边对 s 求导一次，令 $s = p_1$ 求出 K_{11}，即

$$K_{11} = \frac{d}{ds}\left[(s-P_1)^2 F(s)\right]\bigg|_{s=p_1} \tag{12-16}$$

然后查拉氏变换表，求出 $F(s)$ 的原函数。

如果 $F_2(s)$ 中含有因式 $(s-p_1)^n$ 时，则按照以上求各系数的步骤就可推出 $F_2(s) = 0$ 时具有 n 阶重根的分解式和各高阶系数。

【例 12-5】 已知 $F(s) = \dfrac{s+2}{s(s+1)^2}$，求 $f(t)$。

【解】 $F_2(s) = 0$ 有一个二重根，$p_1 = -1$ 和一个单根，$p_2 = 0$，所以 $F(s)$ 的展开式为

$$F(s) = \frac{K_{11}}{s+1} + \frac{K_{12}}{(s+1)^2} + \frac{K_3}{s}$$

由式（12-15）求出系数 K_{12}，即

$$K_{12} = (s+1)^2 F(s) \bigg|_{s=-1} = (s+1)^2\left(\frac{s+2}{s(s+1)^2}\right)\bigg|_{s=-1} = \frac{s+2}{s}\bigg|_{s=-1} = -1$$

由式（12-16）求出系数 K_{11}，即

$$K_{11} = \frac{d}{ds}\left[(s+1)^2 F(s)\right]_{s=-1} = \frac{d}{ds}\left[\frac{s+2}{s}\right]_{s=-1} = \frac{s-(s+2)}{s^2}\bigg|_{s=-1} = \frac{-2}{1} = -2$$

由式（12-9）求出系数 K_3，即

$$K_3 = \left[(s+0)F(s)\right]_{s=0} = \left[(s+0)\frac{s+2}{s(s+1)^2}\right]_{s=0} = \frac{s+2}{(s+1)^2}\bigg|_{s=0} = 2$$

所以

$$F(s) = \frac{-2}{s+1} + \frac{-1}{(s+1)^2} + \frac{2}{s}$$

查拉氏变换表 12-1，得

$$f(t) = 2 - 2e^{-t} - te^{-t}$$

以上分析的象函数 $F(s)$ 展开式都是真分式，即式（12-7）中的 $n > m$。如果 $m \geqslant n$ 时，$F(s)$ 展开式为假分式。在分析假分式时，可先将 $F(s)$ 中的分子多项式除以分母多项式，得到多项式与真分式之和，然后再将真分式用部分分式展开，查表求出原函数。

【例 12-6】 已知 $F(s) = \dfrac{4s + 10}{s + 1}$，求 $f(t)$。

【解】 $F(s)$ 是假分式，将分子多项式除以分母多项式，即

$$F(s) = s + 1 \overline{\smash{\big)}\, 4s + 10} \atop { \dfrac{4}{}}$$

$$\begin{array}{r} 4 \\ s+1\overline{)4s+10} \\ \underline{4s+4} \\ 6 \end{array}$$

所以

$$F(s) = 4 + \frac{6}{s + 1}$$

查拉氏变换表 12-1，得

$$f(t) = 4\delta(t) + 6e^{-t}$$

由此题可见，象函数 $F(s)$ 是假分式时，原函数中存在冲激函数或冲激函数的导数。

12.4　用拉普拉斯变换法分析线性电路

拉普拉斯变换法是将时域电路的微分方程变换为复频域的代数方程，然后再经过反变换求其原函数。实际上，在应用拉氏变换法时，不用列出时域的电路微分方程，可直接建立电路的复频域模型，称为运算电路。然后根据电路定律列写复频域电路的代数方程，就和正弦稳态电路用相量式列电路方程的形式一样，求出未知电压、电流的象函数，再经过拉氏反变换求出时域的电压或电流。这种直接用运算电路列写复频域电路方程的方法简化了电路的分析过程。

12.4.1　线性电路元件的复频域模型

1. 电阻元件

在图 12-1a 中，电阻元件的电压、电流关系为 $u(t) = Ri(t)$，两边取拉氏变换，得

$$U(s) = RI(s) \qquad (12\text{-}17)$$

式（12-17）说明，在复频域中，电阻元件的电压 $U(s)$ 和电流 $I(s)$ 的关系与时域中的电阻模型类似。则电阻元件的复频域模型如图 12-1b 所示。

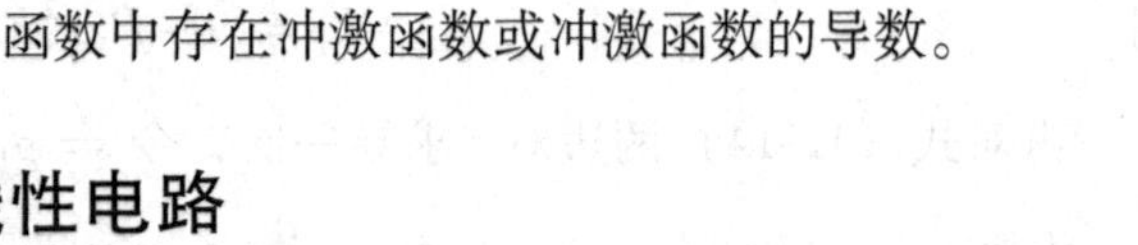

a) 时域模型　　　b) 复频域模型

图 12-1　电阻电路

2. 电感元件

在图 12-2a 中，电感元件的电压、电流关系为 $u(t) = L\dfrac{\mathrm{d}i(t)}{\mathrm{d}t}$，两边取拉氏变换，得

$$\mathscr{L}\left[u(t)\right] = \mathscr{L}\left[L\frac{\mathrm{d}i(t)}{\mathrm{d}t}\right]$$

$$U(s) = sLI(s) - Li(0_-) \qquad (12\text{-}18)$$

式中，sL 为电感的运算阻抗；$i(0_-)$ 是电感中的初始电流；$Li(0_-)$ 反映了电感的初始储能作用，在复频域中相当于一个附加电压源的电压。

电感元件的复频域模型如图 12-2b 所示。

3. 电容元件

在图 12-3a 中，电容元件的电压、电流关系为 $i(t) = C\dfrac{\mathrm{d}u(t)}{\mathrm{d}t}$，或者 $u(t) =$

a) 时域模型　　　　b) 复频域模型

图 12-2　电感电路

$\dfrac{1}{C}\displaystyle\int_{0_-}^{t} i(\xi)\mathrm{d}\xi + u(0_-)$。两式两边取拉氏

变换，得

$$\left.\begin{aligned} I(s) &= sCU(s) - Cu(0_-) \\ U(s) &= \frac{1}{sC}I(s) + \frac{1}{s}u(0_-) \end{aligned}\right\} \tag{12-19}$$

式中，$\dfrac{1}{sC}$ 为电容的运算阻抗；sC 为电容的运算导纳；$\dfrac{1}{s}u(0_-)$ 为反映电容初始电压的附加电压源的电压；$Cu(0_-)$ 为附加电流源的电流。

电容元件的复频域模型如图 12-2b、c 所示。

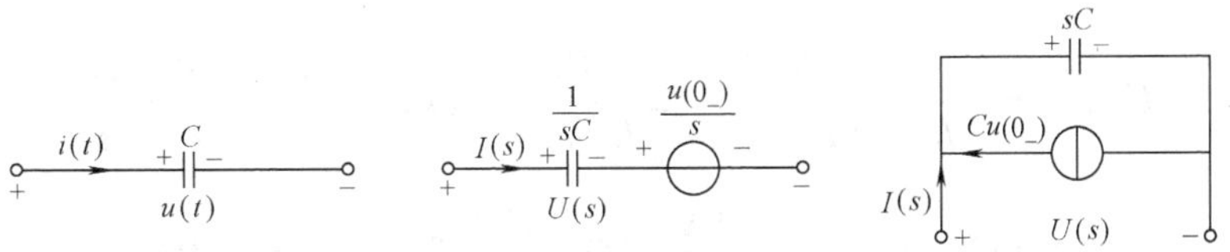

a) 时域模型　　　　b) 复频域串联模型　　　　c) 复频域并联模型

图 12-3　电容电路

12.4.2　电路定律的复频域形式

1. 基尔霍夫定律

时域的基尔霍夫定律表示为 $\sum i(t) = 0$，$\sum u(t) = 0$。对两式两边取拉氏变换，得出复频域的表示形式为

$$\begin{cases} \sum I(s) = 0 \\ \sum U(s) = 0 \end{cases} \tag{12-20}$$

2. 欧姆定律

对于 RLC 串、并联电路，复频域的运算阻抗为 $Z(s)$，则欧姆定律的复频域表示形式为

$$I(s) = \frac{U(s)}{Z(s)} \text{或} I(s) = Y(s)U(s) \tag{12-21}$$

式中，$Z(s)$ 具有电阻的量纲；$Y(s)$ 具有电导的量纲。

12.4.3　用拉氏变换分析线性电路举例

【**例 12-7**】　在图 12-4a 中，已知 $U_S = 9\mathrm{V}$，$I_S = 1\mathrm{A}$，$R_1 = 3\Omega$，$R_2 = 6\Omega$，$R_3 = R_4 = 2\Omega$，$C = 10\mu\mathrm{F}$。试求开关 S 打开后的 $u_C(t)$。

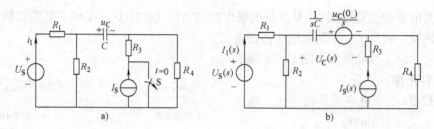

图 12-4   例 12-7 图

【解】 外加激励的象函数为

$$U_S(s) = \frac{U_S}{s} = \frac{9V}{s}, \quad I_S(S) = \frac{I_S}{s} = \frac{1A}{s}$$

电容电压的原始值为

$$u_C(0_-) = \frac{R_2}{R_1 + R_2} U_S = \left(\frac{6}{3+6} \times 9\right)V = 6V$$

复频域电路如图 12-4b 所示。

将图 12-4b 用电源的等效变换方法等效成图 12-5 所示的电路，则

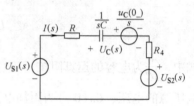

图 12-5   例 12-7b 的等效电路

$$U_{S1}(s) = \frac{U_S(s)}{R_1} \frac{R_1 R_2}{(R_1 + R_2)} = \frac{R_2}{R_1 + R_2} U_S(s) = \frac{6}{3+6} \times \frac{9V}{s} = \frac{6V}{s}$$

$$U_{S2}(s) = I_S(s)R_4 = \frac{1A}{s} \times 2\Omega = \frac{2V}{s}, \quad R = R_1 // R_2 = 2\Omega$$

由图 12-5 求出电流的象函数为

$$I(s) = \frac{U_{S1}(s) - \dfrac{u_C(0_-)}{s} - U_{S2}(s)}{R + \dfrac{1}{sC} + R_4} = \frac{\dfrac{6}{s} - \dfrac{6}{s} - \dfrac{2}{s}}{2 + \dfrac{10^5}{s} + 2} = \frac{-\dfrac{2}{s}}{4 + \dfrac{10^5}{s}} = \frac{-2}{4s + 10^5}$$

$u_C(t)$ 的象函数为

$$U_C(s) = I(s)\frac{1}{sC} + \frac{u_C(0_-)}{s} = \left(\frac{-2}{4s + 10^5} \times \frac{10^5}{s} + \frac{6}{s}\right)V = \left(-2 \times \frac{\dfrac{1}{4} \times 10^5}{s\left(s + \dfrac{1}{4} \times 10^5\right)} + \frac{6}{s}\right)V$$

作拉氏反变换，得

$$u_C(t) = \left[-2\left(1 - e^{-\frac{1}{4} \times 10^5 t}\right) + 6\right]V = \left(-2 + 2e^{-25 \times 10^3 t} + 6\right)V = \left(4 + 2e^{-25 \times 10^3 t}\right)V$$

【例 12-8】 在图 12-6a 中，已知 $R = 500\Omega$，$L = 800mH$，$C = 40\mu F$，$u_C(0_-) = 10V$，$i_L(0_-) = 0$。试求 $t > 0$ 后的 $u_C(t)$。

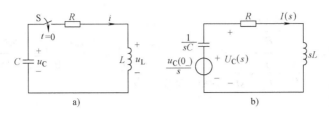

图 12-6　例 12-8 图

【解】　复频域电路如图 12-6b 所示。由图 12-6b 得电流、电容电压的象函数为

$$I(s) = \frac{\dfrac{u_C(0_-)}{s}}{R + sL + \dfrac{1}{sC}} = \frac{\dfrac{10}{s}}{500 + 0.8s + \dfrac{25 \times 10^3}{s}} A = \frac{10}{500s + 0.8s^2 + 25 \times 10^3} A$$

$$U_C(s) = I(s)(R + sL) = \frac{10}{500s + 0.8s^2 + 25 \times 10^3} \times (500 + 0.8s) V = \frac{5000 + 8s}{0.8s^2 + 500s + 25 \times 10^3} V$$

令 $U_C(s)$ 的分母多项式为零，即 $0.8s^2 + 500s + 25 \times 10^3 = 0$

求出根 $p_1 = -54.8$，$p_2 = -570.2$。它们是两个不相等的单根。这时 $U_C(s)$ 可以展开为

$$U_C(s) = \frac{K_1}{s - p_1} + \frac{K_2}{s - p_2} = \frac{K_1}{s + 54.8} + \frac{K_2}{s + 570.2}$$

由公式（12-10）求出待定系数 K_1、K_2，即

$$K_1 = \frac{5000 + 8s}{(0.8s^2 + 500s + 25 \times 10^3)'}\bigg|_{s = -54.8} V = \frac{5000 + 8s}{1.6s + 500}\bigg|_{s = -54.8} V = \frac{4561.6}{412.32} V = 11.06 V$$

$$K_2 = \frac{5000 + 8s}{(0.8s^2 + 500s + 25 \times 10^3)'}\bigg|_{s = -570.2} V = \frac{5000 + 8s}{1.6s + 500}\bigg|_{s = -570.2} V$$

$$= \frac{438.4}{-412.32} V = -1.06 V$$

作拉氏反变换，得

$$u_C(t) = (11.06 e^{-54.8t} - 1.06 e^{-570.2t}) V$$

【例 12-9】　在图 12-7a 的电路中，已知 $L = 800 mH$，$R_1 = 600\Omega$，$R_2 = 300\Omega$，$i_L(0_-) = 0$。试求：（1）当电压源 $u_S = 60\varepsilon(t) V$ 时，求其阶跃响应 $i_L(t)$ 和 $u_L(t)$；（2）当电压源 $u_S = 60\delta(t) V$（其中，冲激电压的强度具有磁链的量纲）时，求其冲激响应 $i_L(t)$ 和 $u_L(t)$。

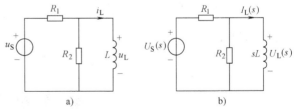

图 12-7　例 12-9 图

【解】　（1）当 $u_S = 60\varepsilon(t) V$ 时，其象函数为

$$U_S(s) = \frac{U_S}{s} = \frac{60 V}{s}$$

由于 $i_L(0_-) = 0$，复频域电路如图 12-7b 所示。应用弥尔曼定理，电感电压的象函数为

$$U_L(s) = \frac{\dfrac{U_S(s)}{R_1}}{\dfrac{1}{R_1} + \dfrac{1}{R_2} + \dfrac{1}{sL}} = \frac{\dfrac{1}{600} \times \dfrac{60}{s}}{\dfrac{1}{600} + \dfrac{1}{300} + \dfrac{1.25}{s}} \mathrm{V} = \frac{60}{3s + 750} \mathrm{V} = \frac{20}{s + 250} \mathrm{V}$$

作拉氏反变换，得

$$u_L(t) = 20\mathrm{e}^{-250t} \varepsilon(t)\,\mathrm{V}$$

电感电流的象函数为

$$I_L(s) = \frac{U_L(s)}{sL} = \frac{\dfrac{20}{s + 250}}{0.8s} \mathrm{A} = \frac{20}{0.8s^2 + 200s} \mathrm{A} = \frac{25}{s^2 + 250s} \mathrm{A} = \frac{1}{10} \times \frac{250}{s(s + 250)} \mathrm{A}$$

作拉氏反变换，得

$$i_L(t) = 0.1(1 - \mathrm{e}^{-250t}) \varepsilon(t)\,\mathrm{A}$$

（2）当 $u_S = 60\delta(t)$ V 时，其象函数为

$$U_S(s) = 60\mathrm{V}$$

同样，用弥尔曼定理，得

$$U_L(s) = \frac{\dfrac{U_S(s)}{R_1}}{\dfrac{1}{R_1} + \dfrac{1}{R_2} + \dfrac{1}{sL}} = \frac{\dfrac{1}{600} \times 60}{\dfrac{1}{600} + \dfrac{1}{300} + \dfrac{1.25}{s}} \mathrm{V} = \frac{60}{3 + \dfrac{750}{s}} \mathrm{V} = \frac{60s}{3s + 750} \mathrm{V} = \frac{20s}{s + 250} \mathrm{V}$$

$U_L(s)$ 是假分式，将分子多项式除以分母多项式，得

$$U_L(s) = \left(20 - \frac{5000}{s + 250}\right) \mathrm{V}$$

作拉氏反变换，得

$$u_L(t) = \left[20\delta(t) - 5000\mathrm{e}^{-250t} \varepsilon(t)\right] \mathrm{V}$$

电感电流的象函数为

$$I_L(s) = \frac{U_L(s)}{sL} = \frac{\dfrac{20s}{s + 250}}{0.8s} \mathrm{A} = \frac{20s}{0.8s^2 + 200s} \mathrm{A} = \frac{25s}{s^2 + 250s} \mathrm{A} = \frac{25}{s + 250} \mathrm{A}$$

作拉氏反变换，得

$$i_L(t) = 25\mathrm{e}^{-250t} \varepsilon(t)\,\mathrm{A}$$

本 章 小 结

1. 拉普拉斯变换的定义

$f(t)$ 的拉普拉斯变换定义式为

$$F(s) = \mathscr{L}[f(t)] = \int_{0_-}^{\infty} f(t)\mathrm{e}^{-st}\mathrm{d}t$$

式中，$F(s)$ 称为象函数；$f(t)$ 称为原函数。

拉普拉斯的反变换

$$f(t) = \mathscr{L}^{-1}[F(s)]$$

2. 拉普拉斯变换的主要性质

（1）线性性质　若干个原函数的线性组合的象函数等于各个原函数的象函数的线性组合，即

$$\mathscr{L}\left[\,a\,f_1(t)\pm b\,f_2(t)\,\right]=aF_1(s)\pm bF_2(s)$$

（2）微分性质　时域中的 $f(t)$ 求导运算等于复域中的 $F(s)$ 乘以 s 的运算减去原函数 $f(t)$ 在 $t=0_-$ 时的值，即

$$\mathscr{L}\left[f'(t)\right]=\mathscr{L}\left[\frac{\mathrm{d}f(t)}{\mathrm{d}t}\right]=sF(s)-f(0_-)$$

（3）积分性质　时域中 $f(\xi)$ 由 0_- 到 t 的积分运算等于复域中 $F(s)$ 除以 s 的运算，即

$$\mathscr{L}\left[\int_{0_-}^{t}f(\xi)\,\mathrm{d}\xi\right]=\frac{F(s)}{s}$$

3. RLC 元件的复频域电路模型

线性电阻、电感和电容的复频域电路方程分别为

电阻：$U(s)=RI(s)$　　电感：$U(s)=sLI(s)-Li(0_-)$　　电容：$U(s)=\dfrac{1}{sC}I(s)+\dfrac{1}{s}u(0_-)$

4. 拉普拉斯变换法分析电路的步骤

1）画出换路后的复频域电路模型，电路参数用复频域阻抗表示，电源激励及元件上的电压、电流均用象函数表示。

2）用电路的分析方法求出响应的象函数。

3）应用部分分式展开法或查表法将响应的象函数变换为原函数。

习　　题

12-1　用拉氏变换求解下列函数的象函数 $F(s)$。

（1）$f(t)=t$；（2）$f(t)=\sin\omega t$；（3）$f(t)=te^{-\alpha t}$；（4）$f(t)=\dfrac{1}{2}t^2$。

12-2　求下列象函数的原函数 $f(t)$。

（1）$F(s)=\dfrac{s+4}{2s^2+5s+3}$；（2）$F(s)=\dfrac{2s}{2s^2+10s+8}$；（3）$F(s)=\dfrac{6s+8}{s+1}$。

12-3　在图 12-8 中，已知 $I_S=2\text{mA}$，$R_1=R_2=3\text{k}\Omega$，$R_3=R_4=6\text{k}\Omega$，$C=1\mu\text{F}$。换路前电路已处于稳态，$t=0$ 时开关 S 闭合。试求换路后的 $u_C(t)$ 和 $i_C(t)$。

12-4　在图 12-9 中，换路前电路已处于稳态，$t=0$ 时开关 S 打开。试求换路后的 $i_L(t)$。

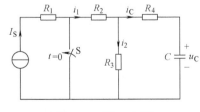

图 12-8　题 12-3 图

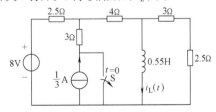

图 12-9　题 12-4 图

12-5　在图 12-10 中，已知 $R=560\Omega$，$L=100\text{mH}$，$C=10\mu\text{F}$，$u_C(0_-)=100\text{V}$，$i(0_-)=0$，$t=0$ 时开关 S 闭合。试求 $t>0$ 时的 $u_C(t)$ 和 $i(t)$。

12-6 在图 12-11 中，已知 $I_S = 2A$，$R = 1\Omega$，$L = \dfrac{1}{3}H$，$C = \dfrac{1}{2}F$，$u_C(0_-) = 0$，$i_L(0_-) = 1A$，$t = 0$ 时开关 S 闭合。试求 $t > 0$ 时的 $u_C(t)$ 和 $i_L(t)$。

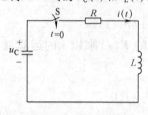
图 12-10 题 12-5 图

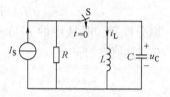
图 12-11 题 12-6 图

12-7 在图 12-12 中，已知 $i_s(t) = 2\varepsilon(t)A$，$R = 10\Omega$，$C = 0.1\mu F$。试求 $t > 0$ 时的阶跃响应 $u_C(t)$ 和 $i_C(t)$。

12-8 在图 12-13 中，已知 $L = 8mH$，$R_1 = 60\Omega$，$R_2 = 30\Omega$，$u_S(t) = (\varepsilon(t-1) - \varepsilon(t-2))V$。试求 $t > 0$ 时的阶跃响应 $i_L(t)$ 和 $u_L(t)$。

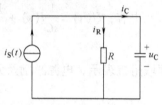
图 12-12 题 12-7 图

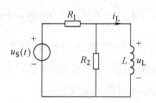
图 12-13 题 12-8 图

12-9 在图 12-14 中，已知 $C = 500\mu F$，$R = 10k\Omega$，$u_C(0_-) = 0$，冲激电压源 $u_s(t) = 100\delta(t)V$，其中，冲激电压的强度具有磁链的量纲。试求 $t > 0$ 时的冲激响应 $u_C(t)$ 和 $i_C(t)$。

12-10 在图 12-15 中，已知 $i_L(0_-) = 0$，冲激电流源 $i_s(t) = 10\delta(t)A$，其中冲激电流的强度具有电荷的量纲。试求 $t > 0$ 时的冲激响应 $i_L(t)$ 和 $u_L(t)$。

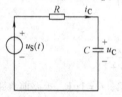
图 12-14 题 12-9 图

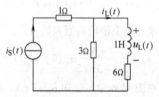
图 12-15 题 12-10 图

第13章 非线性电阻电路分析

内 容 提 要

本章主要介绍非线性电阻元件的伏安特性、非线性电阻电路的分析方法。

前面各章研究的电路系统都是线性的，相对而言，线性系统的物理描述和数学求解比较容易实现，而且已经形成了一套完善的线性系统理论和分析方法。然而，随着电路电子技术的发展和各种新型电子器件的不断涌现，关于非线性电路理论的分析与研究也发展起来。严格说，一切实际电路都是非线性的，对于那些非线性程度比较微弱的电路元件，可作为线性元件处理，例如一个金属丝电阻器，当环境温度变化不大时，即可近似看作是一个线性电阻元件；但对于非线性比较强的非线性元件，其非线性特征不容忽略，必须另做处理，否则不但在量的方面引起极大的误差，还将使许多物理现象得不到本质的解释。本章从基础出发，以非线性电阻电路为分析对象，对非线性电路的分析方法做简要介绍。

13.1 非线性电阻元件

13.1.1 伏安特性

若电路元件上的电压、电流约束关系为非线性的，则称该元件为非线性元件。含有非线性元件的电路称为非线性电路。目前，非线性电路可以分为两大类：一类是不含储能元件（电容器、电感器等）而仅由非线性电阻元件组成的电路，称为非线性电阻电路。这类电路可用一组非线性函数方程描述。另一类是非线性动态电路，这类电路中包含非线性电容或非线性电感元件，其方程由非线性微分方程描述。本章仅介绍非线性电阻电路。

若一个二端电阻元件的电压电流约束关系满足非线性函数

$$f(u,i) = 0 \tag{13-1}$$

则称该元件为非线性电阻元件，其图形符号如图 13-1a 所示。

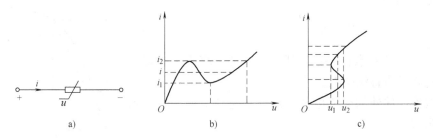

图 13-1 非线性电阻元件及伏安特性曲线

图 13-1b 为隧道二极管的伏安特性曲线。从特性曲线上可以看到，对于每一个电压值，且只有一个电流值与之对应，即电阻元件两端的电流是其电压的单值函数，这种电阻称为电压控制型电阻。可用如下函数关系表示，即

$$i = f(u) \tag{13-2}$$

图 13-1c 为充气二极管的伏安特性曲线。从特性曲线上可以看到，对于每一个电流值，且只有一个电压值与之对应，即电阻元件两端的电压是其电流的单值函数，这种电阻称为电流控制型电阻。可用如下函数关系表示，即

$$u = g(i) \tag{13-3}$$

还有一类非线性电阻，它既是电流控制型的又是电压控制型的，其典型的伏安特性曲线如图 13-2 所示。其中图 a 为白炽灯泡的伏安特性，图 b 为半导体 PN 结的伏安特性。此类非线性电阻的伏安特性既可用 $u = g(i)$ 描述，也可用 $i = f(u)$ 描述，其中 f 为 g 的逆。从图中看出，曲线的斜率 di/du 对所有的 u 值都是正值，即为单调增长型的。图 a 的伏安特性对坐标原点对称，具有双向性；图 b 的伏安特性对坐标原点不对称，具有单方向性。还有一类非线性电阻，它既不是电流控制型的，也不是电压控制型的。理想半导体二极管的伏安特性即属此类，如图 13-3 所示。

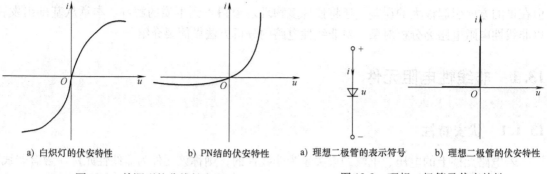

a) 白炽灯的伏安特性　　　b) PN结的伏安特性　　　a) 理想二极管的表示符号　　　b) 理想二极管的伏安特性

图 13-2　单调型的非线性电阻　　　　　　图 13-3　理想二极管及伏安特性

由图 13-3b 可见，由于在 $u < 0$ 时 $i = 0$，故此时理想二极管相当于开路；在 $i > 0$ 时 $u = 0$，故此时理想二极管相当于短路。

13.1.2　静态电阻与动态电阻

当非线性元件外加直流电压 U 或直流电流 I 时，如图 13-4 所示，在伏安特性上的一个点 P 的静态电阻为

$$R = \frac{U}{I} \tag{13-4}$$

这相当于从原点经 P 点作一条直线，直线的斜率决定静态电阻。静态电阻又称直流电阻。

当非线性元件外加交流电压 u 或交流电流 i 时，在 P 点的动态电阻 R_d 为

$$R_d = \frac{du}{di} \tag{13-5}$$

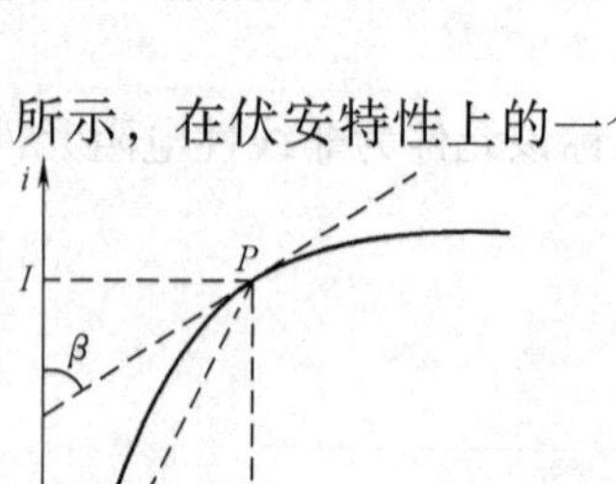

图 13-4　静态电阻与动态电阻

在 P 点的切线斜率决定动态电阻。动态电阻又称为交流电阻。P 点称为电路的工作点。可见 R 和 R_d 的值都随工作点 P 而变化，亦即都是 u 和 i 的函数，且 P 点的 R 正比于 $\tan\alpha$，P 点 R_d 的正比于 $\tan\beta$。一般情况下，$\alpha \neq \beta$，因此静态电阻和动态电阻是不相等的。

思　考　题

13-1　举例说明非线性电阻与线性电阻的本质区别。

13.2　非线性电阻电路的图解法

由于欧姆定律不适用于非线性电阻，叠加原理不适用于非线性电路，所以线性电路的分析方法一般不适用于非线性电路。非线性电路的分析是根据 KCL 和 KVL，借助于非线性元件的伏安特性曲线，用作图方法求解电路，即为图解法。图解分析法是分析非线性电阻电路的常用方法之一。

13.2.1　非线性电阻的串联

图 13-5a 所示为两个非线性电阻的串联，设其伏安特性分别为 $i_1 = f_1(u_1)$、$i_2 = f_2(u_2)$，其伏安特性如图 13-5b 所示。若要求串联后等效电阻的伏安特性 $i = f(u)$，在图 13-5a 中，由 KCL 及 KVL 得

$$\begin{cases} u = u_1 + u_2 \\ i = i_1 = i_2 \end{cases}$$

因此，只要对每一个元件伏安特性的电流 i，将曲线 $i_1 = f_1(u_1)$ 和 $i_2 = f_2(u_2)$ 上所对应的电压值 u_1、u_2 相加，便可得到串联后的特性曲线 $i = f(u)$，如图 13-5b 所示。根据等效的定义，这条曲线也就是串联等效电阻的特性曲线。

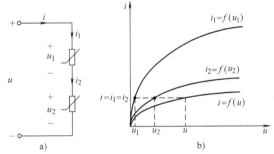

图 13-5　非线性电阻的串联

【**例 13-1**】　图 13-6a 为一线性电阻 R 与一理想二极管 VD 的串联电路，它们的伏安特性分别为 $i_1 = f_1(u_1)$、$i_2 = f_2(u_2)$，相应如图 13-6b、c 所示。试绘出这一串联等效电路的特性曲线。

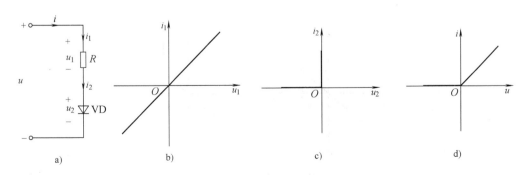

图 13-6　例 13-1 图

【解】 用图解法可求得等效电路的伏安特性 $i = f(u)$，如图 13-6d 所示。可以看出，此伏安特性的特点是由两段直线构成。实际中常用这种分段线性化的伏安特性替代实际半导体二极管的伏安特性。这种替代称为实际的伏安特性的分段线性化。

13.2.2 非线性电阻的并联

对含有非线性电阻并联的电路问题，也可作类似的处理。图 13-7a 所示为两个非线性电阻的并联，设其伏安特性分别为 $u_1 = g_1(i_1)$、$u_2 = g_2(i_2)$，如图 13-7b 所示。若要求并联后等效电阻的伏安特性 $u = g(i)$，在图 13-7a 中，由 KCL 及 KVL 得

$$\begin{cases} i = i_1 + i_2 \\ u = u_1 = u_2 \end{cases}$$

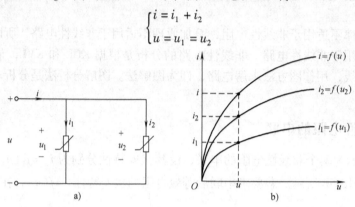

图 13-7 非线性电阻的并联

因此，只要对每一个元件的伏安特性的电压 u，将曲线 $u_1 = g_1(i_1)$ 和 $u_2 = g_2(i_2)$ 上所对应的电流值 i_1、i_2 相加，便可得到串联后的特性曲线 $u = g(i)$，如图 13-7b 所示。根据等效的定义，这条曲线也就是并联等效电阻的特性曲线。

【例 13-2】 求图 13-8a 所示电路的等效伏安特性 $i = f(u)$，其中 R 为线性电阻。

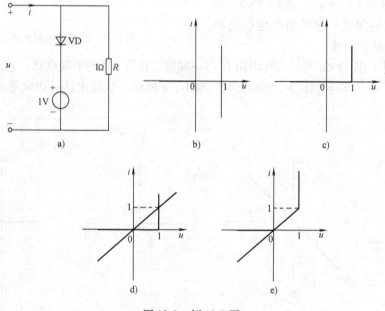

图 13-8 例 13-2 图

【解】　（1）先画出理想二极管和 1V 电压源的伏安特性，分别如图 13-8b 所示，于是得它们串联的等效伏安特性，如图 13-8c 所示。再画出 1Ω 线性电阻的等效伏安特性如图 13-8d 所示。对应每一个电压值，将两条曲线上的电流值相加，所得结果则如图 13-8e 所示。

可见，利用非线性电阻的串联与并联，可以做出我们所需要的各种伏安特性，从而开拓了非线性电路的应用领域。

13.2.3　图解法

对仅含一个非线性元件的简单非线性电阻电路，常用图解法来分析。

下面就利用图解法来求解图 13-9a 电路中的 u 和 i。对于含有一个非线性元件的电阻电路可以看成是由两个单口网络组成的，一个单口网络为电路的线性部分 N_1，另一个则为非线性部分 N_2（由一个非线性电阻元件构成）。线性部分 N_1 常用戴维宁等效电路表示，如图 13-9b 所示。在图 13-9b 所示 u 和 i 的参考方向下，线性部分 N_1 的 VCR（伏安特性约束关系）为 $u = U_{OC} - R_{eq}i$。设非线性电阻的 VCR 为 $i = f(u)$，其中 $f(u)$ 为 u 的非线性函数。求解电路时首先要在同一 u-i 平面上，绘出曲线 $i = f(u)$ 及 $u = U_{OC} - R_{eq}i$ 所表示的 VCR 曲线，如图 13-9c 中所示。两曲线的交点 Q 就是该电路的直流工作点，点 $Q(u_0 、i_0)$ 通常又称为非线性元件的 "静态工作点"。图中的直线称为 "负载线"，因为从非线性元件的角度来看，线性部分是它的负载。求得端口电压 $u = u_0$ 和电流 $i = i_0$ 后，就可用替代定理求得线性单口网络内部的电压、电流。

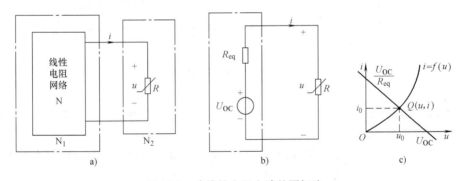

图 13-9　非线性电阻电路的图解法

【例 13-3】　已知电路如图 13-10a 所示，非线性电阻的伏安关系为 $i = f(u) = u + 0.13u^2$，求 u 和 i。

【解】　（1）将图 13-10a 分为线性电阻电路 N_1 和非线性电阻元件 N_2 两部分，如图 13-10b 所示。

（2）求出线性电阻电路部分 N_1 的戴维宁等效电路，如图 13-10c 所示。

（3）画出线性电阻电路部分 N_1 的伏安特性曲线，然后在同一坐标上画出非线性电阻的特性曲线，得到两个工作点（-20V，32A）和（0.769V，0.846A）。但工作点（-20V，32A）不合题意，应舍去。

然后用解析法验证电路，即

$$\begin{cases} \dfrac{u}{1} + i + \dfrac{u}{2} = 2 \\ i = u + 0.13u^2 \end{cases}$$

解得

$$0.13u^2 + 2.5u - 2 = 0$$

$$u_1 = 0.769\text{V} \quad u_2 = -20\text{V}$$

$$i_1 = 0.846\text{A} \quad i_2 = 32\text{A}$$

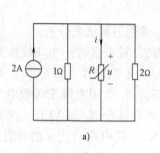 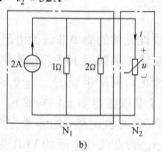

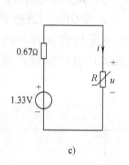 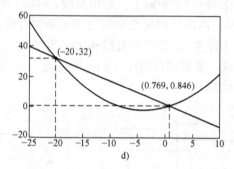

图 13-10   例 13-3 图

对于非线性电阻电路，若对解无约束条件，则可能为多解问题，一定要求出所有解；若有约束条件，仅需求满足约束条件的解。

图解法的优点是直观，缺点是准确度不高，实际计算也很麻烦。当电路中含有多个非线性电阻时，图解法实际上已无法使用。另外，图解法也不适于编写程序，因而不适于用计算机计算。

思 考 题

13-2　电路如图 13-11 所示。已知非线性电阻的 VCR 为 $i_1 = u^2 - 3u + 1$，试用图解法求电压 u 和电流 i。

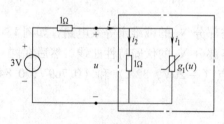

图 13-11   思考题 13-2 图

13.3　小信号分析法

　　小信号分析方法是工程上分析非线性电路的一个重要的方法，即"工作点处线性化"。非线性电路在时变信号激励下，如果信号的变化幅度足够小，使非线性特性在工作的一小段范围内可以用它的切线来近似，则交流非线性电路可以用线性方法近似分析，这种方法称为交流小信号分析法。例如在某些电子电路中信号的变化幅度很小，在这种情况下，可以围绕任何工作点建立一个局部线性模型。对小信号来说，可以根据这种线性模型运用线性电路的方法来进行分析研究，这就是"非线性电路的小信号分析"。

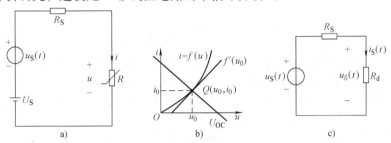

图 13-12　小信号电路分析法

　　下面以图 13-12a 所示电路为例，介绍小信号分析的基本概念。图 13-12a 所示的电路由压控电阻 R、线性电阻 R_S、直流电压源 U_S 和时变电压源 $u_S(t)$ 串联组成。假定对所有时间 t，$|u_S(t)| \ll U_S$，这意味着时变电压（绝对值）在所有时刻都远小于直流电源电压 U_S。在实际应用中，时变电源相当于信号，而直流电源则称为偏置。要求解出电路中隧道二极管的电压 $u(t)$ 和电流 $i(t)$。

　　首先假定电路只含直流电源，也就是说，假定对所有 t，$u_S(t) = 0$。在这种情况下，可以用图解法作出直流负载线，求得静态工作点 $Q(u_0 \text{、} i_0)$。如果电路中还含时变电源 $u_S(t)$，且 $u_S(t)$ 为足够小，则 $u(t)$ 及 $i(t)$ 必定位于 $Q(u_0 \text{、} i_0)$ 附近，即

$$u(t) = u_0 + u_S(t)$$

$$i(t) = i_0 + i_S(t)$$

$u_S(t)$ 和 $i_S(t)$ 可看成是直流解$(u_0 \text{、} i_0)$的扰动，这扰动是由小信号源 $u_S(t)$ 引起的。对这些扰动来说，可以把非线性元件看成是线性元件，这可用泰勒级数加以说明。设非线性电阻的特性可表示为 $i = f(u)$，在 $u = u_0$ 处对 $i = f(u)$ 用泰勒级数展开，由于 $u_S(t)$ 很小，只取其前面的两项，得

$$i(t) \approx f(u_0) + f'(u_0)[u(t) - u_0] \tag{13-6}$$

又因 $i_0 = f(u_0)$，由式（13-6）可得

$$i(t) - i_0 \approx f'(u_0)[u(t) - u_0] \tag{13-7}$$

式中 $f'(u_0)$ 是非线性电阻特性曲线在静态工作点 $Q(u_0 \text{、} i_0)$ 处的斜率，如图 13-12b 所示。令

$$f'(u_0) = G_d = \frac{1}{R_d} \tag{13-8}$$

G_d 称为非线性电阻在静态工作点处的增量电导。就时变的电压 $u_S(t)$ 和时变的电流 $i_S(t)$ 来

说，G_d 为常量，非线性电阻表现为一线性电导 G_d。图 13-12c 称为 13-12a 所示非线性电阻电路对于静态工作点 $Q(u_0、i_0)$ 的小信号模型，它是一个线性电路，由此电路可得

$$i_S(t) = \frac{u_S(t)}{R_S + R_d}$$

$$u(t) - u_0 = R_d(i(t) - i_0) = \frac{R_d u_S(t)}{R_S + R_d}$$

故可求得

$$u(t) = u_0 + u_S(t) = u_0 + \frac{R u_S(t)}{R_S + R_d} \tag{13-9}$$

$$i(t) = i_0 + i_S(t) = i_0 + \frac{u_S(t)}{R_S + R_d} \tag{13-10}$$

注意，在图 13-12b 所示的静态工作点 $Q(u_0、i_0)$ 处，G_d 为负值，这就是说，在静态工作点 $Q(u_0、i_0)$ 邻近的特性曲线是一段具有负值增量电阻的线性电阻特性。

【例 13-4】 图 13-13a 所示电路中，已知 $i_S = 10A$，$\Delta i_S = \cos t A$，$R_S = 0.33\Omega$，非线性电阻为压控电阻，即 $i = f(u) = \begin{cases} u^2 & u > 0 \\ 0 & u < 0 \end{cases}$。试求静态工作点，在工作点附近由 Δi_S 产生的 Δu 和 Δi，以及电压 u 和电流 i。

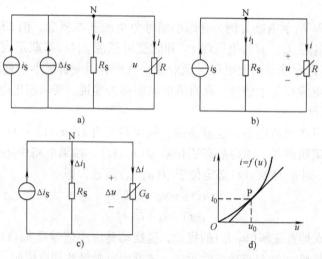

图 13-13　例 13-4 图

【解】 由于 $\Delta i_S = \cos t A$ 是在 +1 与 −1 之间变化，其幅值仅为 $i_S = 10A$ 的 1/10，故用小信号分析法求解。首先求静态工作点。在图 13-13b 电路中，列出结点 N 的 KCL 方程，即

$$i_S - \frac{u_0}{R_S} - i_0 = 0$$

代入非线性电阻的特性方程 $i_0 = f(u_0) = \begin{cases} u_0^2 & u_0 > 0 \\ 0 & u_0 < 0 \end{cases}$，即

$$i_S - \frac{u_0}{R_S} - u_0^2 = 0$$

代入已知数据并移项整理得

$$u_0^2 + 3u_0 - 10 = 0$$

用因式分解法求得 $u_0 = 2\text{V}$（另一解 $u_0 = -5\text{V}$ 舍去），$i_0 = f(u_0) = 4\text{A}$。故得静态工作点为 $u_0 = 2\text{V}$，$i_0 = 4\text{A}$，如图 13-13d 中 P 点所示。

再根据图 13-13c 求 Δu 和 Δi。静态工作点处的动态电导为

$$G_d = \frac{di}{du}\bigg|_P = 4\text{S}$$

$$\Delta i = \frac{4}{3+4} \times \cos t = \frac{4}{7}\cos t \ \text{A}$$

$$\Delta u = \frac{1}{4} \times \Delta i = \frac{1}{7}\cos t \ \text{V}$$

最后求得 $u(t)$ 和 $i(t)$，即

$$i = i_0 + \Delta i = \left(4 + \frac{4}{7}\cos t\right)\text{A}$$

$$u = u_0 + \Delta u = \left(2 + \frac{1}{7}\cos t\right)\text{V}$$

思 考 题

13-4　总结小信号分析法的分析步骤。

本 章 小 结

1. 非线性电阻元件

含有非线性元件的电路称为非线性电路。非线性电路元件包括非线性电阻、电容、电感等。非线性电阻的阻值随着外加电压、电流的变化而变化，其伏安特性曲线不是直线，即非线性电阻的阻值不是常数。非线性电阻元件的静态电阻和动态电阻的阻值不相等。

2. 非线性电阻电路的图解法

对于只含有一个非线性电阻元件的简单非线性电阻电路，常用图解法来分析。非线性电路的分析是根据 KCL 和 KVL，借助于非线性元件的伏安特性曲线，用作图方法求解电路，即为图解法。首先将给出线性电阻电路部分的戴维宁等效电路，并画出其伏安特性曲线；然后画出非线性电阻元件的伏安特性曲线；两条曲线的交点即为电路的静态工作点。

3. 小信号分析法

小信号分析法是分析非线性电阻电路最常用的方法。当研究小信号响应时，应首先确定非线性电路的直流工作点，然后计算在工作点处的动态电导（或电阻），再利用线性电路的概念和方法就可以求出小信号电源引起的响应。

习 题

13-1　试画出下列非线性电阻元件的 u-i 特性，并指出它们是压控的、流控的，还是单调的？

（1）$i = e^{-u}$ （2）$u = i^2$ （3）$i = -0.1u + 0.01u^3$

13-2 如图 13-14a 所示的电路中，线性电阻与理想二极管的伏安特性分别如图 b、c 中所示，在 u-i 平面上画出该并联电路的伏安特性。

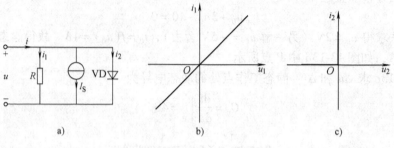

图 13-14 题 13-2 图

13-3 非线性电路如图 13-15 所示，其中 VD 为理想二极管。求其端口的特性方程。

13-4 非线性电路如图 13-16 所示，已知 $R = 3\Omega$，$I_S = 2A$，$i = f(u) = u^2 + 2u$。试用图解法求出电路的静态工作点。

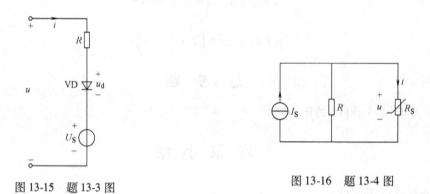

图 13-15 题 13-3 图

图 13-16 题 13-4 图

13-5 电路如图 13-17 所示，已知非线性电阻的伏安特性为 $i_2 = 0.003u_2 + 0.04u_2^2$。试求电压 u_2。

13-6 用图解法求图 13-18 所示电路的 u、i。已知半导体二极管的伏安特性为 $i = f(u) = 10^{-6}(e^{40u} - 1)$ A。

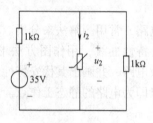

图 13-17 题 13-5 图

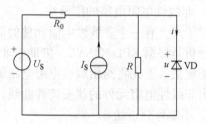

图 13-18 题 13-6 图

13-7 非线性电路如图 13-19 所示，非线性电阻为电压控制型，用函数表示为

$$i = g(u) = \begin{cases} u^2 & u > 0 \\ 0 & u < 0 \end{cases}$$

而直流电压源 $U_S = 6V$，$R_0 = 1\Omega$，信号源 $i_S(t) = 0.5\cos\omega t$ A。试求在静态工作点处由小信号所产生的电压

$u(t)$ 和电流 $i(t)$。

13-8　如图 13-20 所示的电路中，已知非线性电阻的伏安特性为 $i = u^2\,\mathrm{A}$，小信号电压源电压为 $u_{\mathrm{S}}(t) = (2\cos 942t)\,\mathrm{mV}$。试用小信号分析法求解电压 $u(t)$ 和电流 $i(t)$。

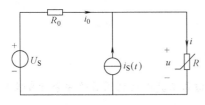

图 13-19　题 13-7 图

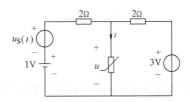

图 13-20　题 13-8 图

第 14 章　应用 MATLAB 分析线性电路

内 容 提 要

本章主要介绍软件 MATLAB 的基本内容、Simulink 仿真工具以及利用该软件分析线性电路。

14.1　MATLAB 概述

MATLAB 是矩阵实验室（Matrix Laboratory）的缩写，是美国 MathWorks 公司开发的大型数学计算软件。MATLAB 具有强大的矩阵处理功能、绘图功能和卓越的数值计算能力。此外，MATLAB 还提供了专业水平的符号计算，文字处理，可视化建模仿真和实时控制等功能。MATLAB 的主要特点是：①语言简洁紧凑，使用方便灵活，库函数极其丰富。②运算符丰富；③MATLAB 既具有结构化的控制语句（如 for 循环，while 循环，break 语句和 if 语句），又有面向对象编程的特性；④程序限制不严格，程序设计的自由度大；⑤程序的可移植性很好，基本上不做修改就可以在各种型号的计算机和操作系统上运行；⑥MATLAB 的图形功能强大，数据的可视化非常简单，MATLAB 还具有较强的编辑图形界面的能力。

MATLAB 作为线性系统的一种分析和仿真工具，是理工科大学生应该掌握的技术工具，它作为一种编程语言和可视化工具，可以解决工程应用、科学计算和数学学科中许多问题。下面将从基本规则和操作，编程和作图以及文件的操作等方面，来讲解 MATLAB 的一些常用方法。通过点击 MATLAB 的图标进入主界面，如图 14-1 所示。

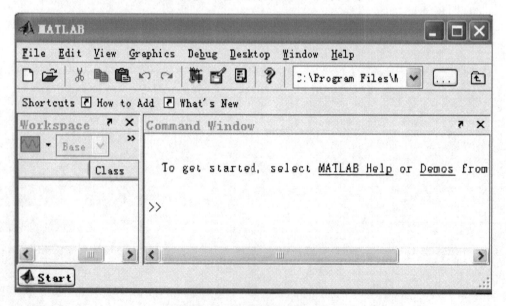

图 14-1　MATLAB 的主界面

14.1.1　变量与函数

变量、函数与编程所形成的函数文件是 MATLAB 软件的基本内容，在介绍它们的具体使用方法之前，先介绍一些必须了解的基本规则。

1. 变量

MATLAB 和其他编程工具一样，变量是必须的基本元素，它也是以字母开头，后接字母、数字或下划线的字符序列，用法也基本一样。其具体的命名规则是：

1）变量名必须是不含空格的单个词；

2）变量名区分大小写；

3）变量名最多不超过 19 个字符；

4）变量名必须以字母打头，之后可以是任意字母、数字或下划线，变量名中不允许使用标点符号；

5）MATLAB 规定了一些特殊变量名，详见表 14-1。

表 14-1　特殊变量表

特殊变量	取　　值	特殊变量	取值
ans	用于结果的缺省变量名	i, j	$i = j = \sqrt{-1}$
pi	圆周率	nargin	所用函数的输入变量数目
eps	计算机的最小数，和 1 相加就产生一个比 1 大的数	nargout	所用函数的输出变量数目
flops	浮点运算数	realmin	最小可用正实数
inf	无穷大，如 1/0	realmax	最大可用正实数
NaN	不定量，如 0/0		

2. 基本运算

MATLAB 的基本算数运算符主要有：加（＋）、减（－）、乘（＊）、除（/）、点乘（.＊）、点除（./）、幂次运算（^）、点乘幂（.^）和左除（\）等。在 MATLAB 编程环境下进行基本数学运算，只需将运算式直接打入提示号（>>）之后，并按入 Enter 键即可。MATLAB 会将运算结果直接存入一变量 ans，代表 MATLAB 运算后的答案，并显示其数值。若不想让 MATLAB 每次都显示运算结果，只需在运算式最后加上分号（;）即可，例如

$$>> y = \sin(10) * \exp(-0.3 * 4^2);$$

MATLAB 可同时执行多个命令，只要以逗号或分号将命令隔开即可，例如

$$>> x = \sin(pi/3); y = x^2; z = y * 10,$$

3. 常用函数

常用的数学函数在 MATLAB 中都有相应的命令，其部分如表 14-2、表 14-3 所示。

表 14-2　MATLAB 中常用的数学函数

函数	定　义	函数	定　义
abs(x)	纯量的绝对值或向量的长度	rem(x,y)	求 x 除以 y 的余数
angle(z)	复数 z 的相角(Phase angle)	gcd(x,y)	整数 x 和 y 的最大公因数
sqrt(x)	开平方	lcm(x,y)	整数 x 和 y 的最小公倍数
real(z)	复数 z 的实部	exp(x)	自然指数 e^x
imag(z)	复数 z 的虚部	pow2(x)	2 的指数 2^x
conj(z)	复数 z 的共轭复数	log(x)	以 e 为底的对数,即自然对数
round(x)	四舍五入至最近整数	log2(x)	以 2 为底的对数
rat(x)	将实数 x 化为分数表示	log10(x)	以 10 为底的对数
rats(x)	将实数 x 化为多项分数展开		
sign(x)	符号函数(Sign function)。当 x < 0 时,sign(x) = −1; 当 x = 0 时,sign(x) = 0;当 x > 0 时,sign(x) = 1。		

表 14-3　MATLAB 常用的三角函数

sin(x)	正弦函数	asin(x)	反正弦函数
cos(x)	余弦函数	acos(x)	反余弦函数
tan(x)	正切函数	atan(x)	反正切函数

4. 函数文件

MATLAB 的内部函数是有限的,在编写程序时需要定义新函数,为此必须编写函数文件。函数文件是文件名后缀为 M 的文件,这类文件的第一行必须是一特殊字符 function 开始,格式为

function　因变量名 = 函数名（自变量名）

函数值的获得必须通过具体的运算实现,并赋给因变量。

函数文件建立方法:

1）在 Matlab 中，点：File –> New –> M – file

2）在编辑窗口中输入程序内容

3）点：File –> Save，存盘，M 文件名必须与函数名一致。

Matlab 的应用程序也以函数文件保存。

例如：定义函数 $f(x1,x2) = 100(x2 - x1^2)^2 + (1 - x1)^2$

（1）建立函数文件：fun. m

function　f = fun(x)
f = 100 * (x(2) − x(1)^2)^2 + (1 − x(1))^2

（2）可以直接使用函数 fun. m

例如：计算 f(1,2)，只需在 Matlab 命令窗口键入命令：

x = [1 2]
fun(x)

14.1.2　数组与矩阵

矩阵是 MATLAB 最基本的数据对象，MATLAB 的大部分运算或命令都是在矩阵运算的意义下执行的。在 MATLAB 中，不需对矩阵的维数和类型进行说明，MATLAB 会根据用户所输入的内容自动进行配置。

1. 数组

数组是只有一行或一列的简单矩阵，但作为常用的计算单元，MATLAB 专门为其设计了一系列命令。

（1）创建简单的数组

x = [a b c d e f]　　　　　　创建包含指定元素的行向量；

x = first：last　　　　　　　创建从 first 开始，加 1 计数，到 last 结束的行向量；

x = first：increment：last　　创建从 first 开始，加 increment 计数，last 结束的行向量；

x = linspace（first，last，n）　创建从 first 开始，到 last 结束，有 n 个元素的行向量；

x = logspace（first，last，n）　创建从 first 开始，到 last 结束，有 n 个元素的对数分隔行向量。

（2）数组元素的访问

访问一个元素：x(i)表示访问数组 x 的第 i 个元素；

访问一块元素：x(a:b:c)表示访问数组 x 的从第 a 个元素开始，以步长为 b 到第 c 个元素（但不超过 c），b 可以为负数，b 缺损时为 1；

直接使用元素编址序号：x([a b c d])表示提取数组 x 的第 a、b、c、d 个元素构成一个新的数组[x(a) x(b) x(c) x(d)]。

（3）数组的方向　前面例子中的数组都是一行数列，是行方向分布的，称之为行向量。数组也可以是列向量，它的数组操作和运算与行向量是一样的，唯一的区别是结果以列形式显示。

产生列向量有两种方法：

$$直接产生　例\ c = [1;2;3;4]$$
$$转置产生　例\ b = [1\ 2\ 3\ 4]；c = b'$$

说明：以空格或逗号分隔的元素指定的是不同列的元素，而以分号分隔的元素指定了不同行的元素。

（4）数组的运算

1）数组对标量的加、减、乘、除、乘方是数组的每个元素与该标量进行相应的加、减、乘、除、乘方运算。

2）当两个数组有相同维数时，加、减、乘、除、幂运算可按元素对元素方式进行的，不同大小或维数的数组是不能进行运算的。

2. 矩阵

（1）矩阵的建立　逗号或空格用于分隔某一行的元素，分号用于区分不同的行。除了分号，在输入矩阵时，按 Enter 键也表示开始一新行。输入矩阵时，严格要求所有行有相同的列。

例如输入矩阵 p = [1 2 3 4 ;5 6 7 8;9 10 11 12]

$$p = \begin{bmatrix} 1 & 1 & 1 & 1 \\ 2 & 2 & 2 & 2 \\ 3 & 3 & 3 & 3 \end{bmatrix}$$

特殊矩阵的建立：

a = [   ]　　　　　　　产生一个空矩阵，当对一项操作无结果时，返回空矩阵，空矩
　　　　　　　　　　　　阵的大小为零；

b = zeros(m,n)　　　　　产生一个 m 行、n 列的零矩阵

c = ones(m,n)　　　　　产生一个 m 行、n 列的元素全为 1 的矩阵

d = eye(m,n)　　　　　　产生一个 m 行、n 列的单位矩阵

（2）矩阵中元素的操作

1）矩阵 A 的第 r 行：A(r,:)

2）矩阵 A 的第 r 列：A(:,r)

3）依次提取矩阵 A 的每一列，将 A 拉伸为一个列向量：A(:)

4）取矩阵 A 的第 i1～i2 行、第 j1～j2 列构成新矩阵：A(i1:i2,j1:j2)

5）以逆序提取矩阵 A 的第 i1～i2 行，构成新矩阵：A(i2:-1:i1,:)

6）以逆序提取矩阵 A 的第 j1～j2 列，构成新矩阵：A(:,j2:-1:j1)

7）删除 A 的第 i1～i2 行，构成新矩阵：A(i1:i2,:)=[ ]

8）删除 A 的第 j1～j2 列，构成新矩阵：A(:,j1:j2)=[ ]

9）将矩阵 A 和 B 拼接成新矩阵：[A B];[A;B]

（3）矩阵的运算

矩阵加法：A + B

矩阵乘法：A * B

方阵的行列式：det(A)

方阵的逆：inv(A)

方阵的特征值与特征向量：[V,D] = eig[A]。

14.1.3　MATLAB 作图

强大的图形功能是 MATLAB 的优点之一，它能方便快速的出图，给我们的工作带来了巨大的便利。

1. 曲线图

MATLAB 作图是通过描点、连线来实现的，故在画一个曲线图形之前，必须先取得该图形上的一系列的点的坐标（即横坐标和纵坐标），然后将该点集的坐标传给 MATLAB 函数画图。

点坐标画图的命令为

$$plot(X,Y,S)$$

式中，X，Y 是向量，分别表示点集的横坐标和纵坐标；S 指定曲线的颜色、线形等。

y：黄色　c：蓝绿色　r：红色　m：洋红　.：点　-：连线　o：圈　::短虚线

x：x - 符号　-.：长短线　+：加号　--：长虚线

plot（X，Y）——画实线；plot（X，Y1，S1，X，Y2，S2，……，X，Yn，Sn）——

将多条线画在一起

【例 14-1】 在 $[0,2*\mathrm{pi}]$ 用红线画 $\sin(x)$，用绿圈画 $\cos(x)$。

【解】 $x = \mathrm{linspace}(0,2*\mathrm{pi},30)$;

$y = \sin(x)$;

$z = \cos(x)$;

$\mathrm{plot}(x,y,'r',x,z,'go')$

画出的波形如图 14-2 所示。

2. 符号函数（显函数、隐函数和参数方程）**画图**

$$\mathrm{ezplot}('f(x)',[a,b])$$

表示在 $a < x < b$ 绘制显函数 $f = f(x)$ 的函数图 ez-

$\mathrm{plot}('f(x,y)',[\mathrm{xmin},\mathrm{xmax},\mathrm{ymin},\mathrm{ymax}])$

表示在区间 $\mathrm{xmin} < x < \mathrm{xmax}$ 和 $\mathrm{ymin} < y < \mathrm{ymax}$ 绘制隐函数 $f(x,y) = 0$ 的函数图 $\mathrm{ezplot}('x(t)','y(t)',[\mathrm{tmin},\mathrm{tmax}])$

表示在区间 $\mathrm{tmin} < t < \mathrm{tmax}$ 绘制参数方程 $x = x(t), y = y(t)$ 的函数图

例如：在 $[0,\mathrm{pi}]$ 上画 $y = \cos(x)$ 的图形；

解：输入命令

$$\mathrm{ezplot}('\cos(x)',[0,\mathrm{pi}])$$

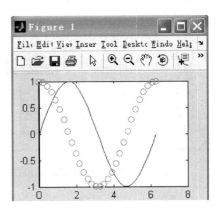

图 14-2 例 14-1 的曲线图

14. 2 Simulink 仿真

Simulink 是 MATLAB 的一个重要的工具箱，是结合了框图界面和交互仿真能力的系统级设计和仿真工具。它以 MATLAB 核心数学，图形和语言为基础，可以让用户完成从算法开发，仿真或者模型验证的全过程，而不需要传递数据，重写代码或改变软件环境。

Simulink 作为面向框图的仿真软件，具有以下的功能和优点。

（1）用方框图的绘制代替了程序的编写 构成任何一个系统框图有三个步骤，即选定典型环节，相互联结和给定环节参数。

（2）仿真的建立和运行是智能化的 首先，画好了框图并存起来，Simulink 自动建立一个仿真的过程；其次，在运行时用户可以不给步长，只给出要求的仿真精度，软件会自动选择能保证给定精度的最大步长，使得在给定的精度要求下系统仿真具有最快的速度。

在 start 进入 Simulink 菜单，选择 Simulink Library Browser，打开 Simulink 库函数，选择 File New 打开编辑窗口。或者在 MATLAB 的 Command 窗口直接键入 Simulink 即可打开 Simulink 库函数窗口，如图 14-3 所示。然后在模块库浏览器的菜单 "File" / "New" / "Model" 命令可以打开编辑窗口，如图 14-4 所示。

创建一个简单的模型大致有三个步骤，即

1）建立模型窗口并保存为以 .mdl 为后缀的模型文件；

2）将功能模块由模块库窗口复制到模型编辑窗口，进行参数设置；

3）连接模块，从而构成需要的系统模型。

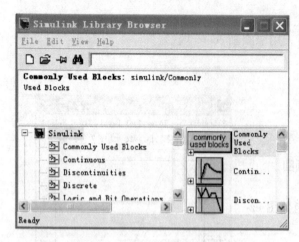

图 14-3　Simulink 仿真的库函数

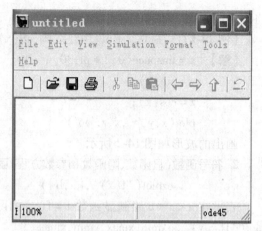

图 14-4　Simulink 仿真的编辑窗口

14. 2. 1　Simulink 常用模块

要熟练地使用 Simulink 进行仿真，首先要求能够熟练使用 Simlink 常用模块。在模块浏览器中的 Simulink 节点下包含了搭建一个 Simulink 模块所需要的基本模块。本节主要对其中的电源 Sources 模块库、输出 Sinks 模块库、数学运算 Math Operations 库和连续函数 Continuous 模块库中的常用模块进行介绍。

1. 电源 Sources 模块

阶跃函数 Step，起始时间是第 1s，双击 step 模块，对仿真起始时间（step time）和阶跃值（Initial value，Final value）的大小进行设置。

信号发生器 Signal Generator，可以产生给定频率和幅值的正弦波（sine wave）、方波（square wave）和锯齿波（sawtooth wave），双击图标可以设置。

正弦波 Sine Wave，双击图标，在弹出的窗口中调整相关参数。信号生成方式有两种即 Time based 和 Sample based。设置采样时间 Sample time，将此参数设置为零时表示以连续的方式工作，将此参数设置为大于零的值时则以所设采样时间工作。但要注意的是采用 Sample based 采样模式的模块是不能以连续方式工作的。

从工作空间输入  From Workspace，从 MATLAB Workspace 输入已有的函数作为仿真的激励信号。首先要在 MATLAB 环境下建立一个时间向量和相应的函数值向量，然后将时间向量和函数值向量的名称［T，U］填入该图标的对话框中。

2. 数学运算 Math Operations 模块

加、减运算 sum，在 List of signs 文本框中可以选择多个数的加、减法运算。

增益 Gain，为后续模块的增益系数。

3. 连续函数 Continuous 模块

传递函数 $\boxed{\dfrac{1}{s+1}}$ Transfer Fcn，设置分子 Numerator 选项，分子多项式系数的降幂排列。设置分母 Denominator 选项，分母多项式系数的降幂排列。

4. 输出 Sinks 模块

Sinks 模块库中的模块主要功能是接受信号，并且将接受的信号显示出来。

输出到工作空间 $\boxed{\text{simout}}$ To Workspace，功能与 From Workspace 正好相反，把仿真结果连同输入信号输出到工作空间去。

XY 示波器 $\boxed{\odot}$ XY Graph，显示 MATLAB 的图形窗口，是以 XY 为坐标轴的绘图区域。

显示器 $\boxed{}$ Display，它的作用是将信号值直接显示在该模块的窗口中。当输出信号是个直流信号时，我们就可以把它直接送到这个模块中，从模块窗口中直接读出输入信号的大小。

示波器 $\boxed{}$ Scope，可以接受多个输入信号，每个端口的输入信号都将在同一坐标系中显示。如果是向量或矩阵信号，则以不同的颜色表示每个元素信号；如果信号本身是离散的，则显示信号的阶梯图。

14.2.2　功率电子 SimPowerSystems 模块

1）电源（Electrical Sources）模块，包括直流电压源、交流电压源、交流电流源、受控电源、三相电源等，如图 14-5 所示。

2）元件（Elements）模块，主要应用串联 RLC 支路和并联 RLC 支路。通过参数设置就可把支路变成单一电阻、电容或者电感元件。其参数设置如下，将串联支路 Series RLC Branch 模块设置成单一电阻时，应将参数"Resistance"设置为所仿真电阻的真实值，"Inductance"设置为 0，"Capacitance"设置为 inf（无穷大）；将 Series RLC Branch 模块设置单一电感模块时，应将参数"Inductance"设置为所仿真电感的真实值，"Resistance"设置为 0，"Capacitance"设置为 inf；将 Series RLC Branch 设置单一电容模块时，应将参数"Capacitance"设置为所仿真电容的真实值，"Resistance"和"Inductance"均设置为 0；将并联支路 Parallel RLC Branch 模块设置成单一电阻时，

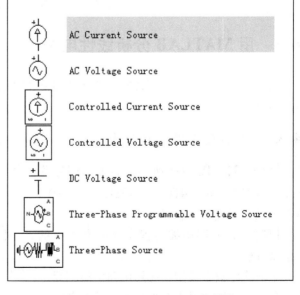

图 14-5　Electric Sources 电源模块

应将参数“Resistance”设置为所仿真电阻的真实值，“Inductance”设置为 inf，“Capacitance”设置为 0；将 Parallel RLC Branch 模块设置单一电感模块时，应将参数“Inductance”设置为所仿真电感的真实值，“Resistance”设置为 inf，“Capacitance”设置为 0；将 Parallel RLC Branch 设置单一电容模块时，应将参数“Capacitance”设置为所仿真电容的真实值，“Resistance”和“Inductance”均设置为 inf。

3）测量（Measurements）模块，测量模块中，电压测量（Voltage Measurement）和电流测量（Current Measurement）可以用来测量所在支路的电压值和电流值。

14.2.3 仿真控制设置

仿真控制设置的主界面如图 14-6 所示。主要选项有起始时间（Start time）、终止时间（Stop time）、仿真步长模式（变步长（Variable-step）、固定步长（Fixed-step））和仿真算法（Solver）等。其中变步长（Variable-step）包括最大步长、最小步长、起始步长。最大步长（缺省值，仿真时间/50）定义影响仿真结果，容易产生失真。最大步长大，取样点少。仿真算法（Solver）：2/3 阶龙格-库塔法、4/5 阶龙格-库塔法（求解微分方程数值解的函数）和欧拉法。

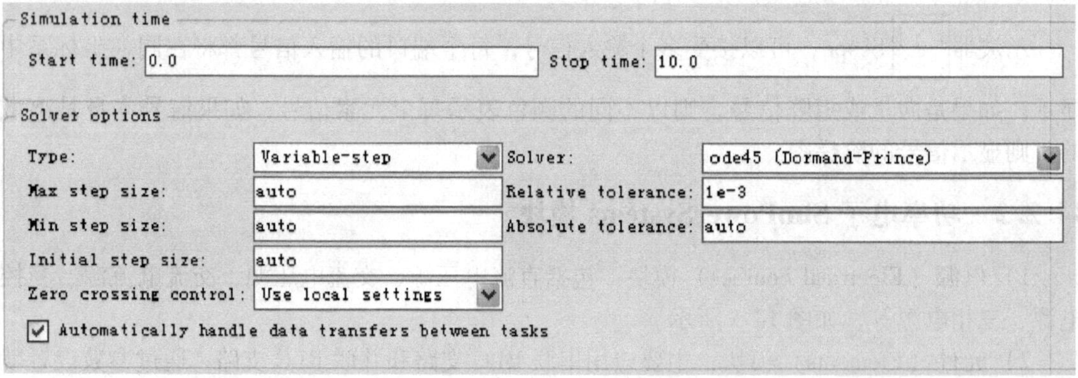

Simulation time
Start time: 0.0
Stop time: 10.0
Solver options
Type: Variable-step
Solver: ode45 (Dormand-Prince)
Max step size: auto
Relative tolerance: 1e-3
Min step size: auto
Absolute tolerance: auto
Initial step size: auto
Zero crossing control: Use local settings
Automatically handle data transfers between tasks

图 14-6 仿真控制设置的主界面

14.3 用 MATLAB 分析线性电路

本文分别以直流电路、暂态电路和正弦稳态电路为例，简要介绍如何使用 MATLAB 分析线性电路。

14.3.1 直流电路的仿真分析

【例 14-2】 图 14-7 所示为直流电阻电路，其中，$R_1=2\Omega$，$R_2=4\Omega$，$R_3=12\Omega$，$R_4=4\Omega$，$R_5=12\Omega$，$R_6=4\Omega$，$R_7=2\Omega$，$U_S=10V$。试求电流 I_3 和电压 U_4、U_7。

R2
R4
R6
+
U4
−
R1
R3
R5
R7
U7
+
−
Im1
Im2
Im3
US
I3

图 14-7 例 14-2 图

【解】 首先利用编写程序（m 文件）的方法来分析。

下面建立数学模型，应用电路定律列写电路方程组。然后通过求解方程组，得到各支路

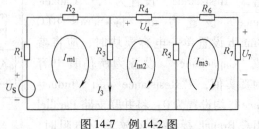

电压和电流。对图 14-7 应用回路电流法，可列出如下方程组：

$$\begin{cases} R_{11}I_{m1} + R_{12}I_{m2} + R_{13}I_{m3} = U_{s11} \\ R_{21}I_{m1} + R_{22}I_{m2} + R_{23}I_{m3} = U_{s22} \\ R_{31}I_{m1} + R_{32}I_{m2} + R_{33}I_{m3} = U_{s33} \end{cases}$$

其中，$R_{11} = R_1 + R_2 + R_3$，$R_{22} = R_3 + R_4 + R_5$，$R_{33} = R_5 + R_6 + R_7$，$R_{12} = R_{21} = -R_3$，$R_{13} = R_{31} = 0$，$R_{23} = R_{32} = -R_5$，$U_{S11} = U_s$，$U_{S22} = U_{S33} = 0$，$I_3 = I_{m1} - I_{m2}$，$U_4 = R_4I_{m2}$，$U_7 = R_7I_{m3}$。整理以上方程，并写成 AX = BU 的矩阵方程形式，即

$$\begin{bmatrix} R_{11} & R_{12} & R_{13} & 0 & 0 & 0 \\ R_{21} & R_{22} & R_{23} & 0 & 0 & 0 \\ R_{31} & R_{32} & R_{33} & 0 & 0 & 0 \\ 1 & -1 & 0 & -1 & 0 & 0 \\ 0 & R_4 & 0 & 0 & -1 & 0 \\ 0 & 0 & R_7 & 0 & 0 & -1 \end{bmatrix} \begin{bmatrix} I_{m1} \\ I_{m2} \\ I_{m3} \\ I_3 \\ U_4 \\ U_7 \end{bmatrix} = \begin{bmatrix} 1 \\ 0 \\ 0 \\ 0 \\ 0 \\ 0 \end{bmatrix} U_S \qquad (14\text{-}1)$$

（1）应用 MATLAB 语言编程如下：

```
clear；
US = 10；R1 = 2；R2 = 4；R3 = 12；R4 = 4；R5 = 12；R6 = 4；R7 = 2；    % 为给定元件
                                                                     赋值
R11 = R1 + R2 + R3；R12 = -R3；R21 = -R3；R23 = -R5；    % 为系数矩阵各元素赋
                                                            值
R32 = -R5；R22 = R3 + R4 + R5；R13 = 0；R31 = 0；R33 = R5 + R6 + R7；
A = [R11 R12 R13 0 0 0；R21 R22 R23 0 0 0；R31 R32 R33 0 0 0；
    1 -1 0 -1 0 0；0 4 0 0 -1 0；0 0 2 0 0 -1]；        % 列出系数矩阵 A
B = [1；0；0；0；0；0]；    % 列出系数矩阵 B
X = A \ B * US；    % 解出 X
```

（2）程序运行结果

X = 0.9259   0.5556   0.3704   0.3704   2.2222   0.7407

$I_3 = 0.3704\text{A}$，$U_4 = 2.2222\text{V}$，$U_7 = 0.7407\text{V}$。

其次利用 SimulinK 仿真工具分析上例。根据电路原理图，按照仿真步骤，从元件库选取所需的元件并将它拖拽到工作区，通过元件模型参数设定对话框，设定元器件的数值、标签和编号，再用导线把它们联成仿真电路。而后，在 R_3 支路中串入电流表，在 R_4 和 R_7 两端并联电压表，如图 14-8 所示。然后开始仿真，即可在电流表和电压表上读取支路电流和支路电压的数值。从各表显示的结果表明，其仿真结果与用程序仿真结果一致。

【例 14-3】 图 14-9 所示为含有受控源的直流电阻电路，受控源为 VCCS。已知，$R_1 = 1\Omega$，$R_2 = 2\Omega$，$R_3 = 3\Omega$，$U_S = 10\text{V}$，$I_S = 15\text{A}$。试求电压 U_2。

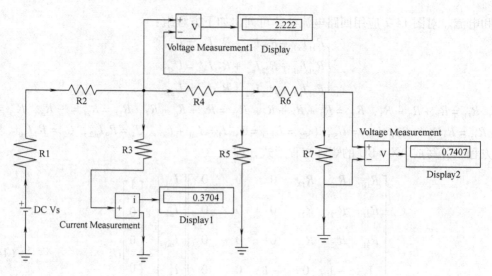

图 14-8　例 14-2 的 Simulink 仿真图

【解】　应用结点电压法，可列出如下方程组：

$$U_{n1} = U_S$$

$$G_{21}U_{n1} + G_{22}U_{n2} + G_{23}U_{n3} = I_{S22}$$

$$G_{31}U_{n1} + G_{32}U_{n2} + G_{33}U_{n3} = I_{S33}$$

其中，$G_{22} = \dfrac{1}{R_1} + \dfrac{1}{R_2} + \dfrac{1}{R_3}$，$G_{33} = \dfrac{1}{R_3}$，$G_{21} = -\dfrac{1}{R_1}$，

$G_{31} = 0$，$G_{23} = G_{32} = -\dfrac{1}{R_3}$，$I_{S22} = 0$，$I_{S33} = I_S + 0.25U_2$。

而 $U_2 = U_{n2}$，整理以上方程，并写成 $AX = BU$ 的矩阵方程形式，即

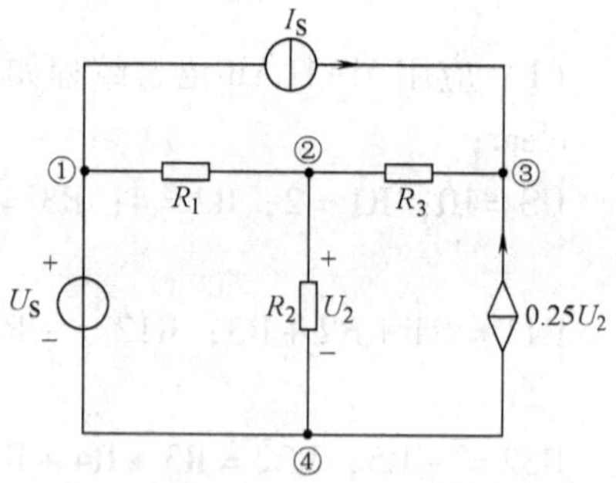

图 14-9　例 14-3 图

$$\begin{bmatrix} 1 & 0 & 0 \\ G_{21} & G_{22} & G_{23} \\ G_{31} & G_{32}-0.25 & G_{33} \end{bmatrix} \begin{bmatrix} U_{n1} \\ U_{n2} \\ U_{n3} \end{bmatrix} = \begin{bmatrix} 1 & 0 \\ 0 & 0 \\ 0 & 1 \end{bmatrix} \begin{bmatrix} U_S \\ I_S \end{bmatrix} \qquad (14-2)$$

（3）应用 MATLAB 语言编程如下：

```
clear;
US = 10；IS = 15；R1 = 1；R2 = 2；R3 = 3；    % 为给定元件赋值
G22 = 1/R1 + 1/R2 + 1/R3；G33 = 1/R3；G21 = -1/R1；    % 为系数矩阵各元素赋值
G23 = -1/R3；G32 = -1/R3；G31 = 0；
A = [1 0 0；G21 G22 G23；G31 G32 -0.25 G33]；    % 列出系数矩阵 A
B = [1 0；0 0；0 1]；USS = [US；IS]；    % 列出系数矩阵 B
X = A \ B * USS；    % 解出 X
U2 = X(2)
```

（4）程序运行结果

U2 = 20V

再利用 Simulink 仿真工具分析上例。根据电路原理图，按照仿真步骤，将元件连接成仿真电路。而后，在电阻 R_2 两端并联电压表，如图 14-10 所示。然后开始仿真，电压表上显示的数值为 20V，与程序仿真的结果一致。

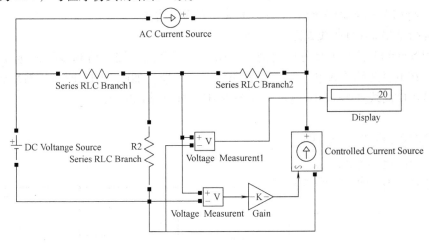

图 14-10　例 14-3 的 Simulink 仿真图

14.3.2　暂态电路的仿真分析

对于含有多个储能元件的高阶电路，如果我们按照对电路建立微分方程，求解微分方程的方法来求解未知量时，必然会产生大量手工无法完成的繁琐计算，因此需要一种系统化的方法处理这类电路，即借助计算机辅助分析的方法来列写并求解方程。

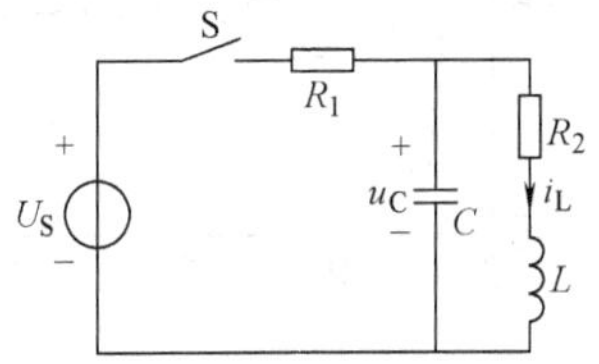

【**例 14-4**】　图 14-11 所示为典型的二阶电路，其中，$U_\mathrm{S} = 10\mathrm{V}$，$R_1 = 4\Omega$，$R_2 = 0.2\Omega$，$C = 1\mathrm{F}$，$L = 1\mathrm{H}$，$i_\mathrm{L}(0_-) = 0\mathrm{A}$，$u_\mathrm{C}(0_-) = 0\mathrm{V}$。当 $t = 0$ 时，开关闭合，试求电容上的电压 u_C。

图 14-11　例 14-4 图

【**解**】　列写微分方程

$$\frac{\mathrm{d}u_\mathrm{C}}{\mathrm{d}t} = -\frac{1}{R_1 C}u_\mathrm{C} - \frac{1}{C}i_\mathrm{L} + \frac{U_\mathrm{S}}{R_1 C}$$

$$\frac{\mathrm{d}i_\mathrm{L}}{\mathrm{d}t} = \frac{1}{L}u_\mathrm{C} - \frac{R_2}{L}i_\mathrm{L}$$

$$u_\mathrm{C}(0_-) = 0,\ i_\mathrm{L}(0_-) = 0$$

应用 MATLAB 语言编程如下：

```
clear;
Function b01
t = [0:1e - 2:40];       % 仿真时间区间
[t, y] = ode45 (@ DyDt50, t, [0; 0]);      % 解微分方程
U = 10; R1 = 4; R2 = 0.2; C = 1; L = 1;      % 为给定元件赋值
plot(t,y(:,1))    % 画曲线
function yd = DYDt50(t, y)      % 定义函数 DYDt
```

U = 10；R1 = 4；R2 = 0.2；

C = 1；L = 1；　% 为给定元件赋值

yd = [− (1/(R1 * C)) * y(1) − (1/C) * y(2) + (1/(R1 * C)) * U

(1/L) * y(1) − (R2/L) * y(2)]；　% 微分方程表达式

程序运行结果 $u_C(t)$ 曲线如图 14-12 所示。

再利用 Simulink 仿真工具分析上例。根据电路原理图，按照仿真步骤，连接成仿真电路。而后，在电容两端并联电压测量仪表和接入示波器，如图 14-13 所示。然后开始仿真。示波器所显示的曲线如图 14-14 所示，与图 14-12 的仿真结果一致。

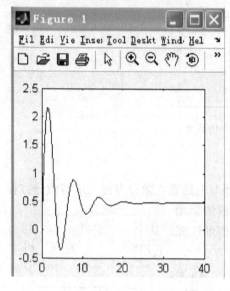

图 14-12　例 14-4 中 $u_C(t)$ 的仿真曲线

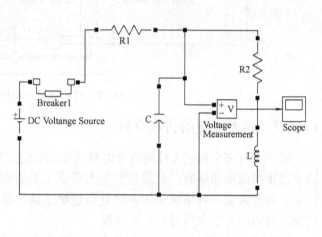

图 14-13　例 14-4 的 Simulink 仿真图

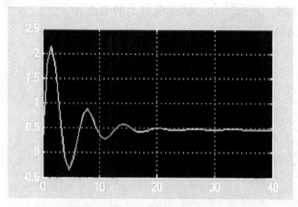

图 14-14　例 14-4 的 Simulink 仿真曲线

14.3.3　正弦稳态电路的仿真分析

【例 14-5】　图 14-15a 所示为典型的正弦稳态电路，其中电路中含有 VCCS 的电流为

$0.5\dot{U}_1$，$\dot{U}_S = 10\angle -45°\text{V}$，$R_1 = 1\Omega$，$R_2 = 2\Omega$，$L_1 = 0.4\text{mH}$，$C_1 = 1000\mu\text{F}$，$\omega = 1000\text{rad/s}$。设 o 点为参考点，试求结点 a、b 的电压 $\dot{U}_{ao}$ 和 $\dot{U}_{bo}$。

【解】 首先建立数学模型，应用结点电压法列写电路方程，并以 o 点为参考结点，则有如下方程组

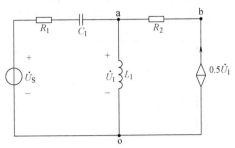

图 14-15 典型的正弦稳态电路

$$\begin{cases} Y_{11}\dot{U}_{ao} + Y_{21}\dot{U}_{bo} = \dot{I}_{S11} \\ Y_{12}\dot{U}_{ao} + Y_{22}\dot{U}_{bo} = \dot{I}_{S22} \end{cases}$$

其中，$Y_{11} = \dfrac{1}{Z_{R1} + Z_{C1}} + \dfrac{1}{Z_{L1}} + \dfrac{1}{Z_{R2}}$，$Y_{12} = Y_{21} = -\dfrac{1}{Z_{R2}}$，$Y_{22} = \dfrac{1}{Z_{R2}}$，$\dot{I}_{S11} = \dfrac{\dot{U}_S}{Z_{R1} + Z_{C1}}$，$\dot{I}_{S22} = 0.5\dot{U}_1$，

而 $\dot{U}_1 = \dot{U}_{ao}$，整理以上方程，并转换成如 AX = BU 的矩阵方程形式为

$$\begin{bmatrix} Y_{11} & Y_{12} \\ Y_{21} - 0.5 & Y_{22} \end{bmatrix}\begin{bmatrix} \dot{U}_{ao} \\ \dot{U}_{bo} \end{bmatrix} = \begin{bmatrix} \dfrac{1}{Z_{R1} + Z_{C1}} & 0 \\ 0 & 0 \end{bmatrix}\begin{bmatrix} \dot{U}_S \\ 0 \end{bmatrix} \tag{14-3}$$

代入 $\dot{U}_S = 10\angle -45°\text{V}$，则可求得结点 a、b 的结点电压 $\dot{U}_{ao}$、$\dot{U}_{bo}$。

（1）应用 MATLAB 语言编程如下：

```
clear;
R1 = 1;R2 = 2;L1 = 4e - 4;C1 = 1e - 3;US = 5 * sqrt(2) - j * 5 * sqrt(2);   % 为给定元件赋值
W = 1000;ZR1 = 1;ZR2 = 2;ZL1 = j * W * L1;ZC1 = 1/(j * W * C1);
Y11 = 1/(ZR1 + ZC1) + 1/ZL1 + 1/ZR2;Y22 = 1/ZR2;   % 为系数矩阵各元素赋值
Y12 = -1/ZR2;Y21 = -1/ZR2;
A = [Y11 Y21;(Y12 - 0.5) Y22];B = [1/(ZR1 + ZC1)0;0 0];   % 列出各系数矩阵
X0 = A\B * [US;0];   % 可求得结点 a、b 的结点电压 Uao、Ubo，它们是复数
Uao = X0(1),uao = abs(Uao),uanga = angle(Uao);   % 求 Uao 模和辐角
Ubo = X0(2),ubo = abs(Ubo),uangb = angle(Ubo)   % 求 Ubo 模和辐角
t = [0:1e-4:0.02];   % 定义时间区间
ut = ubo * sin(W * t + uangb);   % ubo(t) 的表达式
plot(t,ut)   % 画 ubo(t) 的曲线
```

（2）程序运行结果

Ubo = 0.0000 + 7.0711i ubo = 7.0711V uangb = 1.5708rad

程序运行结果 $u_{bo}(t)$ 曲线如图 14-16 所示。

再利用 Simulink 仿真工具分析上例。根据电路原理图，按照仿真步骤，连接成仿真电路。而后，在受控电流源两端并联电压测量仪表和接入示波器，如图 14-18 所示。然后进行仿真，示波器所显示的曲线如图 14-17 所示，与图 14-16 的仿真结果一致。

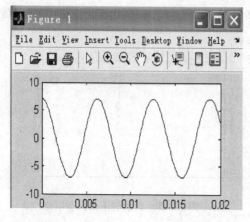

图 14-16　例 14-5 中 $u_{bo}(t)$ 的仿真曲线

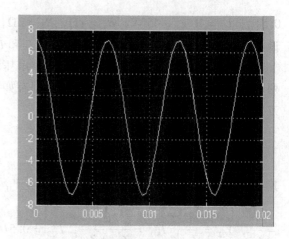

图 14-17　例 14-5 的 Simulink 仿真曲线

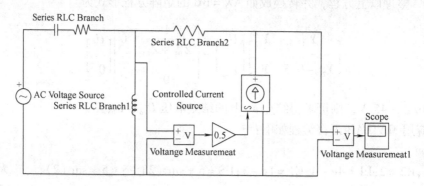

图 14-18　例 14-5 的 Simulink 仿真图

本 章 小 结

1. MATLAB 概述

MATLAB 软件具有强大的矩阵处理功能、绘图功能和卓越的数值计算能力。本章简单介绍了 MATLAB 的基本知识，包括变量和函数、数组与矩阵、编程和作图等。

2. Simulink 仿真

Simulink 是 MATLAB 的一个重要的工具箱，是结合了框图界面和交互仿真能力的系统级设计和仿真工具。本章详细介绍了 Simlink 工具箱中的常用模块，包括电源 Sources 模块库、输出 Sinks 模块库、数学运算 Math Operations 库和连续函数 Continuous 模块库。

3. 利用 MATLAB 软件仿真线性电路

利用 MATLAB 软件分别对直流电路、二阶电路和正弦稳态电路进行仿真。仿真过程中，介绍了编程和 Sinmulink 工具箱作图仿真两种方法。

习　　题

14-1　在图 14-19 所示的直流电阻电路中，结点 o 为参考结点。试用仿真软件计算结点电压 U_{n1} 和 U_{n2}。

14-2 在图 14-20 所示的正弦稳态电路中，已知 $\omega = 1000\text{rad/s}$，结点 o 为参考结点。试用仿真软件计算结点电压 $\dot{U}_{n1}$、$\dot{U}_{n2}$ 和 $\dot{U}_{n3}$。

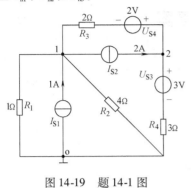

图 14-19 题 14-1 图

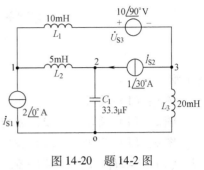

图 14-20 题 14-2 图

14-3 在图 14-21 所示的二阶电路中，已知 $U_s = 2\text{V}$，$R = 2\Omega$，$C = 3\text{F}$，$L = 2\text{H}$，$i_L(0_-) = 4\text{A}$，$u_C(0_-) = 5\text{V}$。当 $t = 0$ 时，开关 S 闭合。试用仿真软件求电流 $i(t)$ 的全响应。

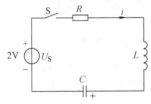

图 14-21 题 14-3 图

部分习题参考答案

第1章

1-1 图 a：（1）关联   （2）吸收 6W 的功率

  图 b：（1）关联   （2）发出 15W 的功率

  图 c：（1）关联   （2）发出 12W 的功率

1-2 （1）$U = 2I$；（2）$U = 2I + 6$；（3）$U = 5I - 45$

1-3 20Ω、20W

1-4 4.5A   因其最大允许电流为 $I = \dfrac{P}{U} = 4.545\text{A}$

1-5 $P_1 = -6\text{W}$，$P_2 = 3\text{W}$，$P_3 = -21\text{W}$，$P_4 = 28\text{W}$，$P_5 = -4\text{W}$

  $P_1 + P_2 + P_3 + P_4 + P_5 = 0$ 即证。

1-6 $I_1 = -2\text{A}$，$P_1 = -30\text{W}$，$P_2 = -20\text{W}$，$P_R = 50\text{W}$

1-7 a) $R = 7\Omega$；b) $R = 5\Omega$；c) $R = 0.3\Omega$；d) $R = 0.75\Omega$

1-8 a) $U_{ab} = 1\text{V}$；b) $I = -0.5\text{A}$；c) $U_S = 5\text{V}$

1-9 $U_x = 6\text{V}$

1-10 $i_3 = -5\text{A}$

1-11 $I = 1.5\text{A}$，$U = -2\text{V}$

1-12 $U_{ab} = -2\text{V}$

1-13 $I_{A4} = 13\text{mA}$，$I_{A5} = 3\text{mA}$

1-14 3 条支路，2 个结点，$U_{ab} = 0$，$I = 0$

1-15 S 打开，$V_a = -10.5\text{V}$，$V_b = -7.5\text{V}$；S 闭合，$V_a = 0$，$V_b = 1.6\text{V}$

1-16 $V_a = 1\text{V}$

1-17 $-5 \sim 5\text{V}$

第2章

2-1 图 a：2Ω；图 b：1.27Ω；图 c：1Ω

2-2 （1）$U_o = 100\text{V}$；（2）$U_o = 66.67\text{V}$；（3）$U_o = 99.95\text{V}$

2-3 $I = 4\text{A}$

2-4 $R_{ab} = 1.44\Omega$

2-5 S 打开时 $R_{ab} = 1.5\Omega$；S 闭合时 $R_{ab} = 1.5\Omega$

2-6 $I_5 = 2.083\text{A}$

2-7 $I_1 = 3\text{A}$，$U = 18\text{V}$

2-9 $I = 1\text{A}$

2-10 $U_S = 12\text{V}$

2-11 $u_2 = \dfrac{R_2 R_3}{R_2 + R_3} i_S$，$i_2 = \dfrac{R_3}{R_2 + R_3} i_S$

2-12 20

2-13 a) $R_i = 1.5k\Omega$; b) $R_i = 5.6\Omega$

2-14 $R = 3\Omega$

2-15 a) 电阻吸收功率54W,独立电流源吸收功率54W,受控电流源发出功率108W。

2-16 $U_{ab} = 8V$

第3章

3-1 $i_1 = 3A$, $i_2 = 4A$, $i_3 = 1A$

3-2 $U_S = -25V$

3-3 $I = 1.5A$, $U = 6.5V$

3-4 $r = 3$, $R = 1\Omega$

3-5 $i = 6A$

3-6 $i_x = 1A$

3-7 $u_{ab} = 7V$, $i = -1A$

3-8 $g = 2$

3-10 $i = 1A$

3-11 $I_1 = \dfrac{8}{7}A$, $I_2 = -\dfrac{3}{7}A$, $I_3 = \dfrac{5}{7}A$

3-12 $I = 1A$

3-13 a) $U = 9.43V$; b) $U = 7.5V$; $I = 6.5A$

3-14 a) $I = 2.4A$; b) $I = 0.5A$

3-15 $I = 0.33A$

3-16 $u_o = 18V$

3-17 (1) $-1.4A$; (2) $P_1 = -8.2W$; $P_2 = -34W$

3-18 0.33A、0.25A、0.2A

3-19 a) $U_{OC} = 10V$, $R_{eq} = 0.67\Omega$; b) $U_{OC} = 0.8V$, $R_{eq} = 0.4\Omega$

3-20 a) $i_S = 15A$, $R_{eq} = 0.67\Omega$; b) $i_S = 2A$, $R_{eq} = 0.4\Omega$

3-21 $R_{ab} = 35\Omega$

3-22 $R = 10\Omega$

3-23 $U = 8V$

3-24 $U_{OC} = -30V$, $R_{eq} = 90\Omega$

3-25 $R_L = 2\Omega$, $P_{max} = 4.5W$

3-26 $R_L = 6\Omega$, $P_{max} = 13.5W$

3-27 $R_5 = 20\Omega$, $P_{max} = 125W$

3-28 190mA

第4章

4-2 (1) $U_1 = 220V$、$U_2 = 220V$、$f = 50Hz$、$T = 0.02s$;

(2) $\dot{U}_1 = 220\angle -120°V$、$\dot{U}_2 = 220\angle 30°V$、$\varphi = \phi_1 - \phi_2 = -120° - 30° = -150°$

4-3 (1) $\dot{U}_1 = 5e^{-j37°}V \rightarrow 5\angle -37°V$; (2) $\dot{I}_1 = 10\sqrt{2}e^{-j135°}A \rightarrow 10\sqrt{2}\angle -135°A$;

(3) $\dot{U}_2 = (5\sqrt{3} + j5)\text{V} \rightarrow 10\angle 30°\text{V}$; (4) $\dot{I}_2 = -(4\sqrt{2} + j4\sqrt{2})\text{A} \rightarrow 8\angle -135°\text{A}$;

(5) $\dot{U}_3 = (6 - j8)\text{V} = 10e^{-j53°}\text{V}$; (6) $\dot{I}_3 = (16 + j12)\text{A} = 20e^{j37°}\text{A}$

4-4 (1) $f = 50\text{Hz}$; (2) $X_L = 44.71\Omega$; (3) $L = 0.142\text{H}$

4-5 (1) $\phi_i = 90°$; (2) $X_C = 30\Omega$; (3) $C = 0.133\mu\text{F}$

4-6 $10\cos\omega t\ \text{A}$

4-7 (a) 表 V $= 10\text{V}$; (b) 表 A $= 0\text{A}$

4-8 $I = 10\text{A}$; $U = 100\sqrt{2}\text{V}$

4-9 $3.16\angle 18.43°\text{V}$

4-10 $I_1 = 10\text{A}$, $X_C = 15\Omega$, $X_L = 7.5\Omega$, $R_2 = 7.5\Omega$

4-11 $R = 2\Omega$, $R_2 = 10\Omega$, $X_L = 10\sqrt{3}/3\Omega$, $I = 10\text{A}$

4-12 $I = 10\sqrt{2}\text{A}$, $U_s = 100\text{V}$

4-13 表 $A_1 = 20\text{A}$, 表 $A_2 = 20\text{A}$、表 $A = 28.28\text{A}$

4-14 $i_1 = 44\sqrt{2}\cos(314t - 53°)\text{A}$, $i_2 = 22\sqrt{2}\cos(314t - 37°)\text{A}$, $i = 65.41\sqrt{2}\cos(314t - 47.73°)\text{A}$

4-15 $I_R = 10\text{A}$, $I_L = 10\text{A}$, $I_C = 20\text{A}$, $I = 14.14\text{A}$

4-16 (1) $I_1 = 3\text{A}$, $I = 3\sqrt{2}\text{A}$, $U_S = 90\sqrt{2}\text{V}$;

   (2) $i_1 = 3\cos(800t - 45°)\text{A}$, $i = 3\sqrt{2}\cos 800t\ \text{A}$, $u_S = 90\sqrt{2}\cos 800t\ \text{V}$

4-17 $u_o = 49.6\sqrt{2}\cos 5000t\ \text{V}$

4-20 $\sqrt{2}\angle -45°\text{A}$, $(2-j)\text{A}$, 1A, 3A

4-21 $\dot{U}_x = 1.6\underline{/36.87°}\text{V}$

4-22 a) $\dot{U}_{OC} = 10\angle -53°\text{V}$, $Z_{eq} = (12.17 + j10)\Omega$;

   b) $\dot{U}_{OC} = 2.6\angle 11°\text{V}$, $Z_{eq} = 1.74\angle -8.2°\Omega$

4-23 $C = 559\mu\text{F}$, 并电容前, $I = 75.56\text{A}$; 并电容后, $I = 51\text{A}$

4-24 (1) $(500 + j2500)\text{V}\cdot\text{A}$; (2) 7919W; (3) $(-6996 + j1757)\text{V}\cdot\text{A}$

4-25 10W, 0, $10\text{V}\cdot\text{A}$, 1

4-28 (1) $(3 - j4)\ \Omega$; (2) 52W

第 5 章

5-1 $\dfrac{R}{1 + j\omega RC}$

5-2 $\dfrac{4}{-6\omega^2 + 11\omega + 5}$

5-3 (1) $\dfrac{R_L}{R_L + R + j\omega R_L RC}$; (2) $\omega = 0$, $\dfrac{R_L}{R_L + R}$; (3) $BW = \dfrac{1}{\dfrac{R_L R}{R_L + R}C}$

5-4 (1) $1 + j0.01\omega - j\dfrac{10^6}{\omega}$; (2) $f_0 = 1592.36\text{Hz}$; (3) $Q = 100$, $BW = 100\text{rad/s}$

5-5 $L = 159\mu\text{H}$, $C = 159\text{pF}$, $BW = 6.28 \times 10^4\text{rad/s}$; (2) $I_0 = 10\mu\text{A}$, $U_{C0} = 0.01\text{V}$

5-6　$r = 10\Omega$，$L = 159\mu H$，$C = 159pF$，$Q = 100$，$BW = 6.28 \times 10^4 rad/s$

5-7　$R = 14.14\Omega$，$X_C = 14.14\Omega$，$U_L = 100V$

5-8　（1）$f_0 \approx 1.59 \times 10^4 Hz$；（2）$Q = 100$，$BW = 1000rad/s$；（3）品质因数下降，通频带增宽。

5-9　$L = 0.396\mu H$，$r = 2\Omega$，$BW = 5.02 \times 10^6 rad/s$

5-10　$\dfrac{2}{-\omega^2 + j\omega + 1}$

第6章

6-1　（1）$I_l = I_p = 2.2A$；（3）$I_l = I_p = 2.07A$

6-2　（1）$I_p = 15.2A$，$I_l = 26.3A$；（3）$I_p = 12A$，$I_l = 20.8A$

6-3　（1）星形有中性线；（2）$I_l = 49.1A$

6-4　（1）$\dot{I}_A = 14.4\angle 169.1°A$，$\dot{I}_B = 24.9\angle -100.9°A$，$\dot{I}_C = 28.8\angle 109.1°A$；

　　（2）不能

6-5　（1）$\dot{I}_A = 11\angle 0°A$，$\dot{I}_B = 11\angle -30°A$，$\dot{I}_C = 11\angle 30°A$；

　　（2）$\dot{I}_N = 30A$

6-6　（1）星形联结时 $P_Y = 868.8W$，$Q_Y = 1158.4var$，$S_Y = 1148V \cdot A$；

　　（2）三角形联结时 $P_\Delta = 10385.8W$，$Q_\Delta = 13847.7var$，$S_\Delta = 17309.6V \cdot A$

6-7　（1）$I_p = 5.77A$，$I_L = 10A$；（2）1671W

6-8　（1）$\dot{I}_A = 0.303\angle -53.1°A$，$\dot{I}_B = 0.303\angle -173.1°A$，$\dot{I}_C = 0.437\angle 86.2°A$

　　（2）$\dot{I}_N = 0.182\angle 120°A$

6-9　$Z = 192.98\angle 36.9°\Omega$

6-10　（1）$\dot{I}_A = 47.6\angle -41.42°A$，$\cos\varphi = 0.75$；

　　　（2）$\dot{I}_A = 35.69\angle -0.78°A$，$\cos\varphi = 0.999$

第7章

7-1　a）1，2'，3' 为同名端，1'，2，3 为同名端；b）1，2' 为同名端，2，1' 为同名端

7-3　（1）$k = 0.82$；（2）a）18H　b）4H　c）6H　d）4H

7-4　a）$(12 + j26)\Omega$，122W；b）$(10.58 + j19.65)\Omega$，212.5W

7-5　$39.8\mu F$，4.44W

7-6　$\dot{I}_1 = 1\angle -34.4°A$；$\dot{I}_2 = 0.4\angle 2.42°A$

7-7　（1）$K = 10$；（2）$\dot{I}_1 = 6.25mA$，$\dot{I}_2 = 62.5mA$；（3）31.25mW

7-8　a）、b）图都是1、3端为同名端

7-9　$\dot{I}_2 = 14.1\angle -225°A$，$\dot{U}_2 = 50.95\angle -168.7°V$

7-10　（1）$K = 0.5$；（2）100W

第8章

8-1　a）$u = \dfrac{U_m}{2} + \dfrac{2U_m}{\pi}\left(\sin\omega t + \dfrac{1}{3}\sin 3\omega t + \dfrac{1}{5}\sin 5\omega t + \cdots\right)$；

　　b）$u = \dfrac{8U_m}{\pi^2}\left(\sin\omega t - \dfrac{1}{9}\sin 3\omega t + \dfrac{1}{25}\sin 5\omega t - \cdots + \dfrac{(-1)^{\frac{k-1}{2}}}{k^2}\sin k\omega t + \cdots\right)$

8-2 $u_R = [20 + 30.3\cos(\omega t - 80.95°) + 7.39\cos(3\omega t - 83.94°)]V$

8-3 $i_L = [10\cos(100t - 90°) + 6\cos(500t - 90°)]A$,

$\quad i_C = [10^{-5}\cos(100t + 90°) + 1.5 \times 10^{-5}\cos(500t + 90°)]A$

8-4 $I = 3.93A$, $U = 27.56V$, $P = 92.6W$

8-5 $u_R = [2 + 1.8\cos(\omega t - 33.7°)]V$, $P = 5.62W$

8-6 (1) $R = 10\Omega$, $L = 22.66mH$, $C = 447.6\mu F$;

$\quad$ (2) $\theta_4 = -99.44°$; (3) $P = 515.44W$

8-7 $i_L = [0.2 + 0.984\sqrt{2}\cos(1000t - 125°)]A$, $0.209A$

8-8 $I_1 = 5.2A$, $I_2 = 0.572A$, $544.15W$

8-9 $i_L = [1.13\cos(1000t + 36.87°) + 0.42\cos 2000t]A$, $R = 33.32\Omega$, $L = 8.33mH$,

$C = 30\mu F$

8-10 $i_{L1} = [1 + 5\sin(\omega t - 90°) + 7\sin(3\omega t - 90°)]A$, $i_R = 1A$

第9章

9-1 a) $u_C(0_+) = 9V, i(0_+) = 3A, i_C(0_+) = -1.5A, i_S(0_+) = 4.5A$;

$\quad u_C(\infty) = 0, i(\infty) = 3A, i_C(\infty) = 0A, i_S(\infty) = 3A$;

$\quad$ b) $i_L(0_+) = 1A, i(0_+) = 3A, i_S(0_+) = 2A, u_L(0_+) = -6V$

$\quad i_L(\infty) = 0, i(\infty) = 3A, i_S(\infty) = 3A, u_L(\infty) = 0$

9-2 a) $u_C(0_+) = 6V, i(0_+) = 1mA; u_C(\infty) = -4.8V, i(\infty) = 1.8mA$;

$\quad$ b) $u_L(0_+) = -2.3V, i(0_+) = 1.43mA, u_L(\infty) = 0, i(\infty) = 1.2mA$

9-3 $u_C(t) = 4e^{-25 \times 10^4 t}V, i_C(t) = -e^{-25 \times 10^4 t}A$

9-4 $i_L(t) = e^{-8000t}A$, $u_L(t) = -8e^{-8000t}V$

9-5 $u_C(t) = 8e^{-5 \times 10^5 t}V, i_C(t) = -4e^{-5 \times 10^5 t}A$

9-6 $u_C(t) = (6 - 6e^{-5 \times 10^4 t})V$

9-7 $i_L(t) = (2 - 2e^{-4000t})A$, $i_S(t) = (2 - 2e^{-4000t} + 4e^{-5 \times 10^5 t})A$

9-8 $u_C(t) = (1 - e^{-125 \times 10^2 t})V, i(t) = (-0.2 - 0.05e^{-125 \times 10^2 t})A$

9-9 $u_C(t) = (5.1 - 1.1e^{-366.7t})V$

9-10 $i_L(t) = (1.6 - 0.6e^{-5t})A$

9-11 $i_L(t) = (2.33 - 0.33e^{-6.25t})A$

9-12 $0 < t < 6ms, u_C(t) = (10 - 10e^{-500t})V; t > 6ms, u_C(t) = 9.5e^{-(250t-1.5)}V$

9-13 $0 < t < 1ms, u_o(t) = (5 - 5e^{-1000t})V, 1ms < t < 3ms, u_o(t) = 3.16e^{-(1000t-1)}V, 3ms < t$

$< 4ms, u_o(t) = (5 - 4.572e^{-(1000t-3)})V, 4ms < t < 6ms, u_o(t) = 3.31e^{-(1000t-4)}V$

9-16 $u_C(t) = [0.5(1 - e^{-(t-1)})\varepsilon(t-1) - 0.5(1 - e^{-(t-2)})\varepsilon(t-2)]V$

9-17 $i(t) = [\dfrac{1}{3}(1 - e^{-2t})\varepsilon(t) - \dfrac{1}{3}(1 - e^{-2(t-1)})\varepsilon(t-1)]A$

9-18 $i_L(t) = 6.66e^{-50t}\varepsilon(t)A$

9-19 $u_C(t) = 2e^{-t}\varepsilon(t)V$

9-20 $u_C(t) = [103.53e^{-184.6t} - 3.53e^{-5415.3t}]V; i_C(t) = 0.19[e^{-184.6t} - e^{-5415.3t}]A$

第 **10** 章

10-1　$\boldsymbol{Z} = \begin{bmatrix} \mathrm{j}\omega L + R & R \\ R & R \end{bmatrix}$; $\boldsymbol{Z} = \begin{bmatrix} \mathrm{j}\omega L + \dfrac{1}{\mathrm{j}\omega C} & \dfrac{1}{\mathrm{j}\omega C} \\ \dfrac{1}{\mathrm{j}\omega C} & \mathrm{j}\omega L + \dfrac{1}{\mathrm{j}\omega C} \end{bmatrix}$

10-2　$\boldsymbol{Y} = \begin{bmatrix} \mathrm{j}\omega C & -\mathrm{j}\omega C \\ -\mathrm{j}\omega C & \mathrm{j}\omega C + \dfrac{1}{R} \end{bmatrix}$; $\boldsymbol{Y} = \begin{bmatrix} \dfrac{1}{\mathrm{j}\omega C} + \mathrm{j}\omega C & -\dfrac{1}{\mathrm{j}\omega L} \\ -\dfrac{1}{\mathrm{j}\omega L} & \dfrac{1}{\mathrm{j}\omega L} + \mathrm{j}\omega C \end{bmatrix}$

10-3　$\boldsymbol{Z} = \begin{bmatrix} \dfrac{4}{3} & -\dfrac{4}{3} \\ 0 & -2 \end{bmatrix}$; $\boldsymbol{Z} = \begin{bmatrix} 6 & 4 \\ -14 & -2 \end{bmatrix}$

10-4　$\boldsymbol{Y} = \begin{bmatrix} 2 & -1 \\ -1 & -\dfrac{1}{2} \end{bmatrix}$;

10-5　$\boldsymbol{T} = \begin{bmatrix} 1 & \mathrm{j}4 + 3 \\ 0 & 1 \end{bmatrix}$, $\boldsymbol{T} = \begin{bmatrix} 1 & \dfrac{1}{\mathrm{j}\omega C} \\ \dfrac{1}{R} & 1 + \dfrac{1}{\mathrm{j}\omega RC} \end{bmatrix}$, $\boldsymbol{T} = \begin{bmatrix} \dfrac{L_1}{M} & \mathrm{j}\omega \dfrac{L_1 L_2 - M^2}{M} \\ -\mathrm{j}\dfrac{1}{\omega M} & \dfrac{L_2}{M} \end{bmatrix}$

10-6　$\boldsymbol{T} = \begin{bmatrix} K & \dfrac{R}{K} \\ 0 & \dfrac{1}{K} \end{bmatrix}$

10-7　$\boldsymbol{H} = \begin{bmatrix} \dfrac{22}{5} & \dfrac{3}{5} \\ -\dfrac{3}{5} & \dfrac{1}{10} \end{bmatrix}$, $\boldsymbol{H} = \begin{bmatrix} \dfrac{3}{5} & \dfrac{1}{5} \\ -\dfrac{1}{5} & \dfrac{3}{5} \end{bmatrix}$

10-13　4W

第 **11** 章

11-1　$u_o = 1\mathrm{V}$

11-2　$u_{o1} = 2.5\mathrm{V}$, $u_{o2} = 2\mathrm{V}$, $u_o = -5\mathrm{V}$, $R_2 = 16.7\mathrm{k}\Omega$

11-3　$u_o = -4.5\left(1 - \mathrm{e}^{-\frac{2}{RC}t}\right)\mathrm{mV}$

11-4　$u_o = u_{i4} - (u_{i1} + u_{i2} + u_{i3})$

11-5　$u_o = 10\mathrm{V}$

11-6　（1）电压跟随器，$u_+ = \dfrac{1}{2}u_i$;

　　（2）减法器，$R_1 = R_2 = 50\mathrm{k}\Omega$, $R_3 = R_F = 100\mathrm{k}\Omega$;

　　（3）加法积分器，$R_{11} = 100\mathrm{k}\Omega$, $R_{12} = 200\mathrm{k}\Omega$, 静态平衡电阻 $R_3 = 66.7\mathrm{k}\Omega$

第 12 章

12-1　(1) $\dfrac{1}{s^2}$;　(2) $\dfrac{\omega}{s^2+\omega^2}$;　(3) $\dfrac{1}{(s+\alpha)^2}$;　(4) $\dfrac{1}{s^3}$

12-2　(1) $f(t)=6\mathrm{e}^{-t}-5\mathrm{e}^{-1.5t}$;　(2) $f(t)=-0.66\mathrm{e}^{-t}+1.33\mathrm{e}^{-4t}$;

　　　(3) $f(t)=6\delta(t)+2\mathrm{e}^{-t}$

12-3　$u_\mathrm{C}(t)=12\mathrm{e}^{-125t}\mathrm{V}$; $i_\mathrm{C}(t)=-1.5\mathrm{e}^{-125t}\mathrm{mA}$

12-4　$i_\mathrm{L}(t)=(1.6-0.6\mathrm{e}^{-5t})\mathrm{A}$

12-5　$u_\mathrm{C}(t)=[103.52\mathrm{e}^{-184.6t}-3.53\mathrm{e}^{-5415.3t}]\mathrm{V}$, $i_\mathrm{C}(t)=0.19[\mathrm{e}^{-184.6t}-\mathrm{e}^{-5415.3t}]\mathrm{A}$

12-6　$u_\mathrm{C}(t)=\dfrac{2}{\sqrt{5}}\mathrm{e}^{-t}\sin(\sqrt{5}t)\mathrm{V}$; $i_\mathrm{L}(t)=[2+1.1\mathrm{e}^{-t}\sin(\sqrt{5}t-114°)]\mathrm{A}$

12-7　$u_\mathrm{C}(t)=20(1-\mathrm{e}^{-10^6 t})\varepsilon(t)\mathrm{V}$; $i_\mathrm{C}(t)=2\mathrm{e}^{-10^6 t}\varepsilon(t)\mathrm{A}$

12-8　$i_\mathrm{L}(t)=[-\mathrm{e}^{-3750(t-1)}\varepsilon(t-1)+\mathrm{e}^{-3750(t-2)}\varepsilon(t-2)]\mathrm{A}$,

　　　$u_\mathrm{L}(t)=30[-\mathrm{e}^{-3750(t-1)}\varepsilon(t-1)+\mathrm{e}^{-3750(t-2)}\varepsilon(t-2)]\mathrm{V}$

12-9　$u_\mathrm{C}(t)=20\mathrm{e}^{-0.2t}\varepsilon(t)\mathrm{V}$, $i_\mathrm{C}(t)=[-0.01\delta(t)+2\times10^{-3}\mathrm{e}^{-0.2t}\varepsilon(t)]\mathrm{A}$

12-10　$i_\mathrm{L}(t)=30\mathrm{e}^{-9t}\varepsilon(t)\mathrm{A}$, $u_\mathrm{L}(t)=[30\delta(t)-270\mathrm{e}^{-9t}\varepsilon(t)]\mathrm{V}$

第 13 章

13-3　$u=iR+u_\mathrm{d}+U_\mathrm{S}$

13-4　$i=\dfrac{16}{9}\mathrm{A}$, $u=\dfrac{2}{3}\mathrm{V}$

13-5　$u_2=\dfrac{7}{8}\mathrm{V}$

13-7　$i(t)=\left(4+\dfrac{2}{5}\cos\omega t\right)\mathrm{A}$, $u(t)=\left(2+\dfrac{1}{10}\cos\omega t\right)\mathrm{V}$

13-8　$i(t)=\left(1+\dfrac{2}{3}\cos942t\right)\mathrm{mA}$, $u(t)=\left(1+\dfrac{1}{3}\cos942t\right)\mathrm{mV}$

第 14 章

14-1　$U_{\mathrm{n}1}=0.2759\mathrm{V}$, $U_{\mathrm{n}2}=4.9655\mathrm{V}$

14-2　$\dot{U}_{\mathrm{n}1}=(40.27+\mathrm{j}182.06)\mathrm{V}$, $\dot{U}_{\mathrm{n}2}=(45.32+\mathrm{j}223.62)\mathrm{V}$, $\dot{U}_{\mathrm{n}3}=(30.18+\mathrm{j}108.93)\mathrm{V}$

14-3　$u(t)=(2+6.407\mathrm{e}^{-0.2113t}-3.407\mathrm{e}^{-0.7887t})\mathrm{V}$

参 考 文 献

[1] 俞大光．电工基础：上册，中册．修订本［M］．北京：人民教育出版社．1965.

[2] 邱关源，罗先觉．电路［M］.5 版．北京：高等教育出版社，2006.

[3] 陈希有．电路理论基础［M］.3 版．北京：高等教育出版社，2004.

[4] James W Nilsson．电路［M］．周玉坤，等译.7 版．北京：电子工业出版社，2005.

[5] Thomas L Floyd．电路［M］．罗伟雄，译.7 版．北京：电子工业出版社，2005.

[6] James W Nilsson，Suan A Rield. Electric Circuits［M］. Seventh Edition．北京：电子工业出版社，2006.

[7] William H Hayt，Jack E Kemmerly，Steven M Durbin. Engineering Circuit Analysis［M］. Seventh Edition．北京：电子工业出版社，2006.

[8] 李翰荪．电路分析基础［M］.2 版．北京：高等教育出版社，2000.

[9] 秦曾煌．电工学［M］.5 版．北京：高等教育出版社，1999.

[10] 程守洙，江之水．普通物理学［M］．北京：人民教育出版社．1964.

[11] 蔡元宇．电路与磁路［M］.3 版．北京：高等教育出版社，1993.

[12] 赵录怀，等．电路与系统分析——使用 MATLAB［M］．北京：高等教育出版社，2004.

[13] 何怡刚．电路导论［M］．长沙：湖南大学出版社，2004.

[14] 陈洪亮，张峰，田社平．电路基础［M］．北京：高等教育出版社，2007.

[15] 刘长林，刘静，等．电路原理常见题型解析及模拟题［M］．长沙：国防工业出版社，2005.

[16] 张永瑞，王松林．电路基础教程［M］．北京：科学出版社，2005.

[17] 孙玉坤，陈晓平．电路原理［M］．北京：机械工业出版社，2006.

[18] 康巨珍，康晓明．电路原理［M］．北京：国防工业出版社，2006.

[19] 杨清德，余明飞．轻轻松松学电工［M］．北京：人民邮电出版，2008.

[20] 郑秀珍．电路与信号分析［M］．北京：人民邮电出版社，2005.

[21] 肖景和．集成运算放大器应用精粹［M］．北京：人民邮电出版社，2006.

[22] 王昊，李昕．集成运放应用电路设计 300 例［M］．北京：电子工业出版社，2007.

[23] 刘文豪．电路与电子技术［M］．北京：科学出版社，2006.

[24] 吴锡龙．电路分析［M］．北京：高等教育出版社，2004.

[25] 李于凡．王定中．电路分析［M］．广州：华南理工大学出版社，1999.

[26] 殷瑞祥．罗昭智，朱宁西．电路基础［M］．广州：华南理工大学出版社，2005.

[27] 毕淑娥．电工与电子技术基础［M］.3 版．哈尔滨：哈尔滨工业大学出版社，2008.